머리말

DRONE

존경하는 미래의 드론 조종자 여러분,

새로운 시대가 도래하고 있습니다. 하늘을 나는 기술, 즉 드론은 이제 우리 생활의 많은 부분을 변화시키고 있습니다. 이러한 변화의 최전선에서 여러분이 전문 지식과 기술을 갖춘 드론 조종자로 성장할 수 있도록 돕기 위해 이 수험서를 마련했습니다. 여러분이 이 책을 펼친 순간부터 여러분은 대한민국 드론 조종자로서의 첫걸음을 내딛게 됩니다.

드론 조종자 자격증은 단순한 인증 이상의 의미를 가집니다. 이는 여러분이 안전하고 책임감 있는 조종자로서 필요한 지식과 기술을 갖추었음을 나타내는 표시입니다. 국가와 사회는 여러분에게 중요한 임무를 맡기고 있으며, 여러분의 역할은 점점 더 중요해지고 있습니다. 드론 조종자로서 여러분은 공공안전, 산업 발전 그리고 창의적인 미디어 제작에 기여할 수 있는 특별한 기회를 가지게 됩니다.

본 수험서는 여러분이 이 중요한 자격증을 획득하기 위해 필요한 모든 것을 제공합니다. 우리는 드론의 기초적인 원리부터 고급 조종 기술, 법적 규제, 안전 관리까지 다룹니다. 각 장은 중요한 개념을 명확하게 설명하고, 실제 최근 시험에서 출제된 다양한 유형의 문제를 제공하여 여러분이 실력을 점검하고 강화할 수 있도록 구성되었습니다.

이 수험서를 통해 여러분은 다음과 같은 것들을 배울 수 있습니다.

1. 항공법규 : 해당 업무에 필요한 항공법규

2. 항공기상 : 항공기상의 기초 지식, 항공에 활용되는 일반 기상의 이해 등

3. 비행이론 및 운용 : 드론의 비행 기초원리, 드론의 구조와 기능에 관한 지식, 드론 지상활주(지상활동), 드론 공중조작, 비상절차, 안전관리에 관한 지식 등

여러분의 성공은 단순히 시험을 통과하는 것을 넘어, 실제 세계에서 드론을 안전하고 효과적으로 조종할 수 있는 능력에 달려 있습니다. 본 수험서는 그러한 능력을 개발하는 데 있어 여러분의 믿음직한 가이드가 될 것입니다.

마지막으로, 여러분이 이 수험서를 사용하여 지식을 습득하고 기술을 연마하는 동안, 여러분의 학습 과정에 열정과 인내를 가져주시길 바랍니다. 드론 조종자로서의 여정은 때로는 도전적일 수 있지만, 그만큼 보람 있는 경험이 될 것입니다.

여러분의 도전을 응원합니다. 하늘로의 여정을 시작하세요.

끝으로 이 책이 드론 조종자 과정의 수험생들에게 큰 도움이 되길 기대하면서 도와주신 분들과 본 수험서의 출간에 큰 도움을 준 도서출판 구민사 조규백 대표님 이하 직원분들께 깊은 감사를 드립니다.

대표 저자 김재윤

자격시험 접수부터 자격증 수령까지

DRONE

○ 응시자격 신청은 학과시험 합격과 상관없이 실기시험 접수 전에 미리 신청

4

실기시험 접수

- 한국교통안전공단 홈페이지
- 시험 일자 선택

5

실기시험 응시

- 초경량 : 사용 사업체, 전문 교육기관 등(응시자가 사용할 비행장치 준비와 비행 허가 등 관련사항 준비)

6

합격자 발표

- 시험 당일 18:00 결과 발표
- 한국교통안전공단 홈페이지 확인

7

자격 발급 신청

- 한국교통안전공단 홈페이지 신청
- 사진(필수), 발급 비용 결제

8

자격증 수령

- 방문 : 직접 수령
- 홈페이지 : 등기우편 발송 수령(2일 이상 소요)

드론 구성

DRONE

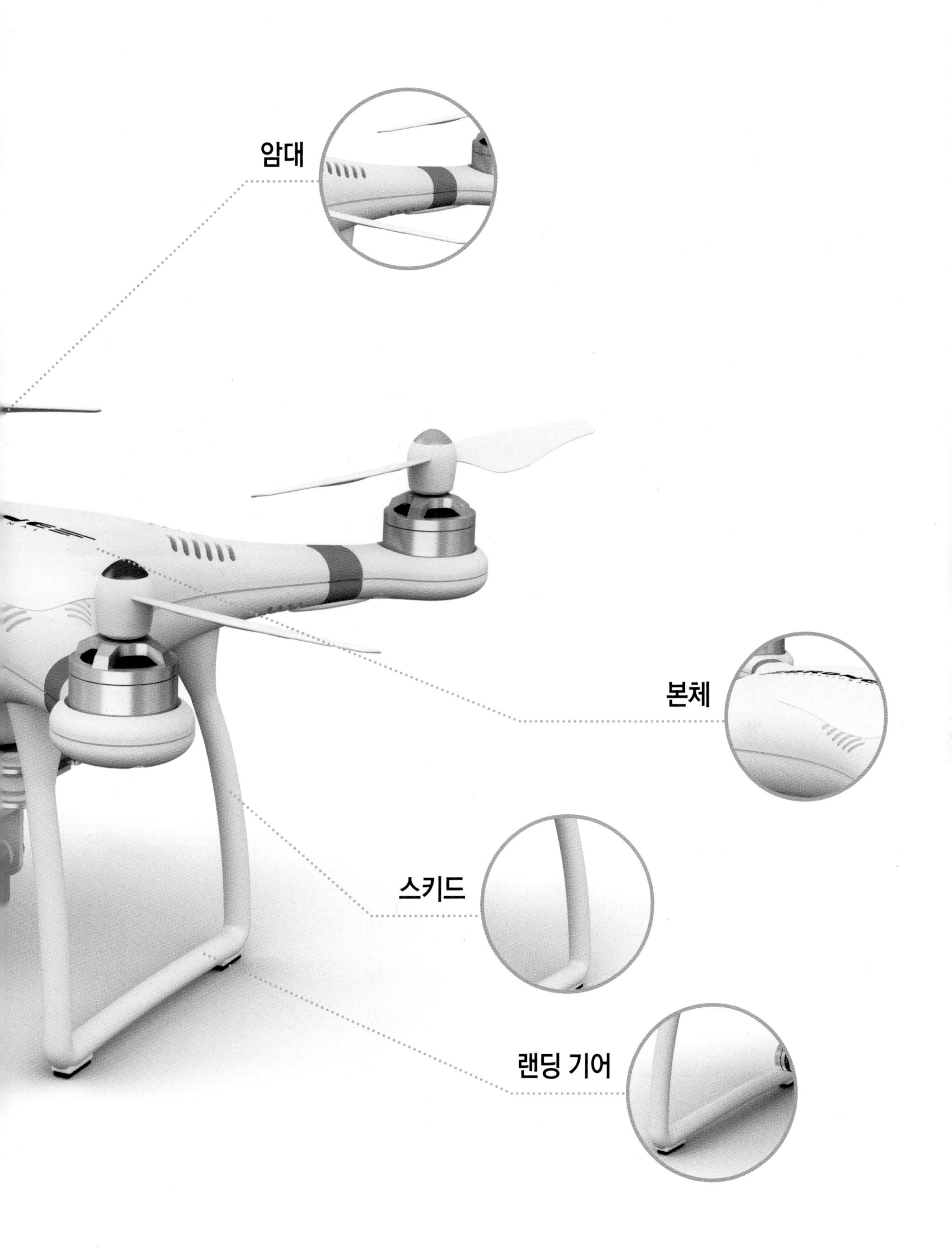
암대
본체
스키드
랜딩 기어

기체의 분류

초경량 비행장치

- 동력 비행장치
  - 타면조종형 비행장치
  - 체중이동형 비행장치
- 회전익 비행장치
  - 초경량 헬리콥터
  - 초경량 자이로플레인

- 무인 비행장치
  - 무인 비행기

  - 무인 헬리콥터

  - 무인멀티콥터

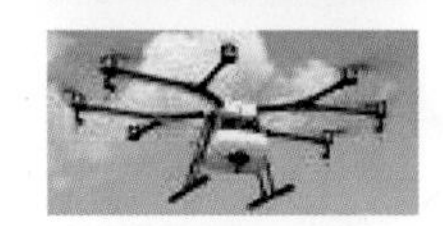

  - 무인비행선

- 행글라이더

- 패러글라이더

- 낙하산류

- 유인 자유기구
- 동력 패러글라이더

드론 국가 자격증 취득

DRONE

	조종자 문의처 : 031-645-2104	지도조종자 문의처 : 031-489-5209,5210	실기평가조종자 문의처 : 031-645-2101
비행 시간	1종 (20시간) 2종 (10시간) 3종 (6시간)	100시간	150시간
소요 시간	1종 11일 2종 6일 3종 3일 (일일 2시간)	44일 (일일 2시간)	25일 (일일 2시간)
비용	200~250만원	300~450만 원	300~450만 원
시험	이론시험 (응시료 : 48,400원) 실기+구술 (응시료 : 72,600원)	공단 3일 교육+이론시험 (교육비 : 150,000원)	공단 1일 교육/실기시험 (본인기체 사용시 300,000원) (기체 대여 사용시 400,000원)
권한	사용사업 가능	사용사업 가능	국토부지정기관 교육원 등 사업 가능
기타	이론 시험장 : 9개소 ▷ 서울, 대전, 광주, 부산 등 실기 시험장 : 16개소 ▷ 이론 면제 또는 합격 후 응시 가능	서류 검토 완료 후 입교 희망 차수 지정, 매주 수~금요일 80명씩 입과 중(한국교통안전공단 시흥교육장)	서류 검토 완료 후 입교 희망 차수 지정, 매주 수요일 12명씩 실기 평가 중(한국교통안전공단화성 시험장)

드론 사용

DRONE

최대이륙중량 25kg 이하
비사업용
장치 신고
최대이륙중량 2kg 초과 시 장치 신고 필요
조종자 증명(한국교통안전공단)
최대이륙중량 250g 초과 시 조종자 증명 필요
사업용
장치 신고 (한국교통안전공단) 모든 비행장치
사업등록 (한국교통안전공단)
조종자 증명(한국교통안전공단)
자체중량 250g 이상 시 조종자 증명 필요
비행승인(대부분 불필요) (지방항공청 또는 국방부)
비행금지구역, 관제권에서 비행하거나
그밖의 일반 공역에서 150m 이상의 고도를 비행하는 경우만 승인 필요
비행승인, 항공촬영을 할 경우는 드론원스탑에서 신청
조종자 준수사항에 따라 비행

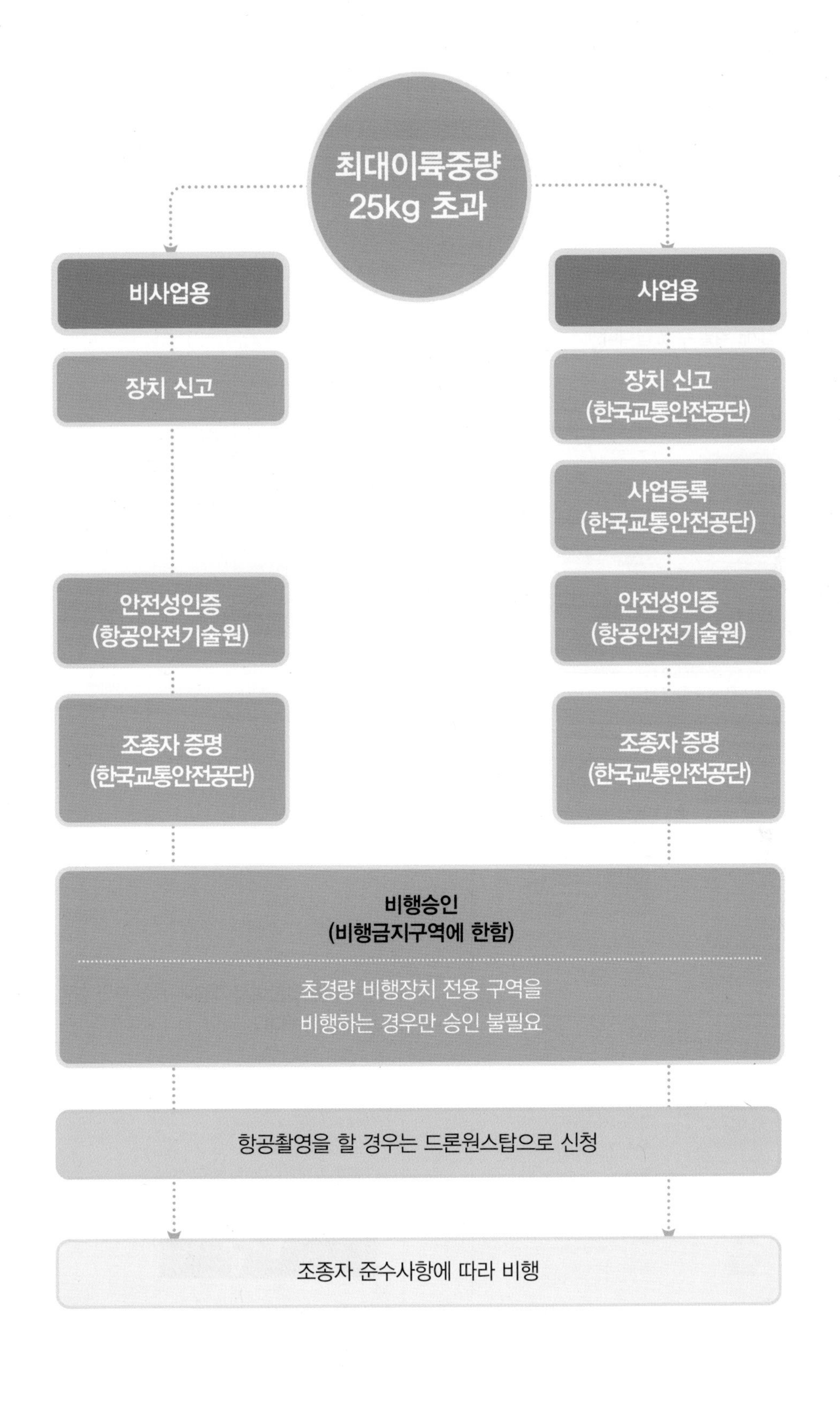

최대이륙중량
25kg 초과
비사업용
사업용
장치 신고
장치 신고
(한국교통안전공단)
사업등록
(한국교통안전공단)
안전성인증
(항공안전기술원)
안전성인증
(항공안전기술원)
조종자 증명
(한국교통안전공단)
조종자 증명
(한국교통안전공단)
비행승인
(비행금지구역에 한함)
초경량 비행장치 전용 구역을
비행하는 경우만 승인 불필요
항공촬영을 할 경우는 드론원스탑으로 신청
조종자 준수사항에 따라 비행

이 책의 구성 및 특징

DRONE

•체계적인 핵심 이론•

최신 출제 기준에 따라 꼭 알아두어야 할 필수 이론을 알아봅니다. 관련 이미지 자료 및 표 등을 통해 빠르게! 간편하게! 쉽게! 익힐 수 있습니다.

항공 법규 개요

Part 1 항공 법규

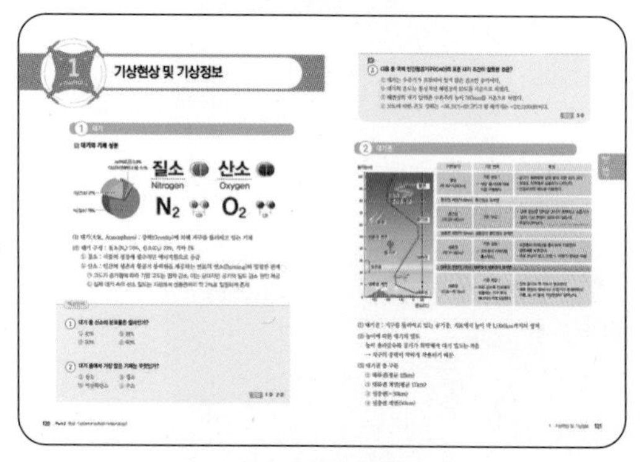
기상현상 및 기상정보

Part 2 항공 기상

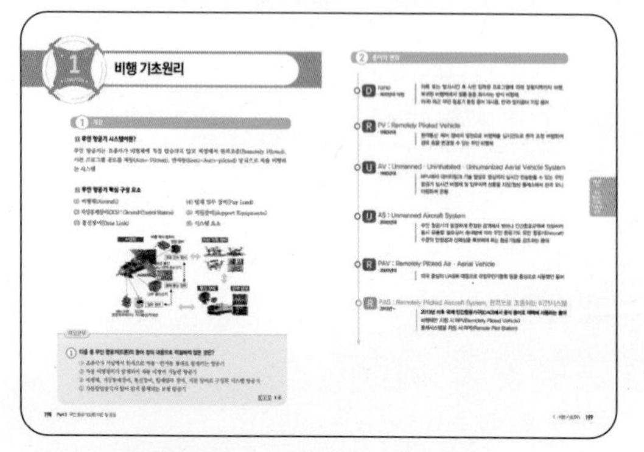
비행 기초원리

Part 3 무인 항공기(드론) 이론 및 운용

•예상 문제•

체계적인 이론에 관한 핵심 문제를 엄선하여 내용을 복습할 수 있습니다.

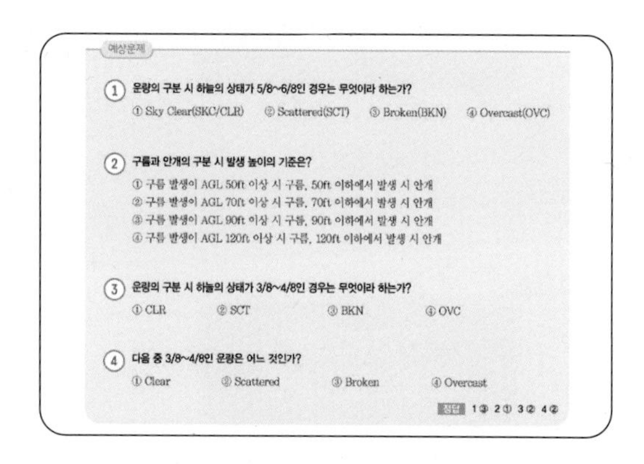
예상문제

(1) 운량의 구분 시 하늘의 상태가 5/8~6/8인 경우는 무엇이라 하는가?
① Sky Clear(SKC/CLR) ② Scattered(SCT) ③ Broken(BKN) ④ Overcast(OVC)

(2) 구름과 안개의 구분 시 발생 높이의 기준은?
① 구름 발생이 AGL 50ft 이상 시 구름, 50ft 이하에서 발생 시 안개
② 구름 발생이 AGL 70ft 이상 시 구름, 70ft 이하에서 발생 시 안개
③ 구름 발생이 AGL 90ft 이상 시 구름, 90ft 이하에서 발생 시 안개
④ 구름 발생이 AGL 120ft 이상 시 구름, 120ft 이하에서 발생 시 안개

(3) 운량의 구분 시 하늘의 상태가 3/8~4/8인 경우는 무엇이라 하는가?
① CLR ② SCT ③ BKN ④ OVC

(4) 다음 중 3/8~4/8인 운량은 어느 것인가?
① Clear ② Scattered ③ Broken ④ Overcast

정답 1③ 2① 3② 4②

•팁•

이론 학습에 덧붙여서 개념에 관한 부연 설명, 관련 정보 등을 알아봅니다.

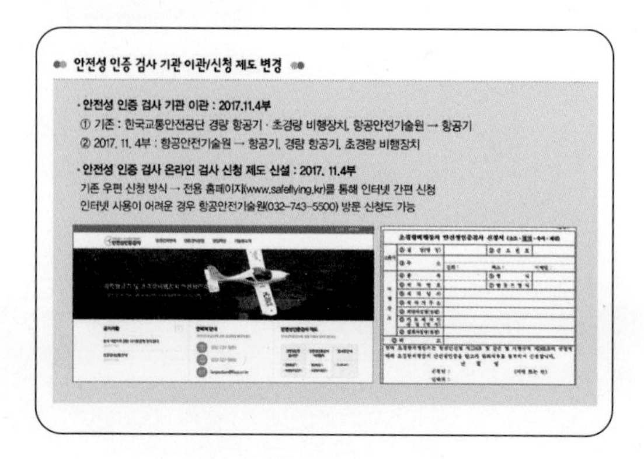
안전성 인증 검사 기관 이관/신청 제도 변경

- 안전성 인증 검사 기관 이관 : 2017.11.4부
① 기존 : 한국교통안전공단 경량 항공기 · 초경량 비행장치, 항공안전기술원 → 항공기
② 2017. 11. 4부 : 항공안전기술원 → 항공기, 경량 항공기, 초경량 비행장치
- 안전성 인증 검사 온라인 검사 신청 제도 신설 : 2017. 11.4부
기존 우편 신청 방식 → 전용 홈페이지(www.safeflying.kr)를 통해 인터넷 간편 신청
인터넷 사용이 어려운 경우 항공안전기술원(032-743-5500) 방문 신청도 가능

•단원별 모의고사•

학습을 마무리할 때마다 실력을 체크할 수 있도록 단원별 학습 내용에 따라서 문제를 수록해 개념을 다질 수 있습니다.

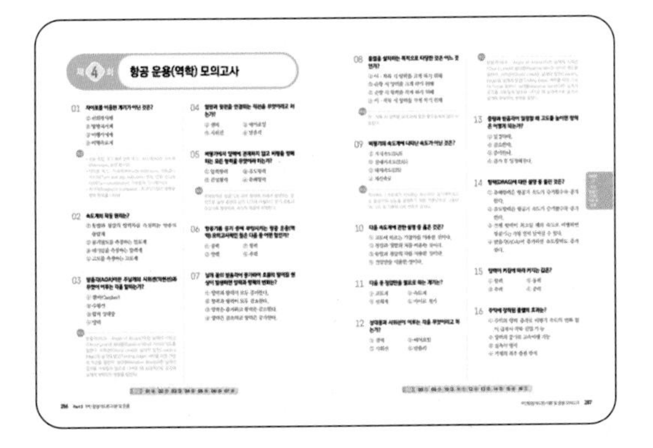

•기출 복원문제•

공부한 것을 최종적으로 점검할 수 있도록 10회분의 과년도 기출 복원문제를 수록하였으며, 상세한 해설을 통해 시험에 완벽대비 하실 수 있습니다.

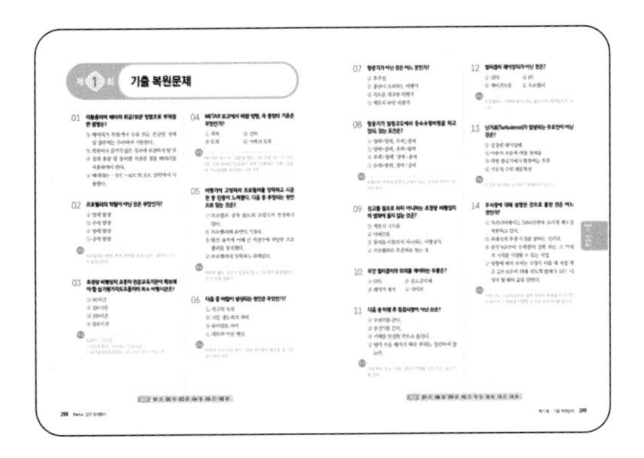

•예상적중 모의고사•

시험에 자주 출제되었거나 출제 가능성이 높은 문제들을 모아 총 10회의 예상적중 모의고사를 수록하였습니다.

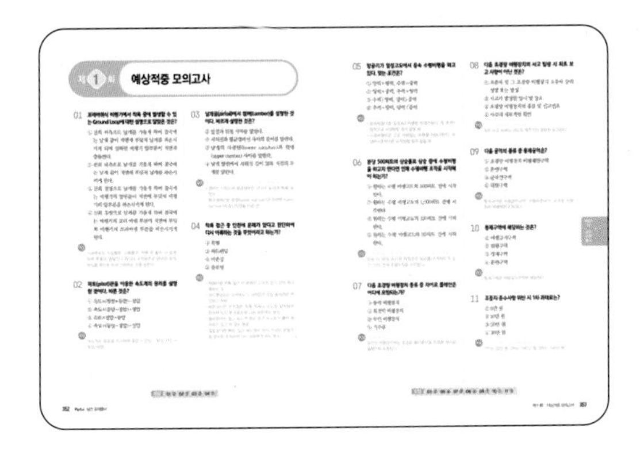

•부록•

구술시험 대비자료와 실기 단계별 구호(1종 기준) 그리고 기체제원을 수록하였습니다.

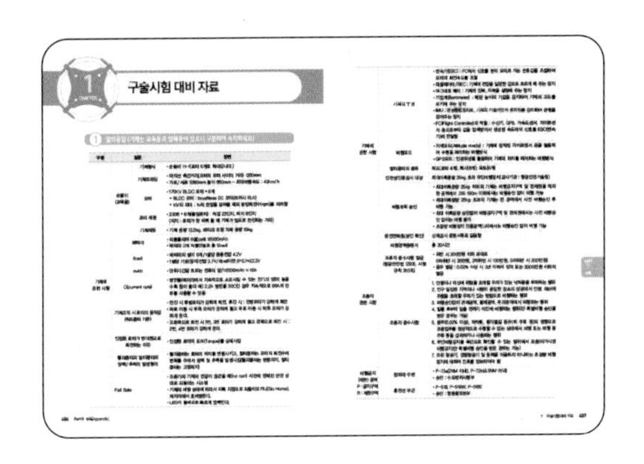

○ 이렇게 학습해 보세요!

응시 절차

DRONE

■ 자가용조종사, 경량항공기조종사, 초경량 비행장치조종자 구분

자격 종류	자가용조종사	경량항공기조종사	초경량 비행장치조종자
조종 기체	항공기	경량 항공기	초경량 비행장치
기체 종류	비행기, 헬리콥터, 활공기, 비행선, 항공우주선	타면조종형 비행기, 체중이동형 비행기, 경량 헬리콥터, 자이로 플레인, 동력 패러수트	동력 비행장치, 회전익 비행장치, 유인 자유기구, 동력 패러글라이더, 무인 비행기, 무인 비행선, 무인 멀티콥터, 무인 헬리콥터, 행글라이더, 패러글라이더, 낙하산류
신고	한국교통안전공단	한국교통안전공단	한국교통안전공단
검사	지방항공청	항공안전기술원	항공안전기술원
보험	보험 가입 필수	보험 가입 필수	사용 사업에 사용할 때, 국가, 지자체, 공공기관
자격 종류	비행기, 헬리콥터, 활공기, 비행선, 항공우주선	타면조종형 비행기, 체중이동형 비행기, 경량 헬리콥터, 자이로 플레인, 동력 패러수트	동력 비행장치, 회전익 비행장치, 유인 자유기구, 동력 패러글라이더, 무인 비행기, 무인 비행선, 무인 멀티콥터, 무인 헬리콥터, 행글라이더, 패러글라이더, 낙하산류
조종 교육	사업용조종사+조종교육증명 보유자	경량항공기조종사+조종교육증명 보유자	공단에 등록한 지도조종자

응시 자격

DRONE

■ 초경량 비행장치 조종자 응시자격

• 응시자격(항공안전법 시행규칙 제306조)

* 세부사항은 항공안전법 및 관련 규정의 기준을 적용합니다.

<table>
<tr><th colspan="2">자격</th><th>나이 제한</th><th>비행 경력만 있는 경우</th><th>항공종사자 자격 보유</th><th>전문교육기관 이수</th></tr>
<tr><td colspan="2">공통사항</td><td colspan="4">·비행 경력은 안정성 인증 검사, 비행 승인 등의 적법한 기준 및 절차를 따른 경력을 말함
·보통 2종 이상 운전면허 신체검사 증명서 또는 항공신체검사증명서를 소지해야 함</td></tr>
<tr><td rowspan="6">초경량 비행 장치 조종자</td><td>동력비행 장치</td><td rowspan="6">14세 이상</td><td>해당 종류 총 비행 경력 20시간
·단독 비행 경력 5시간 포함</td><td>·자가용/사업용/운송용조종사 비행기 자격 취득
* 타면조종형에 한함
·해당 종류 총 비행 경력 5시간
·단독 비행 경력 2시간 포함</td><td rowspan="2">지정된 곳 없음</td></tr>
<tr><td>회전익 비행장치</td><td>해당 종류 총 비행 경력 20시간
·단독 비행 경력 5시간 포함</td><td>·자가용/사업용/운송용조종사 회전익항공기 자격 취득
·해당 종류 총 비행 경력 5시간
·단독 비행 경력 2시간 포함</td></tr>
<tr><td>무인 비행기</td><td>해당 종류 총 비행 경력 20시간
* 초경량 비행장치 사용 사업으로 등록된 12kg 초과 무인 비행장치의 비행 경력</td><td rowspan="4"></td><td rowspan="4">전문교육기관 해당 과정 이수</td></tr>
<tr><td>무인 헬리콥터</td><td>해당 종류 총 비행 경력 20시간(무인멀티콥터 자격소지자는 10시간)
* 초경량 비행장치 사용 사업으로 등록된 12kg 초과 무인 비행장치의 비행 경력</td></tr>
<tr><td>무인 멀티콥터</td><td>1종: 해당종류 비행시간 20시간 이상<table><tr><td>구분</td><td>2종 무인멀티콥터 자격소지자</td><td>3종 무인멀티콥터 자격소지자</td></tr><tr><td>시간</td><td>15시간 이상</td><td>17시간 이상</td></tr></table>2종: 1종 또는 2종 무인멀티콥터 비행시간 10시간 이상<table><tr><td>구분</td><td>2종 무인헬리콥터 자격소지자</td><td>3종 무인멀티콥터 자격소지자</td></tr><tr><td>시간</td><td>5시간 이상</td><td>7시간 이상</td></tr></table>3종: 1종, 2종, 3종 무인멀티콥터 중 어느 하나의 비행시간 6시간 이상</td></tr>
<tr><td>무인 비행선</td><td>해당 종류 총 비행 경력 20시간
* 초경량 비행장치 사용 사업으로 등록된 12kg 초과 무인 비행장치의 비행 경력</td></tr>
</table>

자격		나이 제한	비행 경력만 있는 경우	항공종사자 자격 보유	전문교육기관 이수
초경량 비행 장치 조종자	유인 자유기구	14세 이상	해당 종류 총 비행 경력 16시간 ·단독 비행 경력 5시간 포함	해당 사항 없음	지정된 곳 없음
	동력 패러 글라이더		해당 종류 총 비행 경력 20시간		
	패러 글라이더		해당 종류 총 비행 경력 180시간 ·지도조종자와 동승 20회 이상 포함		
	행글라이더		해당 종류 총 비행 경력 180시간 ·지도조종자와 동승 20회 이상 포함		
	낙하산류		100회 이상의 교육강하 경력 (사각 낙하산의 경우 200회) ·최근 1년 내에 20회 이상의 낙하 경험을 포함		

■응시자격 제출 서류(항공안전법 시행규칙 제76조, 제77조제2항 및 별표 4)

구분	서류	구분	서류
필수	비행경력증명서 1부	추가	전문교육기관 이수증명서 1부 (전문교육기관 이수자에 한함)
	유효한 보통2종이상 운전면허 사본 1부 * 유효한 2종 보통이상 운전면허 신체검사 증명서 또는 항공신체검사증명서도 가능		

■응시자격 신청 방법

- 정의 : 항공안전법령에 의한 응시자격 조건이 충족되었는지 확인하는 절차
- 시기 : 학과시험 접수 전부터(학과시험 합격 무관)~실기시험 접수 전까지
- 기간 : 신청일 기준 7일 이내 소요(실기시험 접수 전까지 미리 신청)
- 장소 : 한국교통안전공단 홈페이지 [응시자격신청] 메뉴 이용(아래 신청 매뉴얼 참고)
- 대상 : 자격 종류/기체 종류가 다를 때마다 신청
  * 대상이 같은 경우 한번만 신청 가능하며 한번 신청된 것은 취소 불가
- 효력 : 최종합격 전까지 한번만 신청하면 유효
  * 학과시험 유효기간 2년이 지난 경우 제출서류가 미비하면 다시 제출
  * 제출 서류에 문제가 있는 경우 합격했더라도 취소 및 민·형사상 처벌 가능
- 절차 : (응시자) 제출서류 스캔 파일 등록 → (응시자) 해당 자격 신청 → (공단) 응시 조건/면제 조건 확인/검토 → (공단) 응시자격 처리(부여/기각) → (공단) 처리결과 통보(SMS) → (응시자) 처리결과 홈페이지 확인

학과시험 / 자격증 발급

DRONE

■초경량 비행장치 조종자 학과시험 안내

• 학과시험 시험과목 및 범위 (항공안전법 시행규칙 제82조제1항 및 별표 5, 제306조)

자격 종류	과목	범위
초경량 비행장치 조종자 (통합 1과목 40문제)	항공 법규	해당 업무에 필요한 항공 법규
	항공기상	가. 항공기상의 기초지식 나. 항공기상 통보와 일기도의 해독 등(무인 비행장치는 제외) 다. 항공에 활용되는 일반 기상의 이해 등(무인 비행장치에 한함)
	비행이론 및 운용	가. 해당 비행장치의 비행 기초 원리 나. 해당 비행장치의 구조와 기능에 관한 지식 등 다. 해당 비행장치 지상 활주(지상 활동) 등 라. 해당 비행장치 이착륙 마. 해당 비행장치 공중 조작 등 바. 해당 비행장치 비상 절차 등 사. 해당 비행장치 안전관리에 관한 지식 등

■학과시험 시행방법(항공안전법 제43조 및 시행규칙 제82조, 제84조, 제306조)

• 시행 담당 : 031-645-2100
• 시행 방법 : 컴퓨터에 의한 시험 시행
• 문제 수 : 초경량 비행장치 조종자 40문제
• 시험 시간 : 50분
• 시작 시간 : 평일(11:00, 13:30, 15:00, 16:30 등), 주말(9:30)

■초경량 비행장치 조종자 증명서·자격증 발급

• 발급 담당 : 031-645-2100
• 수수료 : 13,530원(우편 시, 부가세 포함)
• 수수료 : 11,000원(부가세 포함)
  * 발급 신청 시 증명사진 제출 필수(인터넷 발급의 경우, 등기우편비용 2,530원 추가)
• 신청 기간 : 최종합격발표 이후(인터넷 : 24시간, 방문 : 근무시간)
• 신청 방법
  * 인터넷 : TS 국가자격시험 홈페이지 항공자격 페이지
  * 방 문
    – 화성 드론자격센터 2층 사무실(평일 09:00~17:30)
  * 주소 : 경기도 화성시 송산면 삼존로 200 한국교통안전공단 드론자격센터
    – 항공자격처 사무실(평일 09:00~17:30)
    – 주소 : 서울 마포구 구룡길 15 (상암동 1733번지) 상암자동차검사소 3층

• 결제 수단 : 인터넷(신용카드, 계좌이체), 방문(신용카드, 현금)
• 처리 기간 : 인터넷(5~7일 소요), 방문(10~20분)
• 신청 취소 : 인터넷 취소 불가(전화 취소 031-645-2100, 2105, 2016 자격 발급 담당자)
• 책임 여부 : 발급 책임(공단), 발급신청/우편배송/대리수령/수령확인 책임(신청자)
• 발급 절차 : (신청자) 발급신청(자격사항, 인적사항, 배송지 등) → (신청자) 제출서류 스캔 파일 등록(사진 등) → (공단) 신청명단 확인 후 자격증 발급 → (공단) 등기우편발송 → (우체국) 등기우편배송 → (신청자) 수령 및 이상유무 확인

■ 초경량 비행장치 조종자 학과시험 세목

• 무인 비행장치(무인멀티콥터)

과목	세목
법규분야	000. 목적 및 용어의 정의
	002. 공역 및 비행제한
	010. 초경량 비행장치 범위 및 종류
	012. 신고를 요하지 아니하는 초경량 비행장치
	020. 초경량 비행장치의 신고 및 안전성인증
	023. 초경량 비행장치 변경/이전/말소
	030. 초경량 비행장치의 비행자격 등
	031. 비행계획 승인
	032. 초경량 비행장치 조종자 준수사항
	040. 초경량 비행장치 사고/조사 및 벌칙
이론분야	060. 비행준비 및 비행전 점검
	061. 비행절차
	062. 비행 후 점검
	070. 기체의 각 부분과 조종면의 명칭 및 이해
	071. 추력 부분의 명칭 및 이해
	072. 기초비행이론 및 특성
	073. 측풍 이착륙
	074. 엔진고장 등 비정상상황 시 절차
	075. 비행장치의 안정과 조종
	076. 송수신 장비 관리 및 점검

과목	세목
이론분야	077. 베터리의 관리 및 점검
	078. 엔진의 종류 및 특성
	079. 조종자 및 역할
	080. 비행장치에 미치는 힘
	082. 공기흐름의 성질
	084. 날개 특성 및 형태
	085. 지면효과, 후류 등
	086. 무게중심 및 Weight & Balance
	087. 사용가능기체(GAS)
	092. 비행안전 관련
	093. 조종자 및 인적요소
	095. 비행 관련 정보(AIP, NOTAM) 등
기상분야	100. 대기의 구조 및 특성
	110. 착빙
	120. 기온과 기압
	140. 바람과 지형
	150. 구름
	160. 시정 및 시정장애 현상
	170. 고기압과 저기압
	180. 기단과 전선
	190. 뇌우 및 난기류 등

목차 Contents

PART 2 항공 기상 Aeronautical Meteorology

PART 3 무인 항공기(드론) 이론 및 운용

PART 4 실전 문제풀이

PART 5 부록

CONTENTS

PART 1

항공 법규

Air Law for AMEs

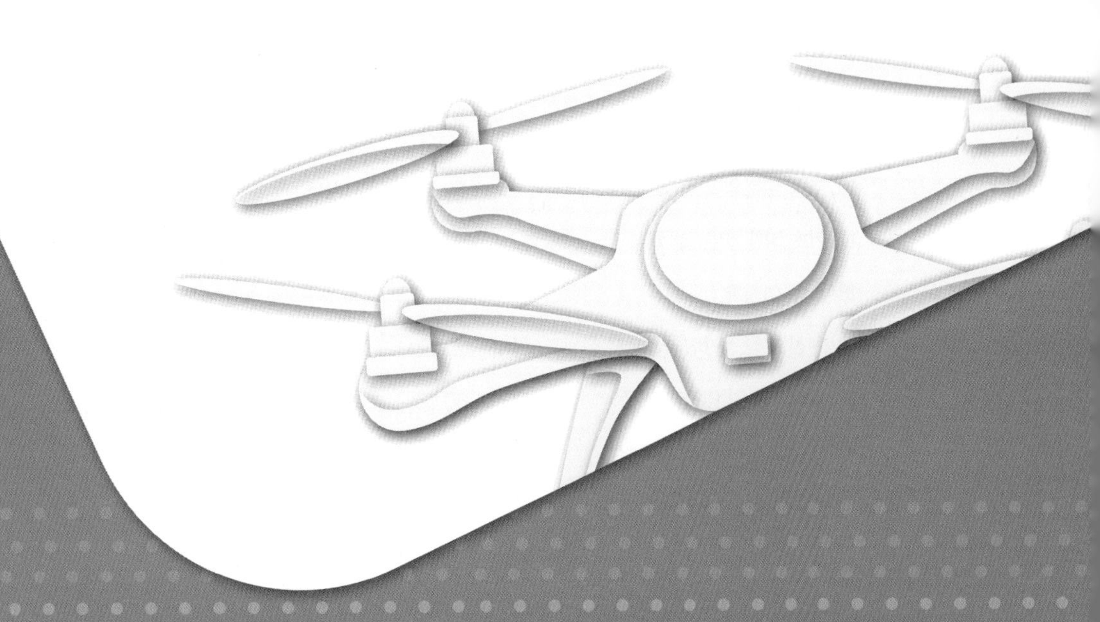

항공 법규 개요

1 학과시험 출제 항목

출제 항목	정답률(%)	출제 항목	정답률(%)
1. 항공법의 목적 및 용어의 정의	54.81	22. 배터리의 관리 및 점검	69.43
2. 공역 및 비행 제한	66.98	23. 엔진의 종류 및 특성	81.50
3. 장애 표시	83.94	24. 조종자 및 역할	80.48
4. 초경량 비행장치 범위 및 종류	71.12	25. 비행장치에 미치는 힘	50.65
5. 신고를 요하지 않는 초경량 비행장치	81.59	26. 공기 흐름의 성질	52.53
6. 초경량 비행장치 신고 및 안전성 인증	58.69	27. 날개 특성 및 형태	41.70
7. 초경량 비행장치 변경/이전/말소	78.01	28. 지면 효과, 후류 등	50.71
8. 초경량 비행장치 비행 자격 등	94.69	29. 무게 중심 및 Weight & Balance	67.86
9. 비행 계획 승인	59.29	30. 사용 가능 기체(GAS)	75.05
10. 초경량 비행장치 조종자 준수사항	79.25	31. 비행 안전 관련	75.28
11. 초경량 비행장치 사고/조사 및 벌칙	75.26	32. 조종자 및 인적 요소	56.56
12. 비행 준비 및 비행 전 점검	75.58	33. 비행관련 정보(AIP, NOTAM)	55.15
13. 비행 절차	61.65	34. 대기의 구조 및 특성	54.06
14. 비행 후 점검	74.28	35. 착빙	62.23
15. 기체의 각 부분과 조종면의 명칭 및 이해	70.50	36. 기온과 기압	54.83
16. 추력 부분의 명칭 및 이해	52.53	37. 바람과 지형	63.22
17. 기초 비행 이론 및 특성	59.00	38. 구름	54.21
18. 측풍 이착륙	41.67	39. 시정 및 시정 장애 현상	63.23
19. 엔진 고장 등 비상상황 시 절차	77.19	40. 고기압과 저기압	48.77
20. 비행장치의 안정과 조종	80.56	41. 기단과 전선	45.04
21. 송수신 장비 관리 및 점검	80.16	42. 뇌우 및 난기류 등	66.92

▲ 초경량 비행장치 비행자격 증명 학과시험 정답률

2 항공 법규 찾아보기

▲ 국가법령정보센터 웹사이트 : 항공안전법, 항공사업법, 공항시설법 검색

▲ 국가법령정보센터 모바일 앱

3 항공 법규의 분법 체계 및 내용

1 항공 법규 분법 시행 : 1961년 3월 대한민국 항공법 최초 제정
2017년3월기존항공법을항공안전법,항공사업법,공항시설법으로구분시행

(1) 체계

이전	분야	개선
항공운동사업진흥법	안전	항공안전법(항공안전법시행령 · 시행 규칙)
항공법(항공법시행령 · 시행규칙)	사업	항공사업법(항공사업법시행령 · 시행 규칙)
수도권신공항건설 촉진법	시설	공항시설법(공항시설법시행령 · 시행 규칙)

(2) 내용

① 항공안전법 : 항공기 등록, 운항, 종사자 자격 및 교육 안전성 인증 및 안전 관리, 공역 및 항공 교통 업무 등을 규정

② 항공사업법 : 항공운송사업, 항공기사용사업, 항공기정비업 등. 항공 교통이용자 보호, 항공 사업의 진흥사항 등 규정

③ 공항시설법 : 공항 및 비행장의 개발, 관리, 운영, 항행 안전시설의 설치, 관리 등에 관한 사항 규정

예상문제

1 다음 중 2017년 3월 30일 자로 기존 항공법이 3개의 분법으로 나누어졌는데 이에 포함되지 않는 것은?

① 항공안전법 ② 항공진흥법
③ 공항시설법 ④ 항공사업법

정답 1 ②

4 초경량 비행장치 개요

1 초경량 비행장치 정의

항공기와 경량 항공기 외에 공기의 반작용으로 뜰 수 있는 장치로서 자체 중량, 좌석 수 등 국토교통부령으로 정하는 기준에 해당하는 동력 비행장치, 행글라이더, 패러글라이더, 기구류 및 무인 비행장치 등을 말한다.(항공안전법 제2조 정의)

2 자가용 조종사, 경량 항공기 조종사, 초경량 비행장치 조종자 구분

자격 종류	자가용 조종사	경량 항공기 조종사	초경량 비행장치 조종자
조종 기체	항공기	경량 항공기	초경량 비행장치
기체 종류	비행기, 헬리콥터, 활공기, 비행선, 항공우주선	타면조종형비행기, 체중이동형비행기, 경량 헬리콥터, 자이로 플레인, 동력 패러슈트	동력 비행장치, 회전익 비행장치, 유인자유기구, 동력 패러글라이더, 무인 비행기, 무인 비행선, 무인멀티콥터, 무인 헬리콥터, 행글라이더, 패러글라이더, 낙하산류
기체 구분 비행기 기준	초경량 비행장치 및 경량 항공기 초과 기체	• 좌석 2개 이하 • 자체 중량 115kg 초과 • 최대이륙중량 600kg 이하 • 최대수평비행속도 120knots 이하 • 최대실속속도 45knots 이하 • 단발 왕복발동기 • 조종석 여압장치 미장착 • 비행중 프로펠러 각도 조정 불가 • 고정된 착륙장치 장착	• 좌석 1개 • 자체 중량 115kg 이하
등록	지방항공청	지방항공청	한국교통안전공단
검사	지방항공청	항공안전기술원	항공안전기술원
보험	보험가입 필수	보험가입 필수	사용사업에 사용할 때
조종 교육	사업용 조종사 + 조종교육증명 보유자	경량 항공기 조종사 + 조종교육증명 보유자	공단에 등록한 지도조종자

※ 경량/초경량 비행장치 안전성 인증검사는 '17.11.3일부터 항공안전기술원에서 업무(032-743-5500)를 담당합니다.

3 경량 항공기 종류와 현황

(1) 타면조종형 비행기

동력 즉 엔진을 이용하여 프로펠러를 회전시켜 추진력을 얻는 항공기로서 착륙장치가 장착된 고정익(날개가 움직이지 않는) 경량 항공기를 말한다. 이륙중량 및 성능이 제한되어 있을 뿐 구조적으로 일반 항공기와 거의 같다고 할 수 있으며, 조종면, 동체, 엔진, 착륙장치의 4가지로 이루어져 있다. 타면조종형이라고 하는 이유는 주날개 및 꼬리날개에 있는 조종면(도움날개, 방향타, 승강타)을 움직여, 양력의 불균형을 발생시킴으로서 조종할 수 있기 때문이다.

(2) 체중이동형 비행기

활공기의 일종인 행글라이더를 기본으로 발전해 왔으며, 높은 곳에서 낮은 곳으로 활공할 수밖에 없는 단점을 개선하여 평지에서도 이륙할 수 있도록 행글라이더에 엔진을 부착하여 개발하였다. 타면조종형비행기의 고정된 날개와는 달리 조종면이 없이 체중을 이동하여 경량 항공기의 방향을 조종한다. 또한, 날개를 가벼운 천으로 만들어 분해와 조립이 용이하게 되어 있으며, 신소재의 개발로 점차 경량화 되어가고 있는 추세이다.

(3) 경량 헬리콥터

일반 항공기의 헬리콥터와 구조적으로 같지만, 이륙중량 및 성능의 제한을 받는다. 엔진을 이용하여 동체 위에 있는 주회전날개를 회전시킴으로서 양력을 발생시키고, 주회전날개의 회전면을 기울여 양력이 발생하는 방향을 변화시키면 앞으로 전진할 수 있는 추진력도 발생된다. 또, 꼬리회전날개에서 발생하는 힘을 이용하여 경량 항공기의 방향 조종을 할 수 있다.

(4) 자이로 플레인

고정익과 회전익의 조합형이라고 할 수 있으며 공기력 작용에 의하여 회전하는 1개 이상의 회전익에서 양력을 얻는 경량 항공기를 말한다. 헬리콥터는 주회전날개에 엔진동력을 전달하여 추력과 양력을 얻는데 반해, 자이로 플레인은 동력을 프로펠러에 전달하여 추력을 얻게 되고 비행장치가 전진함에 따라 공기가 아래에서 위로 흐르면서 주회전 날개를 회전시켜 양력을 얻는다.

(5) 동력 패러슈트

낙하산류에 추진력을 얻는 장치를 부착한 경량 항공기이다. 패러글라이더에 엔진과 조종석을 장착한 동체(trike)를 연결하여 비행하며, 조종줄을 사용하여 경량 항공기의 방향과 속도를 조종한다.

4 초경량 비행장치 종류와 현황

(1) 동력 비행장치

자체중량(탑승자, 연료 및 비상용 장비의 중량을 제외한)이 115kg 이하이고, 좌석이 1개인 동력을 이용하는 고정익 비행장치

① 타면조종형 비행장치

현재 국내에 가장 많이 있는 종류로서, 자중(115kg) 및 좌석수(1인승)가 제한되어 있을 뿐 구조적으로 일반 항공기와 거의 같다고 할 수 있으며, 조종면, 동체, 엔진, 착륙장치의 4가지로 이루어져 있다. 타면조종형이라고 하는 이유는 주날개 및 꼬리날개에 있는 조종면(도움날개, 방향타, 승강타)을 움직여, 양력의 불균형을 발생시킴으로써 조종할 수 있기 때문이다.

② 체중이동형 비행장치

활공기의 일종인 행글라이더를 기본으로 발전해 왔으며, 높은 곳에서 낮은 곳으로 활공할 수밖에 없는 단점을 개선하여 평지에서도 이륙할 수 있도록 행글라이더에 엔진을 부착하여 개발하였다. 타면조종형과 같이 자중 (115kg) 및 좌석수 (1인승)의 제한을 받는다. 타면조종형 비행장치의 고정된 날개와는 달리 조종면이 없이 체중을 이동하여 비행장치의 방향을 조종한다. 또한, 날개를 가벼운 천으로 만들어 분해와 조립이 용이하게 되어 있으며, 신소재의 개발로 점차 경량화되어 가고 있는 추세이다.

(2) 회전익 비행장치

자체중량(탑승자, 연료 및 비상용 장비의 중량을 제외한)이 115kg 이하이고, 좌석이 1개인 동력을 이용하는 헬리콥터 또는 자이로 플레인

① 초경량 헬리콥터

일반 항공기의 헬리콥터와 구조적으로 같지만, 자중 (115kg) 및 좌석수 (1인승)의 제한을 받는다. 엔진을 이용하여 동체 위에 있는 주회전날개를 회전시킴으로써 양력을 발생시키고, 주회전날개의 회전면을 기울여 양력이 발생하는 방향을 변화시키면 앞으로 전진할 수 있는 추진력도 발생된다. 또, 꼬리회전날개에서 발생하는 힘을 이용하여 비행장치의 방향 조종을 할 수 있다.

② 초경량 자이로 플레인

고정익과 회전익의 조합형이라고 할 수 있으며 공기력 작용에 의하여 회전하는 1개 이상의 회전익에서 양력을 얻는 비행장치를 말한다. 자중(115kg) 및 좌석수(1인승)의 제한을 받는다. 헬리콥터는 주회전날개에 엔진 동력을 전달하여 추력과 양력을 얻는데 반해, 자이로 플레인은 동력을 프로펠러에 전달하여 추력을 얻게 되고 비행장치가 전진함에 따라 공기가 아래에서 위로 흐르면서 주회전날개를 회전시켜 양력을 얻는다.

(3) 유인 자유기구

기구란, 기체의 성질이나 온도차 등으로 발생하는 부력을 이용하여 하늘로 오르는 비행장치이다. 기구는 비행기처럼 자기가 날아가고자 하는 쪽으로 방향을 전환하는 그런 장치가 없다. 한 번 뜨면 바람 부는 방향으로만 흘러 다니는, 그야말로 풍선이다. 같은 기구라 하더라도 운용목적에 따라 계류식기구와 자유기구로 나눌 수 있는데, 비행훈련 등을 위해 케이블이나 로프를 통해서 지상과 연결하여 일정고도 이상 오르지 못하도록 하는 것을 계류식기구라고 하고, 이런 고정을 위한 장치 없이 자유롭게 비행하는 것을 자유기구라고 한다.

(4) 동력 패러글라이더

낙하산류에 추진력을 얻는 장치를 부착한 비행장치이다. 조종자의 등에 엔진을 매거나, 패러글라이더에 동체(trike)를 연결하여 비행하는 두 가지 타입이 있으며, 조종줄을 사용하여 비행장치의 방향과 속도를 조종한다. 높은 산에서 평지로 뛰어내리는 것에 비해 낮은 평지에서 높은곳으로 날아 올라 비행을 즐길 수 있다.

(5) 무인 비행장치

사람이 탑승하지 아니하는 것으로서 무인동력 비행장치(연료의 중량을 제외한 자체중량이 150kg 이하인 무인비행기, 무인헬리콥터, 무인멀티콥터)와 무인비행선(연료의 중량을 제외한 자체 중량이 180kg 이하이고 길이가 20m 이하인 무인 비행선)으로 구분

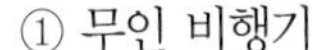

① 무인 비행기

사람이 타지 않고 무선통신장비를 이용하여 조종하거나, 내장된 프로그램에 의해 자동으로 비행하는 비행체이며, 구조적으로 일반 항공기와 거의 같고, 레저용으로 쓰이거나, 정찰, 항공 촬영, 해안 감시 등에 활용되고 있다.

② 무인 헬리콥터

사람이 타지 않고 무선통신장비를 이용하여 조종하거나, 내장된 프로그램에 의해 자동으로 비행하는 비행체이며, 구조적으로 일반 회전익 항공기와 거의 같고, 항공 촬영, 농약 살포 등에 활용되고 있다.

③ 무인멀티콥터

사람이 타지 않고 무선통신장비를 이용하여 조종하거나, 내장된 프로그램에 의해 자동으로 비행하는 비행체로서, 구조적으로 헬리콥터와 유사하나 양력을 발생하는 부분이 회전익이 아니라 프로펠러 형태이며 각 프로펠러의 회전수를 조정하여 방향 및 양력을 조정한다. 사용처는 항공 촬영, 농약 살포 등에 널리 활용되고 있다.

④ 무인 비행선

가스기구와 같은 기구비행체에 스스로의 힘으로 움직일 수 있는 추진장치를 부착하여 이동이 가능하도록 만든 비행체이며 추진장치는 전기식 모터, 가솔린 엔진 등이 사용되며 각종 행사 축하비행, 시범비행, 광고에 많이 쓰인다.

(6) 행글라이더

자체중량(탑승자 및 비상용 장비의 중량을 제외한)이 70kg 이하로서 체중 이동, 타면조종 등의 방법으로 조종하는 비행장치

행글라이더는 가벼운 알루미늄합금 골조에 질긴 나일론 천을 씌운 활공기로서, 쉽게 조립하고 분해할 수 있으며, 약 20~35kg의 경량이기 때문에 사람의 힘으로 운반할 수 있다. 사람의 체중을 이동시켜 조종한다.

(7) 패러글라이더

자체중량(탑승자 및 비상용 장비의 중량을 제외한)이 70kg 이하로서 날개에 부착된 줄을 이용하여 조종하는 비행장치

낙하산과 행글라이더의 특성을 결합한 것으로 낙하산의 안정성, 분해, 조립, 운반의 용이성과 행글라이더의 활공성, 속도성을 장점으로 가지고 있다.

(8) 낙하산류

항력(抗力)을 발생시켜 대기(大氣) 중을 낙하하는 사람 또는 물체의 속도를 느리게 하는 비행장치

예상문제

1 다음 중 항공안전법상 초경량 비행장치라 할 수 없는 것은?

① 낙하산류에 추진력을 얻는 장치를 부착한 동력 패러글라이더
② 하나 이상의 회전익에서 양력을 얻는 초경량 자이로 플레인
③ 좌석이 2개인 비행장치로서 자체 중량이 115kg을 초과하는 동력 비행장치
④ 기체의 성질과 온도 차를 이용한 유인 또는 계류식 기구류

2 초경량 비행장치의 용어 설명으로 틀린 것은?

① 초경량 비행장치의 종류에는 동력 비행장치, 회전익비행장치, 기구류, 무인 비행장치 등이 있다.
② 무인 동력 비행장치는 연료의 중량을 제외한 자체 중량이 120kg 이하인 무인 비행기 또는 무인회전익 비행장치를 말한다.
③ 회전익 비행장치에는 초경량 자이로 플레인, 초경량 헬리콥터 등이 있다.
④ 무인 비행선은 연료의 중량을 제외한 자체 중량이 180kg 이하이고, 길이가 20m 이하인 무인 비행선을 말한다.

3 다음 중 초경량 비행장치에 속하지 않는 것은?

① 동력 비행장치 ② 회전익 비행장치
③ 패러글라이더 ④ 비행선

4 다음 중 초경량 비행장치의 기준이 잘못된 것은?

① 동력 비행장치는 좌석 1개, 자체 중량 115kg 이하
② 행글라이더 및 패러글라이더는 중량 70kg 이하
③ 무인 동력 비행장치는 연료 제외 자체 중량 115kg 이하
④ 무인 비행선은 연료 제외 자체 중량 180kg 이하

정답 1③ 2② 3④ 4③

5 다음 중 회전익 비행장치로 구성된 것은?

가. 무인 비행기	나. 동력 비행장치	다. 초경량 헬리콥터
라. 초경량 자이로 플레인	마. 행글라이더	바. 무인 비행선

① 가, 나 ② 나, 다 ③ 다, 라 ④ 라, 마

6 다음 중 초경량 비행장치 중 초경량 자이로 플레인은 어디에 포함되는가?

① 동력 비행장치 ② 회전익 비행장치 ③ 무인 비행장치 ④ 기구류

7 다음 중 초경량 비행장치가 아닌 것은?

① 동력 비행장치 ② 초급 활공기 ③ 낙하산류 ④ 동력 패러글라이더

8 동력 비행장치는 자체 중량이 몇 킬로그램 이하이어야 하는가?

① 70kg ② 100kg ③ 115kg ④ 250kg

9 다음 초경량 비행장치 기준 중 무인 동력 비행장치에 포함되지 않는 것은?

① 무인 비행기 ② 무인 헬리콥터 ③ 무인멀티콥터 ④ 무인 비행선

10 다음 중 초경량 비행장치의 개념과 기준 중 행글라이더 및 패러글라이더의 무게 기준은?

① 자체 중량 115kg 이하 ② 자체 중량 70kg 이하
③ 자체 중량 150kg 이하 ④ 자체 중량 180kg 이하

11 다음 중 항공안전법상 초경량 비행장치에 포함되지 않는 것은?

① 동력 비행장치 ② 회전익 비행장치 ③ 동력 패러글라이더 ④ 활공기

12 초경량 비행장치 무인멀티콥터의 자체 중량에 포함되지 않는 것은?

① 기체 무게 ② 로터 무게 ③ 배터리 무게 ④ 탑재물

정답 5 ③ 6 ② 7 ② 8 ③ 9 ④ 10 ② 11 ④ 12 ④

⑬ **초경량 비행장치의 종류가 아닌 것은?**

① 초급 활공기 ② 동력 비행장치 ③ 회전익 비행장치 ④ 초경량 헬리콥터

정답 13 ①

5 무인 항공기와 무인 비행장치의 구별

1 국내 항공 법규상 무게에 의한 구분

무인 비행장치 < 150kg < 무인 항공기

2 무인 항공기의 구분

(1) 국제 민간 항공 기구(ICAO, International Civil Aviation Organization)[1]
부속서상 무인 항공기 정의 : RPAS(Remotedly Piloted Aircraft System)
① 비행체(RPA, Remotely Piloted Aircraft)
② 지상통제시스템(RPS, Remotely Piloted Station)

(2) ICAO가 제시한 국제 민간 항공 협약서[2](본문 96개 조항, 19개의 부속서(Annex) 제시)
Annex 8–항공기의 감항성(Airworthiness of Aircraft) : 무조종사 항공기라 규정

(3) 국내 : 항공기에 사람이 탑승하지 않고 원격으로 비행할 수 있는 항공기

3 무인 비행장치의 구분

(1) 미 연방항공청(FAA)과 한국 비교

구분	미연방항공청	한국 국토교통부
중량	25kg(=55 lbs(pound)	150kg이하
최고속도	100mph(=161km/h=97knot)	없음
최대이륙고도	500ft(152m)	150m

(1) 미국 : FAA Modernization and Reform Act of 2012의 Section336 조항에서 무인항공기의 정의 및 규제기준을 다룬다.

1) 국제 민간 항공협정에 의하여 1947년에 성립한 국제 민간 항공 기구다. 국제 민간 항공의 발전을 도모하고 그의 안전과 질서 있는 성장을 보장한다. 본부의 소재지는 캐나다의 몬트리올이다. 가맹국은 141개국이며, 한국은 1952년 12월 11일 가입했다.
2) 우리나라의 항공안전법의 기본이 되는 국제법이다.

미 연방항공청(FAA)는 초경량 비행장치의 중량을 25kg(=55 lbs(pound))로 제한하며, 최고속도는 시속 100mph(=161km/h=97knot) 이하, 최대이륙고도를 500ft(152m) 이하로 제한하고 있다. 500ft라는 고도를 정한 이유는 보잉747과 같은 유인 고정익 항공기기(Fixed-Wing Aircraft)가 비행가능한 최저 비행고도(minimum altitude) 및 공역(navigable airspace) 이기 때문이다. 또한 주간비행(Daylight-only operations: 일출 후부터 일몰 전까지)만 허용하고 조종자의 시계 내 비행(visual-line-of-sight: 반경 3마일(3mile=4.83km)이하 비행준수, 인구밀집 혼잡지역에서의 비행금지를 요구한다. 또한 공항이나 군사 주요시설에서 반경 5마일(5mile=8km) 이내 비행은 금지된다. 이를 어길 시에 $25,000의 벌금을 부과받는다((AGRIP (2015), Ajoke Oyegunle (2013) : 372-373, , FAA, 2012 : 63-68, FAA, 2015c : 10, ICAO (2011) "Cir 328 AN/190", U.S. Department of Transportation, 2016 : 133-13

(2) 한국 : 무인비행장치(Unmanned Aerial Vehicles, UAV)란 사람이 타지 않고, 원격 조종 또는 스스로 조종되는 비행체를 말한다. 사용 용도에 따라 카메라, 센서, 통신장비, 또는 다른 장비를 탑재한다.

예상문제

1 우리나라 항공안전법의 기본이 되는 국제법은?

① 일본 동경 협약 ② 국제 민간 항공조약 및 조약의 부속서
③ 미국의 항공법 ④ 중국의 항공법

2 국제 민간 항공 기구(ICAO)에서 공식 용어로 사용하는 무인 항공기 용어는?

① Drone ② UAV ③ RPV ④ RPAS

3 우리나라 항공관련법규(항공안전법, 항공사업법, 공항시설법)의 기본이 되는 국제법은?

① 미국의 공항법 ② 일본의 공항법
③ 중국의 항공법 ④ 국제 민간 항공 협약 및 같은 협약의 부속서

4 우리나라 항공안전법상 무인 비행장치는 무게를 기준으로 규정하고 있다. 그 설명이 틀린 것은?

① 무인 항공기와 무인 비행장치 구분 기준은 150kg이다.
② 안전성 인증의 기준은 이륙 중량 25kg이다.
③ 사업용으로 이용되는 비행장치는 비행 시 조종 자격 증명 기준이 자체 중량 12kg이다.
④ 안전성 인증의 기준은 자체 중량 25kg이다.

정답 1② 2④ 3④ 4④

항공안전법

1 목적 및 정의

1 제1조(목적)

국제 민간 항공 협약 및 같은 협약의 부속서에서 채택된 표준과 권고되는 방식에 따라 항공기, 경량 항공기 또는 초경량 비행장치가 안전하게 항행하기 위한 방법을 정함으로써 생명과 재산을 보호하고, 항공 기술 발전에 이바지함을 목적으로 한다.

2 제2조(정의)

구분	용어의 뜻
항공기	공기의 반작용(지표면 또는 수면에 대한 공기의 반작용은 제외한다. 이하 같다)으로 뜰 수 있는 기기로서 최대 이륙 중량, 좌석 수 등 국토교통부령으로 정하는 기준에 해당하는 비행기, 헬리콥터, 비행선, 활공기를 말한다.
경량 항공기	항공기 외에 공기의 반작용으로 뜰 수 있는 기기로서 최대 이륙 중량, 좌석 수 등 국토교통부령으로 정하는 기준에 해당하는 비행기, 헬리콥터, 자이로 플레인 및 동력 패러수트 등을 말한다.
초경량 비행장치	항공기와 경량 항공기 외에 공기의 반작용으로 뜰 수 있는 장치로서 자체 중량, 좌석 수 국토교통부령으로 정하는 기준에 해당하는 동력 비행장치, 행글라이더, 패러글라이더, 기구류, 무인 비행장치 등을 말한다.

예상문제

1 항공안전법의 목적은 무엇인가?

① 항공기의 안전한 항행을 통한 생명과 재산 보호 및 항공기술 발전 도모
② 항공기 등 안전 항행 기준을 법으로 정함
③ 국제 민간 항공의 안전 항행과 발전 도모
④ 국내 민간 항공의 안전 항행과 발전 도모

정답 1 ①

② 항공안전법의 목적으로 틀린 것은?

① 항공기, 경량 항공기 또는 초경량 비행장치가 안전하게 항행하기 위한 방법을 정한다.
② 국민의 생명과 재산을 보호한다.
③ 항공기술 발전에 이바지한다.
④ 국제 민간 항공 기구에 대응한 국내 항공산업을 보호한다.

정답 2 ④

구분	용어의 뜻
항공기 사고	사람이 비행을 목적으로 항공기에 탑승하였을 때부터 탑승한 모든 사람이 항공기에서 내릴 때까지(사람이 탑승하지 않고 원격 조종 등의 방법으로 비행하는 항공기-이하 무인 항공기-의 경우에는 비행을 목적으로 움직이는 순간부터 비행이 종료되어 발동기가 정지되는 순간까지를 말한다.) 항공기의 운항과 관련하여 발생한 다음 각 항목의 어느 하나에 해당하는 것으로서 국토교통부령으로 정하는 것을 말한다. • 사람의 사망, 중상 또는 행방불명 • 항공기의 파손 또는 구조적 손상 • 항공기의 위치를 확인할 수 없거나 항공기에 접근이 불가능한 경우
초경량 비행장치 사고	초경량 비행장치를 사용하여 비행을 목적으로 이륙(이수를 포함한다)하는 순간부터 착륙(착수를 포함한다)하는 순간까지 발생한 다음 각 항목의 어느 하나에 해당하는 것으로서 국토교통부령으로 정하는 것을 말한다. • 초경량 비행장치에 의한 사람의 사망, 중상 또는 행방불명 • 초경량 비행장치의 추락, 충돌 또는 화재 발생 • 초경량 비행장치의 위치를 확인할 수 없거나 초경량 비행장치에 접근이 불가능한 경우
비행정보구역 (FIR : Flight Information Region)	항공기, 경량 항공기 또는 초경량 비행장치의 안전하고 효율적인 비행과 수색 또는 구조에 필요한 정보를 제공하기 위한 공역으로 국제 민간 항공 협약 및 같은 협약 부속서에 따라 국토교통부 장관이 그 명칭, 수직 및 수평 범위를 지공, 공고한 공역을 말한다.
영공	대한민국의 영토와 영해 및 접속수역법에 따른 내수 및 영해의 상공을 말한다.
항공로	국토교통부 장관이 항공기, 경량 항공기 또는 초경량 비행장치의 항행에 적합하다고 지정한 지구의 표면상에 표시한 공간의 길을 말한다.
항공 종사자	항공 업무에 종사하려는 사람은 국토교통부령으로 정하는 바에 따라 국토교통부 장관으로부터 항공 종사자 자격 증명을 받아야 한다. 단, 항공 업무 중 무인 항공기의 운항 업무인 경우에는 그렇지 않다.
비행장	비행장이란 항공기, 경량 항공기, 초경량 비행장치의 이륙(이수 포함)과 착륙(착수 포함)을 위하여 사용되는 육지 또는 수면의 일정한 구역으로 대통령령으로 정하는 것을 말한다.
이착륙장	비행장 외에 경량 항공기 또는 초경량 비행장치의 이륙 또는 착륙을 위하여 사용되는 육지 또는 수면의 일정한 구역으로서 대통령령으로 정하는 것을 말한다.
항행 안전시설	항행 안전시설이란 유선통신, 무선통신, 인공위성, 불빛, 색채 또는 전파를 이용하여 항공기의 항행을 돕기 위한 시설로서 국토교통부령으로 정하는 시설을 말한다.
관제권	비행장 또는 공항과 그 주변의 공역으로서 항공 교통의 안전을 위하여 국토교통부 장관이 지정, 공고한 공역을 말한다.
관제구	지표면 또는 수면으로부터 200m 이상 높이의 공역으로서 항공 교통의 안전을 위하여 국토교통부 장관리 지정, 공고한 공역을 말한다.

예상문제

1 항공안전법에서 정한 항공기 용어의 정의가 맞는 것은?

① 공기의 반작용(지표면 또는 수면에 대한 공기의 반작용은 제외한다.)으로 뜰 수 있는 항공기
② 자동 비행장치가 탑재되어 자동 비행이 가능한 항공기
③ 비행체, 지상통제장비, 통신장비, 탑재임무장비, 지원 장비로 구성된 시스템 항공기
④ 자동항법장치가 없어 원격 통제되는 모형 항공기

정답 1 ①

구분	용어의 뜻
초경량 비행장치 사용 사업	타인의 수요에 맞추어 국토교통부령으로 정하는 초경량 비행장치를 사용하여 유상으로 농약 살포, 사진 촬영 등 국토교통부령으로 정하는 업무를 하는 사업을 말한다.
초경량 비행장치 사용 사업자	항공사업법 제2조 제24호에 따른 초경량 비행장치 사용 사업자를 말한다. 또한 제48조 제1항에 따라 국토교통부 장관에게 초경량 비행장치 사용 사업을 등록한 자를 말한다. 초경량 비행장치 사용 사업을 경영하려는 자는 국토교통부령으로 정하는 바에 따라 신청서에 사업계획서와 그 밖에 국토교통부령으로 정하는 서류를 첨부하여 국토교통부 장관에게 등록해야 한다. 등록한 사항 중 국토교통부령으로 정하는 사항을 변경하려는 경우에는 국토교통부 장관에게 신고해야 한다. 초경량 비행장치 사용 사업을 등록하려는 자는 다음 각 호의 요건을 갖추어야 한다. • 자본금 또는 자산평가액이 3천만 원 이상으로서 대통령령으로 정하는 금액 이상일 것. 단, 최대 이륙 중량이 25kg 이하인 무인 비행장치만을 사용하여 초경량비행장치 사용 사업을 하려는 경우는 제외한다.(교육사업의 경우 제외 예외에 해당된다.) • 초경량 비행장치 1대 이상으로 대통령령으로 정하는 기준에 적합할 것 • 그 밖에 사업 수행에 필요한 요건으로서 국토교통부령으로 정하는 요건을 갖출 것 다음 각호의 어느 하나에 해당하는 자는 초경량 비행장치 사용 사업을 등록할 수 없다. • 제9조 각 호의 어느 하나에 해당하는 자 • 초경량 비행장치 사용 사업 등록의 취소 처분을 받은 후 2년이 지나지 않는다.
항공 고시보	• 항공고시보(NOTAM)의 정의 : 비행운항에 관련된 종사자들에게 반드시 적시에 인지하여야 하는 항공시설, 업무, 절차 또는 위험의 신설, 운영상태 또는 그 변경에 관한 정보를 수록하여 전기통신 수단에 의하여 배포되는 공고문을 말한다. • 항공고시보(NOTAM)의 기간 : 항공고시보는 3개월 이상 유효해서는 안 된다. 만일 공고되어지는 상황이 3개월을 초과할 것으로 예상되어진다면, 반드시 항공정보 간행물 보충판으로 발간되어야 한다. • 항공고시보(NOTAM)형식 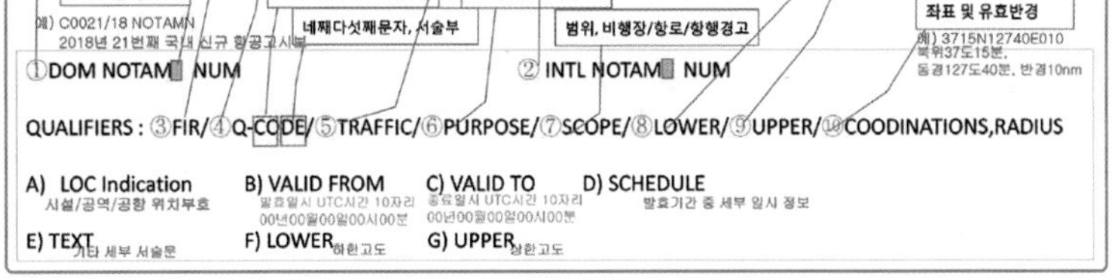 국내 전파 시리즈, 일련번호, 연도 / 비행정보구역 / 시계/계기 비행 / 국외 전파 시리즈, 일련번호, 연도 / 하한고도 NOTAMN 신규, NOTAMR 수정, NOTAMC 취소 / 항공고시보 부호 / 예) A0028/18 NOTAMN 2018년 28번째 국제 신규 항공고시보 / 상한고도 둘째세째문자, 주어부 / 항공고시보 목적 / 좌표 및 유효반경 예) C0021/18 NOTAMN 2018년 21번째 국내 신규 항공고시보 / 네째다섯째문자, 서술부 / 범위, 비행장/항로/항행경고 / 예) 3715N12740E010 북위37도15분, 동경127도40분, 반경10nm ①DOM NOTAM NUM ②INTL NOTAM NUM QUALIFIERS : ③FIR/④Q-CODE/⑤TRAFFIC/⑥PURPOSE/⑦SCOPE/⑧LOWER/⑨UPPER/⑩COODINATIONS,RADIUS A) LOC Indication 시설/공역/공항 위치부호 / B) VALID FROM 발효일시 UTC시간 10자리 00년00월00일00시00분 / C) VALID TO 종료일시 UTC시간 10자리 00년00월00일00시00분 / D) SCHEDULE 발효기간 중 세부 일시 정보 E) TEXT 기타 세부 서술문 / F) LOWER 하한고도 / G) UPPER 상한고도

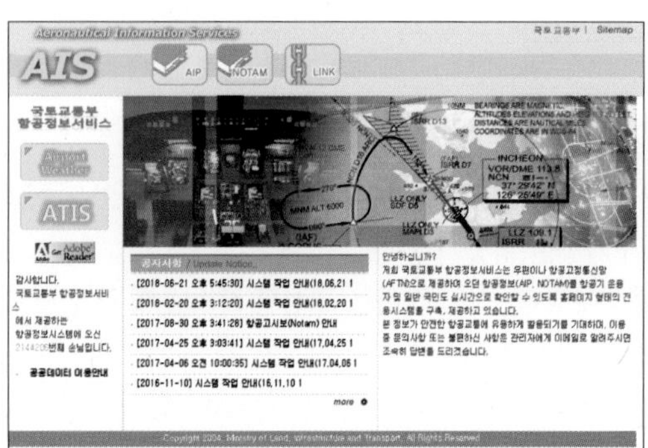

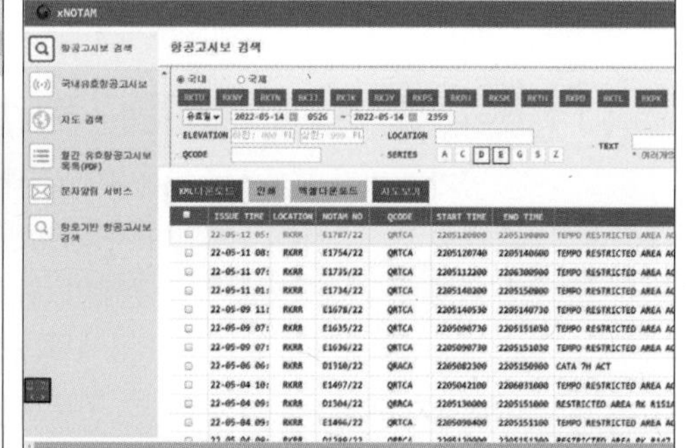

▲ 항공 정보 웹사이트 주소 : http://ais.casa.go.kr
국제/국내 항공 고시보 번호 해당 공항, 고도별, 유효 기간, 현재 유효한 NOTAM별로 검색 가능

구분	용어의 뜻
항공 정보 회람	AIC(Aeronautical Information Contents) AIP에 수록되거나 NOTAM으로 고시된 정도의 AIP 또는 NOTAM 작성에 포함되지 않은 비행 안전, 항행, 행정 사항 규정 제정에 관한 정보를 수록한 공고문. 배포 근거는 NOTAM CLASS II에 지나지 않으나 항공 정보로서 필요한 장래의 계획 기술적인 내용의 설명, 조언 등의 AIC의 체크리스트는 별로 중요하지 않아서 1년에 한 번 발행. 내용을 공고하는 게시물의 성격을 가지며 그 내용은 구속력이 없고 일상적으로 NOTAM으로 취급하지 않는다.
항공 정보 간행물	AIP(Aeronautical Information Publication) 국제 민간 항공 협약 부속서 제15권에 의거하여 각 체약국의 담당부서가 자국 공역에서의 공항(비행장) 및 지상 시설, 항공 통신, 항로, 일반사항, 수색구조 업무 등의 종합적인 정보를 수록한 정기간행물을 말한다.
항공 정보 관리 절차	AIRAC(Aeronautical Information Regulation And Control) 절차, 규정, 제한사항, 항공보안시설의 정비 시간, 위치, 주파수 등을 발효 일자를 기준으로 하여 사전에 통보하기 위한 체제. 최소한 7일 전에 고시. 발행 주기는 28일 매월 넷째 주 목요일

예상문제

1 **비행장(헬기장 포함) 또는 활주로의 설치, 폐쇄 또는 운용상 중요한 변경, 비행 제한 구역, 위험 구역 등의 설정, 폐지(발효 또는 해제 포함) 또는 상태의 변경 등의 정보를 수록하여 항공 종사자 등에게 배포하는 공고문은?**

① AIC ② AIP ③ AIRAC ④ NOTAM

2 **항공 고시보(NOTAM)의 최대 유효 기간은?**

① 1개월 ② 3개월 ③ 6개월 ④ 12개월

정답 1 ④ 2 ②

3 다음 중 법령, 규정, 절차 및 시설 등의 주요한 변경이 장기간 예상되거나 비행기 안전에 영향을 미치는 것의 통지와 기술, 법령 또는 순수한 행정 사항에 관한 설명과 조언의 정보를 통지하는 것은 무엇인가?

① 항공 고시보(NOTAM) ② 항공 정보간행물(AIP)
③ 항공 정보회람(AIC) ④ 항공 정보관리 절차(AIRAC)

4 비행 금지 구역, 비행 제한 구역, 위험 구역 설정 등의 공역을 제공하는 것은?

① AIC ② AIP ③ AIRAC ④ NOTAM

5 항공시설, 업무, 절차 또는 위험 요소의 신설, 운영 상태 및 그 변경에 관한 정보를 수록하여 전기통신 수단으로 항공 종사자들에게 배포하는 공고문은?

① AIC ② AIP ③ AIRAC ④ NOTAM

정답 3 ① 4 ④ 5 ④

2 신고 및 관리

1 신고

항공안전법 제122조, 항공안전법 시행규칙 제301조

(1) 대상 : 최대이륙중량이 2kg을 초과하는 모든 비행장치

(2) 신고 부서 : 한국교통안전공단, 신고증명서 교부 받음
신고 번호(등록일련번호) 부여 책임 : 국토교통부장관 승인하 한국교통안전공단 이사장

(3) 구비 서류
① 초경량 비행장치를 소유하거나 사용할 수 있는 권리가 있음을 증명하는 서류
② 초경량 비행장치의 제원 및 성능표
③ 가로 15센티미터, 세로 10센티미터의 초경량 비행장치 측면 사진(무인비행장치의 경우에는 기체 제작번호 전체를 촬영한 사진을 포함한다)

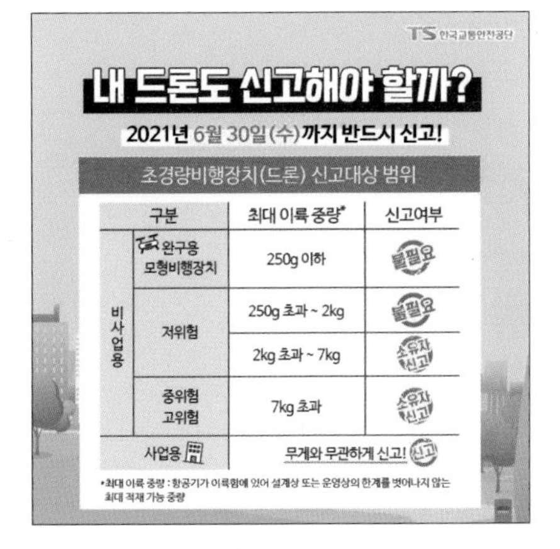

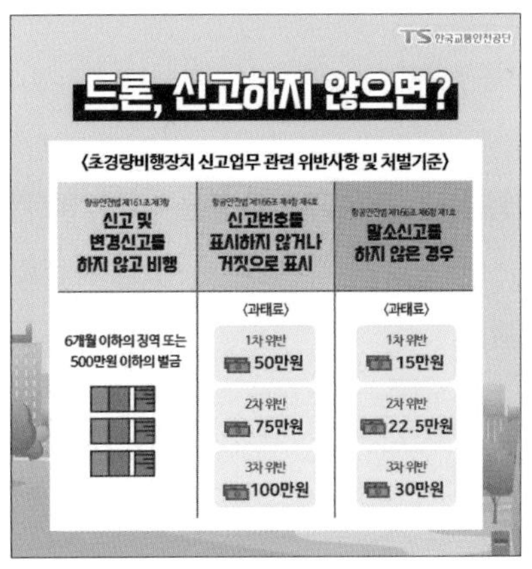

2 변경신고

항공안전법 제123조, 항공안전법 시행규칙 제302, 303조

(1) 아래 사항 변경 시 30일 이내 변경 신고

① 초경량 비행장치의 용도

② 초경량 비행장치 소유자 등의 성명, 명칭 또는 주소

③ 초경량 비행장치의 보관장소

(2) 멸실, 해체(정비, 수송 또는 보관하기 위한 해체는 제외한다)되었을 경우 15일 이내에 한국교통안전공단 이사장에게 말소신고서 제출(항공안전법 시행규칙 별지 제 116호 서식)

예상문제

1 초경량 비행장치의 말소 신고 설명 중 틀린 것은?

① 사유발생일로부터 30일 이내에 신고해야 한다.
② 비행장치가 멸실된 경우 실시한다.
③ 비행장치의 존재 여부가 2개월 이상 불분명할 경우 실시한다.
④ 비행장치가 외국에 매도된 경우 실시한다.

2 초경량 비행장치를 변경할 경우 신고 기간은?

① 15일 ② 30일 ③ 45일 ④ 60일

3 초경량 비행장치를 소유한 자는 한국교통안전공단 이사장에게 신고해야 한다. 이에 첨부해야 할 것이 아닌 것은?

① 장비의 제원 및 성능표
② 소유하고 있음을 증명하는 서류
③ 가로 15센터미터, 세로 10센터미터의 초경량 비행장치 측면 사진
④ 비행장치의 설계도, 부품 목록 등

4 초경량 비행장치를 소유한 자가 신고 시 누구에게 신고하는가?

① 지방항공청장 ② 국토교통부첨단항공과
③ 국토교통부자격과 ④ 한국교통안전공단 이사장

5 초경량 비행장치의 등록일련번호 등은 누가 부여하는가?

① 국토교통부 장관 ② 한국교통안전공단 이사장
③ 항공협회장 ④ 지방항공청장

정답 1① 2② 3④ 4④ 5②

6 한국교통안전공단 이사장에게 기체 신고 시 필요 없는 것은?

① 초경량 비행장치를 소유하거나 사용할 수 있는 권리가 있음을 증명하는 서류
② 초경량 비행장치의 제원 및 성능표
③ 초경량 비행장치의 사진
④ 초경량 비행장치의 제작자

7 초경량 비행장치 소유자의 주소 변경 시 신고 기간은?

① 15일 ② 30일 ③ 60일 ④ 90일

8 말소 신고를 하지 않았을 시 최대 과태료는?

① 5만 원 ② 15만 원 ③ 30만 원 ④ 50만 원

9 초경량 비행장치의 멸실 등의 사유로 신고를 말소할 경우에 그 사유가 발생한 날부터 며칠 이내에 한국교통안전공단 이사장에게 말소 신고서를 제출하는가?

① 5일 ② 10일 ③ 15일 ④ 30일

10 다음 중 초경량 비행장치 소유자는 용도는 변경되거나 소유자의 성명, 명칭 또는 주소가 변경되었을 시 신고 기간은?

① 15일 ② 30일 ③ 50일 ④ 60일

정답 6 ④ 7 ② 8 ③ 9 ③ 10 ②

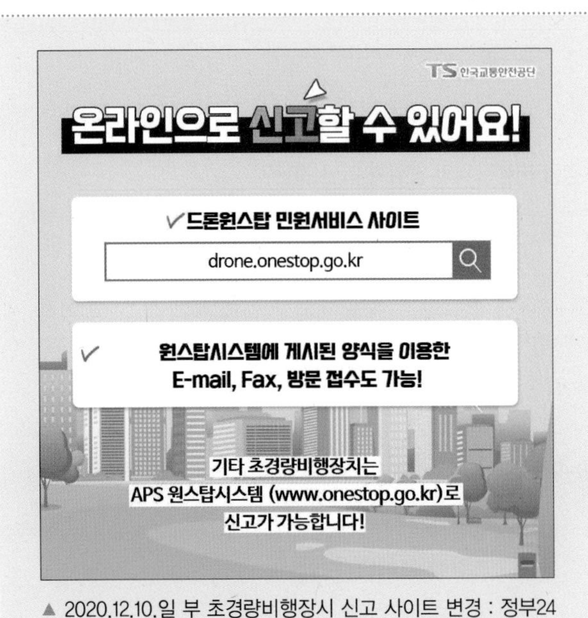

▲ 2020.12.10.일 부 초경량비행장시 신고 사이트 변경 : 정부24
→ 드론원스탑 민원서비스

3 신고를 필요로 하지 않는 초경량 비행장치 : 항공안전법 시행령 제24조

항공사업법에 따른 항공기대여업, 항공레저스포츠사업 또는 초경량 비행장치 사용 사업에 사용되지 않는 것

(1) 행글라이더, 패러글라이더 등 동력을 이용하지 않는 비행장치
(2) 계류식(繫留式) 기구류(사람이 탑승하는 것은 제외한다.)
(3) 계류식 무인 비행장치
(4) 낙하산류
(5) 무인동력비행장치 중에서 최대이륙중량이 2kg 이하인 것
(6) 무인 비행선 중에서 연료의 무게를 제외한 자체 무게가 12kg 이하이고, 길이가 7m 이하인 것
(7) 연구기관 등이 시험, 조사, 연구 또는 개발을 위하여 제작한 초경량 비행장치
(8) 제작자 등이 판매를 목적으로 제작하였으나 판매되지 않는 것으로서 비행에 사용되지 않는 초경량 비행장치
(9) 군사 목적으로 사용되는 초경량 비행장치

예상문제

1 초경량 비행장치를 소유하거나 사용할 수 있는 권리가 있는 자는 국토교통부령으로 정하는 바에 따라 국토교통부장관에게 신고하여야 한다. 다만, 대통령령으로 정하는 초경량 비행장치는 신고하지 않아도 되는데 여기에 해당되는 것으로 맞는 것은?

① 행글라이더
② 무인 동력 비행장치
③ 초경량 자이로 플레인
④ 동력 비행장치

2 항공안전법상 신고를 필요로 하지 않는 초경량 비행장치의 범위가 아닌 것은?

① 동력을 이용하지 않는 비행장치
② 낙하산류
③ 무인 비행기 및 무인회전익 비행장치 중에서 연료의 무게를 제외한 자체 무게가 12kg 이하인 것
④ 군사 목적으로 사용되지 않는 초경량 비행장치

3 신고를 하지 않아도 되는 초경량 비행장치는?

① 동력 비행장치
② 행글라이더
③ 회전익 비행장치
④ 초경량 헬리콥터

정답 1 ① 2 ④ 3 ②

4 신고를 필요로 하지 않는 초경량 비행장치의 범위가 아닌 것은?

① 길이 7m를 초과하는 연료 제외 자체 무게가 12kg을 초과하는 무인 비행선
② 제작자 등이 판매를 목적으로 제작하였으나 판매되지 않는 것으로 비행에 사용되지 않는 초경량 비행장치
③ 낙하산류
④ 계류식무인비행장치

5 신고를 필요로 하는 초경량 비행장치는?

① 무인동력비행장치
② 계류식 기구류
③ 무인 비행선 중 길이 7m가 되지 않는 것으로 비행에 사용하지 않는 초경량 비행장치
④ 제작자들이 판매 목적으로 제작하였으나 판매되지 않는 것으로 비행에 사용하지 않는 초경량 비행장치

정답 4 ① 5 ①

PART 01 항공법규

4 변경 신고 : 서울지방항공청 훈련 232호, 부산지방항공청 훈령 257호

항공법 시행규칙 제65조의 규정에 의하여 신고인의 표시 변경, 비행장치 보관처의 변경 및 제원, 구조, 성능 등의 변경사유 발생 시 신고인은 "초경량 비행장치 신고서"에 그 사유를 증명할 수 있는 서류를 첨부하여 사유발생일로부터 30일 이내로 변경신고를 해야 한다.

① 신청서 및 구비서류의 제출
㉠ 초경량 비행장비 신고서 : 변경내용(제원 및 성능 변경의 경우
예 엔진 교체, 성능에 영향을 미치는 수리나 개조 등), 보관처 변경
㉡ 신고증명서(단, 비행장치 보관처 변경 신고의 경우는 신고증명서를 첨부하지 않는다.)

② 비행장치의 보관처
비행장치의 보관처는 비행장치를 항공에 사용하지 않을 때 비행장치를 보관하는 지상의 주된 장소를 말한다.

5 시험 비행 허가 : 항공안전법 시행규칙 제304조

(1) 초경량 비행장치의 시험 비행 허가하는 경우
① 연구, 개발 중에 있는 초경량 비행장치의 안전성 여부를 평가하기 위하여 시험 비행하는 경우
② 안전성 인증을 받은 초경량 비행장치의 성능 개량을 수행하고 안전성 여부를 평가하기 위하여 시험 비행을 하는 경우
③ 그 밖에 국토교통부 장관이 필요하다고 인정하는 경우

(2) 시험 비행 허가를 받으려는 자는 시험 비행 허가 신청서와 아래 서류를 국토교통부 장관에게 제출
  ① 해당 초경량 비행장치에 대한 소개서
  ② 초경량 비행장치의 설계가 기술 기준에 충족함(설계도면과 일치하게 제작)을 입증하는 서류
  ③ 설계도면에 따라 제작되었음을 입증하는 서류
  ④ 완성 후 상태, 지상 기능 점검 및 성능 시험 결과를 확인할 수 있는 서류
  ⑤ 초경량 비행장치 조종 절차 및 안전성 유지를 위한 정비 방법을 명시한 서류
  ⑥ 초경량 비행장치 사진(전체 및 측면 사진을 말하며, 전자 파일로 된 것을 포함) 각 1매
  ⑦ 시험 비행 계획서

예상문제

1 시험 비행 허가 시 국토교통부 장관에게 제출해야 할 서류가 아닌 것은?

① 초경량 비행장치 소개서
② 시험 비행 계획서
③ 설계도면대로 제작되었음을 입증하는 서류
④ 조종자 자격 증명원

정답 1 ④

3 안전성 인증

1 안전성 인증 검사 : 초경량 비행장치 안전성 인증 검사 업무 운영 세칙(2019.6.24.개정)

"안전성인증"이란 초경량 비행장치가 국토교통부장관이 정하여 고시한 "초경량 비행장치의 비행안전을 확보하기 위한 기술상의 기준(이하 "기술기준"이라 한다)"에 적합함을 증명하는 업무로서 초경량 비행장치의 비행안전을 확보하기 위하여 제작자가 제공한 서류와 설계, 제작 및 정비관련 기록, 초경량 비행장치의 상태 및 비행성능 등을 확인하여 인증하는 것

2 중량 기준

최대 이륙 중량 25kg를 초과하는 무인 비행장치는 항공안전기술원으로부터 안전성 인증 검사를 받고 비행해야 한다.

3 대상

(1) 동력 비행장치
(2) 행글라이더, 패러글라이더 및 낙하산류(항공레저스포츠사업에 사용되는 것만 해당)
(3) 기구류(사람이 탑승한 것만 해당)
(4) 다음 각 항목의 어느 하나에 해당하는 무인 비행장치
  ① 무인 비행기, 무인 헬리콥터 또는 무인멀티콥터 중에서 최대 이륙 중량이 25kg을 초과
  ② 무인 비행선 중에서 연료의 중량을 제외한 자체 중량이 12kg을 초과하거나 길이가 7m를 초과
(5) 회전익 비행장치, 동력 패러글라이더

4 안전성 인증 구분

구분	내용
초도인증	국내에서 설계 · 제작하거나 외국에서 국내로 도입한 초경량 비행장치의 안전성인증을 받기 위하여 최초로 실시하는 인증
정기인증	안전성인증의 유효기간 만료일이 도래되어 새로운 안전성인증을 받기 위하여 실시하는 인증 • 안전성인증의 유효기간은 발급일로부터 2년으로 한다.
수시인증	초경량 비행장치의 비행안전에 영향을 미치는 대수리 또는 대개조 후 기술기준에 적합한지를 확인하기 위하여 실시하는 인증
재인증	초도, 정기 또는 수시인증에서 기술기준에 부적합한 사항에 대하여 정비한 후 다시 실시하는 인증 • 불합격시 초경량 비행장치 안전성인증 재인증 신청서를 작성하여 불합격 통지일로부터 6개월 이내에 신청하여야 한다.

5 벌칙

초경량 비행장치의 비행 안전을 위한 기술상의 기준에 적합하다는 안전성 인증을 받지 않고 비행한 사람은 500만 원 이하의 과태료를 부과한다. (1차 위반 : 250만원, 2차 위반 : 375만원, 3차 위반 : 500만원)

6 검사 종류별 구비서류 및 수수료

(❖) : 검사 수수료 – 부가세 별도

구분	초도 검사 (200,000원)	정기 검사 (150,000원)	수시 검사 (90,000원)	재검사 (90,000원)	재발급 (20,000원)
1. 초경량 비행장치 안전성 인증 검사 신청서	❖	❖	❖		
2. 비행장치 설계서 또는 설계도면 각 1부	❖		❖ (해당 시)		
3. 비행장치 부품 표 1부	❖		❖ (해당 시)		
4. 비행 및 주요 정비 현황		❖			
5. 성능 검사표	❖	❖	❖	❖	
6. 비행장치 안전기준에 따른 기술상의 기준 이행 완료	❖		❖ (해당 시)		
7. 작업 지시서	❖		❖		
8. 초경량 비행장치 안전성 인증 재검사 신청서				❖	
9. 안전성 인증 재발급 신청서				❖	❖

안전성 인증 검사 기관 이관/신청 제도 변경

- **안전성 인증 기관 이관 : 2017.11.4부**
  ① 기존 : 한국교통안전공단 경량 항공기 · 초경량 비행장치, 항공안전기술원 → 항공기
  ② 2017. 11. 4부 : 항공안전기술원 → 항공기, 경량 항공기, 초경량 비행장치
- **안전성 인증 온라인 검사 신청 제도 신설 : 2017. 11.4부**
  기존 우편 신청 방식 → 전용 홈페이지(www.safeflying.kr)를 통해 인터넷 간편 신청
  인터넷 사용이 어려운 경우 항공안전기술원(032-743-5500) 방문 신청도 가능

예상문제

1 다음 중 안전성 인증 대상인 초경량 비행장치(동력 비행장치) 무게는?

① 자체 중량 12kg 초과 자체 중량 25kg 이하
② 최대 이륙 중량 25kg 초과
③ 자체 중량 12kg 미만
④ 최대 이륙 중량 25kg 이상

2 안전성 인증을 받지 않고 비행한 사람의 과태료는 얼마인가?

① 100만 원 이하
② 300만 원 이하
③ 400만 원 이하
④ 500만 원 이하

3 초경량 비행장치의 안전성 인증 종류 중 초도 검사 이후 안전성 인증성의 유효 기간이 도래되어 실시하는 검사는?

① 정기 인증　② 초도 인증　③ 수시 인증　④ 재인증

정답 1 ② 2 ④ 3 ①

4 국토교통부령으로 정하는 초경량 비행장치를 사용하여 비행하려는 사람은 비행 안전을 위한 기술상의 기준에 적합하다는 안전성 인증을 받아야 한다. 다음 중 안전성 인증 대상이 아닌 것은?

① 무인 기구류　② 무인 비행장치
③ 회전익 비행장치　④ 착륙 장치가 없는 동력 패러글라이더

5 초경량 비행장치 무인멀티콥터의 안전성 인증은 어느 기관에서 실시하는가?

① 한국교통안전공단　② 지방항공청　③ 항공안전기술원　④ 국방부

6 국토교통부령으로 정하는 초경량 비행장치를 사용하여 비행하려는 사람은 비행 안전을 위한 기술상의 기준에 적합하다는 안전성 인증을 받아야 한다. 다음 중 안전성 인증 대상이 아닌 것은?

① 동력 비행장치　② 행글라이더
③ 패러글라이더　④ 무인기구류

7 초경량 비행장치의 설계 및 제작 후 최초로 안전성 인증을 받기 위해 실시하는 인증은?

① 초도 인증　② 정기 인증　③ 수시 인증　④ 재인증

8 초경량 비행장치 무인멀티콥터의 무게가 25kg 초과 시 안전성 인증을 받아야 하는데 이때 25kg의 기준은 무엇인가?

① 자체 중량　② 최대 이륙 중량
③ 최대 착륙 중량　④ 적재물을 제외한 중량

정답 4 ① 5 ③ 6 ④ 7 ① 8 ②

4 조종자 증명

1 자격 증명 : 항공안전법 제125조, 항공안전법 시행규칙 제306조

(1) 2021. 3.1부 1종~4종으로 구분
① 1종 : 최대이륙중량이 25kg을 초과하고 연료의 중량을 제외한 자체중량이 150kg 이하인 무인동력비행장치
② 2종 : 최대이륙중량이 7kg을 초과하고 25kg 이하인 무인동력비행장치
③ 3종 : 최대이륙중량이 2kg을 초과하고 7kg 이하인 무인동력비행장치
④ 4종 : 최대이륙중량이 250g을 초과하고 2kg 이하인 무인동력비행장치

(2) 종별 응시 나이 / 시험방법 개요
① 나이 : 1~3종(14세 이상), 4종(10세 이상)
② 1종 : 이론시험+비행경력 20시간 → 실기시험

② 2종 : 이론시험+비행경력 10시간 → 실기시험

③ 3종 : 이론시험+비행경력 6시간

④ 4종 : 온라인교육 6시간+4지선다형 객관식 20문항
학과시험(70점 이상 이수) * 온라인교육 연수원 주소 : TS배움터(edu.kotsa.or.kr)

(3) 자격 취득 절차(1종, 2종 기준)

1 학과시험	2 응시자격 신청	3 실기시험	4 자격증 발급
• CBT 시험	• 비행 경력증명서 1부 • 운전면허증 사본 1부	• 구술 평가 • 실비행 평가	• 한국교통안전공단 • 홈페이지 우편 신청

→ 국토교통부지정 교육기관, 무인 헬리콥터 조종자 증명을 받은 사람은 면제

예상문제

1 초경량 비행장치 조종자 1종, 2종, 3종 자격시험에 응시할 수 있는 최소 연령은?

① 12세 이상인 사람
② 14세 이상인 사람
③ 18세 이상인 사람
④ 20세 이상인 사람

2 다음 중 초경량 비행장치를 사용하여 비행할 때 자격 증명이 필요한 것은?

① 패러글라이딩
② 낙하산
③ 회전익 비행장치
④ 계류식 기구

3 다음 중 항공 종사자가 아닌 사람은?

① 자가용 조종사
② 부조종사
③ 항공 교통관제사
④ 무인 항공기 운항 관련 업무자

4 초경량 비행장치 무인멀티콥터 조종 자격 시험 응시 기준으로 잘못된 것은?

① 무인 헬리콥터 조종자 증명을 받은 사람이 무인멀티콥터 조종자 증명시험에 응시하는 경우 학과시험 면제
② 1종, 2종, 3종은 만14세 이상인 사람
③ 무인멀티콥터를 조종한 시간이 총 20시간 이상인 사람
④ 무인 헬리콥터 조종자 증명을 받은 사람이 무인멀티콥터를 조종한 시간이 총 20시간 이상인 사람

5 무인멀티콥터 비행장치 조종 4종 자격 증명시험 응시자의 자격으로 맞는 것은?

① 10세 이상
② 14세 이상
③ 18세 이상
④ 20세 이상

정답 1 ② 2 ③ 3 ④ 4 ④ 5 ①

(4) 시험 방법

구분	학과 시험(1~3종) (국토교통부 지정 기관 교육 시 위임 실시)	실기 시험(1종 기준)
평가 과목	통합 1과목 (항공 법규, 항공 기상, 비행 운용 및 이론)	이륙비행, 정지비행, 전진 및 후진비행, 삼각비행, 원주비행, 비상조작, 정상접근비행, 측풍비행
평가 시간	50분	20분 이상
시험 장소	서울, 대전, 광주, 부산, 대구 등	교육기관 담당자와 협의
합격 기준	70% 이상 득점	구술 및 실비행 전 항목 만족(S)
접수 방법	한국교통안전공단 홈페이지 통해 접수(시험일정은 공단 홈페이지에 공고) ① 홈페이지(WWW.ts2020.kr) → ② 통합민원 → ③ 자격시험 접수/예약/조회 → ④ 항공종사자 자격시험 → ⑤ 응시자격 시험	
연락처	학과시험(031-645-2100), 실기시험(031-645-2104)	

2 조종 자격 응시 기준

(1) 조종 자격 증명시험 응시 기준(1종 기준)

시험 종류(자격 증명)	비행 경력
무인멀티콥터	① 학과 시험 : 14세 이상인 사람 ② 실기 시험 : 다음의 어느 하나에 해당하는 사람 ㉠ 무인멀티콥터를 조종한 시간이 총 20시간 이상인 사람 ㉡ 무인 헬리콥터 조종자 증명을 받은 사람으로서 무인멀티콥터를 조종한 시간이 총 10시간 이상인 사람

(2) 지도조종자 응시 기준

① 18세 이상

② 무인멀티콥터 조종한 시간이 총 100시간 이상인 사람

(3) 신체검사

① 도로교통법에 의하여 지방경찰청장이 발행한 제2종 보통 이상의 자동차운전면허증

② 자동차운전면허증을 소지하고 있지 않은 사람은 제2종 보통 이상의 자동차 운전면허를 발급받는데 필요한 신체검사증명서

예상문제

1 초경량 비행장치 지도 조종자 등록기준으로 틀린 것은?

① 14세 이상인 사람
② 18세 이상인 사람
③ 무인멀티콥터의 조종자 증명을 받은 사람으로 무인멀티콥터를 조종한 시간이 총100시간 이상인 사람
④ 유인자유기구(사업용) 조종자 증명을 받은 사람으로서 유인자유기구의 비행시간이 총70시간 이상인 사람

2 초경량 비행장치 조종자 1종 자격시험에 응시할 수 있는 최소 연령은?

① 12세 이상 ② 13세 이상 ③ 14세 이상 ④ 18세 이상

3 초경량 비행장치 멀티콥터 조종자 전문교육기관이 확보해야 할 지도 조종자의 최소 비행 시간은?

① 50시간 ② 100시간 ③ 150시간 ④ 200시간

정답 1 ① 2 ③ 3 ②

3 1종 기체 훈련 기준(전문교육기관)

(1) 학과 교육 : 20시간

과제	교육 시간(H)
1. 항공법규	2
2. 항공기상	2
3. 항공역학	5
4. 비행운용(이론)	11
계	20

(2) 실기 교육 : 20시간

과제	계	단독	교관 동반
1. 장주 이착륙	5	3	2
2. 공중 조작	5	3	2
3. 지표부근에서의 조작	9	6	3
4. 비정상 및 비상 절차	1		1
계	20	12	8

(3) 시뮬레이터를 이용한 모의 비행 교육 : 실기 교육 전 20시간

5 전문 교육 기관

1 관련 법규 : 항공안전법 제126조, 항공안전법 시행규칙 제307조

(1) 국토교통부 장관은 초경량 비행장치 조종자를 양성하기 위하여 국토교통부령으로 정하는 바에 따라 전문 교육 기관을 지정할 수 있다.
(2) 조종자를 양성하는 경우 예산범위 내에서 경비의 일부 또는 전부를 지원할 수 있다.
(3) 교육과목, 방법, 인력, 시설 및 장비 등의 지정 기준은 국토교통부령으로 정한다.

2 제출 서류

(1) 전문 교관 현황

교관명	세부 내용
지도 조종자	18세 이상으로 한국교통안전공단 지도 조종자 과정을 이수한 자 동 과정의 학과교육을 실시하는 데 필요한 경험과 기량이 있는 자
실기 평가 조종자	18세 이상, 한국교통안전공단 실기 평가자 과정을 이수한 자 동 과정의 내부 평가를 실시하는 데 필요한 경험과 기량이 있는 자

(2) 교육시설 및 장비 현황

① 교육 환경 및 보건 위생상 적합한 장소에 설립하되, 다음 각 호의 시설을 갖추어야 함

㉠ 강의실 또는 열람실/사무실, 채광시설, 조명시설, 환기시설, 냉난방시설, 위생시설

㉡ 실습, 실기 등을 요하는 경우에는 이에 필요한 시설 및 설비

② 단위 시설의 기준

㉠ 강의실 : 면적은 3㎡ 이상, 1㎡당 1.2명 이하, 사무실 : 면적은 3㎡ 이상

㉡ 채광 · 조명 · 환기 · 냉난방 시설은 보건 위생적으로 적절할 것. 위생시설은 남녀 구분 설치

③ 편의 제공에 필요한 상담실, 기타 편의시설을 갖출 것. 제반 시설은 관계 법규에 적합할 것

④ 장비는 초경량 비행장치 1대 이상

(3) 교육 훈련 계획 및 교육 훈련 규정

예상문제

1 초경량 비행장치 조종자 전문교육기관 지정 기준으로 가장 적절한 것은?

① 비행 시간 100시간 이상인 지도 조종자 1명 이상 보유
② 비행 시간이 150시간 이상인 지도 조종자 2명 이상 보유
③ 비행 시간이 100시간 이상인 실기 평가 조종자 1명 이상 보유
④ 비행 시간이 150시간 이상인 실기 평가 조종자 2명 이상 보유

2 초경량 비행장치 조종자 전문교육기관 지정을 위해 국토교통부 장관에게 제출할 서류가 아닌 것은?

① 전문교육기관 현황
② 교육시설 및 장비의 현황
③ 교육 훈련 계획 및 교육 훈련 규정
④ 보유한 비행장치의 제원

3 초경량 비행장치 조종자 전문교육기관 지정 시의 시설 및 장비 보유기준으로 틀린 것은?

① 강의실 및 사무실 각 1개 이상
② 이착륙 시설
③ 훈련용 비행장치 1대 이상
④ 훈련용 비행장치 최소 3대 이상

정답 1 ④ 2 ④ 3 ④

6 비행 승인

1 비행 승인 : 항공안전법 제127조, 항공안전법 시행규칙 제308조

(1) 최대 이륙 중량 25kg 이하의 기체는 비행 금지 구역 및 관제권을 제외한 공역의 고도 150m 미만에서는 비행 승인 없이 비행 가능
(2) 최대 이륙 중량 25kg을 초과하는 기체는 전 공역에서 사전 비행 승인 후 비행 가능
(3) 최대 이륙 중량 상관없이 비행 금지 구역 및 관제권에서는 사전 비행 승인 없이 비행 불가
(4) 초경량 비행장치 전용 구역(UA)에서는 비행 승인 없이 비행 가능
(5) 비행 계획 제출 양식과 포함 내용은 초경량 비행장치 승인 신청서 참고
(6) 소독, 방역 업무 등 긴급하게 사용되는 무인 비행장치는 비행 승인 없이 비행 가능

예상문제

1 초경량 비행장치 비행 승인을 받지 않아도 되는 경우는?

① 최대 이륙 중량 25kg 초과 시
② 5kg 이상 촬영용 멀티콥터 관제권에서 비행
③ 최대 이륙 중량 25kg 이하 기체를 고도 150m 초과 비행 시
④ 소독, 방역 업무 등에 긴급하게 사용되는 무인 비행장치

2 초경량 비행장치 비행 계획 승인 신청 시 포함되지 않는 것은?

① 비행 경로 및 고도
② 동승자의 소지 자격
③ 조종자의 비행 경력
④ 비행장치의 종류 및 형식

3 초경량 비행장치 멀티콥터의 일반적인 비행 시 비행 고도 제한 높이는?

① 50m ② 100m ③ 150m ④ 200m

정답 1 ④ 2 ② 3 ③

2 비행 승인 기관

(1) 비행 승인은 지역에 따라 승인 기관이 다르게 되어 있으며, 항공사진 촬영 허가는 모든 지역에서 국방부에서 승인
(2) P73 대통령 집무실 및 관저로부터 반경 3.7km인 2개의 원 외곽 경계선을 연결한 구역 : 수도방위사령부에서 비행 승인 담당
(3) R75 비행 제한 공역(한강 이남을 포함하여 P73 공역 외곽으로 설정)
: 수도방위사령부의 규정에 의거 고도에 상관없이 사전에 비행 승인을 득해야 함

구분	비행금지구역 (P73, P518) (P61~65)	비행제한구역 (R75)	일반 관제권 (그 밖의 지역)	군부대 관제권 (반경 9.3km)
촬영 허가 (국방부)	o	o	o	o
비행 승인	o	o	o	o
공통사항	1. 위 모든 사항은 최대 이륙 중량 25kg 이하의 기체, 고도 150m 미만으로 한정했을 때만 적용 2. 공역이 2개 이상 겹칠 경우 각 기관 허가사항 모두 적용 3. 고도 150m 이상 비행이 필요한 경우 공역에 관계없이 국토교통부 비행 계획 승인 요청			

예상문제

1 초경량 비행장치의 비행 계획 승인이나 각종 신고는 누구에게 하는가?

① 대통령 ② 국토교통부 장관
③ 지방항공청장 ④ 시도지사

2 다음 중 초경량 비행장치의 비행승인에 대한 설명 중 틀린 것은?

① 국토교통부령으로 정하는 고도 이상에서 비행하는 경우 국토교통부장관의 비행승인을 받아야 한다.
② 관제공역, 통제공역, 주의공역 중 국토교통부령으로 정하는 구역에서 비행하는 경우 국토부장관의 비행승인을 받아야 한다.
③ 국토부장관이 고시하는 초경량 비행장치 비행제한공역에서 비행하려는 사람은 국토부장관의 비행승인을 받아야 한다.
④ 비행금지구역 중 원자력 지역은 해당지역 관할 지방항공청에 비행승인을 받아야 한다.

정답 1 ③ 2 ④

3 항공사진 촬영(사전 승인 후 촬영, 비행 금지 구역이 아닌 곳은 국방부에서 규제하지 않음)

(1) 항공사진 촬영 금지 장소
① 국가 및 군사보안목표 시설, 군사시설(예 군부대, 댐, 항만시설 등)
② 군수산업시설 등 국가 보안상 중요한 시설 및 지역
③ 비행 금지 구역(공익 목적 등인 경우 제한적으로 허용 가능)

4 초경량 비행장치 구조지원 장비 장착 의무 : 항공안전법 제128조

(1) 초경량 비행장치를 사용하여 초경량 비행장치 비행 제한 공역에서 비행하려는 사람은 초경량 비행장치 사고 시 신속한 구조활동을 위하여 국토교통부령으로 정하는 장비를 장착하거나 휴대해야 한다. 단, 무인 비행장치 등 국토교통부령으로 정하는 초경량 비행장치는 그렇지 않다.

예상문제

1 **항공사진 촬영 시 사전 승인을 받지 않아도 되는 것은?**

① 국가 및 군사보안목표시설, 군사시설
② 군수산업시설 등 국가 보안상 중요한 시설 및 지역
③ 비행 금지 구역(공익 목적 등인 경우 제한적으로 허용 가능)
④ 강이나 바닷가

2 **명백히 주요 국가/군사시설이 있는 곳은 항공촬영 승인을 받아야 한다. 다음 중 명백한 주요 국가/군사 시설이 아닌 곳은?**

① 군가 및 군사보안목표시설, 군사시설
② 군수산업시설 등 국가 보안상 중요한 시설 및 지역
③ 비행 금지 구역(공익 목적 등인 경우 제한적으로 허용 가능)
④ 국립공원

정답 1 ④ 2 ④

변경 된 공역 / AIM "항공정보통합관리" NOTAM참조

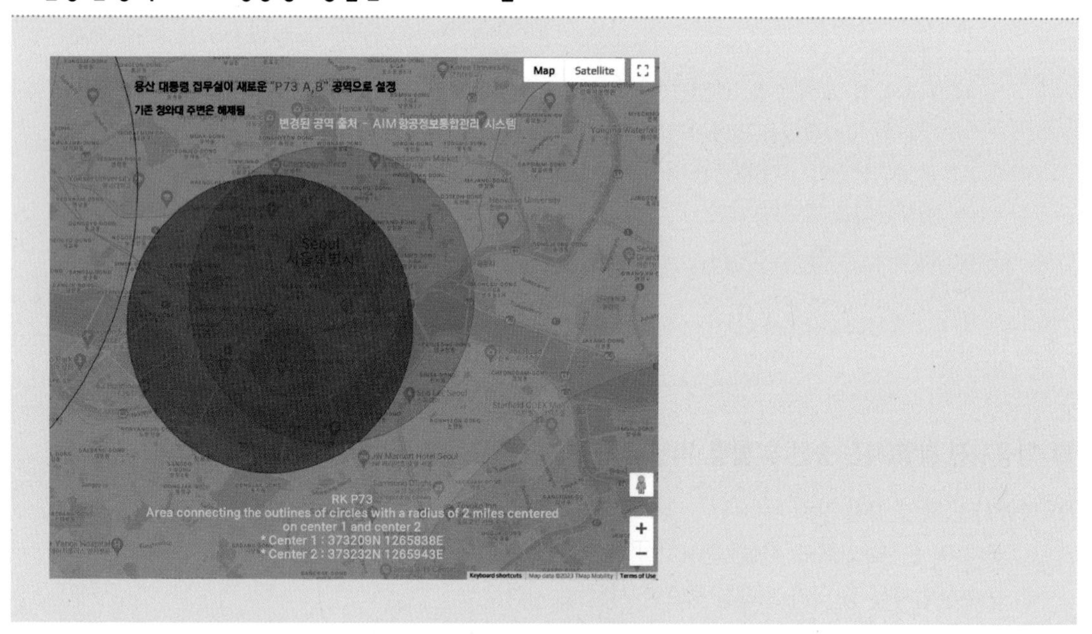

항공촬영 승인 업무 책임 부대 연락처

구분	연락처
서울특별시	02-524-3353
강원도(화천군, 춘천시)	033-249-6214
강원도(인제군, 양구군)	033-461-5102 교환→2212
강원도(고성군, 속초시, 양양군 양양읍, 양양군 강현면)	033-670-6221
강원도(양양군 손양면, 서면, 현북면, 현남면, 강릉시, 동해시, 삼척시)	033-571-6214
강원도(원주시, 횡성군, 평창군, 홍천군, 영월군, 정선군, 태백시)	033-741-6204
광주광역시, 전라남도	062-260-6204
대전광역시, 충청남도, 세종특별자치시	042-829-6203
전라북도	063-640-9205
충청북도	043-835-6205
경상남도(창원시 진해구, 양산시 제외)	055-259-6204
대구광역시, 경상북도(울릉도, 독도, 경주시 양북면 제외)	053-320-6204~5
부산광역시(부산 강서구 성북동, 다덕도동 제외), 울산광역시, 양산시	051-704-1686
파주시, 고양시	031-964-9680 교환→2213
포천시(내촌면), 가평군(가평읍, 북면), 남양주시(진접읍, 오남읍), 철원군(갈말읍 지포리 · 강포리 · 문혜리 · 내대리 · 동막리, 동송읍 이평리를 제외한 전 지역)	031-531-0555 교환→2215
포천시(소흘읍, 군내면, 가산면, 창수면, 포천동, 선단동) 남양주시(진건읍, 화도읍, 별내면, 퇴계원면, 수동면, 조안면, 양정동, 지금동, 호평동, 평내동, 금곡동, 도농동, 별내동), 연천군, 구리시, 동두천시	031-530-2214
양평군(강상면, 강하면 제외한 전 지역) 남양주(와부읍) 포천시(신북면, 영중면, 일동면, 이동면, 영북면, 관인면, 화현면), 철원군(갈말읍 지포리, 강포리, 문혜리, 내대리, 동막리, 동송읍 이평리), 가평군(조종면, 상면, 설악면, 청평면), 여주시(북내면, 강천면, 대신면, 오학동), 의정부시, 양주시	031-640-2215
김포시(양촌면, 대곶면), 부천시, 인천광역시(옹진군 영흥면, 덕적면, 자월면, 연평면, 중구 중산동 매도, 중구 무의동 서구 원창동 세어도 제외)	032-510-9204
안양시, 화성시, 수원시, 평택시, 광명시, 시흥시, 안산시, 오산시, 군포시, 의왕시, 과천시, 인천광역시(옹진군 영흥면)	031-290-9209
용인시, 이천시, 하남시, 광주시, 성남시, 안성시, 양평군(강상면, 강하면), 여주시(가남읍, 점동면, 능서리, 산북면, 금사면, 흥천면, 여흥동, 중앙동)	031-329-6220
포항시, 경주시(양북면)	054-290-3222

김포시(양촌면, 대곶면 제외 전 지역), 강화도	032-454-3222
제주특별자치도	064-905-3212
경남 창원시 진해구, 부산광역시(강서구 성북동, 가덕도동)	055-549-4172~3
울릉도, 독도	033-539-4221
인천광역시(옹진군 지월면, 중구 중산동 운염도, 서구 원창동 세어도, 중구 무의동), 안산시(단원구 풍도동)	032-452-4220
인천광역시 옹진군(덕적면)	031-685-4221
인천광역시 옹진군(백령면, 대청면)	032-837-3221
인천광역시 옹진군(연평면)	032-830-3203

(2) 국토교통부령으로 정하는 장비란 다음 각 호의 어느 하나에 해당하는 것을 말한다.
① 위치 추적이 가능한 표시기 또는 단말기
② 조난 구조용 장비(제1호의 장비를 갖출 수 없는 경우만 해당한다.)

(3) 제128조 무인 비행장치 등 국토교통부령으로 정하는 초경량 비행장치란 다음 각 호의 어느 하나에 해당하는 초경량 비행장치를 말한다.
① 동력을 이용하지 않는 비행장치
② 계류식 기구
③ 동력 패러글라이더
④ 무인 비행장치

예상문제

1 국토교통부장관이 정하는 장비를 장착 또는 휴대해야 되는 초경량 비행장치는?

① 계류식 기구 ② 무인 비행장치
③ 동력 패러글라이더 ④ 자이로 플레인

정답 1 ④

5 조종자 준수사항 : 항공안전법 제129조, 항공안전법 시행규칙 제310조

(1) 인명이나 재산에 위험을 초래할 우려가 있는 낙하물을 투하하는 행위 금지
(2) 인구가 밀집된 지역이나 그 밖에 사람이 많이 모인 장소의 상공에서 인명 또는 재산에 위험을 초래할 우려가 있는 방법으로 비행하는 행위 금지
(3) 제78조 1항에 따른 관제 공역, 통제 공역, 주의 공역에서 비행하는 행위 금지

단, 다음 각 항목의 행위와 지방항공청장의 허가를 받은 경우에는 제외

① 군사 목적으로 사용되는 초경량 비행장치를 비행하는 행위

② 다음의 어느 하나에 해당하는 비행장치를 별표23 제2호에 따른 관제권 또는 비행 금지 구역이 아닌 곳에서 제202조 제1호나목에 따른 최저 비행 고도(150m) 미만에서 비행하는 행위

㉠ 무인 비행기, 무인 헬리콥터 또는 무인멀티콥터 중 최대 이륙 중량이 25kg 이하인 것

㉡ 무인 비행선 중 연료의 무게를 제외한 자체 무게가 12kg 이하이고, 길이가 7m 이하인 것

(4) 안개 등으로 인하여 지상목표물을 육안으로 식별할 수 없는 상태에서 비행하는 행위 금지

(5) 별표24에 다른 비행 시정 및 구름으로부터 거리 기준을 위반하여 비행하는 행위 금지

(6) 일몰 후부터 일출 전까지의 야간에 비행하는 행위 금지, 단 제202조 제1호 나 항목에 따른 최저 비행 고도(150m) 미만의 고도에서 운영하는 계류식 기구 또는 제124조 전단에 따른 허가를 받아 비행하는 초경량 비행장치는 제외

(7) 주세법 제3조 제1호에 따른 주류, 마약류 관리에 관한 법률 제2조 제1호에 따른 마약류 또는 화학물질관리법 제22조 1항에 따른 환각 물질 등(이하 '주류 등'이라 함)의 영향으로 조종 업무를 정상적으로 수행할 수 없는 상태에서 조종하는 행위 또는 비행 중 주류 등을 섭취하거나 사용하는 행위 금지

(8) 그 밖의 비정상적인 방법으로 비행하는 행위 금지

(9) 항공기 또는 경량 항공기를 육안으로 식별하여 미리 피할 수 있도록 주의하여 비행

(10) 동력에 이용하는 초경량 비행장치 조종자는 모든 항공기, 경량 항공기 및 동력을 이용하지 않는 초경량 비행장치에 대하여 진로를 양보해야 함

(11) 무인 비행장치 조종자는 해당 무인 비행장치를 육안으로 확인할 수 있는 범위에서 조종해야 함. 단 법 제124조 전단에 따른 허가를 받아 비행하는 경우는 제외

(12) 항공사업법 제50조에 따른 항공레저스포츠 사업에 종사하는 초경량 비행장치 조종자는 다음 각 호의 준수사항 준수

① 비행 전에 해당 초경량 비행장치의 이상 유무를 점검하고, 이상이 있을 경우 비행 중단

② 비행 전에 비행 안전을 위한 주의사항에 대하여 동승자에게 충분히 설명

③ 해당 초경량 비행장치의 제작자가 정한 최대 이륙 중량을 초과하지 않도록 비행

④ 동승자에 대한 인적사항(성명, 생년월일, 주소)을 기록하고 유지할 것

예상문제

1 **초경량 비행장치 비행 시 조종자 준수사항을 3차 위반할 경우 항공법에 따라 부과되는 과태료는 얼마인가?**

① 100만 원 ② 200만 원
③ 300만 원 ④ 500만 원

2 **초경량 비행장치 조종자로서 다음 해당하는 행위를 하여서는 아니된다. 틀린 것은?**

① 인명이나 재산에 위험을 초래할 우려가 있는 낙하물을 투하하는 행위
② 관제 공역, 통제 공역, 주의 공역에서 비행하는 행위
③ 안개 등으로 인하여 지상 목표물을 육안으로 식별할 수 없는 상태에서 비행 행위
④ 일몰 후부터 일출 전이라도 날씨가 맑고 밝은 상태에서 비행하는 행위

3 **초경량 비행장치 조종자 준수사항에 어긋나는 것은?**

① 항공기 또는 경량 항공기를 육안으로 식별하여 미리 피해야 한다.
② 해당 무인 비행장치를 육안으로 확인할 수 있는 범위 내에서 조종해야 한다.
③ 모든 항공기, 경량 항공기 및 동력을 이용하지 않는 초경량 비행장치에 대하여 우선권을 가지고 비행해야 한다.
④ 레포츠사업에 종사하는 초경량 비행장치 조종자는 비행 전 비행 안전점검을 동승자에게 충분히 설명해야 한다.

정답 1 ③ 2 ④ 3 ③

4 초경량 비행장치 운용시간으로 맞는 것은?

① 일출부터 일몰 30분 전까지 ② 일출 30분 전부터 일몰까지
③ 일출 후 30분부터 일몰 30분 전까지 ④ 일출부터 일몰까지

5 조종자 준수사항으로 틀린 것은?

① 야간에 비행은 금지되어 있다.
② 사람이 많은 아파트 놀이터 등에서 비행은 가능하다.
③ 음주, 마약을 복용한 상태에서 비행은 금지되어 있다.
④ 사고나 분실에 대비하여 비행장치에 소유자 이름과 연락처를 기재해야 한다.

정답 4 ④ 5 ②

PART 01
항공법규

드론 특별 승인제 시행

① 드론 야간, 가시권 밖 비행 허용을 위한 특별 승인제 도입
② 수색, 구조, 화재 진화 등 공익 목적 긴급 비행 시 항공안전법 적용 특례 적용
③ 드론 조종 자격 상시 실기 시험장 구축 근거 마련 및 전문교육기관 내실화
④ 무인항공산업의 종합적, 체계적 지원을 위한 법적 근거 마련

- **2017.11.1부 드론 규제 개선 지원 근거 마련 등 산업 육성을 위한 제도 시행**

(1) 안전기준 충족 시 그간 금지됐던 야간 시간대, 육안 거리 밖 비행을 사례별로 검토 · 허용
  * 야간, 가시권 밖 비행은 안전상의 이유로 미국 등 일부 국가에서도 제한적으로 허용 중

(2) 개인 : 서류 제출(드론 성능/제원, 조작 방법, 비행 계획서, 비상상황 매뉴얼 등)

(3) 항공안전기술원 : 제출된 서류를 바탕으로 기술 검증 등 안전기준 검사 수행

(4) 국토교통부 : 안전 기준 결과, 운영 난이도, 주변 환경 등 종합적 고려 후 최종 승인
  * 단순 야간 촬영부터 장거리 수송까지 운영 난이도에 따라 안전기준 차등 적용
  * 특별 승인 시에도 25kg 초과하는 드론 또는 비행 금지 구역, 관제권 비행 시 기존 비행 승인 필요

(5) 수색, 구조, 화재 진화 등 공공분야의 공익 목적 긴급 비행에 드론을 사용하는 경우 항공안전법령상 야간, 가시권 밖 비행 제한 등 조종자 준수사항 적용 특례 적용

예상문제

1 2017년 후반기 발의된 특별 비행 승인과 관련된 내용으로 맞지 않은 것은?

① 조건은 야간에 비행하거나 육안으로 확인할 수 없는 범위에서 비행할 경우를 말한다.
② 승인 시 제출 포함 내용은 무인 비행장치의 종류, 형식 및 제원에 관한 서류
③ 승인 시 제출 포함 내용은 무인 비행장치의 조작 방법에 관한 서류
④ 특별 비행 승인이므로 모든 무인 비행장치는 안전성 인증서를 제출해야 한다.

정답 1 ④

6 공역

(1) 개념

항공기, 초경량 비행장치 등의 안전한 활동을 보장하기 위하여 지표면 또는 해수면으로부터 일정 높이의 특정범위로 정해진 공간

(2) 공역의 설정 기준

① 국가안전보장과 항공안전, 항공 교통에 관한 서비스의 제공 여부를 고려할 것
② 공역의 구분이 이용자 편의에 적합하고 공역의 활용에 효율성과 경제성이 있을 것

(3) 비행 정보 구역(FIR : Flight information Region)

① 해당 구역을 비행 중인 항공기에 항공 교통 업무(ATS : Air Traffic Service)를 제공하는 국제적 공역분할의 기본 단위 공역
② 우리나라의 공역 관할권은 인천 비행 정보 구역 내이며, 우리나라의 모든 공역들이 이 구역 내에 설정

예상문제

1 초경량 비행장치를 이용하여 비행 정보 구역 내에 비행 시 비행 계획을 제출해야 하는데 포함사항이 아닌 것은?

① 항공기의 식별 부호
② 항공기의 탑재 장비
③ 출발 비행장 및 출발 예정시간
④ 보안 준수 사항

정답 1 ④

(4) 공역의 종류(제 122조 1항)

① 제공하는 항공 교통 업무에 따른 구분 : 관제 공역, 비관제 공역

구분		내용
관제 공역	A등급 공역	모든 항공기가 계기 비행을 해야 하는 공역
	B등급 공역	계기 비행 및 시계 비행을 하는 항공기가 비행 가능하고 모든 항공기에 분리를 포함한 항공 교통관제업무가 제공되는 공역
	C등급 공역	모든 항공기에 항공 교통관제업무가 제공되나, 시계 비행을 하는 항공기 간에는 교통 정보만 제공되는 공역
	D등급 공역	모든 항공기에 항공 교통관제업무가 제공되나, 계기 비행을 하는 항공기와 시계 비행을 하는 항공기 및 시계 비행을 하는 항공 기간에는 비행 정보 업무만 제공되는 공역
	E등급 공역	계기 비행을 하는 항공기에 항공 교통관제업무가 제공되고 시계 비행을 하는 항공기에 비행 정보 업무가 제공되는 공역
비관제 공역	F등급 공역	계기 비행을 하는 항공기에 비행 정보 업무와 항공 교통조언 업무가 제공되고, 시계 비행항공기에 비행 정보 업무가 제공되는 공역
	G등급 공역	모든 항공기에 비행 정보 업무만 제공되는 공역

② 사용 목적에 따른 구분 : 관제 공역, 비관제 공역, 통제 공역, 주의 공역

구분		내용
관제 공역	관제권	• 항공안전법 제1조 제25호에 따른 공역으로서 비행 정보 구역 내의 B, C 또는 D등급 공역 중에서 시계 및 계기 비행을 하는 항공기에 대하여 항공 교통관제업무를 제공하는 공역 • 비행장 또는 공항과 그 주변의 공역으로서 항공 교통의 안전을 위하여 국토교통부 장관이 지정, 공고한 공역
	관제구	• 항공안전법 제2조 제26호에 따른 공역(항공로 및 접근 관제 구역을 포함한다)으로서 비행 정보 구역의 A, B, C, D 및 E등급 공역에서 시계 및 계기 비행을 하는 항공기에 대하여 항공 교통관제업무를 제공하는 공역 • 지표면 또는 수면으로부터 200m 이상 높이의 공역으로서 항공 교통의 안전을 위하여 국토교통부 장관이 지정, 공고한 공역
	비행장 교통 구역	항공안전법 제2조 제25호에 다른 공역 외 공역으로서 비행 정보 구역 내의 D등급에서 시계 비행을 하는 항공 기간에 교통 정보를 제공하는 공역
비관제 공역	조언 구역	항공 교통조언 업무가 제공되도록 지정된 비관제 공역, F등급 공역
	정보 구역	비행 정보 업무가 제공되도록 지정된 비관제 공역, G등급 공역

구분		내용
통제 공역	비행 금지 구역	안전, 국방상 그 밖의 이유로 항공기의 비행을 금지하는 공역
	비행 제한 구역	항공 사격, 대공 사격 등으로 인한 위험으로부터 항공기의 안전을 보호하거나 그 밖의 이유로 비행 허가를 받지 않는 항공기의 비행을 제한하는 공역
	초경량 비행장치 비행 제한 구역	초경량 비행장치의 비행 안전을 확보하기 위하여 초경량 비행장치의 비행 활동에 대한 제한이 필요한 공역
주의 공역	훈련 구역	민간 항공기의 훈련 공역으로서 계기 비행 항공기로부터 분리를 유지할 필요가 있는 공역
	군작전 구역	군사작전을 위하여 설정된 공역으로서 계기 비행 항공기로부터 분리를 유지할 필요가 있는 공역
	위험 구역	항공기의 비행 시 항공기 또는 지상시설물에 대한 위험이 예상되는 공역
	경계 구역	대규모 조종사의 훈련이나 비정상 형태의 항공 활동이 수행되는 공역

예상문제

1 비관제 공역 중 모든 항공기에 비행 정보만 제공되는 공역은?

① A등급 공역 ② C등급 공역 ③ E등급 공역 ④ G등급 공역

2 다음 공역 중 주의 공역이 아닌 것은?

① 훈련 구역 ② 비행 제한 구역 ③ 위험 구역 ④ 경계 구역

3 다음 공역 중 통제 공역이 아닌 것은?

① 비행 금지 구역 ② 비행 제한 구역
③ 초경량 비행장치 비행 제한 구역 ④ 군 작전 지역

4 다음 공역의 종류 중 통제 공역은?

① 초경량 비행장치 비행 제한 구역 ② 훈련 구역
③ 군 작전 지역 ④ 위험 구역

5 통제 구역에 해당하는 것은?

① 비행 금지 구역 ② 위험 구역 ③ 경계 구역 ④ 훈련 구역

정답 1 ④ 2 ② 3 ④ 4 ① 5 ①

6 지표면 또는 수면으로부터 200m 이상 높이의 공역으로서 항공 교통의 안전을 위하여 지정한 공역은?

① 관제권 ② 관제구 ③ 비행 정보 구역 ④ 항공로

7 비관제 공역에 대한 설명 중 맞는 것은?

① 항공 교통 조언 업무와 비행 정보 업무가 제공되도록 지정된 공역
② 항공 사격, 대공 사격 등으로 인한 위험한 공역
③ 지표면 또는 수면으로부터 200m 이상 높이의 공역
④ 항공기 또는 지상시설물에 대한 위험이 예상되는 공역

8 초경량 비행장치의 비행 안전을 확보하기 위하여 초경량 비행장치의 비행 활동에 대한 제한이 필요한 공역은?

① 비행 제한 공역 ② 관제 공역
③ 훈련 공역 ④ 초경량 비행장치 비행 제한 공역

정답 6 ② 7 ① 8 ④

⑸ 국내 초경량 비행장치 공역(UA : Ultralight vehicle flight Areas) : 총 34개소

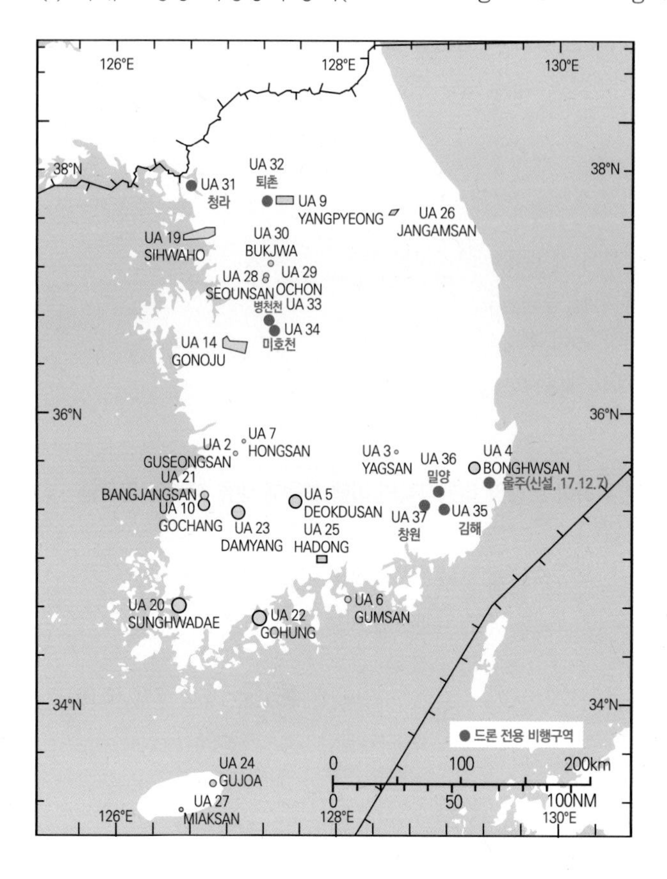

서울 : 4개소

① 가양비행장(가양대교 북단)
② 신정비행장(신정교 아래 공터)
③ 광나루 비행장
④ 별내IC(식송마을 일대)

기타 지역 : 30개소

⑤ UA-2(구성산), UA-3(약산), UA-4(봉화산), UA-5(덕두산), UA-6(금산), UA-7(홍산), UA-9(양평), UA-10(고창), UA-14(공주), UA-19(시화), UA-20(성화대), UA-21(방장산) UA-22(고흥), UA-23(담양), UA-24(구좌), UA-25(하동), UA-26(장암산), UA-27(미악산) UA-28(서운산), UA-29(옥천), UA-30(북좌), UA-27(미악산), UA-31(청나), UA-32(토천) UA-33(변천천), UA-34(미호천), UA-35(김해), UA-36(밀양), UA-37(창원), UA-38(모슬포) UA-38UUU(울주) : 2017. 12. 7일부

예상문제

1 다음 중 초경량 비행장치의 비행 가능한 지역은 어디인가?

① CP16 ② R75
③ P73A ④ UA19

정답 1 ④

(6) 비행 금지 구역(P : Prohibited Area)/비행 제한 구역(R : Restrict Area)

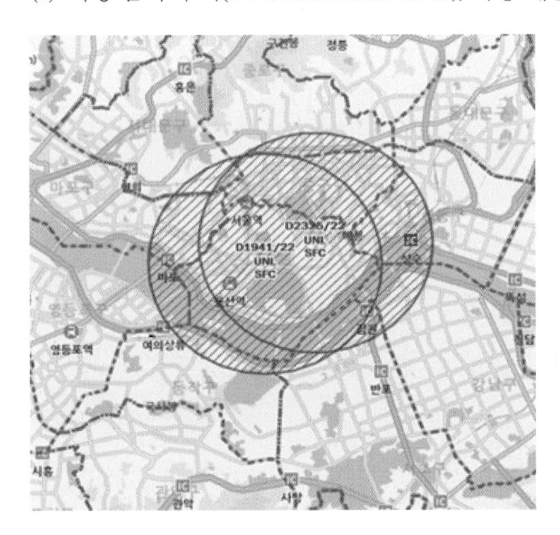

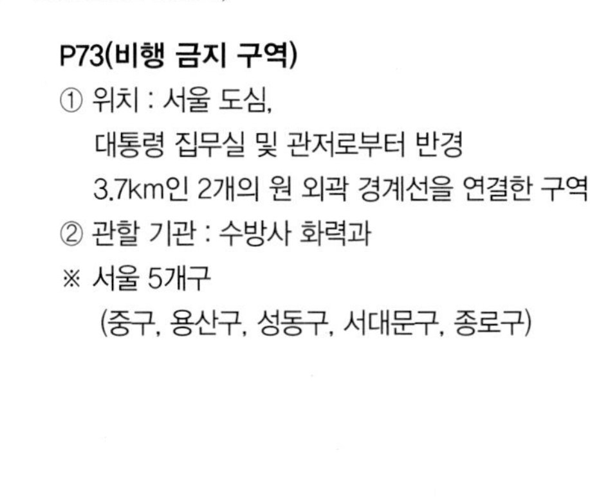

P73(비행 금지 구역)

① 위치 : 서울 도심,
대통령 집무실 및 관저로부터 반경
3.7km인 2개의 원 외곽 경계선을 연결한 구역

② 관할 기관 : 수방사 화력과

※ 서울 5개구
(중구, 용산구, 성동구, 서대문구, 종로구)

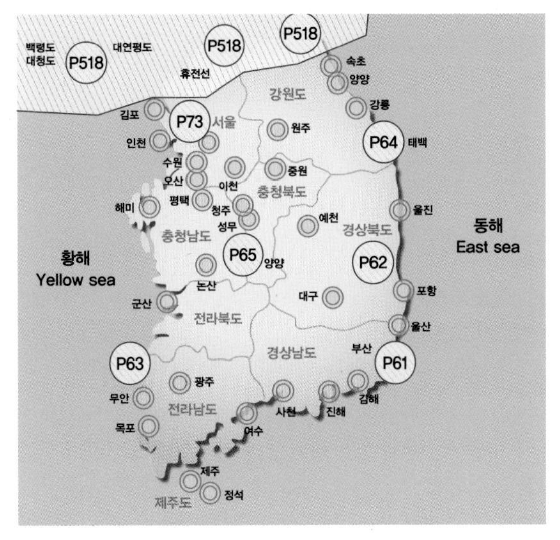

R75(비행 제한 구역)

관할 기관 : 4일전 수방사
방공작전통제소

※ 서울 9개구
(강서, 양천, 영등포, 동작, 관악, 서초, 강남, 송파, 강동)

(RK)P518(비행 금지 구역)

① 위치 : 군사분계선으로부터 아래 지점을 연결한 선
* 3739N 12610E – 3743N 12641E – 3738N 12653E – 3758N 12740E – 3804N 12831E – 3808N 12832E – 3812N 12836E

② 관할 기관 : 합동참모본부

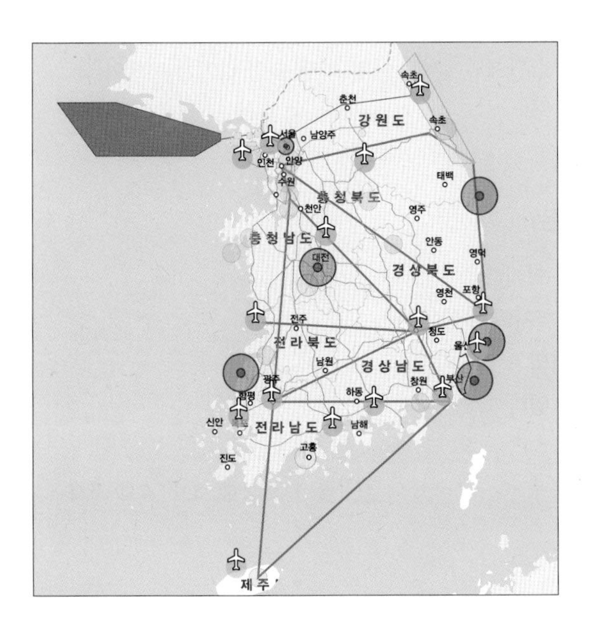

원전 지역(비행 금지 구역)

① 중심지역으로부터 A지역(3.7km) B지역(19km)

② 고리(P61), 월성(P62), 한빛(P63), 한울(P64), 대전(P65)

③ 관할 기관 : A지역(합동참모본부), B지역(각 지방항공청)

공항 지역(비행 제한 구역)

군/민간 비행장 주변 9.3km

기타

① 공군 작전 공역(MOA, Military Operation Area)

② 군 사격장 등 공역

예상문제

1 **서울 시내 비행 금지 공역(P73)에서 무인 비행장치 비행 승인은 어느 기관에서 담당하는가?**

① 서울지방항공청 ② 국토교통부
③ 수도방위사령부 ④ 국가정보원

2 **초경량 비행장치 비행 허가 승인에 대한 설명으로 틀린 것은?**

① 비행금지역(P73, P61 등) 비행허가는 군부대 등 관할기관과 각 지방항공청에 승인을 받아야 한다.
② 공역이 두 개 이상 겹칠 때는 우선하는 기관에 허가를 받아야 한다.
③ 군 관제권 지역의 비행 허가는 군에서 받아야 한다.
④ 민간 관제권 지역의 비행 허가는 국토교통부 승인을 받아야 한다.

3 **R-75 제한 구역의 설명 중 가장 적절한 것은?**

① 서울지역 비행 제한 구역
② 군사격장, 공수낙하훈련장
③ 서울지역 비행 금지 구역
④ 초경량 비행장치 전용 공역

4 **무인멀티콥터의 비행과 관련한 사항 중 틀린 것은?**

① 최대 이륙 중량 25kg 이하 기체는 비행 금지 구역 및 관제권을 제외한 공역에서 고도 150m 미만에서는 비행 승인 없이 비행이 가능하다.
② 최대 이륙 중량 25kg 초과 기체는 전 공역에서 사전 비행 승인 후 비행이 가능하다.
③ 초경량 비행장치 전용 공역에도 사전 비행 계획을 제출 후 승인을 받고 비행이 가능하다.
④ 최대 이륙 중량 상관없이 비행 금지 구역 및 관제권에서는 사전 비행 승인 없이는 비행이 불가하다.

5 **비행 금지, 제한 구역 등에 대한 설명 중 틀린 것은?**

① P73, P518, P61~65 지역은 비행 금지 구역이다.
② 군·민간 비행장의 관제권은 주변 9.3km까지의 구역이다.
③ 원자력 발전소, 연구소는 주변 19km까지의 구역이다.
④ 서울지역 R75 내에서는 비행이 금지되어 있다.

정답 1③ 2② 3① 4③ 5④

6 비행 금지 구역의 통제 관할 기관으로 맞지 않은 것은?

① P-73 서울지역 : 수도방위사령부
② P-518 휴전선지역 : 합동참모본부
③ P-61~65 A 구역 : 합동참모본부
④ P-61~65 B 구역 : 각 군사령부

7 다음 중 적법하게 운용한 것으로 맞는 것은?

① 비행승인 없이 서울지역 P-73 구역의 건물 내에서는 야간에도 비행이 가능하다.
② 비행승인 없이 한적한 시골지역 유원지 상공의 150m 이상 고도에서 비행이 가능하다.
③ 비행승인 없이 초경량 비행장치 전용 공역에서는 고도 150m 이상, 야간에도 비행이 가능하다.
④ 아파트 놀이터나 도로 상공에서는 비행이 가능하다.

정답 6 ④ 7 ①

비행 금지 구역 관할 기관 및 연락처

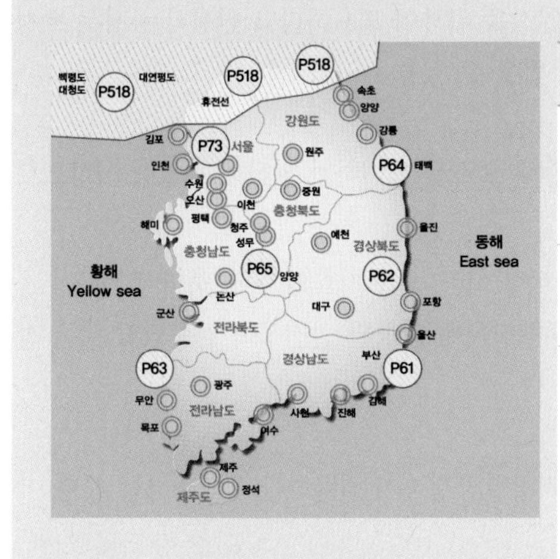

구분	관할 기관	연락처
P73(서울도심)	수도방위사령부 (화력과)	전화 : 02-524-3353, 3419, 3359 팩스 : 02-524-2205
P518(휴전선지역)	합동참모본부 (항공작전과)	전화 : 02-748-3294 팩스 : 02-796-7985
P61A(고리원전) P62A(월성원전) P63A(한빛원전) P64A(한울원전) P65A(대전원자력연구소)	합동참모본부 (공중종심작전과)	전화 : 02-748-3435 팩스 : 02-796-0369
P61B(고리원전)	부산지방항공청 (항공운항과)	전화 : 051-974-2154 팩스 : 051-971-1219
P62B(월성원전) P63B(한빛원전) P64B(한울원전) P65B(대전원자력연구소)	서울지방항공청 (항공안전과)	전화 : 032-740-2153 팩스 : 032-740-2159

사례

① **비행 금지 구역에서 허가 없이 비행**
부산시 강서구에 사는 홍길동(32세, 남) 씨는 휴일을 맞아 초등학생인 아들 길남(10세) 군과 김해공항 인근 공원에서 중량 1kg 드론을 날리며 즐거운 한때를 보내고 있었다. 그러던 중 현장에 출동한 군관계자로부터 법규 위반으로 조사를 받아야 한다며 잠시 동행해 줄 것을 요구받았다.

② **사업 등록하지 않고 영리 목적으로 활용**
프리랜서 헬리캠 촬영 기사인 홍길순(45세, 여) 씨는 ○○○방송국으로부터 음악방송 공개 녹화 시에 공중촬영을 맡아 달라는 요청을 받고 자체 중량 5kg 가량의 개인소유 드론으로 촬영에 임하고 있었다. 그러던 중 지방항공청 소속 항공안전 감독관으로부터 관련법규 위반으로 형사처벌을 받을 수 있다는 설명을 들었다.

③ **비행 금지 시간대(야간) 미준수**
드론에 카메라를 달아 풍경사진을 찍는 취미를 가진 홍길서(21세, 남) 씨는 한강의 야경을 촬영하기 위해서 저녁 9시경 한강 고수부지에서 2kg 드론을 띄워 사진을 촬영하던 중 현장 순찰 중이던 감독관으로부터 비행 중단을 요구받고, 관련법규 위반으로 과태료 처분 대상에 해당되니 조사에 협조해 달라는 요청을 받았다.

7 안전 개선 및 준용 규정

1 안전 개선 : 항공안전법 제130조, 항공안전법 시행규칙 제313조

(1) 국토교통부 장관은 초경량 비행장치 사용 사업의 안전을 위하여 필요하다고 인정되는 경우 초경량 비행장치 사용 사업자에게 다음 각호의 사항을 명할 수 있음
① 초경량 비행장치 및 그 밖의 시설의 개선
② 그 밖에 초경량 비행장치의 비행 안전에 대한 방해 요소를 제거하기 위하여 필요한 사항으로서 국토교통부령으로 정하는 사항

(2) 법 제130조 제2호에서 "국토교통부령으로 정하는 사항"이란 다음 각호의 어느 하나에 해당
① 초경량 비행장치 사업자가 운용 중인 초경량 비행장치에 장착된 안전성이 검증되지 않는 장비의 제거
② 초경량 비행장치 제작자가 정한 정비 절차의 이행
③ 그 밖에 안전을 위하여 국토교통부 장관 또는 지방항공청장이 필요하다고 인정하는 사항

2 준용 규정 : 항공안전법 제131조, 항공안전법 제57조

(1) 초경량 비행장치 소유자 등 또는 초경량 비행장치를 사용하여 비행하려는 사람에 대한 주류 등의 섭취, 사용 제한에 관하여는 제57조를 준용한다.
① 주류 등의 영향으로 항공 업무 또는 객실 승무원의 업무를 정상적으로 수행할 수 없는 상태의 기준은 다음 각 호와 같음
㉠ 주정 성분이 있는 음료의 섭취로 혈중 알코올 농도가 0.02% 이상인 경우
㉡ 마약류 관리에 관한 법률 제2조제1호에 따른 마약류를 사용한 경우
㉢ 화학물질관리법 제22조 제1항에 따른 환각 물질을 사용한 경우

예상문제

1 항공 종사자 업무를 정상적으로 수행할 수 없는 혈중 알코올 농도의 기준은?

① 0.02% 이상　② 0.03% 이상
③ 0.05% 이상　④ 0.1% 이상

2 초경량 비행장치 사용자의 준용 규정 설명으로 맞지 않은 것은?

① 주류 섭취에 관하여 항공 종사자와 동일하게 0.02% 이상 제한을 적용한다.
② 항공 종사자가 아니므로 자동차 운전자 규정인 0.05% 이상을 적용한다.
③ 마약류 관리에 관한 법률 제2조 제1호에 따른 마약류 사용을 제한한다.
④ 화학물질관리법 제22조 제1항에 따른 환각 물질의 사용을 제한한다.

3 주취 또는 약물 복용 판단 기준이 아닌 것은?

① 육안 판단　② 소변 검사　③ 혈액 검사　④ 알코올 측정 검사

4 항공 종사자의 음주 기준은?

① 0.02%　② 0.05%　③ 0.07%　④ 0.1%

정답 1 ① 2 ② 3 ① 4 ①

8 사고 보고 및 벌칙

1 사고의 정의 : 항공안전법 제2조

초경량 비행장치 사고란 초경량 비행장치를 사용하여 비행을 목적으로 이륙(이수(離水)를 포함한다. 이하 같다)하는 순간부터 착륙(착수(着水)를 포함한다. 이하 같다)하는 순간까지 발생한 다음 각 항목의 어느 하나에 해당하는 것으로서 국토교통부령으로 정함

(1) 초경량 비행장치에 의한 사람의 사망, 중상 또는 행방불명

(2) 초경량 비행장치의 추락, 충돌 또는 화재 발생

(3) 초경량 비행장치의 위치를 확인할 수 없거나 초경량 비행장치에 접근이 불가능한 경우

2 사고의 보고 : 항공안전법 시행규칙 제312조

초경량 비행장치사고를 일으킨 조종자 또는 그 초경량 비행장치 소유자 등은 다음 각 호의 사항을 지방항공청장에게 보고해야 함

(1) 조종자 및 그 초경량 비행장치소유자 등의 성명 또는 명칭

(2) 사고가 발생한 일시 및 장소

(3) 초경량 비행장치의 종류 및 신고 번호

(4) 사고 경위

(5) 사람의 사상 또는 물건의 파손 개요

(6) 사상자의 성명 등 사상자의 인적사항 파악을 위하여 참고가 될 사항

3 항공·철도사고조사위원회 : 항공·철도 사고 조사에 관한 법률(2006.7.9)

(1) 임무 : 항공사고·철도사고 등에 대한 독립적이고 공정한 조사를 통하여 사고 원인을 명확히 규명함으로써 동종 및 유사사고 예방과 국민의 안전 증진에 기여

(2) 구성 : 위원장 등 12명(상임위원 2명–항공정책실장·철도국장이 겸임, 비상임위원 10명)

(3) 항공사고 신고 접수 : 044) 201–5445, 항공조사팀 : 044) 201–5447
수도권 항공 비상대응팀 : 02) 2665–9705, 9706

예상문제

1 초경량 비행장치 사고로 분류할 수 없는 것은?

① 초경량 비행장치에 의한 사람의 중상 또는 행방불명
② 초경량 비행장치의 덮개나 부품의 고장
③ 초경량 비행장치의 추락, 충돌 또는 화재 발생
④ 초경량 비행장치의 위치를 확인할 수 없거나 비행장치에 접근이 불가능한 경우

2 초경량 비행장치 사고를 일으킨 조종자 또는 소유자는 사고 발생 즉시 지방항공청장에 보고해야 하는데 그 내용이 아닌 것은?

① 초경량 비행장치 소유자의 성명 또는 명칭
② 사고의 정확한 원인분석 결과
③ 사고의 경위
④ 사람의 사상 또는 물건의 파손 개요

3 초경량 비행장치에 의하여 사고가 발생한 경우 사고 조사를 담당하는 기관은?

① 관할 지방항공청　　② 항공 교통통제소
③ 한국교통안전공단　　④ 항공철도사고조사위원회

4 초경량 비행장치의 사고 중 항공철도 사고조사위원회가 사고 조사를 해야 하는 경우가 아닌 것은?

① 초경량 비행장치에 의한 사람의 경상
② 초경량 비행장치로 인하여 사람이 중상 또는 사망한 사고
③ 비행 중 발생한 화재 사고
④ 비행 중 추락, 충돌 사고

5 다음 초경량 비행장치의 사고 발생 시 최초 보고 사항이 아닌 것은?

① 조종자 및 그 초경량 비행장치 사용자 등의 성명 또는 명칭
② 사고가 발생한 일시 및 장소
③ 초경량 비행장치의 종류 및 신고 번호
④ 사고의 세부적 원인

정답 1② 2② 3④ 4① 5④

5 항공보험의 가입의무 : 항공사업법 제70조

초경량 비행장치를 초경량 비행장치 사용 사업, 항공기대여업, 항공레저스포츠 사업에 사용하려는 자는 국토교통부령으로 정하는 보험 또는 공제에 가입해야 함

(1) 다음 각호의 항공사업자는 국토교통부령으로 정하는 바에 따라 항공 보험에 가입하지 않고는 항공기를 운항할 수 없음
  – 항공운송사업자, 항공기 사용 사업자, 항공기 대여업자

(2) 제1항 각호의 자 외의 항공기 소유자 또는 항공기를 사용하여 비행하려는 자는 국토교통부령으로 정하는 바에 따라 항공 보험에 가입하지 않고는 항공기 운항 불가

(3) 항공안전법 제108조에 따른 경량 항공기 소유자 등은 그 경량 항공기의 비행으로 다른 사람이 사망하거나 부상한 경우에 피해자(피해자가 사망한 경우에는 손해배상을 받을 권리를 가진 자)에 대한 보상을 위하여 같은 조 1항에 따른 안전성 인증을 받기 전까지 국토교통부령으로 정하는 보험이나 공제에 가입해야 함

(4) 초경량 비행장치를 초경량 비행장치 사용 사업, 항공기 대여업, 항공레저스포츠 사업에 사용하려는 자는 국토교통부령으로 정하는 보험 또는 공제에 가입하여야 함

(5) 제1항부터 제4항까지의 규정에 따라 항공 보험 등에 가입한 자는 국토교통부령으로 정하는 바에 따라 보험가입신고서 등 보험 가입 등을 확인할 수 있는 자료를 국토교통부 장관에게 제출해야 한다. 이를 변경 또는 갱신한 때에도 같음

예상문제

1 **초경량 비행장치를 사업에 사용하려는 자는 토교통부령으로 정하는 보험 또는 공제에 가입해야 한다. 해당되지 않는 사업은?**

① 항공기 대여업에의 사용
② 항공기 운송사업
③ 초경량 비행장치 사용 사업에의 사용
④ 항공레저스포츠사업에의 사용

2 **다음의 초경량 비행장치 중 국토교통부로 정하는 보험에 가입해야 하는 것은?**

① 개인의 취미활동에 사용되는 무인멀티콥터
② 개인의 취미활동에 사용되는 행글라이더
③ 영리 목적으로 사용되는 동력 비행장치
④ 개인의 취미활동에 사용되는 낙하산

정답 1 ② 2 ③

6 벌칙

※ 벌금 : 범죄인에게 일정한 금액의 지급 의무를 강제적으로 부담시키는 형벌
※ 과태료 : 행정상의 질서 유지를 위하여 과하는 일정의 법과금

(1) 초경량 비행장치 불법 사용 등의 죄 : 항공안전법 제161조

① 다음 각호의 어느 하나에 해당하는 자는 3년 이하의 징역 또는 3천만 원 이하의 벌금
㉠ 항공안전법 제131조에서 준용하는 항공안전법 제57조 1항을 위반하여 주류 등의 영향으로 초경량 비행장치를 사용해서 정상적으로 수행할 수 없는 상태에서 비행한 사람
㉡ 항공안전법 제57조 2항을 위반하여 비행하는 동안에 주류 등을 섭취하거나 사용한 사람
㉢ 항공안전법 제57조 3항을 위반하여 국토교통부 장관의 측정 요구에 따르지 않는 사람

② 항공안전법 제124조에 따른 비행 안전을 위한 기술상의 기준에 적합하다는 안전성 인증을 받지 않는 초경량 비행장치를 사용하여 항공안전법 제125조 1항에 따른 초경량 비행장치 조종자 증명을 받지 않고 비행한 사람은 1년 이하의 징역 또는 1천만 원 이하의 벌금

③ 항공안전법 제122조에 또는 항공안전법 제123조를 위반하여 초경량 비행장치의 신고 또는 변경신고를 하지 않고 비행한 사람은 6개월 이하의 징역 또는 500만 원 이하의 벌금

④ 항공안전법 제127조 제2항을 위반하여 국토교통부 장관의 승인을 받지 않고 비행 제한 공역을 비행한 사람은 500만 원 이하의 벌금

(2) 명령 위반의 죄 : 항공안전법 제162조

제130조에 따른 초경량 비행장치 사용 사업의 안전을 위한 명령을 이행하지 않는 초경량 비행장치 사용 사업자는 1천만 원 이하의 벌금

예상문제

1 초경량 비행장치를 운용하여 위반 시의 벌칙 중 틀린 것은?

① 초경량 비행장치의 신고 또는 변경신고를 하지 않고 비행한 사람은 6개월 이하의 징역 또는 500만원 이하의 벌금
② 조종자격 증명 없이 비행한 자는 400만원 이하의 과태료
③ 안전성 인증을 받지 않고 비행한 자는 500만원 이하의 과태료
④ 조종자 준수사항을 따르지 않고 비행한 자는 200만원 이하의 과태료

정답 1 ④

(3) 과태료 : 항공안전법 제166조

위반 행위	과태료 금액(단위 : 만 원)			근거
	1차 위반	2차 위반	3차 위반	
비행 안전을 위한 기술상에 적합하다는 안전성 인증을 받지 않고 비행한 경우	250	375	500	법 제166조 제1항 제10조
조종자 증명을 받지 않고 초경량 비행장치를 사용하여 비행한 경우	200	300	400	법 제166조 제2항 제3호
국토교통부령으로 정하는 조종자 준수사항을 따르지 않고 비행한 경우	150	225	300	법 제166조 제3항 제8호
신고 번호를 해당 초경량 비행장치에 표시하지 않거나 거짓으로 표시한 경우	50	75	100	법 제166조 제4항 제4호
국토교통부령으로 정하는 장비를 장착하거나 휴대하지 않고 비행한 경우	50	75	100	법 제166조 제4항 제5호
초경량 비행장치의 말소 신고를 하지 않은 경우	15	22.5	30	법 제166조 제 6항 제1호
초경량 비행장치 사고에 관한 보고를 하지 않거나 거짓으로 보고한 경우(시행일 2019.3.30)	15	22.5	30	법 제166조 제6항 제2호

예상문제

1 초경량 비행장치의 비행 안전을 위한 기술상의 기준에 적합하다는 안전성 인증을 받지 않고 비행한 사람의 1차 과태료는 얼마인가?

① 50만 원 ② 100만 원 ③ 200만 원 ④ 250만 원

2 위반행위에 대한 과태료 금액이 잘못된 것은?

① 신고 번호를 표시하지 않았거나 거짓으로 표시한 경우에는 1차 위반은 50만 원이다.
② 말소 신고를 하지 않은 경우 1차 위반은 15만 원이다.
③ 조종자 증명을 받지 않고 비행한 경우 1차 위반은 200만 원이다.
④ 조종자 준수사항을 위반한 경우 1차 위반은 50만 원이다.

3 초경량 비행장치로 위규 비행을 한 자가 지방항공청장이 고지한 과태료 처분에 이의가 있어 이의를 제기할 수 있는 기간은?

① 고지를 받은 날로부터 10일 이내 ② 고지를 받은 날로부터 15일 이내
③ 고지를 받은 날로부터 30일 이내 ④ 고지를 받은 날로부터 60일 이내

4 조종자 준수사항 위반 시 1차 과태료는?

① 10만 원 ② 50만 원 ③ 100만 원 ④ 150만 원

5 다음 중 과태료의 금액이 가장 작은 위반 행위는?

① 조종자 증명을 받지 않고 초경량 비행장치를 사용하여 비행한 경우의 1차 과태료
② 조종자 준수사항을 따르지 않고 비행한 경우의 1차 과태료
③ 비행 안전의 안전성 인증을 받지 않고 비행한 경우의 1차 과태료
④ 초경량 비행장치의 말소 신고를 하지 않은 경우의 1차 과태료

정답 1④ 2④ 3③ 4④ 5④

항공사업법

1 용어의 정의

구분	용어의 뜻
항공 사업	이 법에 따라 국토교통부 장관의 면허, 허가 또는 인가를 받거나 국토교통부 장관에게 등록 또는 신고하여 경영하는 사업
항공기 대여업	타인의 수요에 맞추어 유상으로 항공기, 경량 항공기 또는 초경량 비행장치를 대여하는 사업
초경량 비행장치 사용 사업	타인의 수요에 맞추어 국토교통부령으로 정하는 초경량 비행장치를 사용하여 유상으로 농약 살포, 사진 촬영 등 국토교통부령으로 정하는 업무를 하는 사업
초경량 비행장치 사용 사업자	제48조1항에 따라 국토교통부 장관에게 초경량 비행장치 사용 사업을 등록한 자
항공레저스포츠 사업	타인의 수요에 맞추어 유상으로 다음 각 항목의 어느 하나에 해당하는 서비스를 제공하는 사업 ① 항공기(비행선과 활공기에 한정), 경량 항공기 또는 국토교통부령으로 정하는 초경량 비행장치를 사용하여 조종 교육, 체험 및 경관 조망을 목적으로 사람을 태워 비행하는 서비스 ② 다음 중 어느 하나를 항공레저스포츠를 위하여 대여해주는 서비스 • 활공기 등 국토교통부령으로 정하는 항공기 • 경량 항공기, 초경량 비행장치 ③ 경량 항공기 또는 초경량 비행장치에 대한 정비, 수리 또는 개조 서비스

2 초경량 비행장치 사용 사업

1 초경량 비행장치 사용 사업의 범위 : 항공사업법 시행규칙 제6조

(1) 비료 또는 농약 살포, 씨앗 뿌리기 등 농업 지원

(2) 조종 교육

(3) 사진 촬영, 육상·해상 측량 또는 탐사

(4) 산림 또는 공원 등의 관측 또는 탐사

(5) 그 밖의 업무로서 다음 각 항목의 어느 하나에 해당하지 않는 업무
  ① 국민의 생명과 재산 등 공공의 안전에 위해를 일으킬 수 있는 업무
  ② 국방, 보안 등에 관련된 업무로서 국가 안보에 위협을 가져올 수 있는 업무

2 초경량 비행장치 영리목적 사용 금지 : 항공사업법 제71조

누구든지 경량 항공기 또는 초경량 비행장치를 사용하여 비행하려는 자는 다음 각 호의 어느 하나에 해당하는 경우를 제외하고는 경량 항공기 또는 초경량 비행장치를 영리 목적으로 사용해서는 아니 된다.

(1) 항공기 대여업에 사용하는 경우

(2) 초경량 비행장치 사용 사업에 사용하는 경우

(3) 항공기레저스포츠 사업에 사용하는 경우

3 벌칙 : 항공사업법 제78조(항공사업자의 업무 등에 관한 죄)

다음 각 호의 어느 하나에 해당하는 자는 1년 이하의 징역 또는 1천만 원 이하 벌금

(1) 제48조 제1항에 따른 등록을 하지 않고 초경량 비행장치 사용 사업을 경영한 자

(2) 제49조 제2항에서 준용하는 제33조에 따른 명의 대여 등의 금지를 위반한 사업자

예상문제

1 다음 중 초경량 비행장치의 사용 사업의 범위가 아닌 것은?

① 비료 또는 농약 살포, 씨앗 뿌리기 등 농업 지원
② 사진 촬영, 육상 및 해상 측량 탐사
③ 산림 또는 공원 등의 관측 탐사
④ 지방 행사 시 시범 비행

2 초경량 비행장치의 사업 범위가 아닌 것은?

① 농약 살포　　② 항공 촬영
③ 산림 조사　　④ 야간 정찰

정답 1 ④ 2 ④

공항시설법

1 용어의 정의

구분	용어의 뜻
비행장	항공기, 경량 항공기, 초경량 비행장치의 이륙과 착륙을 위하여 사용되는 육지 또는 수면의 일정한 구역으로 대통령령으로 정하는 것
비행장 시설	비행장에 설치된 항공기의 이륙과 착륙을 위한 시설과 그 부대시설로서 국토교통부 장관이 지정한 시설
활주로	항공기 착륙과 이륙을 위하여 국토교통부령으로 정하는 크기로 이루어지는 공항 또는 비행장에 설정된 구역
장애물 제한 표면	항공기의 안전 운항을 위하여 공항 또는 비행장 주변에 장애물(항공기의 안전 운항을 방해하는 지형, 지물 등을 말함)의 설치 등이 제한되는 표면으로서 대통령령으로 정하는 구역
항행 안전 시설	유선통신, 무선통신, 인공위성, 불빛, 색채 또는 전파를 이용하여 항공기의 항행을 돕기 위한 시설로서 국토교통부령으로 정하는 시설
항공 등화	불빛, 색채 또는 형상을 이용하여 항행을 돕기 위한 시설로서 국토교통부령으로 정하는 시설
항행 안전 무선 시설	전파를 이용하여 항공기의 항행을 돕기 위한 시설로서 국토교통부령으로 정하는 시설
이착륙장	비행장 외에 경량 항공기 또는 초경량 비행장치의 이륙 또는 착륙을 위하여 사용되는 육지 또는 수면의 일정한 구역으로서 대통령령으로 정하는 것

예상문제

1 다음 중 전파에 의하여 항공기의 항행을 돕는 시설은?

① 항공등화
② 항행안전무선시설
③ 풍향등
④ 착륙방향지시등

정답 1②

2 관련 시설

1 비행장 : 공항시설법 시행령 제2조

공항시설법 제2조 제2호에서 대통령령으로 정하는 것이란 육상비행장, 육상헬기장, 수상비행장, 수상헬기장, 옥상헬기장, 선상헬기장, 해상구조물헬기장을 말함

2 이착륙장의 관리 기준 : 공항시설법 시행령 제24조

(1) 제32조에 따른 이착륙장의 설치기준에 적합하도록 유지할 것

(2) 이착륙장 시설의 기능 유지를 위하여 점검, 청소 등을 할 것

(3) 개량이나 그 밖의 공사를 하는 경우에는 필요한 표지의 설치 또는 그 밖의 적절한 조치를 하여 경량 항공기, 초경량 비행장치의 이륙 또는 착륙을 방해하지 않을 것

(4) 이착륙장에 사람, 차량 등이 임의로 출입하지 않도록 할 것

3 항행 안전시설 : 공항시설법 시행규칙 제5조, 항공 등화 : 공항시설법 제6조

구분		용어의 뜻
항행안전시설	항공 등화	불빛을 이용하여 항공기의 항행을 돕기 위한 시설
	항행 안전 무선 시설	전파를 이용하여 항공기의 항행을 돕기 위한 시설
	항공 정보통신시설	전기통신을 이용하여 항공 교통 업무에 필요한 정보를 제공, 교환하기 위한 시설
항공등화	활주로등 (Runway Edge Lights)	이륙 또는 착륙하려는 항공기에 활주로를 알려주기 위하여 그 활주로 양측에 설치하는 등화
	유도로등 (Taxiway Edge Lights)	지상 주행 중인 항공기에 유도로, 대기 지역 또는 계류장 등의 가장자리를 알려주기 위하여 설치하는 등화
	활주로유도등 (Runway Leading Lighting Systems)	활주로의 진입 경로를 알려주기 위하여 진입로를 따라 집단으로 설치하는 등화
	풍향등 (Illuminated Wind Direction Indicator)	항공기에 풍향을 알려주기 위하여 설치하는 등화
	기타	진입각 지시등, 지향 신호등, 비행장 등대

4 표지등 및 표지 설치 대상 구조물 : 공항시설법 시행규칙 제28조 1항

장애물 제한 표면(진입 표면, 전이 표면, 수평 표면, 원추 표면)보다 높게 위치한 고정 장애물에는 항공 장애 표시등 및 항공 장애 주간 표지(이하 표지라 함)를 설치해야 한다. 단, 다음 각 항목의 어느 하나에 해당하는 경우는 그렇지 않다.

(1) 장애물이 다른 고정 장애물 또는 자연 장애물의 장애물 차폐면보다 낮은 구조물에는 표시등 및 표지의 설치를 생략할 수 있다. 다만 지방항공청이 항공기의 항행 안전을 해칠 우려가 있다고 인정하는 구조물과 다른 고정 장애물 또는 자연 장애물에 의하여 부분적으로 차폐되는 경우는 제외한다.

(2) 장애물이 주간에 별표14에 따른 중광도 A형태의 표시등을 설치하여 운영되는 구조물 중 그 높이가 지표 또는 수면으로부터 150m 이하인 구조물에는 표지의 설치를 생략할 수 있다.

(3) 장애물이 주간에 별표14에 따른 고광도 표시등을 설치하여 운영되는 경우에는 표지의 설치를 생략할 수 있다.

(4) 장애물이 등대(Lighthouse)인 경우에는 표시등의 설치를 생략할 수 있다.

(5) 고정 장애물 또는 자연 장애물에 의하여 비행(항공)로가 광범위하게 장애가 되는 곳에서 정해진 비행(항공)로 미만으로 안전한 수직 간격이 확보된 비행 절차가 정해져 있는 경우에는 수평 표면 또는 원추 표면보다 높게 위치한 고정 장애물의 경우에도 표시등 및 표지의 설치를 생략할 수 있다.

(6) 기타 지방항공청장이 항공기의 항행 안전을 해칠 우려가 없다고 인정하는 구조물 등은 표시등 및 표지의 설치를 생략할 수 있다.

예상문제

1 **항공기의 항행 안전을 저해할 우려가 있는 장애물 높이가 지표 또는 수면으로부터 몇 m 이상이면 항공 장애 표시등 및 항공 장애 주간 표지를 설치해야 하는가?**

① 50M ② 100M
③ 150M ④ 200M

2 **다음 중 공항시설법상 항공 등화의 종류가 아닌 것은?**

① 풍향계 ② 정지선 등
③ 활주로 등 ④ 비행장 등대

3 **다음 중 공항시설법상 장애물 제한 표면이 아닌 것은?**

① 진입 표면 ② 전이 표면
③ 수평 표면 ④ 수직 표면

정답 1 ③ 2 ① 3 ④

5 항공 등화의 설치 기준 : 공항시설법 시행규칙 제36조 제2항 제1호

항공 등화 종류	육상 비행장					육상 헬기장	최소 광도 (cd)	색상
	비계기 진입 활주로	계기 진입 활주로						
		비정밀	카테고리 1	카테고리 2	카테고리 3			
비행장 등대	O	O	O	O	O		2,000	흰색, 녹색
활주로등	O	O	O	O	O		10,000	노란색, 흰색
유도로등	O	O	O	O	O		2	파란색
유도로중심선등					O		20	노란색, 녹색
정지선등				O	O		20	붉은색
활주로경계등			O	O	O		30	노란색
풍향등	O	O	O	O	O	O	–	흰색
유도로 안내등	O	O	O	O	O		10	붉은색, 노란색, 흰색

예상문제

1. 다음 중 공항시설법상 유도로등의 색은?

① 녹색　② 청색
③ 백색　④ 황색

2. 다음 중 항공 장애등 설치 기준은?

① 300ft(AGL)
② 500ft(AGL)
③ 300ft(MSL)
④ 500ft(MSL)

표고, 해발, 고도(AGL) 정의

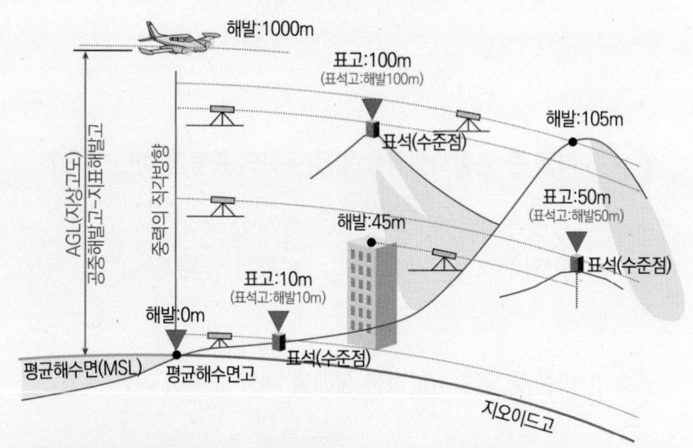

지오이드고 : 평균해수면이 육지 닿은 부분의 중력과 일치하는 등 퍼텐셜(potential, 중력) 선으로 지구를 둘러싼 타원체의 고(해발 0m)이며 어디서나 중력방향에 직각을 이룸

※ AGL(Above Ground Level, 지발고도, 지상고도)

※ MSL(Middle Sea Level, 평균 해수면고도)

정답 1 ② 2 ②

항공안전 관리

1 항공안전 관리 프로그램

1 항공안전프로그램 등 : 항공안전법 제58조

(1) 국토교통부 장관은 다음 각호의 사항이 포함된 항공안전프로그램을 마련하여 고지해야 한다.
① 국가의 항공안전에 관한 목표
② 제1호의 목표를 달성하기 위한 항공기 운항, 항공 교통 업무, 항행 시설 운영, 공항 운영 및 항공기 설계, 제작, 정비 등 세부 분야별 활동에 관한 사항
③ 항공기 사고, 항공기 준사고 및 항공안전 장애 등에 대한 보고 체계에 관한 사항
④ 항공안전을 위한 조사 활동 및 안전 감독에 관한 사항
⑤ 잠재적인 항공안전 위해 요인의 식별 및 개선 조치의 이행에 관한 사항
⑥ 정기적인 안전 평가에 관한 사항 등

(2) 다음 각 호의 어느 하나에 해당하는 자는 제작, 교육, 운항 또는 사업 등을 시작하기 전까지 제1항에 따른 항공안전프로그램에 따라 항공기 사고 등의 예방 및 비행 안전의 확보를 위한 항공안전관리시스템을 마련하고, 국토교통부 장관의 승인을 받아 운용해야 하며, 승인받은 사항 중 국토교통부령으로 정하는 중요사항을 변경할 때에도 같다.
① 형식증명, 부가형식증명, 제작증명, 기술표준품형식승인 또는 부품 등 제작자증명을 받은 자
② 제35조 제1호부터 제4호까지의 항공 종사자 양성을 위하여 제48조 제1항에 따라 지정된 전문교육기관
③ 항공 교통 업무 증명을 받은 자, 항공 운송 사업자, 항공기 사용 사업자 및 국외 운항 항공기 소유자 등
④ 항공기정비업자로서 제97조 제1항에 따른 정비조직인증을 받은 자
⑤ 공항시설법 제38조 제1항에 따라 공항운영증명을 받은 자
⑥ 공항시설법 제43조 제2항에 따라 항행 안전시설을 설치한 자

(3) 국토교통부 장관은 제83조 제1항부터 제3항까지에 따라 국토교통부 장관이 하는 업무를 체계적으로 수행하기 위하여 제1항에 따른 항공안전프로그램에 따라 그 업무에 관한 항공안전관리시스템을 구축·운용해야 한다.

(4) 제1항부터 제3항까지에서 규정한 사항 외 다음 각 호 사항은 국토교통부령으로 정한다.
① 제1항에 따른 항공안전프로그램의 마련에 필요한 사항
② 제2항에 따른 항공안전관리시스템에 포함되어야 할 사항, 항공안전관리시스템의 승인기준 및 구축·운용에 필요한 사항
③ 제3항에 따른 업무에 관한 항공안전관리시스템의 구축·운용에 필요한 사항

2 항공안전프로그램의 마련에 필요한 사항 : 항공안전법 시행규칙 제131조

제58조 제4항에 따라 항공안전프로그램을 마련할 때에는 다음 각 호의 사항을 반영

(1) 국가의 안전 정책 및 안전 목표
　① 항공안전 분야의 법규 체계 – 항공안전 조직의 임무 및 임무 분장
　② 행정 처분에 관한 사항
　③ 항공기 사고, 항공기 준사고, 항공안전 장애 등의 조사에 관한 사항

(2) 국가의 위험도 관리
　① 항공안전관리시스템의 운영 요건
　② 항공안전관리시스템의 운영을 통한 안전성과 관리 절차

(3) 국가의 안전성과 검증
　① 안전 감독에 관한 사항
　② 안전 자료의 수집, 분석 및 공유에 관한 사항

(4) 국가의 안전관리 활성화
　① 안전업무 담당 공무원에 대한 교육 훈련, 의견교환 및 안전 정보의 공유에 관한 사항
　② 항공안전관리시스템 운영자에 대한 교육 훈련, 의견교환 및 안전 정보의 공유에 관한 사항

3 항공안전 의무보고 : 항공안전법 제59조

(1) 항공기 사고, 항공기 준사고 또는 항공안전 장애를 발생시켰거나 항공기 사고, 항공기 준사고 또는 항공안전 장애가 발생한 것을 알게 된 항공 종사자 등 관계인은 국토교통부 장관에게 그 사실을 보고해야 한다.

(2) 제1항에 따른 항공 종사자 등 관계인의 범위, 보고에 포함되어야 할 사항, 시기, 보고 방법 및 절차 등은 국토교통부령으로 정한다.

4 항공안전 자율보고 : 항공안전법 제61조

(1) 항공안전을 해치거나 해칠 우려가 있는 사건, 상황, 상태 등을 발생시켰거나 항공안전위해 요인이 발생한 것을 안 사람 또는 항공안전위해 요인이 발생될 것이 예상된다고 판단하는 사람은 국토교통부 장관에게 그 사실을 보고할 수 있다.

(2) 국토교통부 장관은 제1항에 따른 보고를 한 사람의 의사에 반하여 보고자의 신분을 공개해서는 아니 되며, 항공안전 자율보고를 사고예방 및 항공안전 확보 목적 외의 다른 목적으로 사용해서는 안 된다.

(3) 누구든지 항공안전 자율보고를 한 사람에 대하여 이를 이유로 해고, 전보, 징계, 부당한 대우 또는 그 밖에 신분이나 처우와 관련하여 불이익한 조치를 해서는 안 된다.

(4) 국토교통부 장관은 항공안전위해 요인을 발생시킨 사람이 그 항공안전위해 요인이 발생한 날부터 10일 이내에 항공안전 자율보고를 한 경우에는 제43조 제1항에 따른 처분을 하지 않을 수 있다. 단, 고의 또는 중대한 과실로 항공안전위해 요인을 발생시킨 경우와 항공기 사고 및 항공기 준사고에 해당하는 경우에는 그렇지 않다.

(5) 제1항부터 제4항까지에서 규정한 사항 외에 항공 항전 자율보고에 포함되어야 할 사항, 보고 방법 및 절차는 국토교통부령으로 정한다.

5 항공기의 비행 중 금지행위 등 : 항공안전법 제68조

항공기를 운항하려는 사람은 생명과 재산을 보호하기 위하여 다음 각 호의 어느 하나에 해당하는 비행 또는 행위를 해서는 아니 된다. 단, 국토교통부령으로 정하는 바에 따라 국토교통부 장관의 허가를 받은 경우에는 그렇지 않다.

(1) 국토교통부령으로 정하는 최저 비행고도 아래에서의 비행

(2) 물건의 투하 또는 살포

(3) 낙하산 강하

(4) 국토교통부령으로 정하는 구역에서 뒤집어서 비행하거나 옆으로 세워서 비행하는 등의 곡예비행

(5) 무인 항공기의 비행

(6) 그 밖에 생명과 재산에 위해를 끼치거나 위해를 끼칠 우려가 있는 비행 또는 행위로서 국토교통부령으로 정하는 비행 또는 행위

6 항공안전관리시스템의 승인 등 : 항공안전법 시행규칙 제130조

(1) 제58조 제2항에 따라 항공안전관리시스템을 승인받으려는 자는 별지 제62호 서식의 항공안전관리시스템 승인신청서에 다음 각 호의 서류를 첨부하여 사업, 교육 또는 운항을 시작하기 30일 전까지 국토교통부 장관 또는 지방항공청장에게 제출해야 한다.
   ① 항공안전관리시스템 매뉴얼 1부
   ② 항공안전관리시스템 이행계획서 및 이행확약서 각 1부
   ③ 항공안전관리시스템 승인기준에 미달하는 사항이 있는 경우 이를 보완할 수 있는 대체운영절차 1부

(2) 제1항에 따라 항공안전관리시스템 승인신청서를 받은 국토교통부 장관 또는 지방항공청장은 해당 항공안전관리시스템이 별표20에서 정한 항공안전관리시스템 승인 기준 및 국토교통부 장관이 고지한 운용 조직이 규모 및 업무 특성별 운용 요건에 적합하다고 인정되는 경우에는 별지 제63호 서식의 항공안전관리시스템 승인서를 발급해야 한다.

(3) 제58조 제2항 후단에서 국토교통부령으로 정하는 중요사항이란 다음 각 호 사항이다.
   ① 안전 목표에 관한 사항
   ② 안전 조직에 관한 사항
   ③ 안전 장애 등에 대한 보고 체계에 관한 사항
   ④ 안전 평가에 관한 사항

(4) 제3항에서 정한 중요사항을 변경하는 자는 별지 제64호 서식의 항공안전관리시스템 변경승인신청서에 다음 각 호의 서류를 첨부하여 국토교통부정관 또는 지방항공청장에게 제출해야 한다.
   ① 변경된 항공안전관리시스템 매뉴얼 1부
   ② 항공안전관리시스템 매뉴얼 신구 대조표 1부

(5) 국토교통부 장관 또는 지방항공청장은 제4항에 따라 제출된 변경사항이 별표 20에서 정한 항공안전관리시스템 승인 기준에 적합하다고 인정되는 경우 이를 승인해야 한다.

7 항공안전관리시스템에 포함되어야 할 사항 : 항공안전법 시행규칙 제132조

제58조 제4항 제2호에 따른 항공안전관리시스템에 포함되어야 할 사항은 다음 각 호와 같다.

(1) 안전 정책 및 안전 목표
  ① 최고경영자의 권한 및 책임에 관한 사항
  ② 안전관리 관련 업무 분장에 관한 사항
  ③ 총괄 안전관리자의 지정에 관한 사항
  ④ 위기대응계획 관련 관계기관 협의에 관한 사항

(2) 위험도 관리
  ① 위험요인의 식별 절차에 관한 사항
  ② 위험도 평가 및 경감 조치에 관한 사항

(3) 안전성과 검증
  ① 안전성과의 모니터링 및 측정에 관한 사항
  ② 변화관리에 관한 사항
  ③ 항공안전관리시스템 운영절차 개선에 관한 사항

(4) 안전관리 활성화
  ① 안전교육 및 훈련에 관한 사항
  ② 안전관리 관련 정보 등의 공유에 관한 사항

(5) 그 밖에 국토교통부 장관리 항공안전 목표 달성에 필요하다고 정하는 사항

예상문제

1 항공안전관리 시스템 중 안전성과 검증 활동에 포함 사항이 아닌 것은?

① 안전성과 모니터링 및 측정 절차
② 변화관리 절차
③ 위험요인의 식별 절차
④ 항공안전관리 시스템 개선 절차

정답 1 ③

8 항공안전 의무보고의 절차 등 : 항공안전법 시행규칙 제134조

(1) 제59조 제1항 및 제5항에 따라 다음 각 호의 어느 하나에 해당하는 자는 별지 제65호 서식에 따른 항공안전의무보고서 또는 국토교통부 장관이 정하여 고시하는 전자적인 보고 방법에 따라 국토교통부 장관 또는 지방항공청장에게 보고해야 한다.
  ① 제2조 제6호 각 항목의 어느 하나에 해당하는 항공기 사고를 발생시키거나 항공기 사고가 발생한 것을 알게 된 항공 종사자 등 관계인
  ② 별표2에 따른 항공기 준사고를 발생시키거나 항공기 준사고가 발생한 것을 알게 된 항공 종사자 등 관계인

③ 별표3에 따른 항공안전 장애를 발생시키거나 항공안전 장애가 발생한 것을 알게 된 항공 종사자 등 관계인(단, 제33조에 다른 보고 의무자는 제외한다.)

(2) 제59조 제1항에 따른 항공 종사자 등 관계인의 범위는 다음 각 호와 같다.

① 항공기 기장(항공기 기장이 보고할 수 없는 경우에는 그 항공기의 소유자 등을 말한다.)

② 항공정비사(항공정비사가 보고할 수 없는 경우에는 그 항공정비사가 소속된 기관·법인 등의 대표자를 말한다.)

③ 항공 교통 관제사(항공 교통관제사가 보고할 수 없는 경우 그 관제사가 소속된 항공 교통 관제 기관의 장)

④ 공항시설을 관리하는 자

⑤ 항행 안전시설을 관리하는 자

⑥ 항공위험물을 취급하는 자

(3) 제1항에 따른 보고서의 제출 시기는 다음 각 호와 같다.

① 항공기 사고 및 항공 기준 사고 : 즉시

② 항공안전 장애

㉠ 별표3 제1호부터 제4호까지, 제6호 및 제7호에 해당하는 항공안전 장애를 발생시키거나 항공안전 장애가 발생한 것을 알게 된 자 : 인지한 시점으로부터 72시간 이내(동기간에 포함된 토요일 및 법정 공휴일에 해당하는 시간은 제외한다.) 단, 제6호가목, 나목 및 마목에 해당하는 사항은 즉시 보고해야 한다.

㉡ 별표3 제5호에 해당하는 항공안전 장애를 발생시키거나 항공안전 장애가 발생한 것을 알게 된 자 : 인지한 시점으로부터 96시간 이내. 단, 동 기간에 포함된 토요일 및 법정 공휴일에 해당하는 시간은 제외한다.

9 항공안전 자율보고의 절차 등 : 항공안전법 시행규칙 제135조

(1) 제61조 제1항에 따라 항공안전 자율보고에 포함될 사항은 다음 각 호의 경우를 말한다.

① 공항 내 또는 공항 근처에 항공안전을 해칠 우려가 있는 장애물 또는 위험물의 방치나 표식의 오류 등이 있는 경우

② 항공기 운항 중 항공로 또는 고도로부터 위험을 초래하지 않는 이탈을 한 경우

③ 같은 시간대에 관제에 혼란을 초래할 가능성이 있는 유사 호출부호가 사용된 경우

④ 운항 또는 정비 업무 중 정비 결함을 유발할 수 있는 혼동·오류가 있는 데이터 또는 절차가 있는 경우

⑤ 항공안전을 해칠 우려가 있는 절차나 제도 등이 발견된 경우

⑥ 항공기 운항 중 공항시설 또는 항공로 등에서 항공안전을 저해할 우려가 있는 상태를 발견 시

⑦ 항공 정보 간행물 또는 항공기 운항에 사용되는 지도 등에서 항공안전을 해칠 우려가 있는 표기 등을 발견한 경우

⑧ 인적 요소를 통한 항공안전을 해칠 요인의 감지 경우, 그 외 국토교통부 장관이 고시하는 사항

(2) 제1항에 따른 항공안전위해 요인을 보고할 때에는 별지 제66호 서식의 항공안전 자율보고서 또는 국토교통부 장관이 고시하는 전자적인 보고 방법에 따라 한국교통안전공단 이사장에게 보고할 수 있다.

제 1 회 항공 법규 모의고사

01 국토교통부장관이 정하는 초경량 비행장치를 사용하여 비행하고자 하는 자는 자격증명이 있어야 한다. 다음 중 초경량 비행장치의 조종 자격증명을 발행하는 기관으로 맞는 것은?

① 항공안전본부
② 지방항공청
③ 한국교통안전공단
④ 국토교통부

02 항공법에 의해 설치된 항공장애표시등 및 주간 장애 표식을 관리하는 책임이 있는 자로 맞는 것은?

① 항공장애표시등 및 주간 장애표식 설치자
② 국토교통부장관
③ 비행장 소유자 또는 점유자
④ 해당 지방항공청

03 항공법에 대한 내용 중 바르지 못한 것은?

① 국제민간항공조약의 규정과 동 조약의 부속서로서 채택된 표준과 방식에 따른다.
② 항공기 항행의 안전을 도모하기 위한 방법을 정한 것이다.
③ 시행령과 시행규칙은 국토부령으로 제정되었다.
④ 항공운송사업의 질서 확립과 항공시설의 설치, 관리의 효율화를 목적으로 한다.

해설
시행령은 대통령령, 시행규칙은 국토교통부령으로 정한다.

04 신고를 필요로 하지 않는 초경량 비행장치의 범위에 들지 않는 것은?

① 계류식 기구류
② 낙하산류
③ 동력을 이용하지 아니하는 비행장치
④ 프로펠러로 추진력을 얻는 것

05 국토교통부장관이 정하여 고시한 국내의 무인비행장치 비행 공역 내의 수직 고도 범위는?

① 지상~300피트 AGL
② 지상~500피트 AGL
③ 지상~300피트 MSL
④ 지상~500피트 MSL

해설
AGL(Above Ground Level)=절대고도 : 지표면에서부터 항공기까지 수직 거리, 드론은 AGL 사용
MSL(Mean Sea Level)=진고도=해수면고도=실제고도 : 평균해수면에서 항공기까지 수직 거리

06 항공안전법에서 정의하는 초경량 비행장치의 범위에 속하지 않는 것은?

① 회전익비행장치 ② 유인자유기구
③ 무인비행선 ④ 활공기

해설
활공기는 항공기로 분류

07 초경량 비행장치를 소유한 사람은 소유자의 성명 및 주소가 변경된 경우에 변경일로부터 며칠 이내에 그 사실을 한국교통안전공단 이사장에게 신고하여야 하는가?

① 7일 ② 14일 ③ 15일 ④ 30일

해설
변경신고는 30일 이내, 말소신고는 15일 이내

정답 01 ③ 02 ① 03 ③ 04 ④ 05 ② 06 ④ 07 ④

08 **조종자 준수사항 위반 시 2차 과태료는 얼마인가?**

① 150만 원 ② 225만 원
③ 250만 원 ④ 300만 원

해설
조종자 준수사항 위반 : 1차 150만 원, 2차 225만 원, 3차 300만 원 과태료

09 **다음 중 초경량 비행장치 무인멀티콥터 비행 시 비행승인을 반드시 받아야 하는 상황으로 맞는 것은?**

① 최저 비행고도 미만의 고도에서 운영하는 계류식 기구
② 관제권, 비행금지구역 및 비행제한구역 외의 공역에서 비행하는 무인비행장치
③ 교육원에서 최대이륙중량 25kg을 초과하는 비행장치로 비행 시
④ 가축 전염병의 예방 또는 확산을 방지하기 위하여 소독·방역업무 등에 긴급하게 사용하는 무인비행장치

해설
최대이륙중량 25kg을 초과하는 비행장치는 비행승인을 받아야 한다.

10 **초경량 비행장치 신고 시 첨부해야 할 서류가 아닌 것은?**

① 초경량 비행장치를 소유하거나 사용할 수 있는 권리가 있음을 증명하는 서류
② 초경량 비행장치 제원 및 성능표
③ 초경량 비행장치 사진(가로 15센티미터, 세로 10센티미터의 측면사진)
④ 초경량 비행장치를 운용할 조종자와 정비사의 인적사항

해설
조종자와 정비사의 인적사항은 첨부서류가 아니다.

11 **다음 중 조종자 준수사항에 대한 설명으로 틀린 것은?**

① 인명이나 재산에 위험을 초래할 우려가 있는 낙하물을 투하하는 행위 금지
② 인명 또는 재산에 위험을 초래할 우려가 있는 방법으로 비행하는 행위 금지
③ 일몰 후부터 일출 전까지의 야간에 비행하는 행위 금지
④ 일몰 시 조종자는 드론을 식별할 수 있게 LED 등 부착물을 설치하여야 한다.

해설
일몰 후에는 원칙적으로 비행이 금지되어 있다. 야간/비가시권 비행을 하기 위해서는 특별비행승인을 신청하여야 한다.

12 **초경량 비행장치를 제한공역에서 비행하고자 하는 자는 비행계획 승인 신청서를 누구에게 제출해야 하는가?**

① 대통령 ② 국토교통부장관
③ 국토교통부 항공국장 ④ 지방항공청장

13 **초경량 비행장치 자격증명 취소 사유가 아닌 것은?**

① 자격증을 분실한 후 1년이 경과하도록 분실 신고를 하지 않은 경우
② 항공법을 위반하여 벌금 이상의 형을 선고받은 경우
③ 고의 또는 중대한 과실이 있는 경우
④ 항공법에 의한 명령에 위반한 경우

해설
초경량 비행장치 자격증은 분실 시 재발급이 가능하다.

14 **우리나라 항공기의 국적기호는 무엇인가?**

① KAL ② HL ③ K ④ N

해설
"등록부호"는 "국적기호"와 "등록기호"로 구분되는데, 앞의 두 문자 "HL"은 국적기호로서 대한민국에 등록된 항공기라는 의미가 있으며, 뒤의 네 숫자는 등록기호로서 항공기별로 된다. 이외에도 미국은 "N", 중국은 "B", 일본은 "JA", 등을 사용하고 있습니다.

정답 08 ② 09 ③ 10 ④ 11 ④ 12 ④ 13 ① 14 ②

15 **정면 또는 가까운 각도로 비행 중인 동 순위의 항공기 상호간에 있어서는 항로를 어떻게 하여야 하는가?**

① 상방으로 바꾼다. ② 하방으로 바꾼다.
③ 우측으로 바꾼다. ④ 좌측으로 바꾼다.

16 **다음 중 국가 안전상 비행이 금지된 공역으로 항공지도에 표시되어 있으며 특별한 인가 없이는 절대 비행이 금지되는 지역은?**

① P-73 ② R-110
③ DW-99 ④ MOA

17 **초경량 비행장치 사고 발생 시 사고조사 기관으로 맞는 것은?**

① 항공 · 철도 사고조사 위원회
② 관할 지방항공청
③ 관할 경찰청
④ 국토교통부

18 **초경량 비행장치의 사용사업 종류가 아닌 것은?**

① 항공 운송업
② 사진촬영, 육상 · 해상 측량 또는 탐사
③ 산림 또는 공원 등의 관측 또는 탐사
④ 비료 또는 농약 살포, 씨앗 뿌리기 등 농업 지원

19 **다음 중 NOTAM의 유효기간으로 맞는 것은?**

① 3개월 ② 1개월
③ 6개월 ④ 1년

20 **초경량 비행장치의 종류가 아닌 것은?**

① 초급활공기 ② 동력비행장치
③ 회전익비행장치 ④ 초경량헬리콥터

해설

초급활공기는 항공기로 분류

21 **동력비행장치는 자체 중량이 연료제외 몇 킬로그램 이하여야 하는가?**

① 115kg 이하 ② 120kg 이하
③ 150kg 이하 ④ 180kg 이하

22 **다음 중 비관제공역에 대한 설명으로 맞는 것은?**

① 항공교통의 안전을 위하여 항공기의 비행순서 · 시기 및 방법 등에 관하여 국토교통부 장관의 지시를 받아야 할 필요가 있는 공역으로 관제권 및 관제구를 포함하는 공역
② 항공교통의 안전을 위하여 항공기의 비행을 금지 또는 제한할 필요가 있는 공역
③ 항공기의 비행 시 조종사의 특별한 주의 · 경계 · 식별 등을 요구할 필요가 있는 공역
④ 관제공역 외의 공역으로서 항공기에게 비행에 필요한 조언 · 비행정보 등을 제공하는 공역

23 **신고하지 않아도 되는 초경량 비행장치는 어느 것인가?**

① 동력 비행장치 ② 인력 활공기
③ 초경량 헬리콥터 ④ 자이로 플레인

24 **조종자 증명을 받지 않고 비행 시 처벌 기준은?**

① 과태료 400만 원 이하
② 과태료 500만 원 이하
③ 벌금 400만 원 이하
④ 벌금 500만 원 이하

해설

조종자 증명 위반 : 1차 200만 원, 2차 300만 원, 3차 400만 원 과태료

정답 15 ③ 16 ① 17 ① 18 ① 19 ① 20 ① 21 ① 22 ④ 23 ② 24 ①

25 항공 종사자의 혈중 알코올 농도 제한 기준으로 맞는 것은?

① 혈중 알코올 농도 0.02% 이상
② 혈중 알코올 농도 0.06% 이상
③ 혈중 알코올 농도 0.03% 이상
④ 혈중 알코올 농도 0.05% 이상

26 비행장 및 그 주변의 공역으로서 항공 교통의 안전을 위하여 지정한 공역을 무엇이라 하는가?

① 관제구 ② 항공공역
③ 관제권 ④ 항공로

27 항공법이 정하는 비행장이란?

① 항공기의 이 · 착륙을 위하여 사용되는 육지 또는 수면
② 항공기를 계류시킬 수 있는 곳
③ 항공기의 이 · 착륙을 위하여 사용되는 활주로
④ 항공기의 승객을 탑승시킬 수 있는 곳

28 초경량 비행장치 자격증명 취소 처분 후 몇 년 후에 재응시할 수 있는가?

① 2년 ② 3년
③ 4년 ④ 5년

29 다음 초경량 비행장치 중 인력 활공기에 해당하는 것은?

① 비행선 ② 패러플레인
③ 행글라이더 ④ 자이로 플레인

30 진로의 양보에 대한 설명으로 틀린 것은?

① 다른 항공기를 우측으로 보는 항공기가 진로를 양보한다.
② 착륙을 위하여 최종 접근 중에 있거나 착륙 중인 항공기에 진로를 양보한다.
③ 상호 간 비행장에 접근 중일 때는 높은 고도에 있는 항공기에 진로를 양보한다.
④ 발동기의 고장, 연료의 결핍 등 비정상 상태에 있는 항공기에 대해서는 모든 항공기가 양보한다.

31 다음 보기에서 항공기의 진로 우선순위 중 맞는 것은?

A. 지상에 있어서 운행 중인 항공기
B. 착륙을 위하여 최종 진입의 진로에 있는 항공기
C. 착륙 조작을 행하고 있는 항공기
D. 비행 중의 항공기

① D–C–A–B ② B–A–C–D
③ C–B–A–D ④ B–C–A–D

32 비행제한구역에서 비행승인 없이 비행 시 처벌 기준으로 맞는 것은?

① 벌금 500만 원 이하
② 벌금 200만 원 이하
③ 1년이하의 징역 또는 1000만 원 이하의 벌금
④ 과태료 300만 원 이하

33 항공안전 관련 중요 임무 종사자는 알코올 및 약물의 오남용으로 사고나 인명 손상을 일으켜서는 안 된다. 관련 내용으로 틀린 것은?

① 알코올 및 약물검사가 요구되는 경우 임무 종사 8시간 전부터 임무 수행 직후까지 검사할 수 있다.
② 검사 정보는 관계기관에 제공되어 법적 절차의 증거로 사용할 수 있다.
③ 알코올 테스트 결과 기록은 3년간 보관한다.
④ 해당 업무에 종사한 경우라도 사고와 관련이 없으면 알코올 테스트를 생략할 수 있다.

정답 25 ① 26 ③ 27 ① 28 ① 29 ③ 30 ③ 31 ③ 32 ① 33 ④

34 다음 중 초경량 동력 비행장치를 사용하면서 법으로 정한 보험에 가입하여야 하는 경우는?

① 영리 목적으로 사용하는 동력 비행장치
② 동호인이 공동으로 사용하는 패러글라이더
③ 국제대회에 사용하고자 하는 행글라이더
④ 모든 초경량 비행장치

영리 목적이면 보험 가입이 필수이다.

35 항공로 지정은 누가 하는가?

① 국토교통부장관
② 대통령
③ 지방항공청장
④ 국제 민간항공기구

국토교통부장관은 항공기의 항행에 적합한 공중의 통로를 항공로로 지정하여 이를 공고한다. 항공로란 항공기의 항행에 적합한 공중의 통로를 말한다. 항공기의 항행에 적합한 통로는 기상, 지형 조건, 항공보안시설의 종류와 상태 등에 따라 결정한다.

36 초경량 비행장치의 운용 시간은 언제부터 언제까지인가?

① 일출부터 일몰 30분 전까지
② 일출부터 일몰까지
③ 일몰부터 일출까지
④ 일출 30분 후부터 일몰 30분 전까지

37 안전성인증을 받지 않은 초경량 비행장치를 비행에 사용하다 적발되었을 경우 부과되는 과태료는?

① 200만 원 이하의 과태료
② 300만 원 이하의 과태료
③ 400만 원 이하의 과태료
④ 500만 원 이하의 과태료

38 다음 중 초경량 비행장치가 비행하고자 할 때의 설명으로 맞는 것은?

① 주의 공역은 지방항공청장의 비행계획 승인만으로 가능하다.
② 통제 공역의 비행계획 승인을 신청할 수 없다.
③ 관제공역, 통제공역, 주의공역은 관할 기관의 승인이 있어야 한다.
④ CTA(CIVIL TRAINING AREA) 비행 승인이 없이 비행이 가능하다.

관제공역, 통제공역, 주의공역은 승인을 받아야 한다. 항공정보간행물(AIP)에서 고시된 18개 공역에서 지상고 500ft 이내는 비행계획 승인 없이 비행 가능한 공역이다. 즉, 초경량 비행장치 전용 공역이다.

39 다음 중 통제공역에 포함되지 않는 것은?

① 비행금지구역
② 비행제한구역
③ 초경량 비행장치 비행제한구역
④ 군작전구역

군작전구역은 주의공역이다.

40 국토교통부 지정 전문교육기관 지정 시 국토교통부장관에게 제출해야 할 서류가 아닌 것은?

① 전문교관 현황
② 교육시설 및 장비 현황
③ 교육훈련 시설 설계도면
④ 교육훈련 계획 및 교육훈련 규정

전문교육기관 지정 신청 서류에 설계도면은 필요 없다.

정답 34 ① 35 ① 36 ② 37 ④ 38 ③ 39 ④ 40 ③

제 2 회 항공 법규 모의고사

01 국제민간항공기구(ICAO)에서 공식용어로 사용하는 무인항공기의 용어로 맞는 것은?

① Drone ② UAV
③ RPV ④ RPAS

ICAO에서 사용하는 공식용어는 RPAS(Remotedly Piloted Aircraft System)이다.

02 다음 중 주의공역이 아닌 것은?

① 훈련구역
② 경계구역
③ 위험구역
④ 비행제한구역

비행제한구역은 통제공역이다.

03 한국교통안전공단 이사장에게 소유 신고를 하지 않아도 되는 장치는?

① 계류식 무인비행장치
② 초경량 헬리콥터
③ 초경량 자이로플레인
④ 동력비행장치

계류식 무인비행장치는 신고가 필요 없다.

04 다음 중 초경량 비행장치의 비행이 가능한 지역은 어느 것인가?

① R-14 ② MOA
③ UA ④ P65

UA는 초경량 비행장치 전용 공역으로 주간, 500ft 이내 비행승인 없이 비행이 가능하다.

05 다음 중 위반 시 처벌이 가장 높은 것은?

① 말소신고를 하지 않은 경우
② 조종자 증명 없이 비행한 경우
③ 안전성 인증검사를 받지 않고 비행한 경우
④ 조종자 준수사항을 위반한 경우

①(30만 원 이하 과태료), ②(400만 원 이하 과태료), ③(500만 원 이하 과태료), ④(300만 원 이하 과태료)

06 초경량 비행장치 조종자 전문교육기관 지정을 위해 국토교통부장관에게 제출해야 하는 서류가 아닌 것은?

① 전문교관의 현황
② 교육시설 및 장비의 현황
③ 교육훈련 계획 및 교육훈련 규정
④ 보유한 비행장치의 제원

07 초경량 비행장치를 이용하여 비행 후 착륙보고에 포함되는 사항이 아닌 것은?

① 항공기 식별 부호
② 출발 및 도착 비행장
③ 비행 시간
④ 착륙 시간

비행 시간은 비행로그 기록에 필요하다.

정답 01 ④ 02 ④ 03 ① 04 ③ 05 ③ 06 ④ 07 ③

08 비행정보구역(FIR)을 지정하는 목적과 거리가 먼 것은?

① 항공기 수색, 구조에 필요한 정보 제공
② 영공 통과료를 징수하기 위한 경계 설정
③ 항공기 안전을 위한 정보 제공
④ 항공기의 효율적인 운항을 위한 정보 제공

FIR은 비행 중의 항공기에 대해 안전하고 효율적인 운항에 필요한 각종 정보를 제공하고, 항공기 사고가 발생할 때 수색 및 구조 업무를 제공할 목적으로 국제민간항공기구에서 분할 설정한 공역이다.

09 초경량 비행장치 사용사업 범위가 아닌 것은?

① 비료 또는 농약 살포, 씨앗 뿌리기 등 농업 지원
② 가정집 비행 감시
③ 조종교육
④ 사진촬영, 육상 · 해상 측량 또는 탐사

10 항공법상에 무인 비행장치 사용사업을 위해 가입해야 하는 필수 보험은?

① 기체 보험
② 자손 종합 보험
③ 대인/대물 배상 책임보험
④ 살포 보험

11 우리나라 항공법의 기본이 되는 국제법은?

① 일본 동경협약
② 국제 민간항공조약 및 같은 조약의 부속서
③ 미국의 항공법
④ 중국의 항공법

항공안전법 제1조(목적) : 이 법은 「국제 민간항공협약」 및 같은 협약의 부속서에서 채택된 표준과 권고되는 방식에 따라 항공기, 경량 항공기 또는 초경량 비행장치가 안전하게 항행하기 위한 방법을 정함으로써 생명과 재산을 보호하고, 항공기술 발전에 이바지함을 목적으로 한다.

12 안전성 인증검사 기관으로 맞는 것은?

① 항공안전기술원
② 한국 안전성 인증 검사원
③ 지방항공청
④ 국토교통부

안전성 인증검사는 항공안전기술원에서 실시하며, 최대이륙중량 25kg을 초과하는 기체가 대상이다.

13 비관제 공역 중 모든 항공기에 비행 정보 업무만 제공되는 공역은?

① A등급
② C등급
③ E등급
④ G등급

14 초경량 비행장치를 이용하여 비행 시 유의사항이 아닌 것은?

① 군 방공 비상 상태 인지 즉시 비행을 중지하고 착륙하여야 한다.
② 항공기 부근에는 접근하지 말아야 한다.
③ 유사 초경량 비행장치끼리는 가까이 접근이 가능하다.
④ 비행 중 사주경계를 철저히 하여야 한다.

15 초경량 비행장치의 변경신고는 사유 발생일로부터 며칠 이내에 신고하여야 하는가?

① 30일
② 60일
③ 90일
④ 180일

정답 08 ② 09 ② 10 ③ 11 ② 12 ① 13 ④ 14 ③ 15 ①

16 **안전성 인증검사 위반 시 1차 과태료로 맞는 것은?**

① 100만 원
② 150만 원
③ 200만 원
④ 250만 원

안전성 인증검사 위반 : 1차 250만 원, 2차 375만 원, 3차 500만 원 과태료

17 **초경량 비행장치 비행공역에 대하여 국토교통부 장관은 어디에 고시하고 있는가?**

① AIC
② NOTAM
③ AIP
④ AIRAC

비행공역에 대해서는 AIP(항공정기간행물)에 고시한다.

18 **항공법에서 규정하는 항공 업무가 아닌 것은?**

① 항공교통 관제
② 운항 관리 및 무선설비의 조작
③ 정비, 수리, 개조된 항공기, 발동기, 프로펠러 등의 장비나 부품의 안전성 여부 확인 업무
④ 항공기에 탑승하여 실시하는 조종 연습 업무

19 **다음 중 항공법상 유도로등의 색은?**

① 황색　　② 백색
③ 청색　　④ 적색

20 **초경량 비행장치 조종자 전문교육기관 지정기준으로 맞는 것은?**

① 비행 시간이 100시간 이상인 지도조종자 1명, 비행 시간이 150시간 이상인 실기평가 조종사 1명 보유
② 비행 시간이 300시간 이상인 지도조종자 2명 보유
③ 비행 시간이 200시간 이상인 실기평가 조종자 1명 보유
④ 비행 시간이 300시간 이상인 실기평가 조종자 2명 보유

21 **평균해수면으로부터 항공기가 떠 있는 수직거리인 실제 고도를 무엇이라 하는가?**

① 절대고도　　② 밀도고도
③ 지시고도　　④ 진고도

진고도(true altitude) : 평균해수면으로부터 항공기가 떠 있는 수직거리인 실제 고도
절대고도(Absolute altitude) : 지표면(수면)으로부터 비행 중인 항공기에 이르는 수직거리(고도)

22 **초경량 비행장치의 인증검사 종류 중 초도인증 이후 안전성 인증서의 유효 기간이 도래하여 새로운 안전성 인증서를 교부받기 위하여 실시하는 검사는 무엇인가?**

① 정기인증
② 초도인증
③ 수시인증
④ 재인증

23 **항공 종사자가 업무를 정상적으로 수행할 수 없는 혈중 알코올 농도의 기준은?**

① 0.02% 이상
② 0.03% 이상
③ 0.05% 이상
④ 0.5% 이상

정답 16 ④ 17 ③ 18 ④ 19 ③ 20 ① 21 ④ 22 ① 23 ①

24 지표면 또는 수면으로부터 200미터 이상 높이의 공역으로서 항공교통의 안전을 위하여 국토교통부장관이 지정·공고한 공역은?

① 관제권
② 비행장교통구역
③ 관제구
④ 통제공역

25 초경량 비행장치의 멸실, 해체 등의 사유로 신고를 말소할 경우에 그 사유가 발생한 날부터 며칠 이내에 한국교통안전공단 이사장에게 말소신고서를 제출해야 하는가?

① 15일 ② 30일
③ 3개월 ④ 6개월

말소신고는 15일 이내, 변경신고는 30일 이내

26 초경량 비행장치를 이용하여 사업을 하려는 자와 무인비행장치 등 국토교통부령으로 정하는 초경량 비행장치를 소유한 국가, 지방자치단체 등은 국토교통부령으로 정하는 보험 또는 공제에 반드시 가입하여야 한다. 초경량 비행장치를 이용한 사업에 해당되지 않는 것은?

① 항공기 대여업에 사용
② 항공기 운송사업
③ 초경량 비행장치 사용사업에의 사용
④ 항공레저스포츠 사업에의 사용

27 항공법상 항행안전시설이 아닌 것은?

① 항공등화
② 항공교통관제시설
③ 항행안전무선시설
④ 항공정보통신시설

항행안전시설은 유선통신, 무선통신, 인공위성, 불빛, 색채 또는 전파를 이용하여 항공기의 항행을 돕기 위한 시설로서 항공등화, 항행안전무선시설 및 항공정보통신시설을 말한다.

28 무인멀티콥터 지도조종자 등록기준으로 맞지 않은 것은?

① 18세 이상인 사람
② 1종 무인멀티콥터를 조종한 시간이 총 150시간 이상인 사람
③ 1종 무인멀티콥터를 조종한 시간이 총 100시간 이상인 사람
④ 무인멀티콥터 조종자 증명을 받은 사람

②는 실기평가조종자에 해당하는 비행시간이다.

29 초경량 비행장치 사고로 분류할 수 없는 것은?

① 초경량 비행장치에 의한 사람의 중상 또는 행방불명
② 초경량 비행장치의 덮개나 부품의 고장
③ 초경량 비행장치의 추락, 충돌 또는 화재 발생
④ 초경량 비행장치의 위치를 확인할 수 없거나 비행장치에 접근이 불가할 경우

30 초경량 비행장치를 이용하여 비행 시 유의사항이 아닌 것은?

① 정해진 용도 이외의 목적으로 사용하지 말아야 한다.
② 고압 송전선 주위에서 비행하지 말아야 한다.
③ 추락, 비상착륙 시는 인명, 재산의 보호를 위해 노력해야 한다.
④ 공항 및 대형 비행장 반경 5km를 벗어나면 관할 관제탑의 승인 없이 비행하여도 된다.

31 다음 중 안전성 인증검사 대상이 아닌 것은?

① 최대이륙중량 25kg 초과 무인비행기
② 무인기구류
③ 최대이륙중량 25kg 초과 무인헬리콥터
④ 최대이륙중량 25kg 초과 무인멀티콥터

무인기구류는 안전성 인증검사 대상이 아니다.

정답 24 ③ 25 ① 26 ② 27 ② 28 ④ 29 ② 30 ④ 31 ②

32 다음 중 절대고도(AGL)에 대한 설명으로 맞는 것은?

① 고도계가 지시하는 고도
② 표준기준면에서의 고도
③ 지표면으로부터의 고도
④ 계기오차를 보정한 고도

진고도(true altitude) : 평균해수면으로부터 항공기가 떠 있는 수직거리인 실제 고도
절대고도(Absolute altitude) : 지표면(수면)으로부터 비행 중인 항공기에 이르는 수직거리(고도)

33 비행제한구역에 대한 비행승인은 누구에게 받는가?

① 한국교통안전공단 이사장
② 국토교통부장관
③ 관할 지방항공청장
④ 국방부장관

비행제한구역에 대한 비행승인은 관할 지방항공청장이 실시한다.

34 초경량 비행장치 중 회전익 비행장치로 분류되는 것은?

① 동력비행장치
② 초경량 자이로플레인
③ 무인헬리콥터
④ 동력패러글라이더

회전익 비행장치은 고정익 비행장치와는 달리 1개 이상의 회전익을 이용하여 양력을 얻는 비행장치로, 초경량 헬리콥터, 초경량 자이로플레인이 있다.

35 다음 중 항공법상 초경량 비행장치라고 할 수 없는 것은?

① 낙하산류에 추진력을 얻는 장치를 부착한 동력 패러글라이더
② 하나 이상의 회전익에서 양력을 얻는 초경량 자이로 플레인
③ 좌석이 2개인 비행장치로서 자체 중량 115kg을 초과하는 동력 비행장치
④ 기체의 성질과 온도차를 이용한 유인 또는 계류식 기구류

초경량 비행장치는 좌석이 1개이다.

36 다음 중 신고하지 않아도 되는 초경량 비행장치는?

① 동력비행장치
② 초경량 자이로플레인
③ 초경량 헬리콥터
④ 인력활공기

인력활공기는 신고하지 않아도 된다.

37 초경량 비행장치 조종자의 준수사항에 어긋나는 것은?

① 항공기 또는 경량 항공기를 육안으로 식별하여 미리 피하여야 한다.
② 해당 무인 비행장치를 육안으로 확인할 수 있는 범위 내에서 조종해야 한다.
③ 모든 항공기, 경량 항공기 및 동력을 이용하지 아니하는 초경량 비행장치에 대하여 우선권을 가지고 비행하여야 한다.
④ 레저스포츠사업에 종사하는 초경량 비행장치 조종자는 비행 전 비행안전사항을 동승자에게 충분히 설명하여야 한다.

동력을 이용하는 초경량 비행장치 조종자는 모든 항공기, 경량항공기 및 동력을 이용하지 아니하는 초경량 비행장치에 대하여 진로를 양보하여야 한다.

정답 32 ③ 33 ③ 34 ② 35 ③ 36 ④ 37 ③

38 **초경량 비행장치를 사용하여 비행제한공역에서 비행하려는 사람이 작성해야 하는 서류와 승인자로 알맞게 짝지어진 것은?**

① 비행승인 신청서 – 지방항공청장
② 비행승인 신청서 – 국토교통부장관
③ 특별비행승인신청서 – 국토교통부장관
④ 특별비행승인신청서 – 지방항공청장

비행제한공역에서 비행 시 관할 지방항공청장으로부터 비행승인을 받아야 한다.

39 **무인동력비행장치는 연료의 중량을 제외한 자제 중량이 몇 kg 이하여야 하는가?**

① 70kg
② 150kg
③ 115kg
④ 180kg

무인동력비행장치에는 무인비행기, 무인헬리콥터, 무인멀티콥터가 있다.

40 **다음 중 초경량 비행장치 조종자 전문교육기관의 시설 및 장비 기준에 해당하지 않는 것은?**

① 강의실 및 사무실 각 1개 이상
② 드론 수리용 시설
③ 이륙 · 착륙 시설
④ 훈련용 비행장치 종별 1대 이상

전문교육기관의 시설 및 장비 기준에 드론 수리용 시설은 필요 없다.

정답 38 ① 39 ② 40 ②

제 3 회 항공 법규 모의고사

01 국토교통부령으로 정하는 초경량 비행장치를 사용하여 비행하려는 사람은 비행안전을 위한 기술상의 기준에 적합하다는 안전성 인증을 받아야 한다. 다음 중 안전성 인증 대상이 아닌 것은?

① 무인 기구류
② 무인 비행장치
③ 회전익 비행장치
④ 착륙장치가 없는 비행장치

02 항공법에서 정한 용어의 정의가 맞는 것은?

① 관제구라 함은 평균 해수면으로부터 500m 이상 높이의 공역으로서 항공 교통의 통제를 위하여 지정된 공역을 말한다.
② 항공등화라 함은 전파, 불빛, 색채 등으로 항공기 항행을 돕기 위한 시설을 말한다.
③ 관제권이라 함은 비행장 및 그 주변의 공역으로서 항공교통의 안전을 위하여 지정된 공역을 말한다.
④ 항행안전시설이라 함은 전파에 의해서만 항공기 항행을 돕기 위한 시설을 말한다.

관제구 : 항공교통 통제를 위하여 지정된 공역으로 평균해수면으로부터 200m 이상의 상공에 설정된 공역

03 다음 중 초경량 비행장치 조종에 대한 위반 사항 중 처벌기준이 가장 높은 것은?

① 주류 등의 영향으로 초경량 비행장치를 사용하여 비행을 정상적으로 수행할 수 없는 상태에서 초경량 비행장치를 사용하여 비행을 한 사람
② 국토교통부장관의 승인을 받지 아니하고 초경량 비행장치 비행제한공역을 비행한 사람
③ 초경량 비행장치의 신고 또는 변경신고를 하지 아니하고 비행을 한 자
④ 안전성 인증검사를 받지 않고 비행을 한 자

① (3년 이하의 징역 또는 3천만 원 이하의 벌금), ② (500만 원 이하의 벌금), ③ (6개월 이하의 징역 또는 500만 원 이하의 벌금), ④ (500만 원 이하의 과태료)

04 초경량 비행장치 사고를 일으킨 조종자 또는 소유자는 사고·발생 즉시 지방항공청에게 보고하여야 하는데 그 내용이 아닌 것은?

① 초경량 비행장치 소유자의 성명 또는 명칭
② 사고가 발생한 일시 및 장소
③ 사고의 정확한 원인 분석 결과
④ 초경량 비행장치의 종류 및 신고번호

05 다음 중 초경량 비행장치 조종자 증명이 필요 없는 것은?

① 동력비행장치
② 회전익 비행장치
③ 항공레저스포츠용 낙하산류
④ 계류식 기구류

계류식 기구류는 조종자 증명이 필요 없다.

정답 01 ① 02 ③ 03 ① 04 ③ 05 ④

06 관제공역 등급 중 모든 항공기가 계기비행을 해야 하는 등급은?

① A등급 ② B등급
③ C등급 ④ D등급

A등급 공역은 모든 항공기가 계기비행을 해야 한다.

07 초경량 비행장치 자격증명 취득기준 중 최대이륙중량이 잘못된 것은?

① 4종 : 200g 초과 ~ 2kg 이하
② 2종 : 7kg 초과 ~ 25kg 이하
③ 3종 : 2kg 초과 ~ 7kg 이하
④ 1종 : 25kg 초과 ~ 150kg 이하

4종은 최대이륙중량 250g 초과 2kg 이하이다.

08 초경량 비행장치 자격증명 취득 기준 중 요구 비행시간이 틀린 것은?

① 1종 : 비행경력 20시간
② 4종 : 비행경력 4시간
③ 3종 : 비행경력 6시간
④ 2종 : 비행경력 10시간

4종은 비행경력이 필요 없다.

09 다음 중 초경량 비행장치에 속하지 않는 것은?

① 동력비행장치 ② 회전익비행장치
③ 무인비행선 ④ 비행선

비행선은 항공기로 분류한다.

10 다음의 초경량 비행장치를 사용하여 비행하고자 하는 경우 이의 자격증명이 필요한 것은?

① 패러글라이더 ② 회전익 비행장치
③ 계류식 기구 ④ 낙하산

회전익 비행장치는 자격증명이 필요하다.

11 초경량 비행장치 조종자 전문교육기관이 확보해야 할 지도조종자의 최소 비행시간은?

① 20시간 ② 50시간
③ 100시간 ④ 150시간

지도조종자 100시간, 실기평가 조종자는 150시간

12 항공기의 항행안전을 저해할 우려가 있는 장애물 높이가 지표 또는 수면으로부터 몇 미터 이상이면 항공장애표시등 및 항공장애 주간 표지를 설치하여야 하는가?(단 장애물 제한구역 외에 한한다.)

① 20미터 ② 500미터
③ 100미터 ④ 150미터

13 항공시설 업무, 절차 또는 위험요소의 시설, 운영상태 및 그 변경에 관한 정보를 수록하여 전기통신수단으로 항공종사자들에게 배포하는 공고문은?

① AIC ② AIP
③ NOTAM ④ AIRAC

NOTAM의 유효기간은 3개월 이하

14 초경량 비행장치 조종자 전문교육기관이 확보해야 할 실기평가 조종자의 최소 비행시간은?

① 100시간 ② 150시간
③ 180시간 ④ 200시간

15 다음 중 관제공역은 어느 것인가?

① A등급 공역
② G등급 공역
③ F등급 공역
④ H등급 공역

관제공역(A, B, C, D, E등급 공역), 비관제공역(F, G등급 공역)

정답 06 ④ 07 ① 08 ② 09 ④ 10 ② 11 ③ 12 ④ 13 ③ 14 ② 15 ①

16 비행제한구역에서 비행승인 없이 비행 시 처벌 기준으로 맞는 것은?

① 벌금 500만 원
② 과태료 500만 원
③ 벌금 300만 원
④ 과태료 300만 원

비행제한구역 비행승인 없이 비행 시 500만 원 이하의 벌금에 처한다.

17 항공기 조종사의 특별한 주의·경계·식별 등이 필요한 공역은?

① 관제공역
② 통제공역
③ 주의공역
④ 비관제공역

주의공역에는 훈련구역, 군작전구역, 위험구역, 경계구역이 있다.

18 다음 중 비관제 공역에 해당하는 것은?

① A등급 공역 ② G등급 공역
③ B등급 공역 ④ C등급 공역

비관제공역 : F, G등급 공역

19 사격, 대공사격 등으로 인한 위험으로부터 항공기의 안전을 보호하거나 그 밖의 이유로 비행허가를 받지 아니한 항공기의 비행을 제한하는 공역은?

① 비행금지구역 ② 비행제한구역
③ 군작전구역 ④ 위험구역

•관제공역 : 관제권, 관제구
•비관제공역 : 조언구역, 정보구역
•통제공역 : 비행금지구역, 비행제한구역, 초경량 비행장치 비행제한구역
•주의공역 : 훈련구역, 군작전구역, 위험구역, 경계구역

20 신고를 필요로 하지 않는 초경량 비행장치에 해당하지 않는 것은?

① 동력을 이용하지 아니하는 비행장치
② 초경량 헬리콥터
③ 낙하산류
④ 계류식 기구류

초경량 헬리콥터는 회전익 비행장치로 신고를 해야 한다.

21 주류 등의 영향으로 초경량 비행장치를 사용하여 비행을 정상적으로 수행할 수 없는 상태에서 초경량 비행장치를 사용하여 비행을 한 사람의 처벌기준으로 맞는 것은?

① 1년 이하의 징역 또는 1천만 원 이하 벌금
② 3년 이하의 징역 또는 3천만 원 이하 벌금
③ 벌금 1000만 원
④ 벌금 500만 원

22 초경량 비행장치의 사업 범위가 아닌 것은?

① 농약살포
② 산림조사
③ 항공촬영
④ 야간정찰

야간정찰은 초경량 비행장치 사업범위가 아니다.

23 다음 중 무인비행장치의 최대 자체중량은?

① 70kg 이하
② 115kg 이하
③ 150kg 이하
④ 180kg 이하

무인비행장치에는 무인동력비행장치(150kg 이하), 무인비행선(180kg 이하)이 있다.

정답 16 ① 17 ③ 18 ② 19 ② 20 ② 21 ② 22 ④ 23 ④

24 조종자 증명 위반 시 3차 과태료는?

① 100만 원 이하
② 200만 원 이하
③ 300만 원 이하
④ 400만 원 이하

조종자 증명 위반 : 1차 200만 원, 2차 300만 원, 3차 400만 원 과태료

25 항공사격, 대공사격 등으로 인한 위험으로부터 항공기의 안전을 보호하거나 그 밖의 이유로 비행허가를 받지 아니한 항공기의 비행을 제한하는 공역은?

① 초경량 비행장치 비행제한구역
② 비행금지구역
③ 비행제한구역
④ 비행장 교통구역

26 안전, 국방상 그 밖의 이유로 항공기의 비행을 금지하는 공역은?

① 비행제한구역
② 비행금지구역
③ 초경량 비행장치 비행제한구역
④ 비행장 교통구역

27 다음 중 항공 업무에 해당하지 않는 것은?

① 항공기의 운항 업무
② 항공기의 조종 연습
③ 운항 관리 및 무선 설비 조작과 정비 또는 개조
④ 항공기의 교통 관제

항공업무라 함은 항공기에 탑승하여 행하는 항공기의 운항 업무. 항공기의 교통 관제, 운항 관리 및 무선 설비 조작과 정비 또는 개조를 한 항공기에 대하여 행하는 확인을 말하되, 항공기의 조종 연습은 제외한다.

28 1종 기체의 무게로 맞는 것은?

① 최대이륙중량 25kg 초과 최대이륙중량 150kg 이하
② 최대이륙중량 25kg 이상 자체중량 150kg 이하
③ 최대이륙중량 25kg 이상 최대이륙중량 150kg 이하
④ 최대이륙중량 25kg 초과 자체중량 150kg 이하

29 특별비행승인을 받아야 하는 경우가 아닌 것은?

① 야간에 비행해야 하는 경우
② 가시권을 넘어서 비행해야 하는 경우
③ 관제권, 비행금지구역 및 비행제한구역에서 비행해야 하는 경우
④ 야간에 25km 이상 되는 거리를 비행해야 하는 경우

30 다음 중 항공교통관제업무에 해당하지 않는 것은?

① 지역관제업무 ② 비행장관제업무
③ 접근관제업무 ④ 조난관제업무

항공교통관제업무는 관제권 또는 관제구에서 항행 안전을 위해 비행 순서, 시기 및 방법에 대해 국토교통부장관의 지시를 받을 필요가 있는 곳에서 제공되는 업무로 항공교통관제업무는 지역관제업무, 접근관제업무, 비행장관제업무로 나눈다.

31 다음 중 초경량 비행장치를 비행하고자 할 때의 설명으로 맞는 것은?

① 관제공역, 통제공역, 주의공역은 관할기관의 승인이 있어야 한다.
② 통제공역은 비행계획 승인을 신청할 수 없다.
③ 주의공역은 지방항공청장의 비행계획 승인만으로 가능하다.
④ CTA(Civil Training Area)는 비행승인이 없이 비행이 가능하다.

정답 24 ④ 25 ③ 26 ② 27 ② 28 ④ 29 ③ 30 ④ 31 ①

32 P-518은 다음 중 어느 공역에 속하는가?

① 비행금지구역
② 비행제한구역
③ 주의공역
④ 관제공역

P-518은 휴전선 비행금지구역이다.

33 국제민간항공기구(ICAO) 우리나라가 가입한 연도로 옳은 것은?

① 1944년 12월
② 1947년 12월
③ 1951년 12월
④ 1952년 12월

ICAO 가입 : 1952년 12월, 항공법 제정 : 1961년 3월, 항공법 분법 : 2017년 3월

34 다음 중 초경량 비행장치 조종자 증명의 취소 요건이 아닌 것은?

① 거짓이나 그 밖의 부정한 방법으로 조종자 증명을 받은 경우
② 다른 사람에게 자기의 성명을 사용하여 초경량 비행장치 조종을 수행하게 하거나 초경량 비행장치 조종자 증명을 빌려준 경우
③ 주류 등의 섭취 및 사용 여부의 측정 요구에 따르지 아니한 경우
④ 음주 비행으로 벌금 이상의 형을 선고받은 경우

혈중알콜농도에 따라 1년 이내의 기간을 정하여 효력이 정지 또는 취소된다.

35 비행정보의 고시는 어디에 하는가?

① NOTAM ② AIP
③ AIRAC ④ 관보

비행정보의 고시는 관보, 비행공역의 고시는 AIP에 한다.

36 항행시설의 종류 및 위치 정보, 공역의 용도별 자료를 수록하는 것은?

① NOTAM
② AIP
③ AIRAC
④ 관보

항공정보간행물(AIP : Aeronautical Information Publication)은 항공항행에 필요한 영속적인 성격의 항공정보를 수록하기 위하여 정부당국이 발행하는 간행물이다.

37 항공고시보 NOTAM의 유효기간으로 옳은 것은?

① 1개월
② 3개월
③ 5개월
④ 6개월

항공고시보는 3개월 이상 유효해서는 안 된다. 만일 공고된 상황이 3개월을 초과할 것으로 예상된다면 항공정보간행물 보충판으로 발간되어야 한다.

38 항공종사자의 혈중알콜농도의 제한기준으로 옳은 것은?

① 0.2%
② 0.6%
③ 0.02%
④ 0.06%

정답 32 ① 33 ④ 34 ④ 35 ④ 36 ② 37 ② 38 ③

39 접근하는 항공기 상호 간의 통행 우선순위를 바르게 나열한 것은?

① 비행선 – 물건을 예항하는 항공기 – 활공기 – 동력으로 추진되는 활공기
② 활공기 – 동력으로 추진되는 활공기 – 비행선 – 비행기
③ 동력으로 추진되는 활공기 – 물건을 예항하는 항공기 – 회전익항공기 – 비행선
④ 활공기 – 비행선 – 물건을 예항하는 항공기 – 비행기

항공안전법 시행규칙 제166조(통행의 우선순위)
① 법 제67조에 따라 교차하거나 그와 유사하게 접근하는 고도의 항공기 상호간에는 다음 각 호에 따라 진로를 양보해야 한다.
1. 비행기 · 헬리콥터는 비행선, 활공기 및 기구류에 진로를 양보할 것
2. 비행기 · 헬리콥터 · 비행선은 항공기 또는 그 밖의 물건을 예항(끌고 비행하는 것을 말한다)하는 다른 항공기에 진로를 양보할 것
3. 비행선은 활공기 및 기구류에 진로를 양보할 것
4. 활공기는 기구류에 진로를 양보할 것

40 우리나라 항공법의 기본이 되는 국제법은?

① 미국의 항공법
② 일본의 항공법
③ 중국의 항공법
④ 국제민간항공협약 및 같은 협약의 부속서

우리나라 항공법은 국제민간항공협약 및 같은 협약의 부속서를 기준으로 1961. 3월에 최초 제정되었다.

정답 39 ④ 40 ④

제 4 회 항공 법규 모의고사

01 동력비행장치는 자체 중량이 몇 킬로그램 이하여야 하는가?

① 180kg 이하　② 150kg 이하
③ 120kg 이하　④ 115kg 이하

무인동력비행장치 : 150kg 이하, 무인비행선 : 180kg 이하

02 항공법상 초경량 비행장치라고 할 수 없는 것은?

① 자체중량 70kg 이하로서 체중이동, 타면 조종 등 행글라이더
② 좌석이 2개인 비행장치로서 자체중량 115kg을 초과하는 동력비행장치
③ 기구류
④ 회전익 비행장치

초경량 비행장치는 좌석이 2개인 것이 없다.

03 초경량 비행장치를 영리목적으로 사용하려면 보험가입을 해야 한다. 그 경우가 아닌 것은?

① 초경량 비행장치 사용사업 시
② 항공기 대여업 시
③ 초경량 비행장치 판매 시
④ 항공레저스포츠사업 시

판매 시 제3자보험에 가입할 필요가 없다.

04 안전성 인증검사 3차 위반 시 처벌기준으로 옳은 것은?

① 500만 원 이하 벌금
② 1천만 원 이하 벌금
③ 500만 원 이하 과태료
④ 1천만 원 이하 과태료

안전성 인증 검사 위반 : 1차 250만 원, 2차 375만 원, 3차 500만 원 과태료

05 비행제한구역에서 비행승인 없이 비행 시 처벌 기준으로 옳은 것은?

① 500만 원 이하 벌금
② 1천만 원 이하 벌금
③ 500만 원 이하 과태료
④ 1천만 원 이하 과태료

비행제한구역에서 비행승인 없이 비행 시 500만 원 이하의 벌금에 처한다.

06 다음 중 항공기의 정의에 대한 설명으로 옳은 것은?

① 민간항공에 사용되는 비행선과 활공기를 제외한 모든 것을 말한다.
② 민간항공에 사용되는 대형 항공기를 말한다.
③ 활공기, 회전익 항공기, 대형 항공기 그 밖에 대통령령으로 정하는 기기를 말한다.
④ 비행기, 헬리콥터, 비행선, 활공기 그 밖에 대통령령으로 정하는 기기를 말한다.

항공안전법 제2조(정의) "항공기"란 공기의 반작용(지표면 또는 수면에 대한 공기의 반작용은 제외한다. 이하 같다)으로 뜰 수 있는 기기로서 최대이륙중량, 좌석 수 등 국토교통부령으로 정하는 기준에 해당하는 다음 각 목의 기기와 그 밖에 대통령령으로 정하는 기기를 말한다.
가. 비행기
나. 헬리콥터
다. 비행선
라. 활공기(滑空機)

정답 01 ④ 02 ② 03 ③ 04 ③ 05 ① 06 ④

07 다음 중 신고를 하지 않아도 되는 초경량 비행장치는 어느 것인가?

① 사람이 탑승하는 기구류
② 무인동력비행장치 중에서 최대이륙중량이 2kg 이상인 것
③ 자체무게 12kg 이하이거나 길이가 7m 이하의 무인비행선
④ 동력을 이용하지 않는 인력활공기

기구류는 사람이 탑승한 것은 신고해야 하며, 무인동력비행장치 중에서 최대이륙중량이 2kg 이하인 것, 자체무게 12kg 이하이고, 길이가 7m 이하의 무인비행선은 신고를 하지 않아도 된다.

08 초경량 비행장치 중 인력활공기에 해당하는 것은?

① 활공기 ② 비행선
③ 자이로 플레인 ④ 행글라이더

행글라이더, 패러글라이더 등 동력을 이용하지 않는 비행장치가 인력활공기이다.

09 다음 중 장치신고를 하지 않아도 되는 초경량 비행장치가 아닌 것은?

① 계류식 무인비행장치
② 군사목적으로 사용되는 초경량 비행장치
③ 판매가 목적이나 판매되지 아니한 것으로서 비행에 사용되지 아니하는 초경량 비행장치
④ 동력을 이용하는 인력활공기

동력을 이용하는 인력활공기는 신고를 하여야 한다.

10 초경량 비행장치 중 무인비행기, 무인헬리콥터, 무인멀티콥터의 무인동력비행장치는 연료의 중량을 제외한 자제중량이 몇 kg 이하인가?

① 150kg ② 115kg ③ 180kg ④ 70kg

무인동력비행장치 : 150kg 이하, 무인비행신 : 180kg 이하, 동력비행장치 : 115kg 이하

11 조종자 준수사항에 포함되지 않는 것은?

① 일몰 후 비행 금지
② 낙하물 투하 금지
③ 음주 비행 금지
④ 고도 300m(1000ft) 미만에서 비행 금지

비행승인 없이 150m 미만까지 비행할 수 있다.

12 다음 중 무인비행장치 조종자 준수사항이 아닌 것은?

① 관제공역, 통제공역, 주의공역에서 비행하는 행위 금지
② 비행시정 및 구름으로부터의 거리기준을 위반하여 비행하는 행위 금지
③ 인명이나 재산에 위험을 초래할 우려가 있는 낙하물의 투하하는 행위 금지
④ 인구가 밀집된 지역이나 그 밖에 사람이 많이 모인 장소의 상공에서 인명 또는 재산에 위험을 초래할 우려가 있는 방법으로 비행하는 행위 금지

무인비행장차 조종자에 대해서는 적용하지 않는 초경량 비행장치 조종자의 준수사항 2가지

1. 안개 등으로 인하여 지상목표물을 육안으로 식별할 수 없는 상태에서 비행하는 행위
2. 비행시정 및 구름으로부터의 거리기준을 위반하여 비행하는 행위

13 조종자 준수사항을 지키지 않았을 때와 관련이 없는 것은?

① 과태료 300만 원
② 벌금 300만 원
③ 조종자격 정지
④ 조종자격 취소

조종자 준수사항 위반 시 과태료 처분, 조종자격 정지 또는 취소 처분을 받는다.

정답 07 ④ 08 ④ 09 ④ 10 ① 11 ④ 12 ② 13 ②

14 **초경량 비행장치를 소유한 자는 누구에게 신고를 하여야 하는가?**

① 관할 경찰서장
② 국토교통부장관
③ 지방항공청장
④ 한국교통안전공단 이사장

장치 신고 : 한국교통안전공단 이사장, 비행승인 신고 : 관할 지방항공청장, 촬영 승인 : 국방부

15 **다음 중 초경량 비행장치 신고서에 첨부하여야 할 서류가 아닌 것은?**

① 가로 15cm × 세로 10cm의 비행장치 측면 사진
② 제원 및 성능표
③ 설계 도면
④ 소유를 증명하는 서류

설계 도면은 신고 시 필요 없다.

16 **항공안전법에서 정의하는 초경량 비행장치 범위에 속하지 않는 것은?**

① 무인비행선 ② 유인자유기구
③ 무인비행선 ④ 활공기

자체중량 70kg을 초과하는 활공기는 항공기로 분류한다.

17 **영리 또는 비영리 목적으로 사용하는 초경량 비행장치의 안전성 인증검사의 유효기간은?**

① 3개월 ② 6개월
③ 1년 ④ 2년

영리, 비영리 모두 초도검사 후 정기검사까지의 유효기간은 2년이다.

18 **항공기, 경량항공기 또는 초경량 비행장치의 안전하고 효율적인 비행과 수색 또는 구조에 필요한 정보를 제공하기 위한 공역은?**

① 비행정보구역 ② 관제권
③ 관제구 ④ 비행장 교통구역

비행정보구역(FIR)은 국제민간항공협약 및 같은 협약 부속서에 따라 국토교통부장관이 그 명칭, 수직 및 수평범위를 지정·공고한 공역이다.

19 **초경량 비행장치 소유자가 주소 이전 시 며칠 이내에 변경신고를 하여야 하는가?**

① 30일 ② 15일
③ 3개월 ④ 6개월

변경신고 : 30일, 말소신고 : 15일

20 **초경량 비행장치 말소신고를 하지 않은 경우 1차 과태료는?**

① 200만 원 ② 100만 원
③ 30만 원 ④ 15만 원

말소신고 위반 : 1차 15만 원 2차 22.5만 원, 3차 30만 원 과태료

21 **초경량 비행장치의 운용 시간으로 옳은 것은?**

① 일출 30분 후부터 일몰까지
② 일출부터 일몰 30분 전까지
③ 일출부터 일몰까지
④ 일출 30분 후부터 일몰 30분 전까지

22 **항공교통의 안전을 위하여 항공기의 비행순서·시기 및 방법 등에 관하여 국토교통부장관의 지시를 받아야 할 필요가 있는 공역은?**

① 관제공역 ② 비관제공역
③ 통제공역 ④ 주의공역

관제공역 : 관제권, 관제구, 비행장 교통구역

정답 14 ④ 15 ③ 16 ④ 17 ④ 18 ① 19 ① 20 ④ 21 ③ 22 ①

23 초경량 비행장치 말소신고에 대한 설명으로 틀린 것은?

① 비행장치가 멸실된 경우 실시한다.
② 비행장치의 존재 여부가 2개월 이상 불분명할 경우 실시한다.
③ 비행장치가 외국에 매도된 경우 실시한다.
④ 사유 발생일로부터 30일 이내에 신고하여야 한다.

변경신고 : 30일, 말소신고 : 15일

24 다음 중 안전성 인증검사 대상이 아닌 초경량 비행장치는?

① 사람이 탑승하지 않는 기구류
② 회전익 비행장치
③ 동력비행장치
④ 항공레저스포츠사업에 사용되는 행글라이더

사람이 탑승하는 기구류는 안전성 인증검사 대상이다.

25 다음 중 항공안전법 상 항공기가 아닌 것은?

① 발동기가 1개 이상이고 조종사 좌석을 포함한 탑승 좌석 수가 1개 이상인 유인 비행선
② 자체중량 60킬로그램을 초과하는 활공기
③ 연료의 중량을 제외한 자체중량이 150킬로그램을 초과하는 발동기가 1개 이상인 무인조종 비행기
④ 지구 대기권 내외를 비행할 수 있는 항공우주선

자체중량이 70킬로그램을 초과하는 활공기가 항공기로 분류된다.

26 다음 중 신고가 필요한 초경량 비행장치는?

① 무인비행선 중에서 연료의 무게를 제외한 자체무게가 30kg 이하이고, 길이가 10미터 이하인 것
② 연구기관 등이 시험 · 조사 · 연구 또는 개발을 위하여 제작한 초경량 비행장치
③ 군사목적으로 사용되는 초경량 비행장치
④ 사람이 탑승하지 않은 계류식 기구류

무인비행선 중에서 연료의 무게를 제외한 자체무게가 12kg 이하이고, 길이가 7미터 이하인 것은 신고할 필요가 없다.

27 조종자 증명을 받지 않고 비행한 경우 2차 과태료는 얼마인가?

① 30만 원　② 100만 원
③ 200만 원　④ 300만 원

조종자 증명 위반 : 1차 200만 원, 2차 300만 원, 3차 400만 원 과태료

28 조종자 준수사항 위반 시 2차 과태료는 얼마인가?

① 30만 원　② 100만 원
③ 225만 원　④ 300만 원

조종자 준수사항 위반 : 1차 150만 원, 2차 225만 원, 3차 300만 원 과태료

29 초경량 비행장치 안전성 인증검사 담당기관으로 맞는 것은?

① 항공안전기술원
② 국토교통부
③ 지방항공청
④ 한국교통안전공단

안전성 인증검사는 항공안전기술원에서 주로 담당한다.

정답 23 ④ 24 ① 25 ② 26 ① 27 ④ 28 ③ 29 ①

30 다음 위반 사항 중 초경량 비행장치 조종자 증명을 취소해야만 하는 경우는?

① 거짓이나 그 밖의 부정한 방법으로 초경량 비행장치 조종자 증명을 받은 경우
② 주류 등의 영향으로 초경량 비행장치를 사용하여 비행을 정상적으로 수행할 수 없는 상태에서 초경량 비행장치를 사용하여 비행한 경우
③ 초경량 비행장치 조종자 준수사항을 위반한 경우
④ 초경량비행장치의 조종자로서 업무를 수행할 때 고의 또는 중대한 과실로 초경량 비행장치 사고를 일으켜 인명피해나 재산피해를 발생시킨 경우

②~④는 취소 또는 정지사유이다.

31 다음 중 항공안전법상 초경량 비행장치가 아닌 것은?

① 행글라이더
② 패러글라이더
③ 회전익 비행장치
④ 동력패러슈트

동력패러슈트는 경량항공기로 분류된다.

32 주류 등의 영향으로 초경량 비행장치를 사용하여 비행을 정상적으로 수행할 수 없는 상태에서 초경량 비행장치를 사용하여 비행한 사람의 처벌 기준으로 옳은 것은?

① 3년 이하의 징역 또는 3천만 원 이하의 벌금
② 1년 이하의 징역 또는 1천만 원 이하의 벌금
③ 1천만 원 이하의 벌금
④ 500만 원 이하의 벌금

주류 관련 처벌 기준은 3년 이하의 징역 또는 3천만 원 이하의 벌금이다.

33 몇 kg 이하 행글라이더가 초경량 비행장치의 범위에 포함되는가?

① 50kg ② 70kg
③ 115kg ④ 150kg

행글라이더, 패러글라이더 : 70kg 이하, 동력비행장치 :115kg 이하, 무인동력비행장치 : 150kg 이하

34 항공안전법상 공역을 사용목적에 따라 분류하였을 때 주의공역에 해당되지 않는 것은?

① 군작전구역 ② 경계구역
③ 위험구역 ④ 조언구역

비관제공역 : 조언구역, 정보구역

35 초경량 비행장치 1종에서 3종까지 조종자 자격증명 시험 응시 연령은 몇 세 이상인가?

① 12세 ② 13세
③ 14세 ④ 18세

1~3종 : 14세, 4종 : 10세

36 다음 비행장치 중 사용하기 위해서 신고가 필요하지 않는 장치에 속하지 않는 것은?

① 동력을 이용하지 아니하는 행글라이더, 패러글라이더
② 계류식 무인비행장치
③ 항공레저스포츠사업에 사용되는 낙하산류
④ 연구기관 등이 시험 · 조사 · 연구 또는 개발을 위하여 제작한 초경량 비행장치

사업용은 무조건 신고를 하여야 한다.

37 공역지정의 공고 수단으로 옳은 것은?

① 관보 ② NOTAM
③ AIP ④ AIC

공역지정의 공고는 AIP(항공정보간행물)에 실시한다.

정답 30 ① 31 ④ 32 ① 33 ② 34 ④ 35 ③ 36 ③ 37 ③

38 **다음 중 초경량 비행장치에 속하지 않는 것은?**

① 항력을 발생시켜 대기 중을 낙하하는 사람 또는 물체의 속도를 느리게 하는 비행장치
② 탑승자, 연료 및 비사용 장비의 중량을 제외한 자체중량이 130kg인 고정익 비행장치
③ 유인자유기구 또는 무인자유기구
④ 연료의 중량을 제외한 자체중량이 150kg 이하인 무인비행기, 무인헬리콥터, 무인멀티콥터

고정익 비행장치는 초경량 비행장치가 아니다.

39 **지표면 또는 수면으로부터 200m 이상 높이의 공역으로서 항공교통의 안전을 위하여 국토교통부장관이 지정·공고한 공역을 무엇이라 하는가?**

① 관제공역 ② 항공로
③ 관제권 ④ 관제구

관제권 : 공항 반경 9.3km

40 **조종사를 포함한 항공종사자들이 적시 적절히 알아야 할 공항 시설, 항공 업무, 절차 등의 변경 및 설정 등에 관한 정보 사항을 고시하는 것은?**

① METAR ② NOTAM
③ AIC ④ AIP

NOTAM의 유효기간 : 3개월

정답 38 ② 39 ④ 40 ②

MEMO

CONTENTS

PART 2

항공 기상

Aeronautical Meteorology

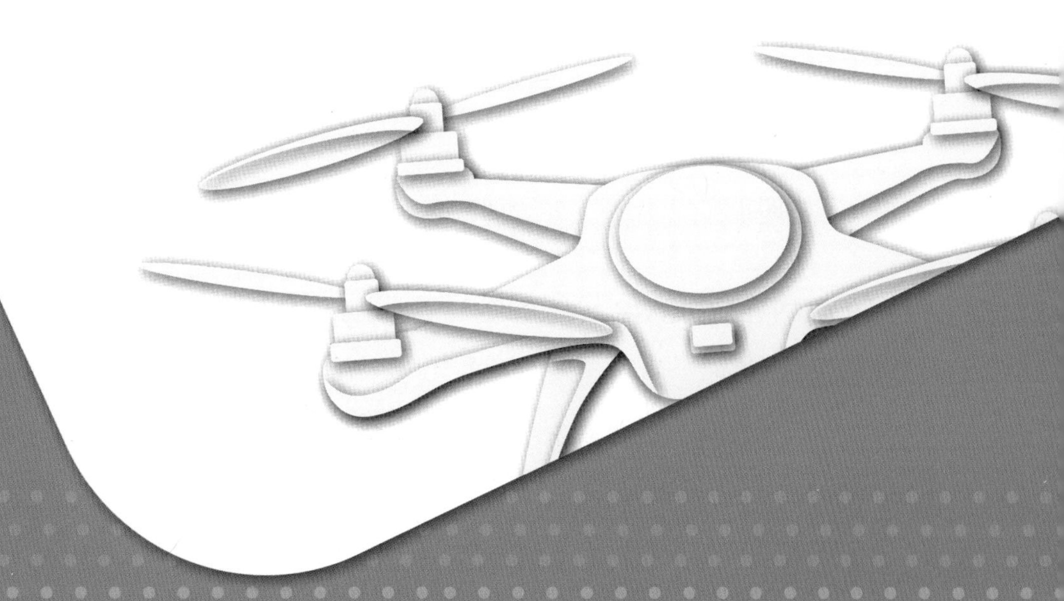

기상현상 및 기상정보

대기

1 대기의 성분

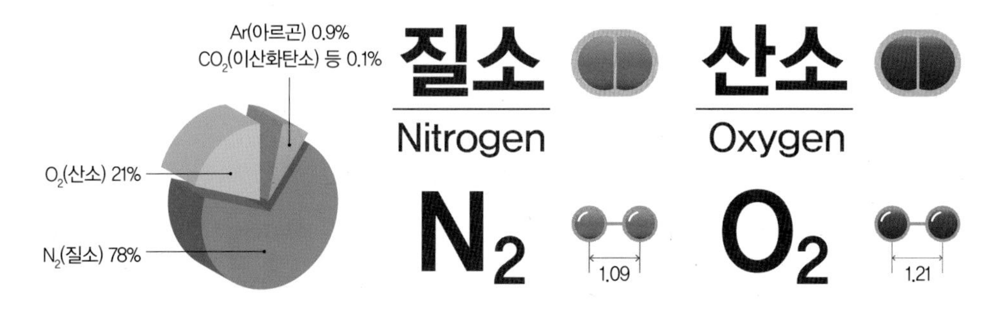

(1) 대기(大氣, Atmosphere) : 중력(Gravity)에 의해 지구를 둘러싸고 있는 기체

(2) 대기 구성 : 질소(N_2) 78%, 산소(O_2) 21%, 기타 1%

① 질소 : 식물의 성장에 필수적인 에너지원으로 공급

② 산소 : 인간의 생존과 항공기 동력원을 제공하는 연료의 연소(Burning)와 밀접한 관계

㉠ 고도가 증가함에 따라 기압 고도는 점차 감소, 이는 상대적인 공기의 밀도 감소 원인 제공

㉡ 실제 대기 속의 산소 밀도는 지상에서 성층권까지 약 21%로 일정하게 존재

예상문제

1 대기 중 산소의 분포율은 얼마인가?

① 10%　　② 21%
③ 30%　　④ 60%

2 대기 중에서 가장 많은 기체는 무엇인가?

① 산소　　② 질소
③ 이산화탄소　　④ 수소

정답 1 ② 2 ②

③ 다음 중 국제 민간항공기구(ICAO)의 표준 대기 조건이 잘못된 것은?

① 대기는 수증기가 포함되어 있지 않은 건조한 공기이다.
② 대기의 온도는 통상적인 해면상의 10도를 기준으로 하였다.
③ 해면상의 대기 압력은 수은주의 높이 760mm를 기준으로 하였다.
④ 고도에 따른 온도 강하는 −56.5℃(−69.7F)가 될 때까지는 −2℃/1000ft이다.

정답 3 ②

2 대기권

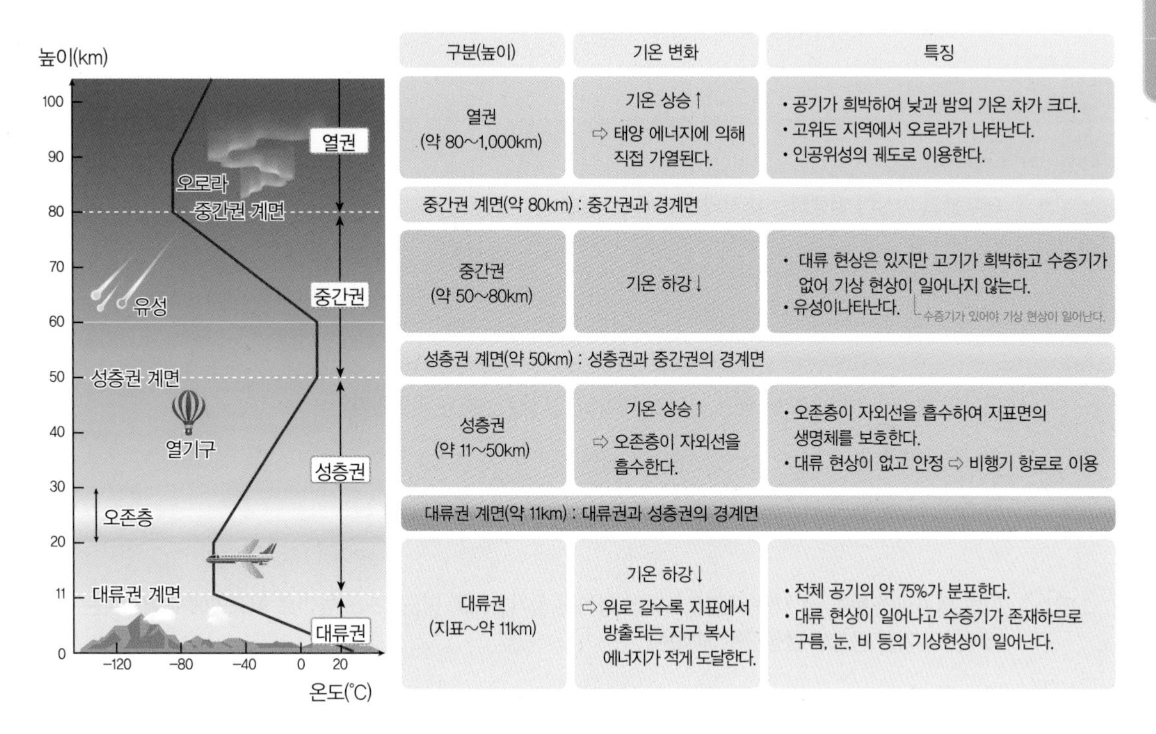

구분(높이)	기온 변화	특징
열권 (약 80~1,000km)	기온 상승↑ ⇨ 태양 에너지에 의해 직접 가열된다.	• 공기가 희박하여 낮과 밤의 기온 차가 크다. • 고위도 지역에서 오로라가 나타난다. • 인공위성의 궤도로 이용한다.
중간권 계면(약 80km) : 중간권과 경계면		
중간권 (약 50~80km)	기온 하강↓	• 대류 현상은 있지만 고기가 희박하고 수증기가 없어 기상 현상이 일어나지 않는다. • 유성이나타난다. └ 수증기가 있어야 기상 현상이 일어난다.
성층권 계면(약 50km) : 성층권과 중간권의 경계면		
성층권 (약 11~50km)	기온 상승↑ ⇨ 오존층이 자외선을 흡수한다.	• 오존층이 자외선을 흡수하여 지표면의 생명체를 보호한다. • 대류 현상이 없고 안정 ⇨ 비행기 항로로 이용
대류권 계면(약 11km) : 대류권과 성층권의 경계면		
대류권 (지표~약 11km)	기온 하강↓ ⇨ 위로 갈수록 지표에서 방출되는 지구 복사 에너지가 적게 도달한다.	• 전체 공기의 약 75%가 분포한다. • 대류 현상이 일어나고 수증기가 존재하므로 구름, 눈, 비 등의 기상현상이 일어난다.

(1) 대기권 : 지구를 둘러싸고 있는 공기층, 지표에서 높이 약 1,000km까지의 영역

(2) 높이에 따른 대기의 밀도
높이 올라갈수록 공기가 희박해져 대기 밀도는 적음
→ 지구의 중력이 약하게 작용하기 때문

(3) 대기권층 구분
① 대류권(평균 12km)
② 대류권 계면(평균 17km)
③ 성층권(~50km)
④ 성층권 계면(50km)

⑤ 중간권(50~80km)

⑥ 중간권 계면(약 80km)

⑦ 열권(80~1,000km)

(4) 대류권(Troposphere)

① 대부분의 기상 현상이 발생하는 대기의 층

② 높이 10~15km, 평균 12km

적도 : 약 15km, 극지방 : 약 8km

(5) 대류권 계면(Tropospause)

① 대류권과 성층권 사이 경계층, 기온 변화 거의 없음

② 높이 : 평균 17km, 적도 16~18km, 극지방 6~8km

※ 제트기류, 청천난기류, 뇌우 등 기상 현상 발생

※ 일반 항공기 : 대류권 운항, 고성능 항공기 : 성층권 하단

예상문제

1 대부분의 기상이 발생하는 대기의 층은?

① 대류권 ② 성층권

③ 중간권 ④ 열권

2 기온의 변화가 거의 없으며 평균 높이가 약 17km인 대기권층은 무엇인가?

① 대류권 ② 대류권 계면

③ 성층권 계면 ④ 성층권

3 다음 대기권의 분류 중 지구 표면으로부터 형성된 공기층으로 평균 12km 높이로 지표면에서 발생하는 대부분의 기상 현상이 발생하는 지역은?

① 대류권 ② 대류권 계면

③ 성층권 계면 ④ 성층권

4 지면에서 약 11km까지이며, 대류가 발생하여 기상 현상이 나타나는 곳은?

① 성층권 ② 대류권

③ 중간권 ④ 열권

정답 1 ① 2 ② 3 ① 4 ②

기온

1 온도와 열

구분	용어의 뜻
온도(Temperature)	물체의 차고 뜨거운 정도를 수량으로 나타내는 것
열(Heat)	에너지의 한 종류로, 물체의 온도를 높이거나 상태를 변화시키는 원인
열과 온도	열이 숨은 열로서 물질의 응집상태를 바꿀 때 소모되는 경우를 제외하고는 일반적으로 물질이 얻은 열은 그 물체의 온도를 높이고, 반대로 어떤 물체가 열을 빼앗기면 온도가 내려감
비등점	액체 내부에서 증기 기포가 생겨 기화하는 현상을 비등, 그 때의 온도
빙점	액체를 냉각시켜 고체로 상태 변화가 일어나기 시작할 때의 온도
비열(比熱, Specific Heat)	물질 1g의 온도를 1℃ 올리는 데 요구되는 열량(1cal) = 물의 비열은 1
현열(顯熱, Sensible Heat)	온도계에 의해서 측정된 온도, 측정 방법에 따라 섭씨, 화씨, 켈빈 등으로 구분
잠열(潛熱, Latent Heat)	물질의 상위 상태로 변화시키는 데 요구되는 열 에너지

예상문제

1 물질 1g의 온도를 1℃ 올리는 데 요구되는 열은?

① 잠열 ② 열량 ③ 비열 ④ 현열

2 물질을 상위 상태로 변화시키는 데 요구되는 열 에너지는?

① 잠열 ② 열량 ③ 비열 ④ 현열

3 다음 중 열량에 대한 내용을 맞는 것은?

① 물질의 온도가 증가함에 따라 열 에너지를 흡수할 수 있는 양
② 물질 10g의 온도를 10℃ 올리는 데 요구되는 열
③ 온도계로 측정한 온도
④ 물질의 하위 상태로 변화시키는 데 요구되는 열 에너지

4 다음 물체의 온도와 열에 관한 용어의 정의 중 틀린 것은?

① 물질의 온도가 증가함에 따라 열 에너지를 흡수할 수 있는 양은 열량이다.
② 물질 1g의 온도를 1도 올리는 데 요구되는 열은 비열이다.
③ 일반적인 온도계에 의해 측정된 온도를 현열이라 한다.
④ 물질의 하위 상태로 변화시키는 데 요구되는 열 에너지를 잠열이라 한다.

정답 1③ 2① 3① 4④

2 기온의 정의와 단위

(1) 정의 : 지표면에서 1.5m 높이에 있는 대기의 온도
태양의 방사열에 의해 발생되며, 기상대에서는 백엽상 속의 온도계의 구부가 지상 1.2~1.5m 정도의 높이가 되도록 해서 측정한다.

(2) 단위(Scales) : 화씨(Fahrenheit : ℉), 섭씨(Celsius : ℃), 켈빈(k)

기술 혁명의 원동력, 온도계의 역사

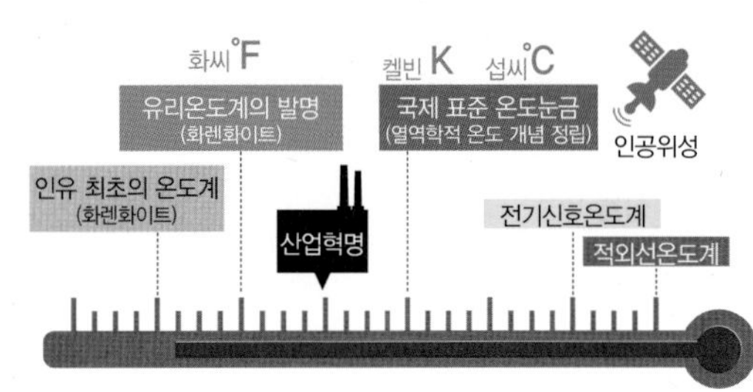

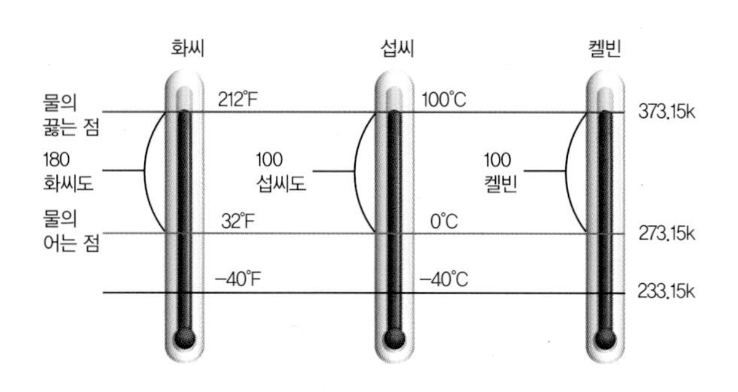

3 측정법

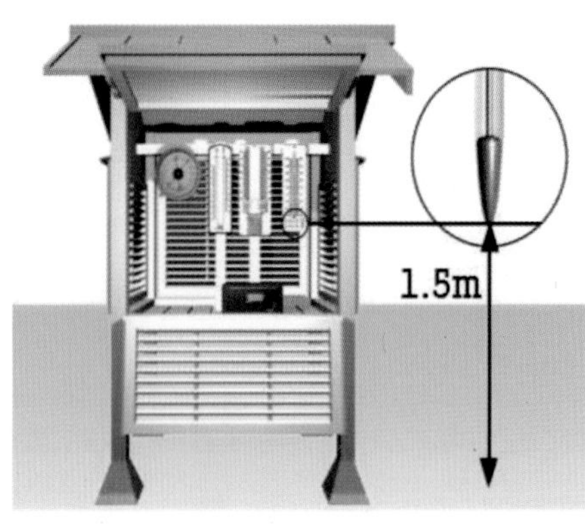

▲ 백엽상

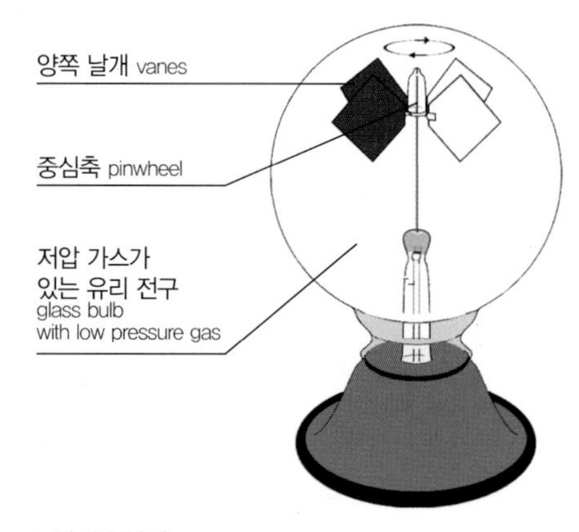

▲ 라디오미터

(1) 지표면 기온 : 1.5m 높이의 백엽상에서 측정(통풍이 잘되고, 직사광선을 피해야 함)

(2) 대기 상층 기온 : 기상관측기구 직접 측정 또는 기상관측기구에 라디오미터를 설치하여 측정

(3) 잠열(숨은 열) : 뇌우, 태풍, 폭풍의 주요 에너지원
증발 잠열 : 증발 – 냉각 과정 – 방출, 응결 잠열 : 응결 – 승온 과정 – 흡수

(4) 일교차 : 일일 최고 기온과 최저 기온의 차이, 사막 〉 습윤 지역

4 기온의 변화

(1) 일일 변화
① 주야간의 온도 차이를 의미한다.
② 주원인은 지구의 자전
③ 주간에는 지구는 태양 방사로부터 열을 받음
④ 지표면의 가열공기는 위로 상승, 찬 공기와 대체

(2) 계절적 변화
① 1년 주기로 태양 주기를 회전하는 공전으로 인하여 태양 복사열의 변화에 따라 기온 변화
② 태양과 지구의 상대적 위치에 따라 태양 복사 총량의 강도가 연중 변화 → 계절적 기온 변화 요인

(3) 지형에 따른 변화
① 물은 각 물질의 비열 차이 때문에 육지에 비해 기온 변화가 적음
물의 비열 1.00 : 공기는 0.24, 모래나 흙의 비열은 0.19로 물과 육지의 비열은 약 4~5배 차이
② 불모지는 기온 변화를 조절해 줄 수 있는 최소한의 수분이 부족
태양 복사열이 많아 낮은 기온이 높지만, 해가 지면서 빠르게 냉각, 모래의 반사율 약 35~45%
③ 쌓인 눈이 있는 지형은 태양 복사열의 약 95%를 반사하기 때문에 기온 변화가 적음

5 기온 감률(Temperature Lapse Rate)

(1) 고도가 증가함에 따라 기온이 감소하는 비율 예 등산 시 기온이 낮아지는 현상
① 표준대기 조건에서 기온 감률 : 1,000ft당 평균 2℃(1km당 6.5℃) 하강

(2) 기온 감률이 클수록 대기는 불안정, 작을수록 안정, 대기가 안정할수록 대기오염 물질의 확산은 어려워짐

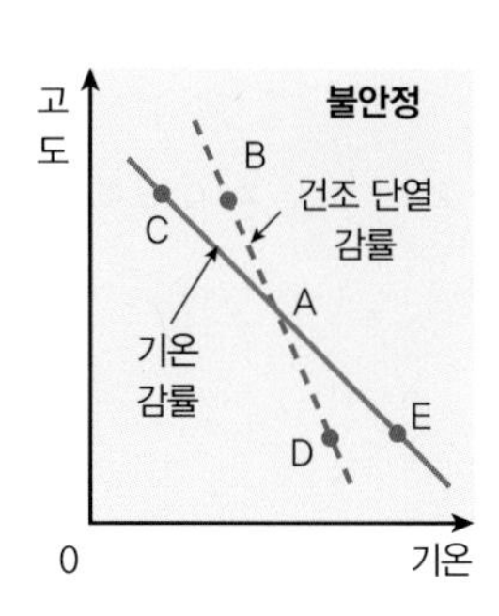

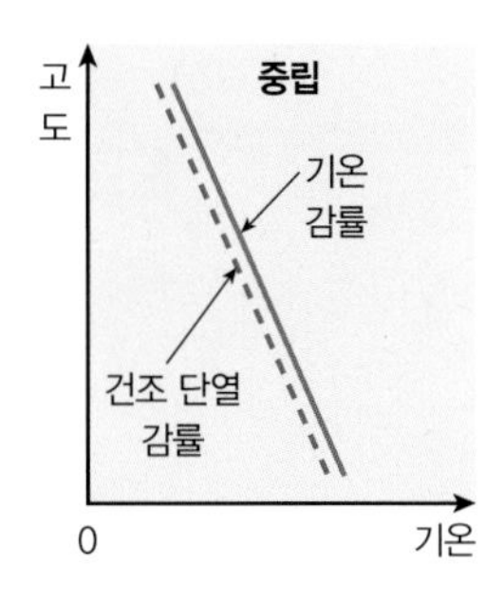

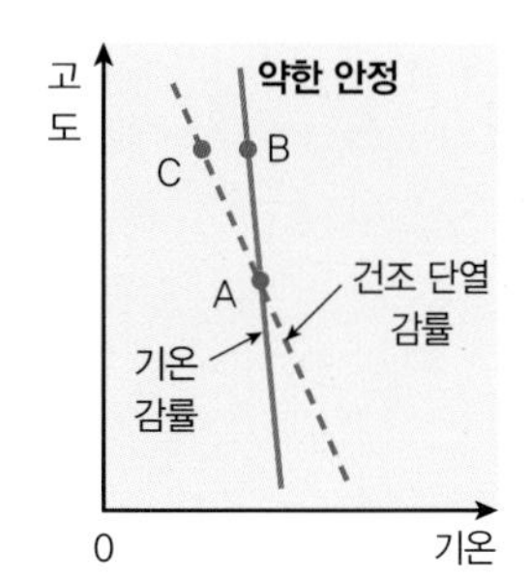

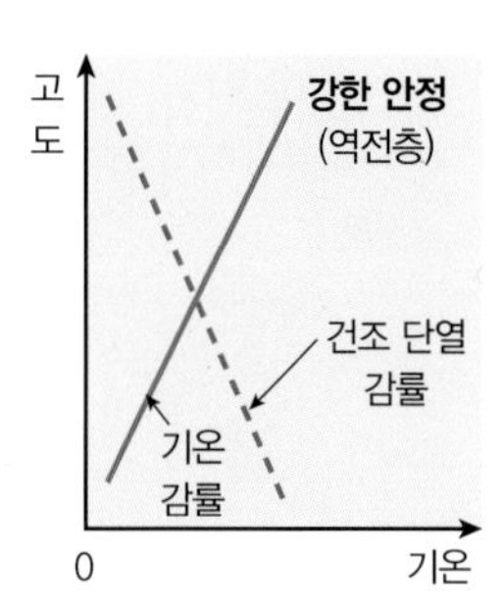

예상문제

1 공기 밀도에 관한 설명으로 틀린 것은?

① 온도가 높아질수록 공기 밀도도 증가한다.
② 일반적으로 공기 밀도는 하층보다 상층이 낮다
③ 수증기가 많이 포함될 수록 공기 밀도는 감소한다.
④ 국제표준대기(ISA)의 밀도는 건조 공기로 가정했을 때의 밀도이다.

2 현재의 지상 기온이 31℃일 때 3,000ft 상공의 기온은? (단, ISA 조건이다.)

① 25℃ ② 37℃ ③ 29℃ ④ 34℃

3 다음 중 공기 밀도가 높아지면 나타나는 현상으로 맞는 것은?

① 입자가 증가하고 양력이 증가한다.
② 입자가 증가하고 양력이 감소한다.
③ 입자가 감소하고 양력이 증가한다.
④ 입자가 감소하고 양력이 감소한다.

4 다음 중 기온에 관한 설명 중 틀린 것은?

① 태양열을 받아 가열된 대기(공기)의 온도이며, 햇빛이 잘 비치는 상태에서의 얻어진 온도이다.
② 1.25~2m 높이에서 관측된 공기의 온도를 말한다.
③ 해상에서 측정 시는 선박의 높이를 고려하여 약 10m의 높이에서 측정한 온도 사용한다.
④ 흡수된 복사열에 의한 대기의 열을 기온이라 하고 대기 변화의 중요한 매체가 된다.

5 해수면에서 기온이 15℃일 때 1,000ft 상공의 기온은? (단, 국제표준대기 조건하)

① 9℃ ② 11℃ ③ 13℃ ④ 15℃

정답 1① 2① 3① 4① 5③

4 대기압

1 정의

(1) 대기압

대기의 압력, 공식적인 기압의 단위는 hPa, 소수 첫째 자리까지 측정

① 물체 위의 공기에 작용하는 단위 면적(Per Unit Area)당 공기의 무게, 대기 중에 존재하는 기압은 어느 지역 또는 공역에서나 동일한 것은 아님

② 기압의 일변화 : 최고 9시, 21시, 최저 4시, 16시

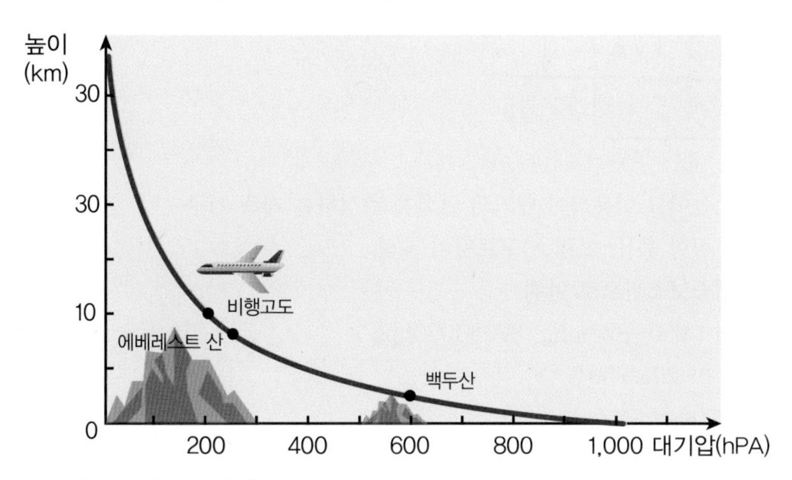

▲ 고도에 따른 대기압의 변화

(2) 고도에 따른 대기압의 변화

① 높이 올라갈수록 지표면을 누르는 공기 기둥의 길이가 짧아지며 대기압은 급격히 낮아짐

② 해수면으로부터 5km 상승 시 기압은 약 500hpa 줄어듬

③ 대기의 50% 이상이 지표면으로부터 약 5.6km 아래에 존재, 99%는 약 30km 아래에 존재

※ 대기압의 변화는 주요 기상 현상을 초래하는 바람을 유발하는 원인이 되며, 수증기 순환과 항공기 양력과 항력에 영향을 준다. 기압 증가 → 양력 증가, 항력 증가

예상문제

1 대기압이 높아지면 양력과 항력은 어떻게 변하는가?

① 양력 증가, 항력 증가
② 양력 증가, 항력 감소
③ 양력 감소, 항력 증가
④ 양력 감소, 항력 감소

정답 1 ①

2 기압 측정법 : 수은기압계, 아네로이드 기압계

(1) 수은기압계(水銀氣壓計, Mercury Barometer)

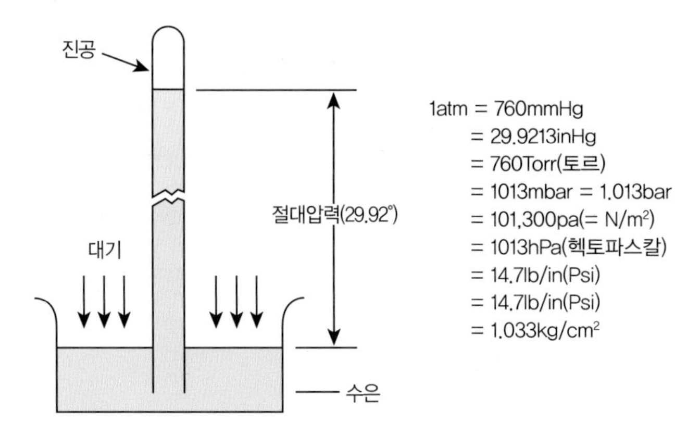

① 수은주의 높이를 이용하여 대기의 압력을 측정하는 계측 기구

② 토리체리 실험 응용, 프랑스)포르탕이 제작

③ 전체가 이중보호관으로 안전

④ 측정 범위 : 650~820mhg, 870~1090hps

⑤ 온도범위 : −20~+50℃

(2) 아네로이드 기압계(Aneroid Barometer)

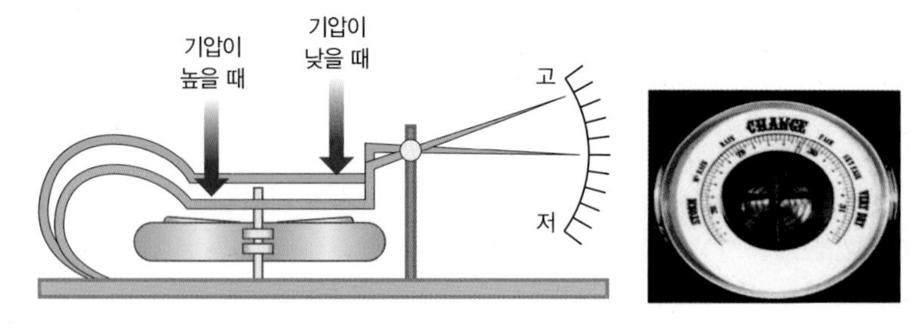

▲ 아네로이드 기압계 1876년 함부르크산

① 액체를 사용하지 않고 금속의 탄성을 이용한 기압계
※ 그리스어로 아네로이드는 액체가 없다는 뜻

② 잔처럼 생긴 얇고 탄력 있는 2장의 금속판을 합쳐 가장자리를 밀봉하여 내부의 공기를 제거한 것으로 외부 기압의 변화에 따라 팽창과 수축을 반복

③ 이 움직임을 지침으로 확대시켜서 눈금판에 대고 기압 측정

3 국제 민간항공기구(ICAO)의 국제표준대기(ISA : International Standard Atmosphere)

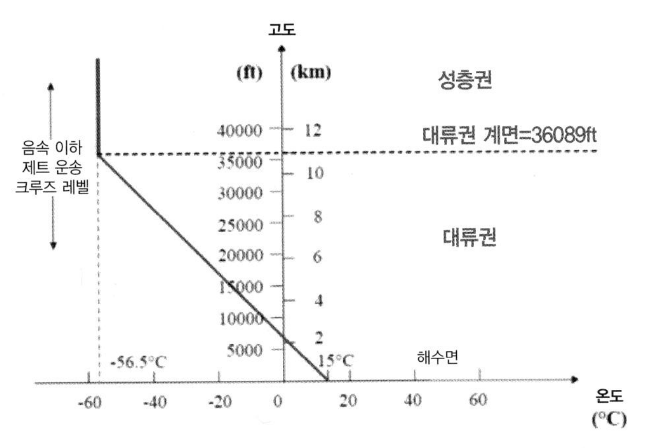

▲ ISA – Temperature Modeling

(1) 국제표준대기 규정

1964년 ICAO에서 국제 협약으로 규정

(2) 국제표준대기(ISA)의 적용

① 기온 등의 고도 분포를 실제에서의 평균 대기에 근사하도록 표시한 협정상의 기준 대기

② 대기의 고도별 온도, 압력, 밀도 특성을 국가 간 합의로 정의한 산물

③ 항공기 운항에 필요한 성능과 고도 측정 기준

(3) 해수면 표준 기압 : 29.92inch.Hg(1013.2mb)

(4) 해수면 표준 기온 : 15℃(59°F)

(5) 음속 : 340m/sec(1,116ft/sec)

(6) 기온 감률 : 2℃/1000ft(지표 : 36,000ft) 그 이상은 −56.5℃로 일정, 11km까지 −6.5℃/km

예상문제

1 **해수면의 기온과 표준 기압은?**

① 15℃와 29.92inHg　② 15℃와 29.92inmb
③ 15°F와 29.92inHg　④ 15°F와 29.92inmb

2 **현재의 지상 기온이 31℃일 때 3,000ft 상공의 기온은? (단, ISA 조건이다.)**

① 25℃　② 37℃　③ 29℃　④ 34℃

정답 1 ① 2 ①

4 고기압 및 저기압

(1) 고기압(高氣壓, 기호 H)

중심기압이 주변보다 높은 곳

① 고기압권 내의 바람은 북반구에서는 고기압 중심 주위를 시계 방향으로 회전(발산)

② 남반구에서는 반시계 방향으로 회전하면서 불어나감

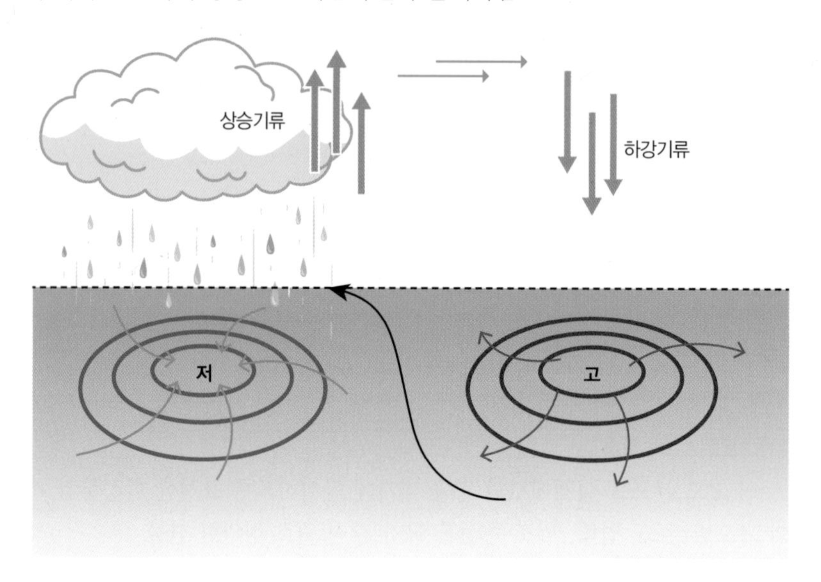

(2) 저기압(低氣壓, 기호 L)

중심기압이 주변보다 낮은 곳

① 저기압권 내의 바람은 북반구에서 저기압 중심을 향하여 반시계 방향으로 불어 들어옴(수렴)

② 저기압에 동반된 한랭전선은 저기압 중심에서 남서쪽으로, 온난전선은 저기압 중심에서 남동쪽으로 향함

③ 강수는 공기의 상승과 관련되어 나타나는데 공기가 수렴하는 저기압 중심 부근에서 발생하기도 하며 또한 따뜻한 공기가 차갑고 밀도가 큰 공기를 타고 상승하는 전선을 따라 발생

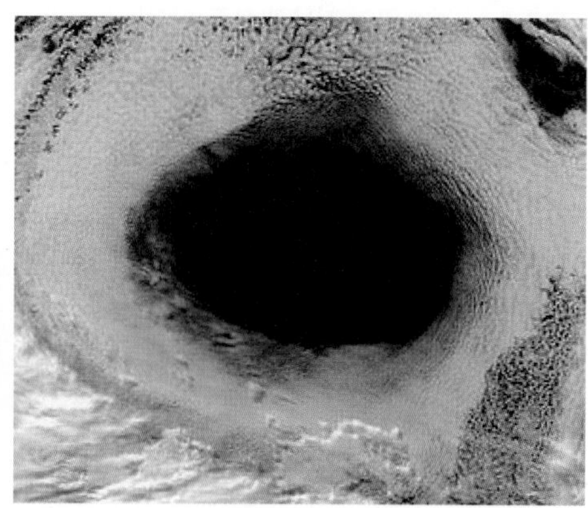

예상문제

1 **공기의 고기압에서 저기압으로의 직접적인 흐름을 방해하는 힘은?**

① 구심력 ② 원심력
③ 전향력 ④ 마찰력

2 **다음 중 고기압이나 저기압 시스템의 설명에 관하여 맞는 것은?**

① 고기압 지역 또는 마루에서 공기는 올라간다.
② 고기압 지역 또는 마루에서 공기는 내려간다.
③ 저기압 지역 또는 골에서 공기는 정체한다.
④ 고기압 지역 또는 골에서 공기는 내려간다.

3 **북반구에서 고기압의 바람 방향과 형태로 맞는 것은?**

① 고기압을 중심으로 시계방향으로 회전하고 발산한다.
② 고기압을 중심으로 시계방향으로 회전하고 수렴한다.
③ 고기압을 중심으로 반시계 방향으로 회전하고 발산한다.
④ 고기압을 중심으로 반시계 방향으로 회전하고 수렴한다.

4 **다음 중 저기압에 대한 설명 중 잘못된 것은?**

① 저기압은 주변보다 상대적으로 기압이 낮은 부분이다. 1기압이라도 주변 상태에 의해 저기압이 될 수 있고, 고기압이 될 수 있다.
② 하강기류에 의해 구름과 강수현상이 있고 바람도 강하다.
③ 저기압 내에서는 주위보다 기압이 낮으므로 사방으로부터 바람이 불어 들어온다.
④ 일반적으로 저기압 내에서는 날씨가 나쁘고 비바람이 강하다.

5 **고기압과 저기압에 대한 설명으로 맞는 것은?**

① 고기압 : 북반구에서 시계방향, 남반구에서는 반시계 방향으로 회전한다.
저기압 : 북반구에서 반시계 방향, 남반구에서는 시계방향으로 회전한다.
② 고기압 : 북반구에서 반시계 방향, 남반구에서는 시계방향으로 회전한다.
저기압 : 북반구에서 시계방향, 남반구에서는 반시계 방향으로 회전한다.
③ 고기압 : 북반구에서 시계방향, 남반구에서는 시계방향으로 회전한다.
저기압 : 북반구에서 반시계 방향, 남반구에서는 시계방향으로 회전한다.
④ 고기압 : 북반구에서 반시계 방향, 남반구에서는 시계방향으로 회전한다.
저기압 : 북반구에서 반시계 방향, 남반구에서는 시계방향으로 회전한다.

정답 1③ 2② 3① 4② 5①

6 저기압에 대한 설명 중 틀린 것은?

① 주변보다 상대적으로 기압이 낮은 부분이다.
② 하강기류에 의해 구름과 강수현상이 있다.
③ 저기압은 전선의 파동에 의해 생긴다.
④ 저기압 내에서는 주위보다 기압이 낮으므로 사방으로부터 바람이 불어 들어온다.

7 고기압에 대한 설명 중 틀린 것은?

① 중심 부근에는 하강기류가 있다.
② 북반구에서의 바람은 시계방향으로 회전한다.
③ 구름이 사라지고 날씨가 좋아진다.
④ 고기압권 내에서는 전선형성이 쉽게 된다.

8 다음 중 고기압에 대한 설명 중 잘못된 것은?

① 고기압은 주변기압보다 상대적으로 기압이 높은 곳으로 주변의 낮은 곳으로 시계방향으로 불어간다.
② 주변에는 상승기류가 있고 단열승온으로 대기 중 물방울은 증발한다.
③ 구름이 사라지고 날씨가 좋아진다.
④ 중심부근은 기압 경도가 비교적 작아 바람은 약하다.

9 고기압의 북반구에서 바람의 방향으로 옳은 것은?

① 시계방향으로 중심부로 수렴한다.
② 반시계 방향으로 중심부로 수렴한다.
③ 시계방향으로 중심부로 발산한다.
④ 반시계 방향으로 중심부로 발산한다.

정답 6 ② 7 ④ 8 ② 9 ③

5 뇌우(Thunderstorm)

1 정의

(1) 천둥과 번개를 동반하는 적란운 또는 적란운의 집합체
(2) 강한 대류 활동을 가진 뇌우는 폭우, 우박, 돌풍, 번개 등을 동반함으로써 짧은 시간에 큰 항공 재해를 가져올 수 있는 기상현상

(3) 발생 요소 : 강수와 방전의 2가지 현상

① 심한 상승기류가 생기면 응결이 왕성 → 적란운 발생 → 적란운 속에서 강수와 방전 발생

② 방전 : 적란운 속에서 전기 분리가 일어나 구름과 구름 사이, 구름과 대지 사이에서 발생 방전에 의한 천둥과 번개는 다량의 액체상 수적과 고체상의 얼음들이 −28℃보다 낮은 온도의 높이까지 운반될 경우에만 나타남

(4) 뇌우의 생성 조건

① 불안정 대기

② 상승운동

③ 높은 습도

PART 02 항공 기상

예상문제

1 **뇌우 발생 시 항상 동반되는 기상 현상은?**

① 강한 소나기 ② 스콜라인
③ 과냉각 물방울 ④ 번개

2 **뇌우 생성 조건이 아닌 것은?**

① 대기의 불안정 ② 풍부한 수증기
③ 강한 상승기류 ④ 강한 하강기류

3 **다음 중 뇌우 발생 시 함께 동반하지 않는 것은?**

① 폭우 ② 우박 ③ 소나기 ④ 번개

정답 1 ④ 2 ④ 3 ③

2 뇌우의 종류 : 기단성 뇌우(열 뇌우), 전선성 뇌우

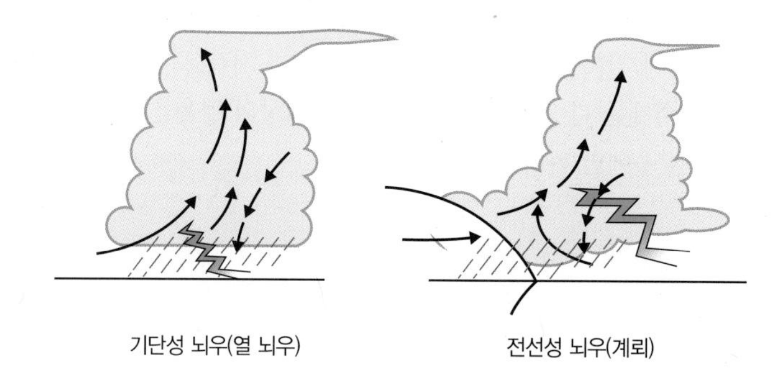

기단성 뇌우(열 뇌우) 전선성 뇌우(계뢰)

구분	내용
기단성 뇌우 (열 뇌우)	열을 받은 공기가 상승하여 구름을 생성하며 이것이 발달하여 뇌우가 된다. 좁은 범위에서 급속히 발달하고 지속시간도 짧다.
전선성 뇌우	온난다습한 공기가 전선면을 올라갈 때 생기며, 이른 봄, 늦가을에 발생하는 뇌우를 말한다. 온난 전선보다 한랭 전선에서 자주 발생하며 돌풍이 불기 시작하고 하늘이 갑자기 어두워지며 번개가 치고 우박을 동반한 비가 내린다.

3 뇌우의 단계 : 적운 단계 → 성숙 단계 → 소멸 단계

(1) 적운 단계

구름 내부의 온도가 주변 기온보다 높아 강한 상승기류가 발생하면서 적운이 급격히 성장, 강수 현상은 미비

(2) 성숙 단계

① 따뜻한 공기의 상승기류와 찬 공기의 하강기류 공존

② 공기의 하강기류는 강한 돌풍+소나기+번개+천둥+우박

(3) 소멸 단계

구름 하부에서 상승기류를 형성해 따뜻한 공기 유입이 줄어들면, 구름 내부에는 전체적으로 하강기류만 남게 되어 구름 소멸

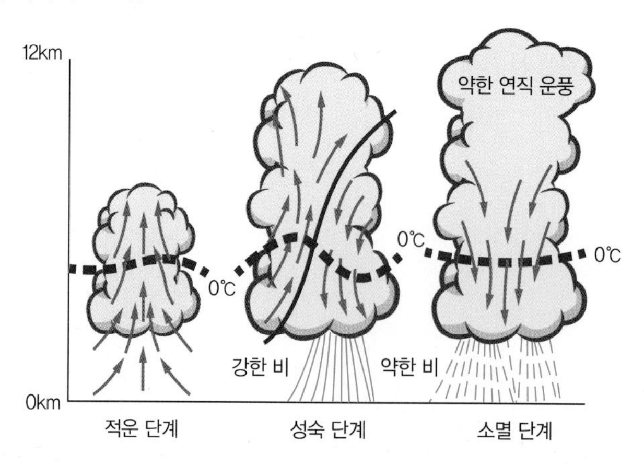

6 태풍

1 정의

태양으로부터 오는 열은 지구의 날씨를 변화시키는 주된 원인이다. 지구는 자전하면서 태양의 주위를 돌기 때문에 낮과 밤, 계절의 변화가 생기며 이로 인해 지구가 태양으로부터 받는 열량의 차이가 발생한다. 또한 대륙과 바다, 적도와 극지방과 같이 지역 조건에 따른 열적 불균형이 일어난다. 이러한 불균형을 해소하기 위하여 태풍이 불고, 기온이 오르내리는 등 날씨의 변화가 생기게 된다.

적도 부근이 극지방보다 태양열을 더 많이 받기 때문에 생기는 열적 불균형을 없애기 위해 저위도 지방의 따듯한 공기가 바다로부터 수증기를 공급받으면서 강한 바람과 많은 비를 동반하며 고위도로 이동하는 기상현상.

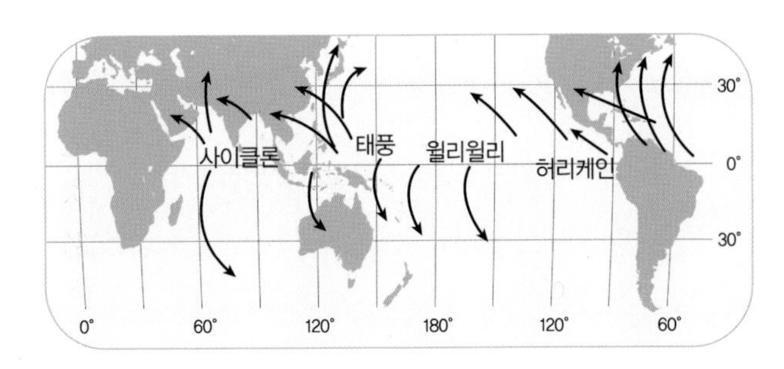

(1) 한국 영향 : 1년에 약 30개 중 3~4개 정도

(2) 세계적으로 평균 80개 정도 열대 저기압 발생 시 약 50%는 태풍

(3) 국제협약에 따라 열대 사이클론으로 통칭되고 있으나 지역에 따라 용어를 달리 사용

(4) 북태평양 서부 : 태풍(Typhoon)

(5) 북대서양과 북태평양 동부 : 허리케인(Hurricane)

(6) 인도양, 아라비아해 등 : 사이클론(Cyclone)

(7) 호주 남태평양 : 윌리윌리(Willy-Willy)

예상문제

1 태풍의 명칭과 지역을 잘못 연결한 것은?

① 허리케인 : 북대서양과 북태평양 동부
② 태풍 : 북태평양 서부
③ 사이클론 : 인도
④ 바귀오 : 북한

정답 1 ④

2 고온다습한 열대해양으로 해수면 온도가 26.5℃ 이상인 지역에서 발달

(1) 발달 단계 : 열대 요란 → 열대 저기압 → 열대 폭풍 → 태풍

(2) 저기압을 중심으로 반시계 방향으로 거대한 회전

(3) 지구 전향력이 태풍의 회전 특성을 부여, 통상 5~20° 지방에서 발생
※ 위도 20° 이상 지역은 아열대 고기압대가 존재, 공기를 침강시켜 적운 구름 형성으로 방해

(4) 이동/소멸
① 아열대 고기압의 서쪽면에서 고위도 쪽으로 전향하여 고위도 도달
② 차가운 해상이나 육지 위로 이동하여 태풍이 되고, 이후 약화되면 북동쪽으로 이동하면서 소멸
③ 세력이 약해져서 소멸되기 직전 또는 소멸되어 열대성 저기압으로 변함

예상문제

1 태풍의 세력이 약해져서 소멸되기 직전 또는 소멸되어 무엇으로 변하는가?

① 열대성 고기압 ② 열대성 저기압
③ 열대성 폭풍 ④ 편서풍

정답 1 ②

3 태풍의 구조/풍속

(1) 눈(Eye)
① 원형으로 태풍 중심에 형성된 20~50km 구역으로 공기가 침강하는 구역
② 바람 없음, 해면 기압 낮음, 구름 없고 맑음

(2) 눈 벽(Eye Wall)
① 눈 주위에 형성된 회전성 적란운 구름 영역
② 태풍의 중심을 향해 회전하면서 치올리는 구름
③ 가장 강한 바람(초속 50m 이상), 가장 많은 강수

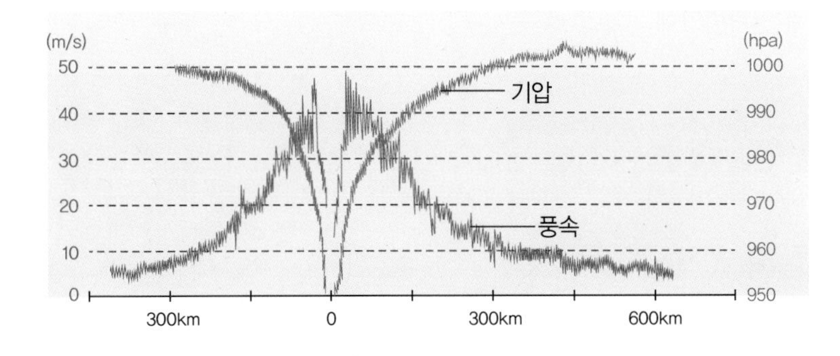

(3) 나선형 구름대

적란운으로서 소나기가 발생하는 수렴선

(4) 풍속 : 기압이 낮을수록 강함

(5) 지상에서 강한 바람은 태풍 중심을 향해서 저기압성으로 수렴

(6) 상층(해발 40,000ft, 약 12km)에서는 순환의 변화가 일어나서 태풍의 꼭대기는 바람이 약하고, 고기압성 방향으로 발산

4 태풍의 진로와 피해 지역

(1) 태풍의 오른쪽 : 위험 반원

태풍 바람+이동속도 → 피해 많음

(2) 태풍의 왼쪽 : 가항 반원

태풍 바람의 이동속도가 감해져 → 피해 적음

(3) 태풍이 많이 일어나는 지역

① 북대서양 서부, 서인도제도 부근

② 북태평양 동부, 멕시코 앞바다

③ 북태평양 동경 180° 서쪽에서 남중국해

④ 인도양 남부(마다가스카르에서 동경 90°까지 및 오스트레일리아 북서부)

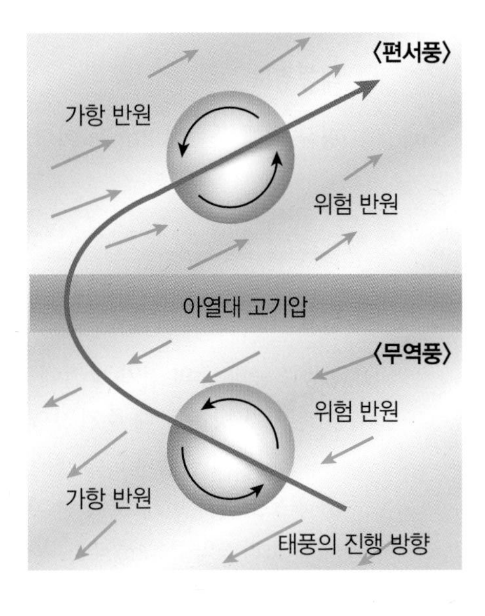

⑤ 벵골만과 아라비아해

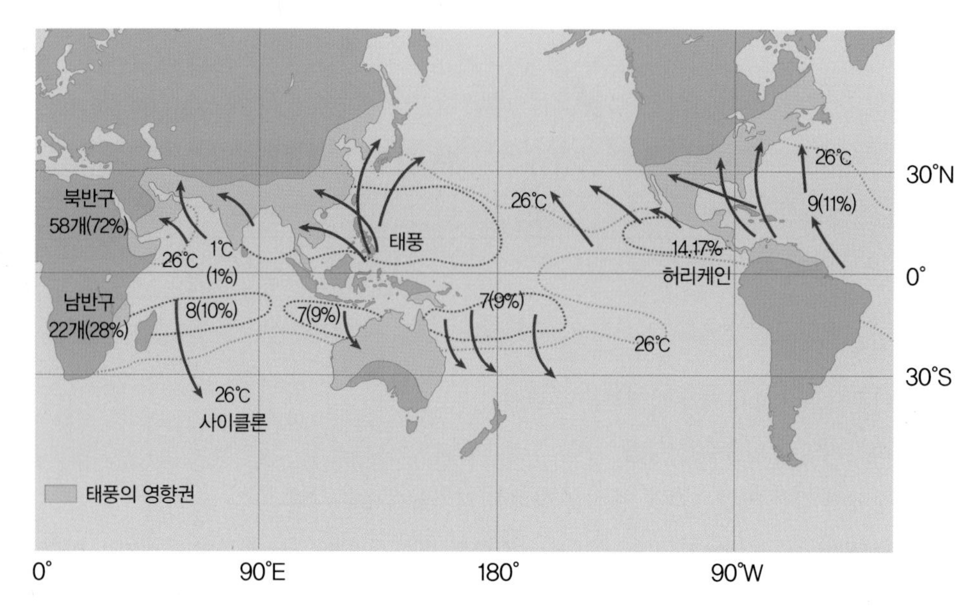

5 태풍주의보

평균 최대 풍속이 17m/s 이상의 풍속 또는 호우, 해일 등으로 재해가 예상될 때

6 태풍경보

평균 최대 풍속이 21m/s 이상의 풍속 또는 호우, 해일 등으로 재해가 예상될 때

7 천둥과 번개

1 현상

(1) 천둥 : 공기 중의 전기 방전에 의해 발생하는 소리
  ① 전기가 방전될 때 순간적으로 가열된 공기 분자가 팽창하면서 찬 공기와 부딪치고 이때 공기 진동이 발생하고 그 진동이 소리가 되어 들리는 것
  ② 천둥소리가 번개 치고 난 후 들리는 이유 : 소리가 빛보다 느리기 때문
  – 소리 : 약 340m/sec, 빛 : 약 30만km/sec

(2) 번개 : 구름과 구름, 구름과 대기 사이에서 일어나는 방전 현상
  ① 번개를 일으키는 구름 : 적란운
  ② 낙뢰 : 번개 중에서 구름 속에서 일어나는 방전 현상을 구름 방전이라고 하고, 구름 하단의 음전하와 지면에서 유도된 양전하 사이에서 발생하는 방전을 대지 방전 즉, 낙뢰라고 함
  ③ 적란운에서 발생하는 방전의 90% 이상을 구름 방전이 차지, 낙뢰가 차지하는 비율은 10% 미만

(3) 번개와 뇌우의 상관 관계
  ① 번개가 강할수록 뇌우도 강함. 번개가 자주 일어나면 뇌우도 계속 성장하고 있다는 사실
  ② 밤에 멀리서 수평으로 형성되는 번개는 스콜라인이 발달하고 있음

예상문제

1 **번개와 뇌우에 관한 설명 중 틀린 것은?**

① 번개가 강할수록 뇌우도 강하다.
② 번개가 자주 일어나면 뇌우도 계속 성장하고 있다는 것이다.
③ 번개와 뇌우의 강도와는 상관 없다.
④ 밤에 멀리서 수평으로 형성되는 번개는 스콜라인이 발달하고 있음을 나타낸다.

정답 1 ③

8 우박

1 우박(雨雹, Hail, 누리)

(1) 하늘에서 떨어지는 얼음덩어리

(2) 대류가 강한 적운형(적운, 적란운) 구름에서 하강

(3) 우박의 생성 원리

① 공기 중 미세한 얼음조각(빙정)이 근처 수증기 흡수

② 얼음조각이 강한 상승기류와 만나 계속 수증기 흡수

③ 상승기류 약해지면 얼음덩어리가 지상으로 떨어진다.

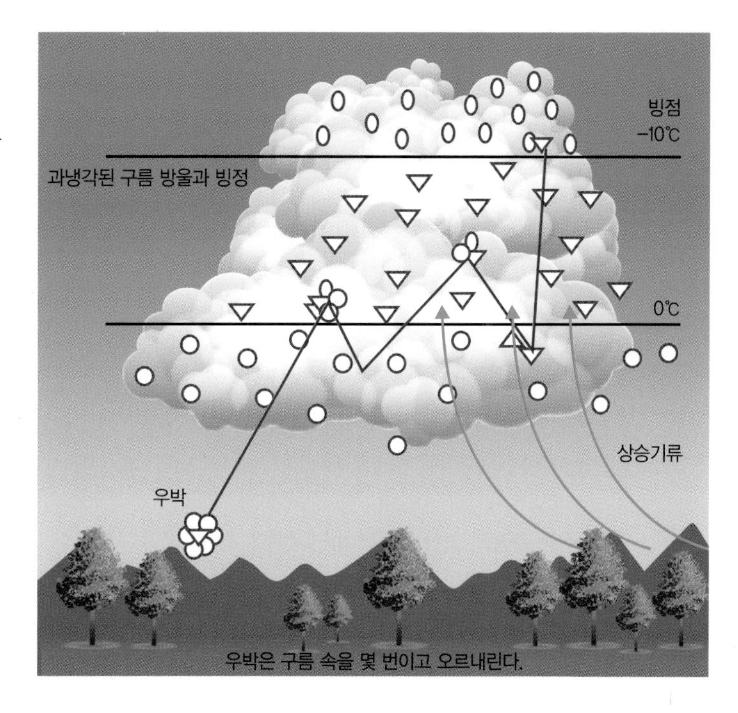

우박은 구름 속을 몇 번이고 오르내린다.

예상문제

1 **우박 형성과 가장 밀접한 구름은?**

① 권층운 ② 적란운 ③ 층적운 ④ 난층운

정답 1 ②

9 구름

1 구름의 정의

물이나 작은 얼음 입자가 모여서 하늘에 떠 있는 것. 수증기를 포함한 공기가 높이 올라가면 주위의 기압이 낮아져 부피가 커진다.

2 구름의 형성 조건

(1) 대기 중 구름의 발생 요소

① 풍부한 수증기(수증기가 응축될 때)

② 냉각 작용

③ 응결핵

(2) 구름의 형성 이유

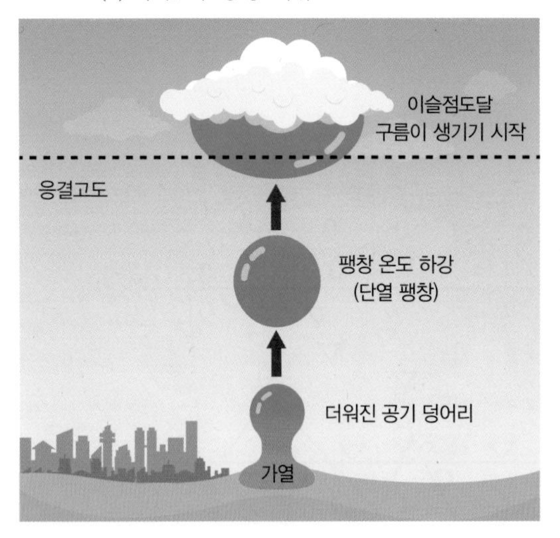

① 기류의 상승과 단열 팽창

㉠ 대기의 수평적 이동 : 바람 발생

㉡ 대기의 수직적 이동 : 공기 단열 팽창, 구름 생성

② 저기압 : 대기의 상승으로 구름 생성 또는 강수

③ 고기압 : 대기의 하강으로 맑고 구름이 소산

예상문제

1 다음 중 구름의 형성 조건이 아닌 것은?

① 풍부한 수증기 ② 냉각 작용
③ 응결핵 ④ 시정

2 구름의 형성 요인 중 가장 관련이 없는 것은?

① 냉각(Cooling) ② 수증기(Water Vapor)
③ 온난 전선(Warm Front) ④ 응결핵(Condensation Nuclei)

정답 1④ 2③

3 구름의 관측

(1) 운고(Cloud Heights)와 운량(Cloud Amount)

① 구름층 : 관측자 기준으로 보는 구름층의 하단 의미(안개 〈 50ft 〈 구름)

② 운고 : 지표면(AGL)에서 구름층 하단까지의 높이

③ 운량 : 관측자를 기준으로 하늘을 10등분하여 판단

숫자 부호	10분법	0	1	2, 3	4	5	6	7, 8	9	10		/
	8분법	0	1	2	3	4	5	6	7	8	9	/
기호												
운량		구름 없음	10% 이하	20 ~ 30%	40%	50%	60%	70 ~ 80%	90%	100%	관측 불가	결측

※ 조종사 : 우세한 구름층 기준층별 상황 보고, 지상 관측자 : 관측 위치에서 본 모습 상황 보고

※ 옥타(octa) 분류 : CLEAR(SKC/CLR) 0/8, FEW 1/8~2/8, SCATTER(SCT) 3/8~4/8, BROKEN(BKN) 5/8~7/8, OVERCAST(OVC) 8/8

(2) 차폐(Obscured) : 하늘이 안개, 연기, 먼지, 강우 등으로 우시정을 7mile 이하로 감소시킬 정도로 지표면으로부터 하늘이 가려질 때

(3) 실링(Ceilings) : 운량이 최소 5/8 이상 덮인 하늘의 가장 낮은 구름의 높이

예상문제

1 운량의 구분 시 하늘의 상태가 5/8~6/8인 경우는 무엇이라 하는가?

① Sky Clear(SKC/CLR) ② Scattered(SCT) ③ Broken(BKN) ④ Overcast(OVC)

2 구름과 안개의 구분 시 발생 높이의 기준은?

① 구름 발생이 AGL 50ft 이상 시 구름, 50ft 이하에서 발생 시 안개
② 구름 발생이 AGL 70ft 이상 시 구름, 70ft 이하에서 발생 시 안개
③ 구름 발생이 AGL 90ft 이상 시 구름, 90ft 이하에서 발생 시 안개
④ 구름 발생이 AGL 120ft 이상 시 구름, 120ft 이하에서 발생 시 안개

3 운량의 구분 시 하늘의 상태가 3/8~4/8인 경우는 무엇이라 하는가?

① CLR ② SCT ③ BKN ④ OVC

4 다음 중 3/8~4/8인 운량은 어느 것인가?

① Clear ② Scattered ③ Broken ④ Overcast

정답 1 ③ 2 ① 3 ② 4 ②

4 구름의 종류 : 고도에 따라 상층운, 중층운, 하층운, 수직운으로 구분

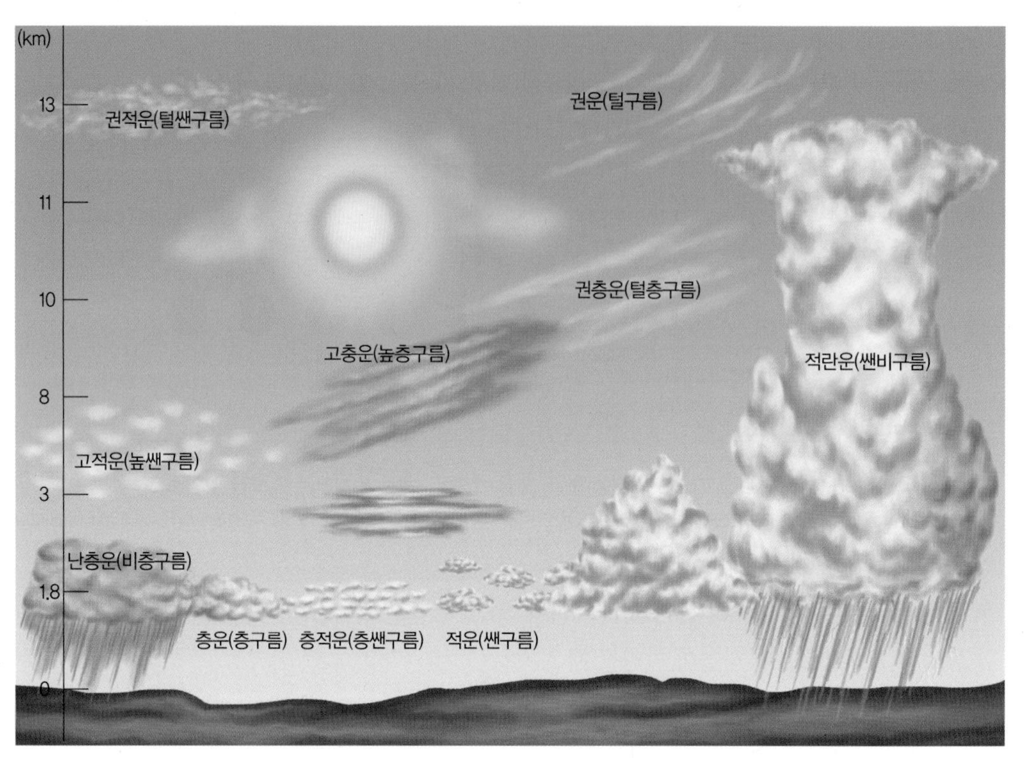

<table>
<tr><th>층</th><th>분류</th><th>국제명</th><th>국제기호</th><th colspan="2">설명</th></tr>
<tr><td rowspan="3">상층운
(6~12km /
20,000
~40,000ft)</td><td>권운(털구름)</td><td>Cirrus</td><td>Ci</td><td colspan="2">새털 모양을 하여 새털구름이라 함</td></tr>
<tr><td>권적운(털쌘구름)</td><td>Cirrocumulus</td><td>Cc</td><td colspan="2">흰색의 작은 구름들이 규칙적으로 배열됨. 비늘구름이라 함</td></tr>
<tr><td>권층운(털층구름)</td><td>Cirrostratus</td><td>Cs</td><td colspan="2">권운보다 연속적으로 하늘을 덮으며, 무리(Halo)가 생김</td></tr>
<tr><td rowspan="2">중층운
(지표~6km
/
0~20,000ft)</td><td>고적운(높쌘구름)</td><td>Altocumulus</td><td>Ac</td><td colspan="2">흰색의 구름 덩어리들이 모여 있어 구름 사이로 푸른 하늘이 보임</td></tr>
<tr><td>고층운(높층구름)</td><td>Altostratus</td><td>As</td><td colspan="2">하늘을 거의 덮는 연한 회색 구름으로 보통 중층에 속하지만 상층까지도 확대됨</td></tr>
<tr><td rowspan="3">하층운
(지표~1.5km
/ 0~5,000ft)</td><td>층적운(층쌘구름)</td><td>Stratocumulus</td><td>Sc</td><td colspan="2">회색 덩어리의 구름으로 날씨가 갤 때 나타남</td></tr>
<tr><td>난층운(비층구름)</td><td>Nimbostratus</td><td>Ns</td><td colspan="2">암흑색의 비구름으로 보통 중층에 보이지만, 상·하층에 넓게 분포하기도 함</td></tr>
<tr><td>층운(층구름)</td><td>Stratus</td><td>St</td><td colspan="2">낮게 덮이는 회색빛을 띠는 구름</td></tr>
<tr><td rowspan="2">적운계</td><td>적운(쌘구름)</td><td>Cumulus</td><td>Cu</td><td>밑면이 평평하여 뭉게구름이라고 함</td><td rowspan="2">밑면은 보통 하층에 속하지만, 구름의 꼭대기 부분은 중·상층에 도달하는 경우가 많음</td></tr>
<tr><td>적란운(쌘비구름)</td><td>Cumulonimbus</td><td>Cb</td><td>적운의 성장으로 오후에 형성되는 소나기구름</td></tr>
</table>

예상문제

1 구름이 발생하는 고도대(AGL) 중 맞는 것은?

① 하층운 1,000m 이하
② 중층운 7,000m 이하
③ 상층운 6,000m 이상
④ 상층운 5,000m 이상

2 구름을 잘 구분한 것은 어느 것인가?

① 높이에 따라 고층운, 중층운, 하층운, 수직으로 발달한 구름
② 층운, 적운, 난운, 권운
③ 층운, 적란운, 권운
④ 운량에 따라 작은 구름, 중간 구름, 큰 구름 그리고 수직으로 발달

3 다음 구름의 종류 중 비가 내리는 구름은?

① Ac(적운)
② Ns(난층운)
③ St(층운)
④ Sc(층적운)

4 다음 구름의 종류 중 수직운(3km) 구름은?

① 적란운
② 난층운
③ 층운
④ 층적운

5 다음 구름의 종류 중 하층운(2km 미만) 구름이 아닌 것은?

① 층적운
② 층운
③ 난층운
④ 권층운

정답 1 ③ 2 ① 3 ② 4 ① 5 ④

5 드론 운용 시 영향을 미치는 하층운

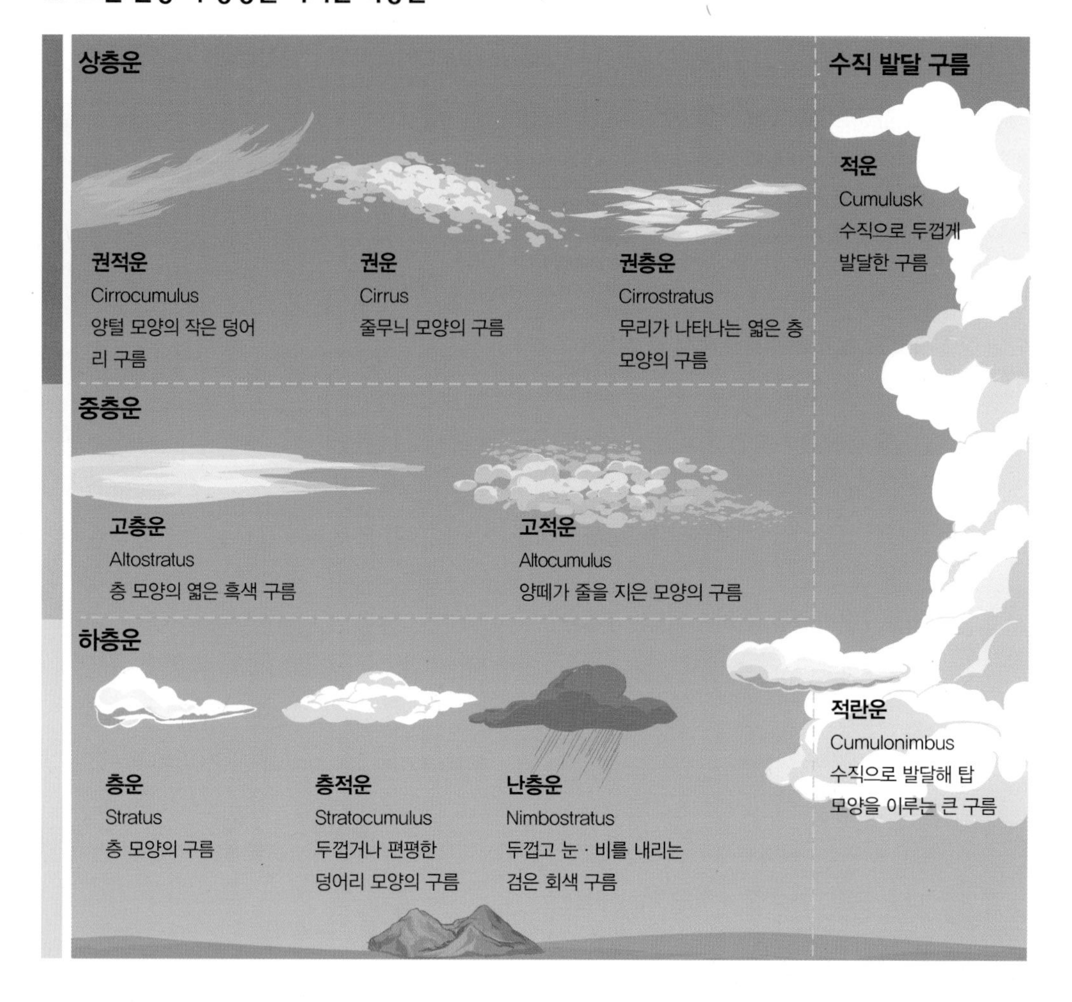

(1) 층운(Stratus)

① 6,000ft(약 1,828m) 미만에 형성된 구름으로 안개가 상승하여 형성되기도 함

② 강수가 없으나 하부로부터 냉각으로 안개, 박무, 가랑비가 생기기도 함

(2) 층적운(Stratocumulus)

① 8,000ft(약 2,438m) 이하에 형성되며 밝은 재색, 동근 형태나 말린 모양의 구름과 같음

② 가랑비, 약한 비(눈) 가능성이 있으며, 돌풍 형태의 폭풍의 전조가 되기도 함

(3) 난층운(Nimbostratns)

① 특별한 외형은 없고 전반적 어두운 재색을 띰

② 8,000ft 이하의 층운형 구름에서 비를 동반

6 비행기 구름(Condensation Trail)

(1) 보통 맑은 날 아주 높은 상공에서 발생

(2) 비행기 배기가스 중에서 배출된 수증기가 고공의 저온에 급속히 빙정이 되면서 응결핵이 되고, 주위의 수증기들이 달라 붙으면서 비행기의 빠른 속도에 의한 단열팽창으로 빙정구름이 형성되는 것

10 안개

1 정의

(1) 안개(Fog) : 대기중의 수증기가 응결하여 지표 가까이에 작은 물방울이 떠 있는 현상

① 연무 : 1km 이상 10km 미만의 시정, 습도 70~90%

② 박무 : 2km 미만 시정, 안개보다 작은 수적, 건조하고 보통 습도가 97% 이하, 회색

(2) 안개가 생기는 조건

① 수증기가 다량 함유

② 노점온도 이하로 냉각

③ 흡습성 미립자, 응결핵 다수

④ 대기의 성층이 안정적

⑤ 바람이 약하고 상공에 기온의 역전 현상 발생

(3) 안개가 사라지는 조건

① 지표면이 따뜻해져 지표면 부근 기온의 역전이 해소될 때

② 지표면 부근 바람이 강해져 난류에 의한 수직 방향 혼합으로 상승 시

③ 공기가 사면을 따라 하강하여 기온이 올라감에 따라 입자가 증발 시

④ 신선하고 무거운 공기가 안개 구역으로 유입 시 또는 차가운 공기가 건조해 안개 증발 시

예상문제

1 안개의 시정 조건으로 맞는 것은?

① 1km 미만으로 제한 ② 1km 이상으로 제한
③ 2km 미만으로 제한 ④ 5km 미만으로 제한

2 기온과 이슬점 기온의 분포가 5% 이하일 때 예측할 수 있는 대기현상은?

① 서리 ② 이슬비
③ 강수 ④ 안개

3 다음 중 안개에 관한 설명 중 틀린 것은?

① 적당한 바람만 있으면 높은 층으로 발달해 간다.
② 공중에 떠돌아다니는 작은 물방울 집단으로 지표면 가까이에서 발생한다.
③ 수평가시거리가 3km 이하가 되었을 때 안개라고 한다.
④ 공기가 냉각되고 포화상태에 도달하고 응결하기 위한 핵이 필요하다.

정답 1 ① 2 ④ 3 ③

4 일반적으로 안개, 연무, 박무를 구분하는 시정조건으로 틀린 것은?

① 안개 : 1km 미만
② 박무 : 2km 미만
③ 연무 : 2~5km 미만
④ 안개 : 2km

5 이슬, 안개 또는 구름이 형성될 수 있는 조건은?

① 수증기가 응축될 때
② 수증기가 존재할 때
③ 기온과 노점이 같을 때
④ 수증기가 없을 때

6 안개가 발생하기 적합한 조건이 아닌 것은?

① 대기의 성층이 안정할 것
② 냉각 작용이 있을 것
③ 강한 난류가 존재할 것
④ 바람이 없을 것

7 안개의 시정은 (　　)m인가? (　　)m 안에 들어갈 알맞은 것을 고르시오.

① 100m　　② 1000m
③ 200m　　④ 2000m

정답 4 ④ 5 ① 6 ③ 7 ②

2 안개의 종류 : 복사, 증기, 이류, 활승, 스모그, 전선, 얼음 안개

(1) 복사 안개

① 밤에 지면 근처 공기가 이슬점 이하로 냉각되어 발생하는 안개
② 가을, 겨울에 걸쳐 개활지 일대에 빈번히 발생
③ 이른 아침에 발생하여 일출 전후 가장 짙었다가 오전 10시경 소멸

(2) 증기 안개(Steam Fog)

① 찬 공기가 따듯한 수면위로 이류할때 생기는 안개

② 기온과 수온의 차가 7℃ 이상인 경우 형성

→ 호수 · 강 근처에 광범위하게 형성되기 때문에 악시정 유발

(3) 이류 안개(Warm Advection Fog)

① 차가운 지면이나 수면 위로 따듯한 공기가 이동해 오면, 공기의 밑 부분이 냉각되어 응결이 일어나는 안개

② 풍속 7m/s 시 안개 두께 증가, 이상 시 안개 소멸, 층운이 생김

③ 해안지역에서 가장 많이 발생

(4) 활승 안개(Upslope Fog)

① 습한 공기가 산 비탈을 따라 상승하면서 냉각되고 돈화되어 응결이 일어나는 안개

② 기온과 이슬점 온도 차이가 적을수록 안개 발생 가능성은 커지며, 주로 산악지대에서 관찰됨

예상문제

1 **이류 안개가 가장 많이 발생하는 지역은 어디인가?**

① 산 경사지 ② 수평 내륙지역
③ 해안지역 ④ 산간 내륙지역

2 **습윤하고 온난한 공기가 한랭한 육지나 수면으로 이동하면 하층부터 냉각된 공기 속의 수증기가 응결되어 생기는 안개로 바다에서 주로 발생하는 안개는?**

① 활승 안개 ② 이류 안개 ③ 증기 안개 ④ 복사 안개

3 **습한 공기가 산 경사면을 타고 상승하면서 팽창함에 따라 공기가 노점 이하로 단열냉각되면서 발생하며, 주로 산악지대에서 관찰되고 구름의 존재에 관계없이 형성되는 안개는?**

① 활승 안개 ② 이류 안개 ③ 증기 안개 ④ 복사 안개

정답 1 ③ 2 ② 3 ①

(5) 스모그(Smog)

① 도시의 매연 등의 대기오염 물질에 의해서 시계가 가로막히는 경우

② 1905년 영국에서 처음 사용

③ 안개 생성 조건에서 공기가 대기오염물질과 혼합 시

(6) 전선 안개(Frontal Fog)

증발에 의한 인해로 전선에 동반되어 발생.

전선 부근에 발생하는 안개, 온난 전선, 한랭 전선, 정체 전선 중 어느 것에 수반되느냐에 따라 안개 발생 과정이 조금씩 다르게 나타남

(7) 얼음 안개(Ice Fog)

① 작은 입자의 얼음 결정들이 대기중에 떠다님.

② 수평시정이 1km 이상인 경우 발생하는 세빙(Ice Prism) : 기온이 −29℃ 이하에서 발생

③ 상고대 안개(Rime Fog) : 안개를 구성하는 물방울이 과냉각수적인 경우 지물 혹은 기체에 충돌하면서 생기는 착빙

11 시정

1 정의

(1) 대기의 혼탁도를 나타내는 척도로 목표물을 볼 때, 인식될 수 있는 최대의 거리. 즉, 지상의 특정 지점에서 계기 또는 관측자에 의해서 수평으로 측정된 지표면의 가시거리

(2) 한랭 기단 → 시정 좋음, 온난 기단 → 시정 나쁨

(3) 시정의 단위 : mile(약 1.6093km), 4mile부터는 1,000m 단위로 끊어서 사용

※ 3mile : 4,800m, 4mile : 6,000m

(4) 시정이 가장 나쁜 날 : 안개 낀 날 + 습도가 70% 이상 시

(5) 맑은 날 40~45km, 흐린 날 30km 전후, 비 6~10km, 눈 2~15km, 안개 0.6km

2 시정 종류

구분	내용
수직시정	관측자로부터 수직으로 측정, 보고된 시정
우시정	관측자가 서 있는 360° 주변으로부터 최소 180° 이상의 수평반원에서 가장 멀리 볼 수 있는 수평거리(360° 원에서 가장 멀리 볼 수 있는 거리 → 어느 한방향에서 제한된 사람 존재) ① 활주로 시정 : 활주로의 특정지점에서 육안으로 관측한 시정 ② 활주로 가시시정 : 특정 계기 활주로에서 조종사가 표준 고광도 등을 보고 식별할 수 있는 최대 수평거리

3 시정 장애물

(1) 황사(黃沙/黃砂, Yellow Dust) : 미세한 모래 입자로 구성된 먼지 폭풍
   ① 바람에 의하여 하늘 높이 불어 올라간 미세한 모래먼지가 대기 중에 퍼져서 하늘을 덮었다가 서서히 떨어지는 현상, 구성 물질은 대규모 산업지역에서 발생한 대기오염 물질과 혼합되어 있음
   ② 황토 혹은 모래 사막의 큰 저기압, 상승기류가 모래먼지 운반, 상층부 공기 편서풍을 타고 확산
   ※ 우리나라 영향 황사 : 주로 봄철의 중국 황하 유역 및 타클라마칸 사막, 몽고 고비사막
   ③ 공중에서 운항하는 항공기에 직접적인 영향을 미치며 시정 장애물로 간주
   ④ 항공기 엔진 등에 흡입되어 장비 고장의 원인, 드론 운용 시 장비 효율 ↓, 운용 후 장비 손질 필요

(2) 연무(煙霧, Haze) : 안정된 공기 속에 산재되어 있는 미세한 소금입자나 건조한 입자가 제한된 층에 집중되어 시정에 장애를 주는 요소

   수천~15,000ft까지 형성, 한정된 높이가 있으며, 수평 시정 양호 〉 하향 시정 〉 경사 시정

(3) 연기, 먼지 및 화산재
   ① 연기(Smoke) : 공기가 안정되었을 때 공장지대에서 집중 발생, 기온역전하 야간이나 아침에 발생
   ② 먼지(Dust) : 공기 속에 떠 있는 미세한 흙 입자들
   ③ 화산재 : 화산 폭발 시 분출되는 가스, 먼지, 그리고 재 등이 혼합된 것

예상문제

1 다음 중 시정에 직접적으로 영향을 미치지 않는 것은?

① 바람 ② 안개
③ 황사 ④ 연무

2 다음 중 시정 장애물의 종류가 아닌 것은?

① 황사 ② 바람
③ 먼지, 화산재 ④ 연무

정답 1 ① 2 ②

12 바람

1 바람의 정의

(1) 바람은 공기의 흐름, 즉 운동하고 있는 공기이다. 수평 방향의 흐름을 지칭함

(2) 고도가 높아지면 지표면 마찰이 적어 강해짐

2 바람의 원인

공기의 흐름을 유발하는 근본적인 원인은 태양 에너지에 의한 지표면의 불균형 가열에 의한 기압 차이로 발생하고, 기온이 상대적으로 높은 지역에서는 저기압, 기온이 상대적으로 낮은 지역에서는 고기압이 발생

3 바람의 측정

(1) 도구 : 풍속계(Anemometer), 풍향계(Wind Direction Indication)

(2) 종류 : 바람주머니, T형 풍향지시기, 에어로베인(Aerovane) 등

(3) 측정 기준 : 지표면 10m 높이에서 관측된 것을 기준으로 하며 상층의 바람은 기구, 도플러 레이더, 항공기 항법 시스템, 인공위성 등으로 측정

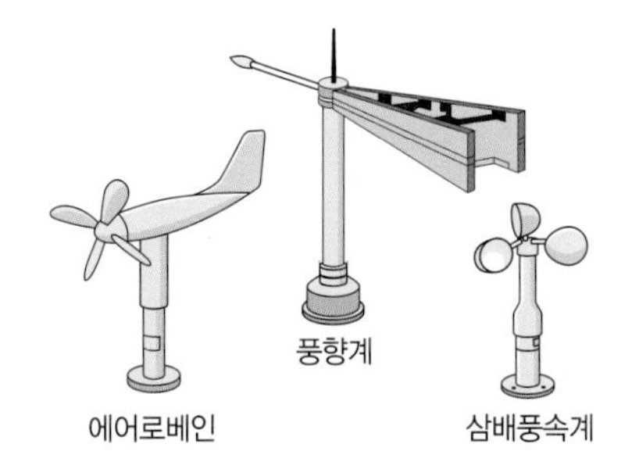

4 바람의 속도(Velocity)와 속력(Speed)

(1) 속도는 벡터양으로 방향과 크기를 가지는 반면 속력은 스칼라양으로 방향만 가짐

(2) 풍속의 단위 : NM/H(kt), SM/H(MPH), km/h, m/s(멀티콥터 운용 시 사용 단위)

(3) 1kt = 1,852m(Natical mile)(Statute mile 1 mile = 0.869해리)

5 바람의 방향

(1) 북풍 : 북에서 남으로 부는 바람

(2) 풍향 : 16방위로 표기

(3) 바람의 방향 제공

① 지상 : 진북 방향

※ 항공정기기상보고에서 풍향의 기준도 진북임

② 공중 : 자북 방향

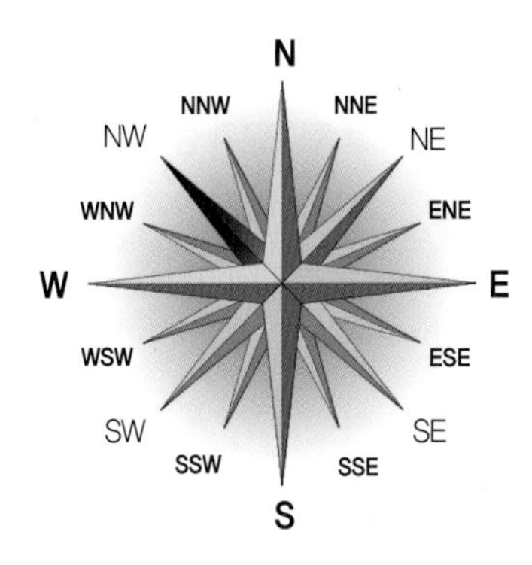

예상문제

1 바람에 대한 설명으로 틀린 것은?

① 풍속의 단위는 m/s, Knot 등을 사용한다.
② 풍향은 지리학상의 진북을 기준으로 한다.
③ 풍속은 공기가 이동한 거리와 이에 소요되는 시간의 비(比)이다.
④ 바람은 기압이 낮은 곳에서 높은 곳으로 흘러가는 공기의 흐름이다.

2 바람이 존재하는 근본적인 원인은?

① 기압 차이
② 고도 차이
③ 공기 밀도 차이
④ 자전과 공전 현상

3 항공정기기상보고에서 바람 방향, 즉 풍향의 기준은 무엇인가?

① 자북
② 도북
③ 진북
④ 자북과 도북

4 바람에 관한 설명 중 틀린 것은?

① 풍향은 관측자를 기준으로 불어오는 방향이다.
② 풍향은 관측자를 기준으로 불어가는 방향이다.
③ 바람은 공기의 흐름이다. 즉, 운동하고 있는 공기이다.
④ 바람은 수평 방향의 흐름을 지칭하며, 고도가 높아지면 지표면 마찰이 적어 강해진다.

5 풍속의 단위 중 주로 멀티콥터 운용 시 사용하는 것은?

① NM/H(kt)
② SM/H(MPH)
③ km/h
④ m/sec

정답 1④ 2① 3③ 4② 5④

6 풍향 풍속 측정 방법

(1) 1분간, 2분간, 또는 10분간의 평균치를 측정하여 지상 풍속을 제공

(2) 평균 풍속 : 10분간의 평균치로 공기가 1초 동안 움직이는 거리를 m/s, 1시간에 움직인 거리를 마일(mile)로 표시한 노트(kt)를 말함

(3) 순간 풍속 : 어느 특정 순간에 측정한 속도를 의미

(4) 최대 풍속 : 관측 기간 중 10분 간격의 평균 풍속 가운데 최대치

(5) 순간 최대 풍속 : 관측 기간 중 순간 풍속의 최대치 즉 가장 큰 풍속

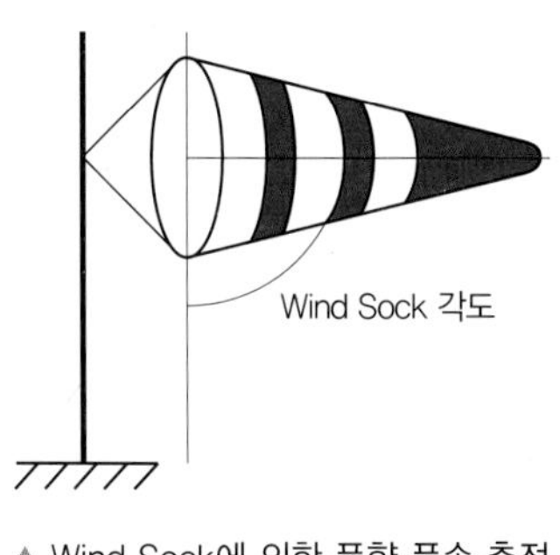

▲ Wind Sock에 의한 풍향 풍속 측정

Wind Sock 각도	풍속(m/sec)
0°	0
15~20°	1
30~40°	2
50~60°	3
70~80°	4

7 풍향·풍속 측정 후 표기 법

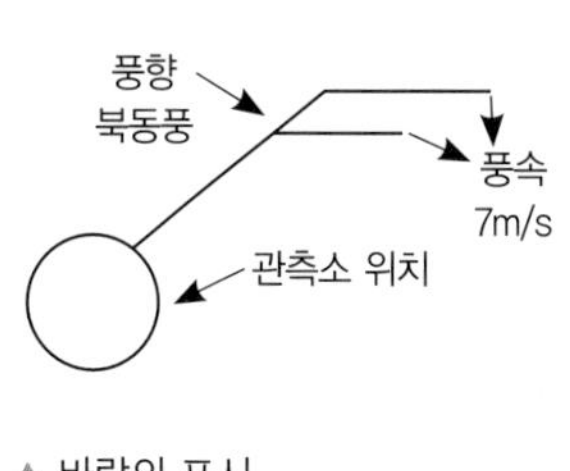

▲ 바람의 표시

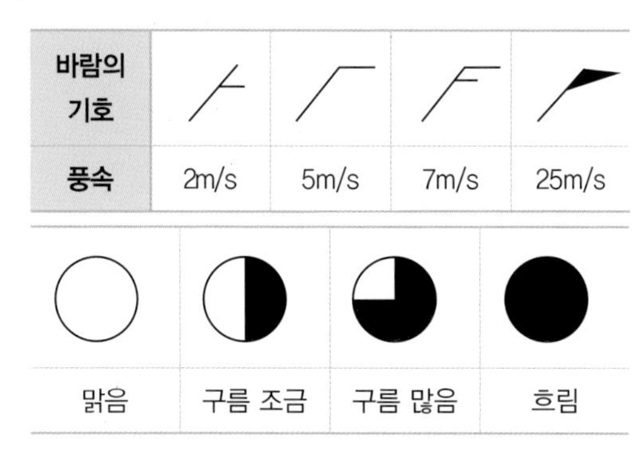

바람의 기호				
풍속	2m/s	5m/s	7m/s	25m/s

맑음	구름 조금	구름 많음	흐림

8 보퍼트 풍력 계급표(Beaufort Wind Force Scale)

(1) 풍속계가 고안되기 이전에 해상 파도나 연기, 나무 등의 바람에 의한 유동을 기준으로 만든 풍속 추정 계급

(2) 19세기 초 영국 해군제독, 보퍼트가 고안

(3) 현재 보포트 풍력 계급 : 1962년 WHO가 결정

풍력 계급	명칭	지상의 상태	지상 10m/s의 풍속(m/s)
0	고요	연기가 똑바로 올라간다.	0.0~0.2

1	실바람	풍향계에는 기록되지 않지만 연기가 날리는 모양으로 보아 알 수 있다.	0.3~1.5
2	남실바람	얼굴에 바람을 느낄 수 있고 나뭇잎이 살랑인다.	1.6~3.3
3	산들바람	나뭇잎과 가느다란 가지가 흔들리고 깃발이 가볍게 날린다.	3.4~5.4
4	건들바람	먼지가 일고 작은 가지가 흔들린다.	5.5~7.9
5	흔들바람	잎이 무성한 작은 나무 전체가 흔들리고, 강이나 호수에 잔물결이 일어난다.	8.0~10.7
6	된바람	큰 가지가 흔들리고 바람을 향하여 걸어갈 수 없다.	10.8~13.8
7	센바람	나무 전체가 흔들리고 바람을 향하여 걸어갈 수 없다.	13.9~17.1
8	큰바람	가느다란 가지가 부러지고 바람을 향하며 걸어갈 수 없다.	17.2~20.7
9	큰센바람	굴뚝이 넘어지고 기와가 벗겨진다.	20.8~24.4
10	노대바람	나무가 뿌리째 뽑히고 주택에 큰 피해를 입힌다.	24.5~28.4
11	왕바람	경험하기 매우 힘들며 광범위하게 파괴된다.	28.5~32.6
12	싹쓸바람	육지에서 관측된 예는 없다.	32.7 이상

예상문제

1 바람을 느끼고 나뭇잎이 흔들리기 시작할 때의 풍속은 어느 정도인가?

① 0.3~1.5m/sec ② 1.6~3.3m/sec
③ 3.4~5.4m/sec ④ 5.5~7.9m/sec

정답 1 ②

9 기압 경도력(PGF : Pressure Gradient Force)

(1) 공기의 기압 변화율로 지표면의 불균형 가열로 발생, 기압 경도의 크기, 즉 힘을 의미

(2) 고기압 → 저기압 방향, 등압선 직각 방향으로 작용

(3) 등압선 조밀 지역 : 기압 경도의 크기

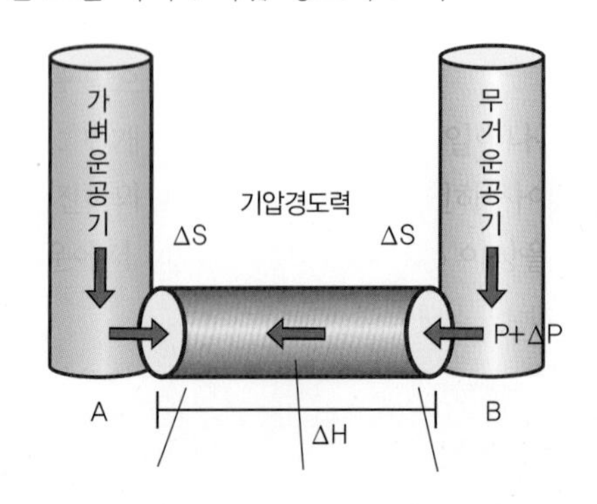

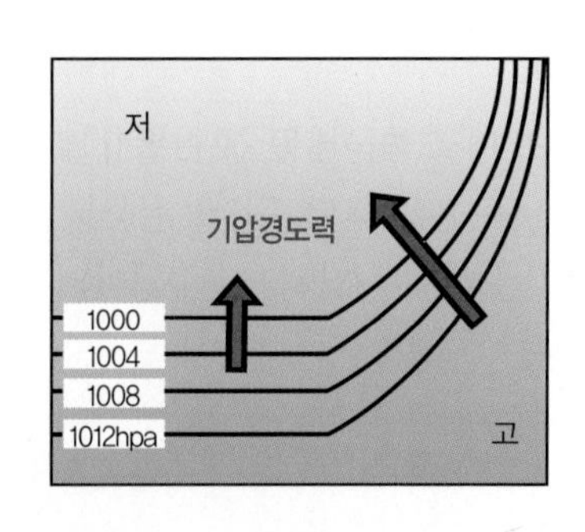

⑩ 전향력(轉向力, Coriolis Force) = 코리올리의 힘(1892년 이론적으로 유도)

※ 공기의 고기압에서 저기압으로의 직접적인 흐름을 방해하는 힘

(1) 회전하는 운동계에서 운동하는 물체를 관측하였을 때 나타나는 겉보기의 힘

(2) 즉, 물체를 던진 방향에 대해 북반구에서는 오른쪽으로 남반구에서는 왼쪽으로 힘이 작용하는 것처럼 운동하게 되는데 이때의 가상의 힘

(3) 극지방에서 최대, 적도지방에서 최소

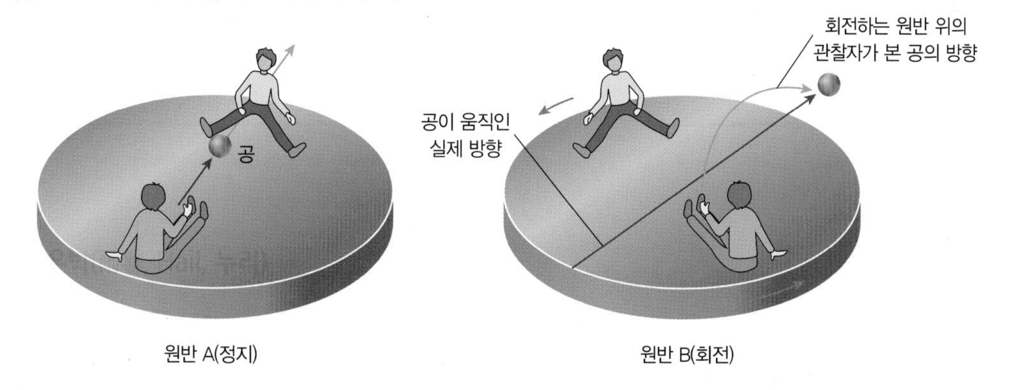

예상문제

1 공기의 고기압에서 저기압으로의 직접적인 흐름을 방해하는 힘은?

① 구심력 ② 마찰력
③ 원심력 ④ 전향력

정답 1 ④

⑪ 마찰력(摩擦力, Friction)

(1) 물체와 접촉면 사이에서 물체의 운동을 방해하는 힘

(2) 방향
① 물체가 운동 상태일 때 : 운동 방향의 반대방향
② 물체가 정지 상태일 때 : 가하는 힘의 반대방향

(3) 크기
① 물체가 무거울수록 크다.(물체 무게 비례)
② 접촉면이 거칠수록 크다.
③ 접촉면의 넓이와는 관계 없다.

빗면이 물체를 떠받치는 힘
마찰력
미끄러져 내리려는 힘
물체가 빗면을
누르는 힘
중력

⑫ 맞바람(Head Wind) = 정풍

(1) 항공기 또는 드론의 기수(nose) 방향을 향하여 정면으로 불어오는 바람

(2) 항공기의 이착륙 성능을 현저히 증가시킴, 드론도 맞바람을 적절히 이용 시 보다 안전히 운용 가능

13 뒷바람(Tail Wind) = 배풍

(1) 항공기 또는 드론의 꼬리(tail) 방향을 향하여 불어오는 바람

(2) 항공기 이착륙 시 성능을 현저히 감소시킴(이착륙 자체가 불가능) 드론도 배풍 시에는 이착륙이 안전하게 운용될 수 없음

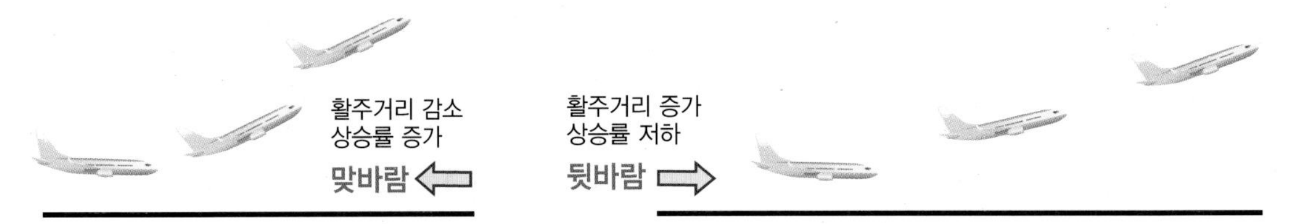

▲ 대지속도 = 항공기 속도 + 맞바람

▲ 대지속도 = 항공기 속도 − 뒷바람

예상문제

1 이륙 시 비행 거리를 가장 길게 영향을 미치는 바람은?

① 배풍 ② 정풍
③ 측풍 ④ 바람과 관계없다.

2 맞바람과 뒷바람이 항공기에 미치는 영향 설명 중 틀린 것은?

① 맞바람은 항공기의 활주거리를 감소시킨다.
② 뒷바람은 항공기의 활주거리를 증가시킨다.
③ 뒷바람은 상승률을 저하시킨다.
④ 뒷바람은 상승률을 증가시킨다.

정답 1 ① 2 ④

14 지균풍(地衡風, Geostrophic Wind)

(1) 지표면의 마찰 영향이 없는 지상 약 1km 이상의 상공에서 기압 경도력과 전향력이 균형을 이루어 부는 바람

(2) 지균 평형 상태에서의 바람으로 등압선에 평행

(3) 바람의 오른쪽은 고기압, 왼쪽은 저기압
※ 북반구에서 바람을 등지고 서면 저기압이 왼쪽 위치

(4) 기압 경도가 클수록 풍속은 강함

(5) 북반구의 저기압 중심 주위에서는 반시계 방향으로 고기압 중심에서는 시계방향으로 붊

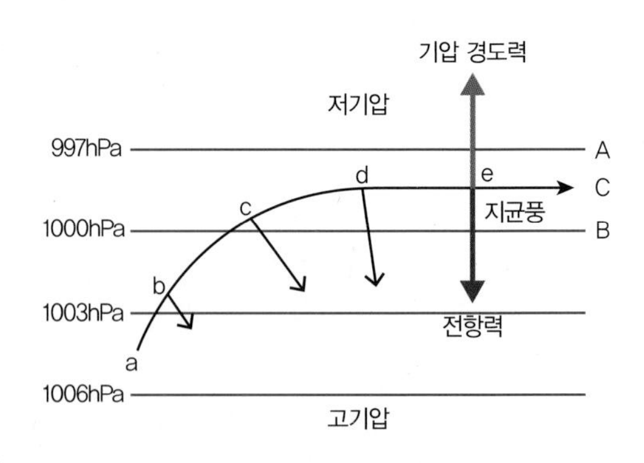

15 경도풍(傾度風, Gradient Wind)

(1) 지상 1km 이상에서 등압선이 곡선일 때 부는 바람

(2) 기압 경도력, 전향력, 원심력이 평행을 이룸

(3) 경도풍은 지균풍과 달리 등압선이 곡선이면 원심력이 작용

(4) 고기압과 저기압에서 기압 경도력이 같은 경우 고기압은 기압 경도력이 바깥으로 작용하고, 저기압은 안쪽으로 작용

(5) 풍속에 비례하는 전향력의 크기가 고기압은 더해져 바람이 강하고 저기압은 약해짐

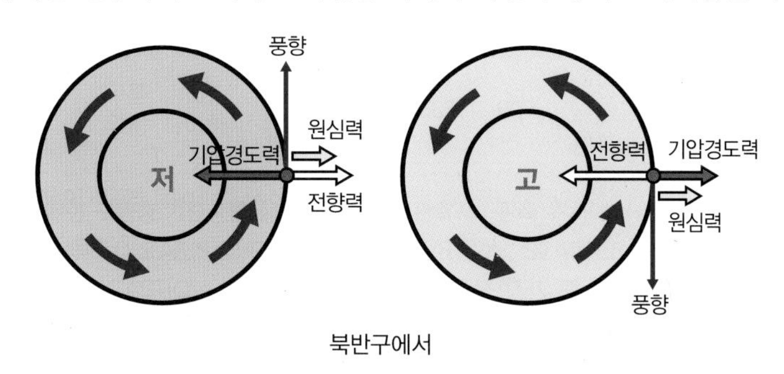

북반구에서

16 지상풍(地上風, Surface Wind)

(1) 지상 1km 이하의 지상에서 마찰력의 영향을 받는 바람, 전향력과 마찰력의 합력이 기압 경도력과 평행을 이루어 등압선과 각을 이룸

(2) 저기압쪽으로 부는 바람으로 마찰풍이라고도 함

(3) 바람은 마찰력의 영향으로 등압선을 비스듬히 가로질러 불며, 마찰로 상공보다 속도는 느림

(4) 등압선과 풍향이 이루는 각 : 해상 15~30도, 육상 : 30~40도

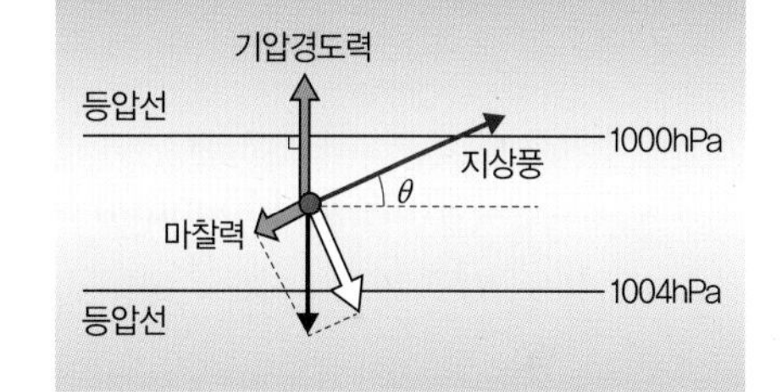

17 해륙풍(海陸風, Sea and Land Breeze)

(1) 주간(해풍) : 태양복사열에 의한 가열 속도 차로 기압 경도력 발생
 ① 육지에서의 가열이 높아지면 기압이 낮아지고 수평 기압 경도가 형성
 ② 오후 중반 10~20kts 속도로 발생, 이후 점차 소멸, 1,500~3,000ft 높이까지 발달

(2) 야간(육풍) : 지표면과 해수면의 복사 냉각 차로 기압 경도력 발생
 ※ 낮에 바다와 육지의 기온 차가 크기 때문에 일반적으로 해풍이 육풍보다 풍속이 셈

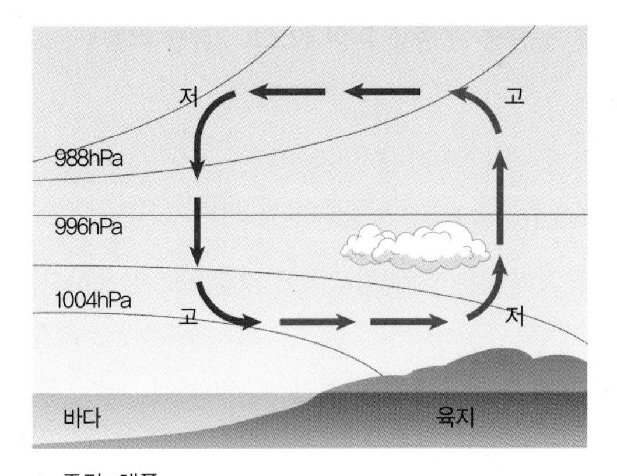

▲ 주간, 해풍

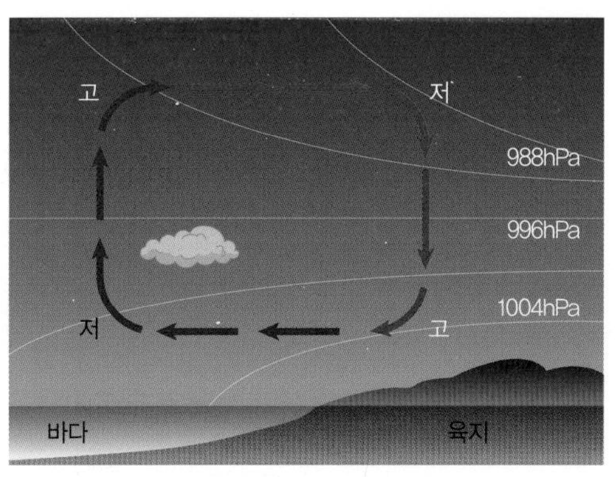

▲ 야간, 육풍

예상문제

1 다음 중 해풍에 대하여 설명한 것 중 가장 적절한 것은?

① 여름철 해상에서 육지 방향으로 부는 바람
② 낮에 해상에서 육지 방향으로 부는 바람
③ 낮에 육지에서 바다로 부는 바람
④ 밤에 해상에서 육지 방향으로 부는 바람

정답 1 ②

18 산곡풍(山谷風, Mountain Breezes, Valley Breezes, 산골바람, 산들바람)

(1) 주간(곡풍, 골바람) : 산 아래에서 산 정상으로 불어오는 바람, 적운이 발생

(2) 야간(산풍, 산바람) : 산 정상에서 산 아래로 불어오는 바람

※ 산 경사면의 태양 복사 차이로 수평적 기압 경도력이 발생
비행기로 계곡 통과 시 순간적인 상승, 강하 현상이 발생

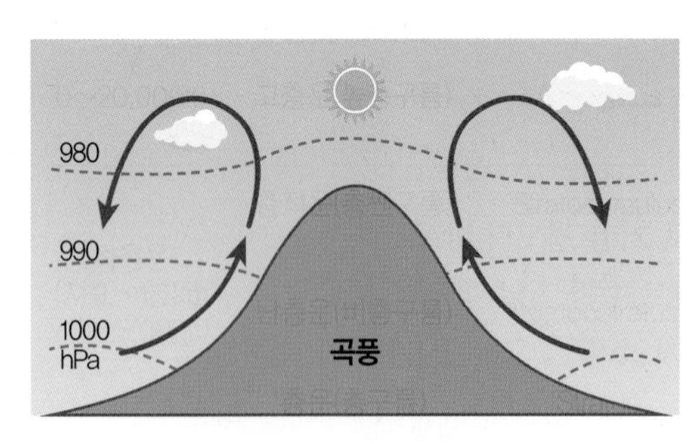

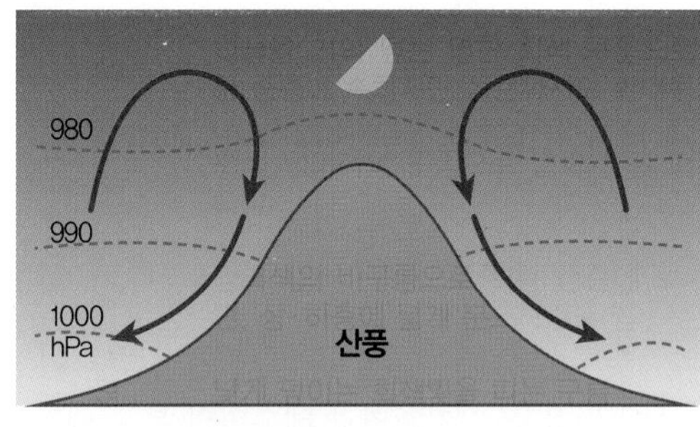

예상문제

1 산바람과 골바람에 대한 설명 중 맞는 것은?

① 산악지역에서 낮에 형성되는 바람은 골바람으로 산 아래에서 산 위(정상)로 부는 바람이다.
② 산바람은 산 정상 부분으로 불고 골바람은 산정상에서 아래로 부는 바람이다.
③ 산바람과 골바람 모두 산의 경사 정도에 따라 가열되는 정도에 따른 바람이다.
④ 산바람은 낮에 골바람은 밤에 형성된다.

2 해륙풍과 산곡풍에 대한 설명 중 잘못 연결된 것은?

① 낮에 바다에서 육지로 공기 이동하는 것을 해풍이라 한다.
② 밤에 육지에서 바다로 공기 이동하는 것을 육풍이라 한다.
③ 낮에 골짜기에서 산 정상으로 공기 이동하는 것을 곡풍이라 한다.
④ 밤에 산 정상에서 산 아래로 공기 이동하는 것을 곡풍이라 한다.

정답 1① 2④

19 계절풍(季節風, Monsoon)

(1) 1년을 주기로 대륙과 해양 사이에서 여름과 겨울에 풍향이 바뀌는 바람

(2) 겨울 : 대륙 → 해양, 여름 : 해양 → 대륙

(3) 발생원인
① 육지와 해양의 비열의 차 혹은 계절에 따라 대륙과 바다 사이 기압 배치 차이
② 겨울은 대륙이 현저히 냉각되어 한랭하고 무거운 공기가 퇴적되어 고기압이 상대적으로 기압이 낮은 해양을 향해 바람이 되어 불게 됨
③ 여름은 대륙이 가열되어 저압부가 되고 상대적으로 찬 해양의 고기압에서 대륙을 향해 붐

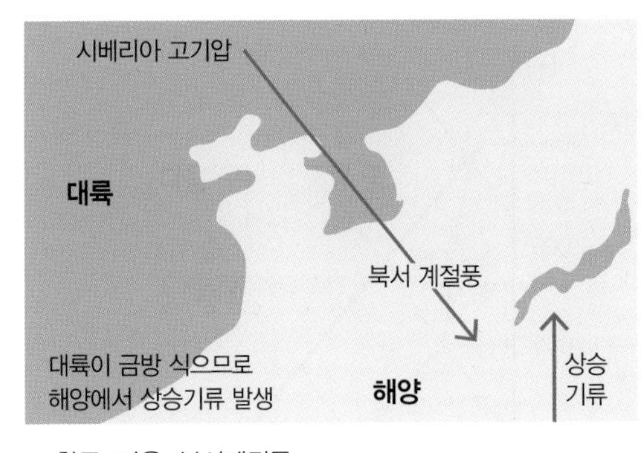

▲ 한국, 겨울, 북서계절풍

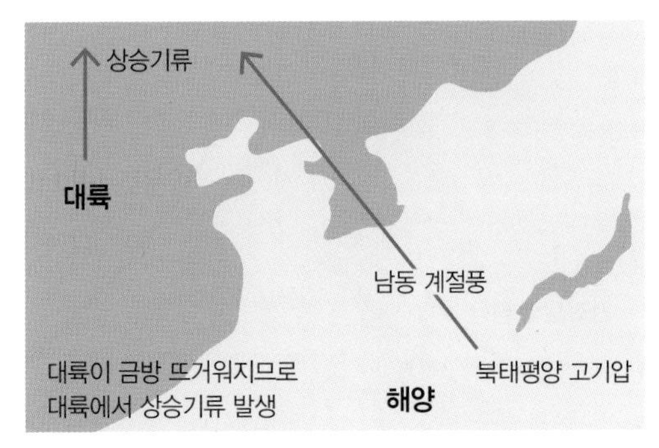

▲ 한국, 여름, 남동계절풍

20 돌풍(突風, Gust) : 바람이 일정하게 불지 않고 강약을 반복하는 바람

(1) 숨이 클 경우 갑자기 10m/sec, 때로는 30m/sec을 넘는 강풍이 불기 시작하여 수 분, 혹은 수십 분 내에 급히 약해짐

(2) 발생원인

① 근본적 원인 : 한랭한 하강기류가 온난한 공기와 마주치는 곳, 즉 한랭기단이 따뜻한 기단의 아래로 급하게 침입하여 따뜻한 공기를 급상승시켜 일어남

② 지표면이 불규칙하게 요철을 이루고 있어 바람이 교란되어 작은 와류(회오리)가 많이 생길 때, 북서계절풍이 강할 때 발생

③ 중심 부근의 강풍대에서 저기압이 급속히 발달할 때 발생

④ 지표면이 불규칙하게 가열되어 열대류가 일어날 때 발생

⑤ 뇌우의 하강기류에서 고지대의 한기가 해안지방으로 급강하할 때

⑥ 한랭 전선 전방의 불안정선이나 한랭 전선 후방의 2차 전선이 통과할 때 발생

(3) 특징 : 풍향이 급변, 큰비 또는 싸락눈이 쏟아지며 우박 동반, 기온 급강하, 상대습도 급상승

21 스콜(Squall)

관측하고 있는 10분 동안의 1분 지속 풍속이 10kts 이상일 때 이러한 지속 풍속으로부터 갑작스럽게 15kts 이상 풍속이 증가되어 2분 이상 지속되는 강한 바람

22 높새바람(푄 현상)

(1) 현상 : 습하고 찬 공기가 지형적 상승 과정을 통해서 고온 건조한 바람으로 변화

(2) 조건 : 산맥을 경계로 정상으로 향하는 동안 공기는 단열 팽창하여 많은 비나 눈을 내리고 건조하게 됨. 산의 정상을 지나 경사면을 타고 내려오면서 공기는 단열 압축되어 다시 온도가 올라가게 되어 이 결과 공기는 지면에서 고온 건조한 바람을 불게 함

(3) 한국 : 늦봄에서 초여름에 걸쳐 동해안에서 태백산맥을 넘어 서쪽 사면으로 부는 북동 계열의 바람

(4) 세계 : 러시아 미스트랄, 미국 로키산맥 치눅, 알프스 푄

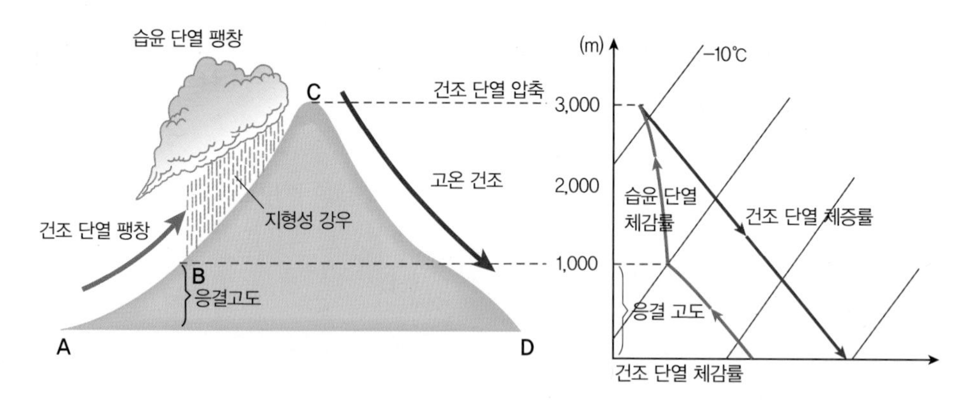

▲ 푄 현상의 원리

예상문제

1 푄 현상의 발생 조건이 아닌 것은?

① 지형적 상승 현상　② 습한 공기
③ 건조하고 습윤단열팽창　④ 강한 기압 경도력

2 다음 중 푄 현상에 대한 설명과 거리가 먼 것은?

① 우리나라의 푄 현상은 늦봄에서 초여름에 걸쳐 동해안에서 태백산맥을 넘어 서쪽 사면으로 부는 북동 계열의 바람이다.
② 동쪽에서 서쪽으로 공기가 불어 올라갈 때에 수증기가 응결되어 비나 눈이 내리면서 상승한다.
③ 습하고 찬 공기가 지형적 상승과정을 통해서 저온 습한 바람으로 변화되는 현상
④ 지형적 상승과 습한 공기의 이동, 그리고 건조단열팽창 및 습윤단열팽창

정답 1④ 2③

23 제트기류(Jet Stream)

(1) 대류권 상부나 성층권의 서쪽으로부터 흐르는 기류, 강하고 폭이 좁은 공기의 수평적인 이동

(2) 평균 풍속 : 겨울철 시속 130km, 여름철 시속 65km
※ 공기 밀도 차이가 가장 큰 겨울철 풍속도 가장 강함

(3) 전형적인 제트기류 : 깊이 1nm, 폭 100nm, 길이 1,200nm 정도 크기, 중심부 바람 50kt 초과

(4) 종류

① 극 제트기류 : 고도 약 10km 상공에서 전향력의 가속에 의해 상층 바람이 변형되면서 발생

② 아열대 제트기류 : 고도 13km 상공의 아열대 고기압 지대에서 전향력 가속에 의한 상층바람의 변형에 의해서 발생, 극 제트기류보다 강도 약함

13 기단

1 기단(氣團, Airmass)

(1) 수평 방향으로 우리나라 몇 배의 크기를 가진 수증기량이나 기온과 같은 물리적 성질이 거의 같은 공기 덩어리. 즉, 유사한 기온과 습도 특성을 지닌 거대한 공기군

(2) 기단의 특징

① 기단 형성을 위한 동일한 성질의 넓은 지표면 혹은 해수면, 태양 복사열을 필요로 함

② 대륙에서 발생 시 건조하고 해상에서 발생 시 습함

③ 이동하면 지표면, 지리적 성질에 따라 변질

④ 난류, 대류가 왕성해져 적란운, 적운 등의 대류형 구름 및 뇌우 발생

⑤ 대기 중의 먼지는 상공으로 운반되어 시정은 양호해짐

⑥ 냉각되면 기온의 수직 감률이 감소해 층운과 안개가 발생하여 시정이 나쁨

⑦ 발생지는 고기압권역, 대기 순환에서 볼 때 아열대 고기압, 극고기압, 겨울철 대륙 고기압 지역

2 우리나라 주변 기단

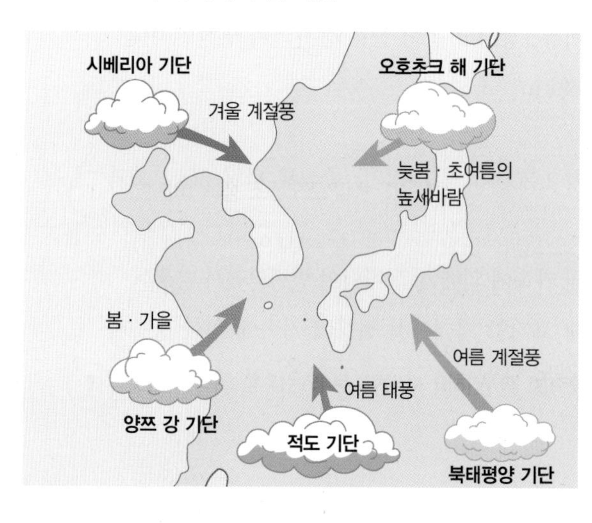

(1) 봄 : 양쯔강(황사) → 오호츠크해(높새바람)

(2) 초여름 : 오호츠크해/북태평양 기단(장마) 두 기단의 세력 비슷 → 정체 전선 형성, 장마 원인

(3) 한여름 : 북태평양(무더위)

(4) 늦여름 : 적도(태풍)

(5) 가을 : 양쯔강(천고마비)

(6) 겨울 : 시베리아(3한4온)

예상문제

1 주로 봄과 가을에 이동성 고기압과 함께 동진해 와서 따뜻하고 건조한 일기를 나타내는 기단은?

① 오호츠크해 기단
② 양쯔강 기단
③ 북태평양 기단
④ 적도 기단

정답 1 ②

② 우리나라에 영향을 미치는 기단 중 초여름 장마기에 해양성 한대 기단으로 불연속선의 장마전선을 이루어 영향을 미치는 기단은?

① 시베리아 기단　② 양쯔강 기단
③ 오호츠크해 기단　④ 북태평양 기단

③ 안정된 대기란?

① 층운형 구름　② 지속적 안개와 강우
③ 시정 불량　④ 안정된 기류

④ 우리나라 여름 기후에 영향을 끼치는 기단은?

① 양쯔강 기단　② 시베리아 기단
③ 적도 기단　④ 북태평양 기단

정답 2 ③ 3 ④ 4 ④

3 전선(前線, weather front)

(1) 서로 다른 기단 사이의 공기의 무리

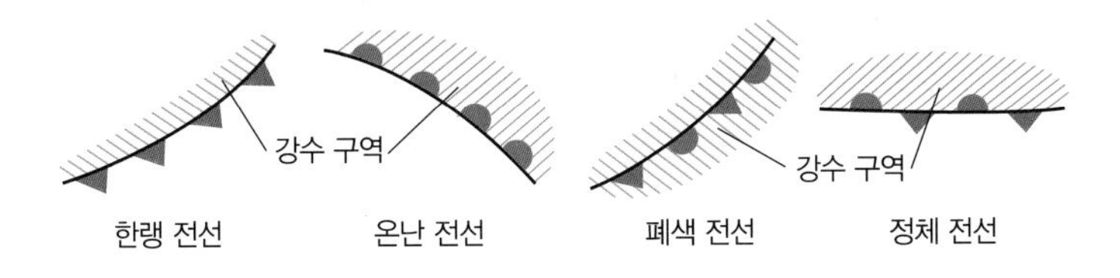

(2) 성질이 다른 공기가 부딪힐 때 상승 운동이 일어난다. 가벼운 공기는 찬 공기 위를 산을 타고 올라가듯이 상승, 그 사이에 경계면이 생기는데 이것을 불연속선, 전선이라 함

(3) 전선 부근 날씨가 나빠지는 원인
① 두 기단의 안정된 상태는 처음에 이웃해 있을 때보다 위치 에너지가 감소하게 되며 위치 에너지 감소 부분이 운동에너지로 바뀌어 강한 바람이 붐
② 찬 기단이 밑으로 들어가면 따뜻한 기단은 계속 찬 기단 위로 올라감
③ 단열 냉각이 일어나 수증기가 응결되고 구름이 발생하여 비가 내림
④ 응결에 의한 잠열이 방출되어 주위의 기온을 높이기 때문에 공기는 계속 상승이 촉진되어 온난 기단 내의 바람은 점점 강해짐

(4) 전선의 분류
① 기단의 종류에 따른 구분 : 북극 전선(Arctic Front), 한대 전선(Polar Front)
② 기단의 운동에 따른 구분 : 온난 전선(Warm Front), 한랭 전선(Cold Front), 폐색 전선(Occluded Front), 정체 전선(Stationary Front)

③ 전선의 활동 여부에 따른 구분 : 활동 전선(Active Front), 비활성 전선(Inactive Front)
④ 전선면을 따라 난기의 상승 여부에 따른 구분 : 활승 전선(Anafront), 활강 전선(Kata Front)

예상문제

1 서로 다른 기단 사이의 공기의 무리를 무엇이라 하는가?

① 전선 발생 ② 전선 ③ 전선 소멸 ④ 전선 충돌

정답 ②

4 전선의 특성

(1) 한랭 전선 : 寒冷前線, Cold Front

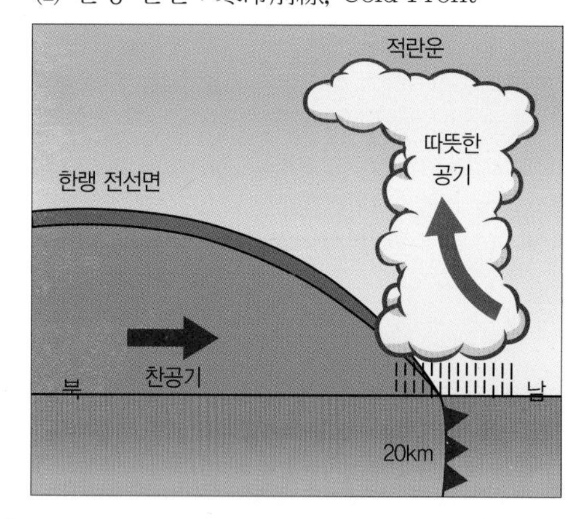

(2) 온난 전선 : 溫暖前線, Warm Front

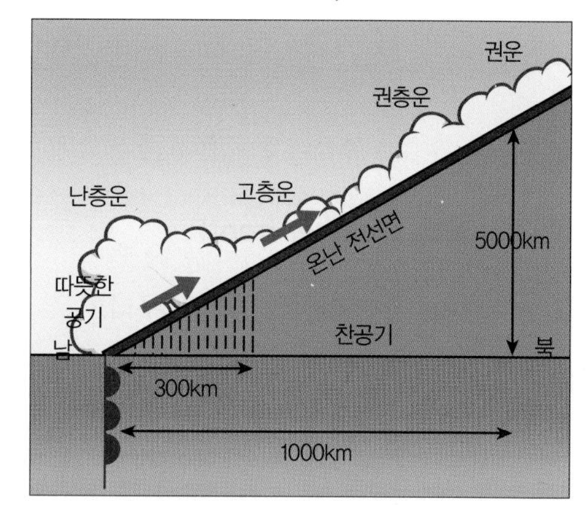

한랭 전선	구분	온난 전선
급경사	전선면의 기울기	완만
빠르다	전선의 이동 속도	느리다
좁다, 짧다	강수 구역 및 시간	넓다, 길다
적란운, 소나기, 뇌우	구름 및 강수 형태	층운, 이슬비
적란운	구름 형태	층운

예상문제

1 **한랭기단의 찬 공기가 온난기단의 따뜻한 공기 쪽으로 파고 들 때 전선 부근에 소나기, 뇌우, 우박 등 궂은 날씨를 동반하는 전선은?**

① 한랭 전선 ② 온난 전선
③ 정체 전선 ④ 폐색 전선

2 **온난 전선의 특징 중 틀린 것은?**

① 층운형 구름이 발생한다.
② 넓은 지역에 걸쳐 적은 양의 따뜻한 비가 오랫동안 내린다.
③ 찬 공기가 밀리는 방향으로 기상변화가 진행한다.
④ 천둥과 번개 그리고 돌풍을 동반한 강한 비가 내린다.

3 **한랭 전선의 특징 중 틀린 것은?**

① 적운형 구름이 발생한다.
② 좁은 범위에 많은 비가 한꺼번에 쏟아지거나 뇌우를 동반한다.
③ 기온이 급격히 떨어지고, 천둥과 번개 그리고 돌풍을 동반한 강한 비가 내린다.
④ 층운형 구름이 발생하고 안개가 형성된다.

4 **다음 중 온난 전선이 지나가고 난 뒤 일어나는 현상은?**

① 기온이 올라간다.
② 기온이 내려간다.
③ 바람이 강하다.
④ 기압은 내려간다.

정답 1① 2④ 3④ 4①

(3) 폐색 전선(閉塞前線, Occluded Fronts)

① 한랭 전선과 온난 전선이 동반될 시 한랭 전선이 온난 전선보다 빠르기 때문에 온난 전선을 추월하게 되는데 이때 폐색 전선이 만들어짐
② 전선의 앞뒤 넓은 지역에 구름과 강수량이 많음
③ 전선 소멸 : 진행 시 따뜻한 공기 상승, 찬 공기가 아래 자리하여 기층이 안정해지고 전선 소멸

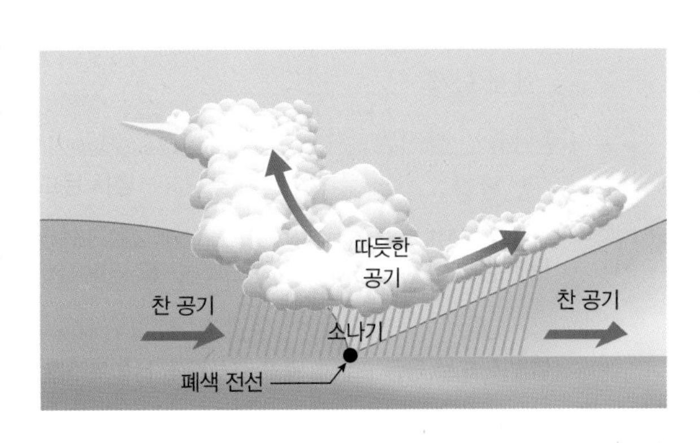

PART 02 항공 기상

(4) 정체 전선(停滯前線, Stationary Fronts)

① 찬 공기가 따뜻한 공기와 세력이 비슷할 때는 전선이 이동하지 않고 오랫동안 같은 장소에 정체하는 전선

② 대표적 정체 전선 : 장마철 장마 전선

③ 일정한 자리에 머물러 있다고 전혀 움직이지 않는 것은 아님. 보통 10km/h로 이동하며, 기상 현상이 여러 날 동안 지속적으로 나타남

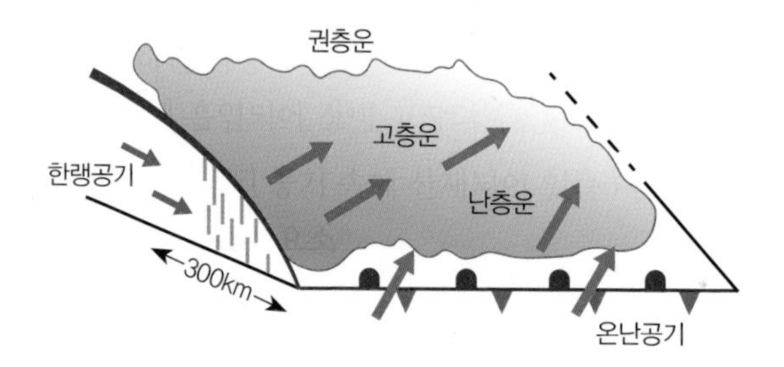

예상문제

1 **찬 공기와 따뜻한 공기의 세력이 비슷할 때는 전선이 이동하지 않고 오랫동안 같은 장소에 머무르는 전선은?**

① 한랭 전선 ② 온난 전선
③ 정체 전선 ④ 폐색 전선

정답 1 ③

14 난류(난기류)

1 난류(Turbulence)

(1) 지표면의 불등균한 가열과 기복, 수목, 건물 등에 의하여 생긴 회전기류와 바람 급변의 결과로 불규칙한 변동을 하는 대기의 흐름을 뜻함.

(2) 대부분 난류는 지표면의 기복에 의한 마찰 때문에 일어나므로 높이 1km 이하의 대기경계층에서 발생

(3) 난류는 공기의 운동량을 수송하고, 지표면 증발을 촉진, 지표면의 열수송, 대기 오염물질 수송 담당

(4) 난류의 발생 주요 원인

① 바람의 흐름에 대한 장애물

② 대형 항공기에서 발생하는 후류의 영향

③ 기류의 수직 대류 현상

(5) 기상조건에 따른 난류의 정도

구분	내용
약한 난류	항공기 조종 영향 없음, 비행 방향 유지에 지장이 없는 상태의 요란, 소형 드론은 영향 있음
보통 난류	항공기가 슬립(편요, 요잉), 피칭, 롤링 느낌, 항공기 평행 · 비행 방향 유지에 주의 요망
심한 난류	항공기 고도 · 속도 급격히 변화, 순간적 조종 불능 상태가 되는 요란기류, 풍속 50kts 이상이며 탑승자는 좌석 벨트, 어깨 끈 착용해야 하는 정도
극심한 난류	항공기가 심하게 튀거나 조종 불가능한 상태, 항공기 손상 초래 가능 풍속 50kts 이상의 산악파에서 발생하며 뇌우, 폭우 속에서 존재함

예상문제

1 난기류(Turbulence)를 발생하는 주요 요인이 아닌 것은?

① 안정된 대기 상태
② 바람의 흐름에 대한 장애물
③ 대형 항공기에서 발생하는 후류의 영향
④ 기류의 수직 대류현상

2 안정 대기 상태란 무엇인가?

① 불안정한 시정
② 지속적인 강수
③ 불안정한 난류
④ 안정된 기류

3 난류의 강도 종류 중 맞지 않는 것은?

① 약한 난류(LGT)는 항공기 조종에 크게 영향을 미치지 않으며, 비행 방향과 고도 유지에 지장이 없다.
② 보통 난류(MOD)는 상당한 동요를 느끼고 몸이 들썩할 정도로 순간적으로 조종 불능 상태가 될 수도 있다.
③ 심한 난류(SVR)는 항공기 고도 및 속도가 급속히 변화되고 순간적으로 조종 불능 상태가 되는 정도이다.
④ 극심한 난류(XTRM)는 항공기가 심하게 튀거나 조종 불가능한 상태를 말하고 항공기 손상을 초래할 수 있다.

4 다음은 난류의 종류 중 무엇을 설명한 것인가?

항공기가 슬립(편요, 요잉), 피칭, 롤링을 느낄 수 있으며 상당한 동요를 느끼고 몸이 들썩할 정도로 항공기 평형과 비행 방향 유지를 위해 극심한 주의가 필요하다. 지상풍이 25kts 이상의 지상풍일 때 존재한다.

① 약한 난류
② 보통 난류
③ 심한 난류
④ 극심한 난류

정답 1① 2④ 3② 4②

2 윈드시어(Wind Shear) = 전단풍(剪斷風)

(1) 시어(Shear) : 절단, 차단, 전단(剪斷)의 뜻으로 순간적으로 바람이 차단되는 현상. 즉, 전단풍을 의미. 일종의 난기류로 비행기의 위층과 아래층에서 바람의 방향과 속도에 큰 차이가 나타나면서 상층부에서 갑자기 초강력 돌풍이 발생

(2) 짧은 거리 내에서 순간적으로 풍향과 풍속이 급변하는 현상

(3) 모든 고도에서 발생 가능, 통상 2,000ft 범위 내의 윈드시어는 항공기, 드론 운용에 지대한 위험 초래 → 풍속의 급변 현상 : 추진력과 양력 상실, 추락

(4) 기상적 요인 : 뇌우, 전선, 복사역전형 상부의 제트기류, 깔대기 형태 바람, 산악파 등에 의해 형성

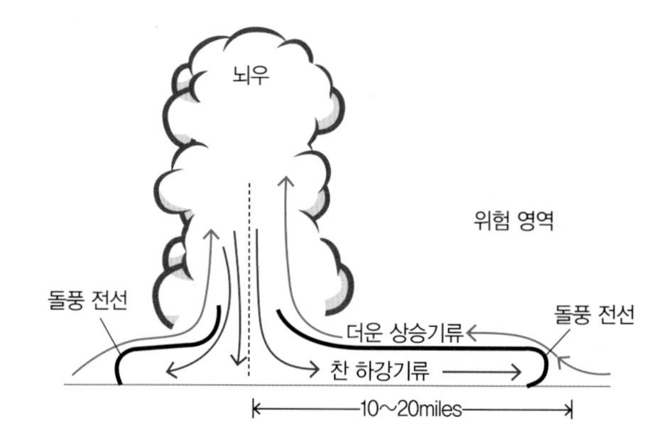

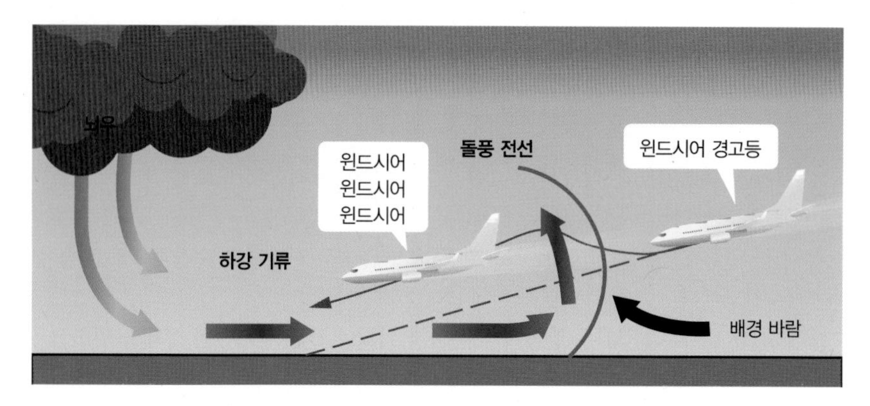

예상문제

1 **짧은 거리에서 순간적으로 풍향과 풍속이 급변하는 현상으로 뇌우, 전선, 깔때기 형태의 바람, 산악파 등에 의해 형성되는 것은?**

① 윈드시어 ② 돌풍
③ 회오리 바람 ④ 토네이도

정답 1 ①

15 착빙

1 착빙(着氷, Icing)

(1) 항공기의 날개나 프로펠러 등에 얼음이 부착하는 현상
※ 가장 위험, 적운형 구름에서 주로 발생. 착빙 현상의 85%

(2) 발생 온도 : 0~−40℃(겨울에만 발생한다고 한정 지을 수는 없다)
0℃ 이하의 과냉각수적을 포함하고 있는 구름 속을 비행할 때 자주 발생

(3) 종류 : 구조 착빙(Structural Icing), 흡입 착빙(Induction Icing)
① 구조 착빙 : 항공기 외부 구조에 형성
② 흡입 착빙 : 항공기의 동력 장치에 영향을 주는 착빙으로 공기흡입기나 기화기, 피토관 등에 형성

(4) 구조착빙의 종류(구름 속의 수적 크기, 개수 및 온도에 따른 구분)

구분	내용
맑은 착빙 (Clear Icing)	수적이 크고 주위기온이 0~10℃인 경우에 항공기 표면을 따라 고르게 흩어지면서 천천히 결빙, 맑은 착빙에 의한 얼음은 그 표면에서 윤이 나며 투명 또는 반투명, 무겁고 단단하며 항공기 표면에 단단하게 붙어 있어 항공기 날개의 형태를 크게 변형시키므로 구조 착빙 중에서 가장 위험한 형태
거친 착빙 (Rime Icing)	수적이 작고 주위기온이 −10~−20℃인 경우에 작은 수적이 공기를 포함한 상태로 신속히 결빙하여 부서지기 쉬운 거친 착빙이 형성, 항공기의 주 날개 가장자리나 버팀목 부분에서 발생하며, 구멍이 많고, 불투명하고 우유 빛을 띰, 거친 착빙도 항공기 날개의 공기 역학에 심각한 영향을 줄 수 있음
혼합 착빙 (Mixed Icing)	맑은 착빙과 거친 착빙의 결합으로서, 눈 또는 얼음입자가 맑은 착빙 속에 묻혀서 울퉁불퉁하게 쌓여 형성
서리착빙 (Frost icing)	백색, 얇고 부드럽다, 수증기가 0℃이하로 물체에 승화

(5) 착빙이 항공기, 드론에 미치는 영향 : 공기역학적 흐름에 영향을 주어 운항 효율 감소
① 항력(Draf) ↑, 무게 ↑, 추력(Thrust) ↓, 양력(Lift) ↓, 엔진 · 안테나 기능을 감소시킴
② 전방 시계 방해, 장비기능 저하(동전압, 안테나 등), 회전익 · 프로펠러에 착빙 시 떨림 현상 발생

예상문제

1 착빙(Icing)에 대한 설명 중 틀린 것은?

① 양력과 무게를 증가시켜 추진력을 감소시키고 항력은 증가시킨다.
② 거친 착빙도 항공기 날개의 공기 역학에 심각한 영향을 줄 수 있다.
③ 착빙은 날개뿐만 아니라 Cafburetor, Pitot관 등에도 발생한다.
④ 습한 공기가 기체 표면에 부딪히면서 결빙이 발생하는 현상이다.

정답 1 ①

② 다음 중 착빙에 관한 설명 중 틀린 것은?

① 착빙은 지표면의 기온이 추운 겨울철에만 발생하여 조심하면 된다.
② 항공기의 이륙을 어렵게 하거나 불가능하게도 할 수 있다.
③ 양력을 감소시킨다.
④ 마찰을 일으켜 항력을 증가시킨다.

③ 다음 착빙의 종류 중 투명하고, 견고하며, 고르게 매끄럽고 가장 위험한 착빙은?

① 서리 착빙
② 거친 착빙
③ 맑은 착빙
④ 이슬 착빙

④ 항공기 착빙에 대한 설명으로 틀린 것은?

① 양력 감소
② 항력 증가
③ 추진력 감소
④ 실속 속도 감소

⑤ 다음 중 착빙의 종류에 포함되지 않는 것은?

① 서리 착빙
② 거친 착빙
③ 맑은 착빙
④ 이슬 착빙

⑥ 착빙의 종류가 아닌 것은?

① 혼합 착빙
② 이슬 착빙
③ 맑은 착빙(투명 착빙)
④ 거친 착빙

정답 2① 3③ 4④ 5④ 6②

16 항공정기기상보고

1 항공정기기상보고(METAR : METeorological Aerodrome Report)

(1) 국제기상학기구(WMO) NO.782 "비행장 보고와 예보" 공표

(2) 여기에 METAR 코드가 범세계적으로 채택되었지만, 각 국가는 특정 국가별로 수식어나 코드를 변경해서 사용할 수 있음

METAR	KLAX	241100Z	AUTO	30013KT 290V360	1/2SM	R21/2000FT
(1)	(2)	(3)	(4)	(5)	(6)	(7)

+RA BLSN	FG VV008	00/M03	A2991 RMK	RAE42SNB42
(8)	(9)	(10)	(11)	(12)

구분	내용
(1) 보고 종류(Type of report)	항공정기기상보고(METAR)
(2) ICAO 관측자 식별문자	ICAO 식별문자는 KLAX
(3) 보고 일자 및 시간	관측일자와 시간이 6개의 숫자로 기입
(4) 변경수단	AUTO는 METAR/SPECI가 전적으로 자동기상관측소로부터 획득된 정보
(5) 바람정보(Wind information)	풍향 300°, 풍속 13kt의 뜻
(6) 시정(Visibility)	우시정은 육상마일로 표기된다.
(7) 활주로 가시거리(Runway visual range)	항공기가 이착륙 시 육안 식별 가능 거리
(8) 현재 기상(Present weather)	첫째 강수의 강도(약함은 −, 강함은 +, 중간은 표기 없음), 둘째 근접도, 셋째 서술자(Descriptor)
(9) 하늘 상태(Sky condition)	
(10) 기온/노점(Temperature/dew point)	
(11) 고도계(Altimeter)	
(12) 비고란	

* 서술자 / 기상 부호

구분	내용
서술자 부호	TS : 뇌우(Thunderstorm) DR : 낮은 편류(Low Drifting) SH : 소나기(Shower) MI : 얕음(Shallow) FZ : 결빙(Freezing) BC : 작은 구역(Patches) BL : 강풍(Blowing) PR : 부분적(Partial)
강수 부호	RA : 비(Rain) GR : 우박(Hail) DZ : 가랑비(Drizzle) GS : 작은 우박 또는 싸라기(Small Hail/Snow Pellets) SN : 눈(Snow) PE : 얼음싸라기(Icepellet) SG : 싸락눈(Snow Grains) IC : 빙정(Ice Crystals) UP : 알려지지 않은 강수

시정 장애물 부호	FG : Fog–시정 5/8마일 이하 PY : 스프레이(Spray) BR : 박무(Mist–시정 5/8에서 6마일) SA : 모래(Sand) FU : 연기(Smoke) HZ : 연무(Haze) DU : 광범위한 먼지(Dust) VA : 화산재(Volcanic ash)
기타 기상 상태	SQ : 스콜(Squall) SS : 모래폭풍(Sand Storm) DS : 먼지 폭풍(Dust Storm) PO : 먼지/모래 회오리 바람(Dust/Sand Whirs) FC : 깔때기 구름(Funnel Cloud) +FC : 토네이도 또는 용오름(Tornado or Waterspout) 예를 들어, TSRA는 뇌우와 비

예상문제

1 **METAR(항공정기기상보고)에서 +RA FG는 무슨 뜻인가?**

① 보통비와 안개가 낌
② 강한 비와 강한 안개
③ 보통비와 강한 안개
④ 강한 비 이후 안개

2 **항공정기기상보고에서 바람 방향, 즉 풍향의 기준은 무엇인가?**

① 자북 ② 진북
③ 도북 ④ 자북과 도북

정답 1 ④ 2 ②

제 1 회 항공 기상 모의고사

01 바람을 일으키는 주요 요인은 무엇인가?

① 지구의 회전
② 공기량 증가
③ 태양 복사열의 불균형
④ 습도

장소에 기압 차가 생기면 분다. 바람은 기압 차 때문인데, 기압이 높은 곳에서 낮은 곳으로 향할 때 생긴다. 또 해안에서는 바다와 육지가 햇빛을 받을 때 따뜻해지는 정도의 차이, 즉 수열량의 차이 때문에 바람이 생긴다.

02 다음 중 풍속의 단위가 아닌 것은?

① m/s
② kph
③ knot
④ mile

03 북반구 고기압권에서 바람은 어떻게 부는가?

① 반시계방향으로 회전하면서 중심부로부터 발산한다.
② 반시계방향으로 회전하면서 중심부로 수렴한다.
③ 시계방향으로 회전하면서 중심부로부터 발산한다.
④ 시계방향으로 회전하면서 중심부로 수렴한다.

북반구 고기압권 : 시계방향으로 회전/발산, 북반구 저기압권 : 반시계방향으로 회전/수렴

04 다음 중 윈드시어(wind shear)에 관한 설명 중 틀린 것은?

① Wind shear는 동일 지역 내에 바람의 방향이 급변하는 것으로 풍속의 변화는 없다.
② Wind shear는 어느 고도층에서나 발생하며 수평 · 수직적으로 일어날 수 있다.
③ 저고도 기온 역전층 부근에서 Wind shear가 발생하기도 한다.
④ 착륙 시 양쪽 활주로 끝 모두가 배풍을 지시하면 저고도 wind shear로 인식하고 복행을 해야 한다.

- 돌풍 : 바람의 세기나 방향이 급격하게 바뀌거나 변화하는 현상
- 난기류 풍향 풍속이 공간적으로 급변하는 지역에서 발생하는 것으로 윈드시어가 강한 쪽에서 소용돌이가 생겨 발생하는 난기류

05 관제탑에서 제공하는 해당 지역의 평균 해수면의 실제 기압 값으로 조종사가 기압고도계를 세팅하는 방식은?

① QNH ② QNE
③ QFE ④ QNF

QNH(Q-Nautial Height) : 평균해수면의 실제 기압값 세팅, 공항의 공식 표고를 나타내도록 맞춘 고도계 수정치, 진고도라고도 사용, 대부분 국가에서 사용

정답 01 ③ 02 ④ 03 ③ 04 ① 05 ①

06 일정기압의 온도를 하강시켰을 때, 대기가 포화되어 수증기가 작은 물방울로 변하기 시작할 때의 온도를 무엇이라 하는가?

① 포화온도 ② 노점온도
③ 대기온도 ④ 상대온도

이슬점 온도라고도 한다.
•일정한 기압하에서 수분의 증감 없이 공기가 냉각되어 포화상태가 되면서 응결이 일어날 때의 대기 온도를 말한다.

07 다음은 안개에 관한 설명이다. 틀린 것은?

① 공중에 떠돌아다니는 작은 물방울의 집단으로 지표면 가까이에서 발생한다.
② 수평 가시거리가 3km 이하가 되었을 때 안개라고 한다.
③ 공기가 냉각되고 포화상태에 도달하고 응결하기 위한 핵이 필요하다.
④ 적당한 바람이 있으면 높은 층으로 발달한다.

안개는 대기에 떠다니는 작은 물방울의 모임 중에서 지표면과 접촉하며 가시거리가 1000m 이하가 되게 만드는 것이다. 본질적으로는 구름과 비슷한 현상이나, 구름에 포함되지는 않는다. 안개는 습도가 높고, 기온이 이슬점 이하일 때 형성되며, 흡습성의 작은 입자인 응결핵이 있으면 잘 형성된다. 하층운이 지표면까지 하강하여 생기기도 한다.

08 국제적으로 통일된 하층운의 높이는 지표면으로부터 얼마인가?

① 4500ft ② 5500ft ③ 6500ft ④ 7500ft

•하층운 : 상공2km 미만에 생성. 층운, 층적운, 난층운
•중층운 : 지상 2~7km 이하의 높이에서 생성되는 구름. 고층운, 고적운(양떼구름)
•상층운 : 지상 5~13km 이하에서 생성되는 구름. 권적운(털쌘구름), 권운, 권층운(털층구름)

09 다음 중 대기권에서 전리층이 존재하는 곳은?

① 중간권 ② 열권
③ 극외권 ④ 성층권

열권은 태양 에너지에 의해 공기 분자가 이온화되어 자유전자가 밀집된 곳을 전리층이라 한다.

10 다음 중 대기현상이 아닌 것은?

① 비 ② 바다 선풍
③ 일출 ④ 안개

대기현상은 물 현상, 먼지 현상, 빛 현상, 전기 현상이다.
선풍이란 온대 및 한대 지방에서 발생하는 저기압계의 강한 회오리바람이다.

11 대기권 중 기상 변화가 일어나는 층으로 고도가 상승할수록 온도가 강하되는 층은 다음 중 어느 것인가?

① 성층권 ② 중간권
③ 열권 ④ 대류권

대류권 : 대기의 제일 아래층을 형성하는 부분. 대류권 중에서는 고도가 100m 높아짐에 따라 기온이 약 0.6℃씩 내려간다. 대류권의 높이는 고위도 지방에서는 7~8km, 중위도 지방에서는 10~13km, 열대 지방에서는 15~16km이다. 이것은 대류를 일으키는 에너지가 열대 지방일수록 많기 때문이다. 일기 변화는 거의 대류권 내부에서 일어나고 있다.

12 다음 중 가장 강한 요란이 있는 구름은?

① 로타형 구름 ② 렌즈형 구름
③ 모자형 구름 ④ 덩굴형 구름

렌즈구름(Lenticular cloud)은 높은 고도에서, 바람 방향에 직각으로 정렬하고 있는 렌즈 모양의 움직이지 않는 구름이다. 렌즈구름은 그 모양에 따라서 고적운(ACSL), 층적운(SCSL), 그리고 권적운으로 분류할 수 있다.
요란은 정상 상태에서 불균형 상태로 바뀌는 기상현상을 말한다.

정답 06 ② 07 ② 08 ③ 09 ② 10 ③ 11 ④ 12 ②

13 공기밀도는 습도와 기압이 변화하면 어떻게 되는가?

① 공기밀도는 기압에 비례하며 습도에 반비례한다.
② 공기밀도는 기압과 습도에 비례하며 온도에 반비례한다.
③ 공기밀도는 온도에 비례하고 기압에 반비례한다.
④ 온도와 기압의 변화는 공기밀도와는 무관하다.

공기밀도는 항공기의 비행선, 엔진의 출력에 중요한 요소이다. 밀도는 이륙, 상승률, 치대하중, 대기속도 등에 영향을 준다. 그러므로, 공기의 밀도와 온도, 압력, 습도 상호 간의 관계를 이해하는 것은 아주 중요하다.

14 한랭전선의 특징이 아닌 것은?

① 적운형 구름
② 따뜻한 기단 위에 형성된다.
③ 좁은 지역에 소나기나 우박이 내린다.
④ 온난전선에 비해 이동 속도가 빠르다.

한랭전선(寒冷前線)은 찬 기단이 따뜻한 기단 밑으로 파고 들면서 밀어내는 전선을 말하며, 이때 소나기, 우박, 뇌우 등이 잘 나타나고 돌풍도 불기도 한다.

15 육상에서 관측되는 안개의 대부분은 야간의 지표면 복사냉각으로 인하여 발생한다. 이러한 안개를 무엇이라 하는가?

① 밤안개　　② 활승안개
③ 이류안개　　④ 복사안개

냉각에 의해 형성된 안개에는 복사안개(지표면 발생), 이류안개(해상 발생), 활승안개(산악 발생)가 있다. 복사안개를 땅안개(Ground Fog)라고도 한다.

16 섭씨(Celsius) 0℃는 화씨(fahrenheit) 몇 도인가?

① 0°F　　② 32°F
③ 64°F　　④ 212°F

17 대기권을 고도에 따라 낮은 곳부터 높은 곳까지 순서대로 바르게 분류한 것은?

① 대류권–성층권–열권–중간권
② 대류권–중간권–열권–성층권
③ 대류권–중간권–성층권–열권
④ 대류권–성층권–중간권–열권

18 겨울에는 대륙에서 해양으로 여름에는 해양에서 대륙으로 부는 바람을 무엇이라고 하는가?

① 편서풍　　② 계절풍
③ 해풍　　④ 대륙풍

계절풍은 겨울과 여름의 대륙과 해양의 온도차로 인해서 생긴다.

19 다음 중 강수현상이 아닌 것은?

① 싸라기　　② 눈
③ 우박　　④ 대류권

비나 눈, 우박과 같이 대기 중의 작은 물방울이나 얼음 결정들이 구름으로부터 땅으로 떨어지는 현상으로, 강수 즉 비, 이슬비, 눈, 진눈깨비, 싸라기, 얼음싸라기, 작은 우박, 우박, 눈보라 등이 이에 해당한다.

20 평균 풍속보다 10kts 이상의 차이가 있으며 순간 최대풍속이 17knot 이상의 강풍이며 지속시간이 초단위로 순간적 급변하는 바람을 무엇이라고 하는가?

① 돌풍　　② 스콜
③ 윈드시어　　④ 마이크로버스터

돌풍은 순간적으로 발생하여 풍속이 강하지만 곧 사라지는 바람이다.

21 공기의 온도가 증가하면 기압이 낮아지는 이유는?

① 가열된 공기는 가볍기 때문이다.
② 가열된 공기는 무겁기 때문이다.
③ 가열된 공기는 유동성이 있기 때문이다.
④ 가열된 공기는 유동성이 없기 때문이다.

정답 13 ① 14 ② 15 ④ 16 ② 17 ④ 18 ② 19 ④ 20 ① 21 ①

22 찬 기단이 따뜻한 기단 쪽으로 이동할 때 생기는 전선은?

① 온난전선 ② 한랭전선
③ 정체전선 ④ 폐색전선

한랭전선은 찬 공기가 더운 공기를 미는 경우에 생긴다.

23 하층운에 속하는 구름은 어느 것인가?

① 층적운 ② 고층운
③ 권적운 ④ 권운

층적운/층쌘구름(stratocumulus) : 10종 운형 중 하층운에 속하는 구름으로 층쌘구름, 연속적인 두루마리처럼 둥글둥글한 층으로 늘어선 회색과 흰색의 구름. 대체로 비를 내리게 하지는 않는다.

24 구름의 분류 중 중층운에 속하는 구름은?

① 권층운
② 고층운
③ 적란운
④ 난층운

중층운(2~6km) : 고적운(AC), 고층운(AS)

25 대류권 내에서 기온은 1000ft마다 몇 도(℃)씩 감소하는가?

① 1℃ ② 2℃
③ 3℃ ④ 4℃

대류권에서는 높이가 높아질수록 공기의 밀도가 낮기 때문에 공기 분자 사이의 마찰이 보다 적어 기온이 낮아 진다. 1000ft마다 2℃씩 낮아진다.

26 주간에 산 사면이 햇빛을 받아 온도가 상승하여 산 사면을 타고 올라가는 바람을 무엇이라 하는가?

① 산풍 ② 곡풍
③ 육풍 ④ 푄(fohn) 현상

산곡풍은 바람이 약한 맑은 날에 나타난다. 산에서는 곡풍(valley wind)과 산풍(mountain wind)이 낮과 밤에 각각 나타난다. 낮에는 산 경사면이 태양 복사에 의해 가열되므로 경사면과 접해 있는 공기는 같은 고도에 위치한(경사면으로부터 멀리 떨어진) 주변 공기보다 더 강하게 가열된다. 그 결과 경사면 바로 위의 가열된 공기는 기압경도력과 상향 부력을 동시에 받는다. 이로 인해 바람이 계곡으로부터 산 경사면을 따라 위쪽으로 불어 간다. 이 바람을 곡풍이라 부른다.

27 뇌우의 활동 단계 중 강도가 최대이고 밑면에서는 강수현상이 나타나는 단계는 어느 단계인가?

① 생성 단계 ② 누적 단계
③ 성숙 단계 ④ 소멸 단계

28 진고도(True altitude)란 무엇을 말하는가?

① 항공기와 지표면의 실측 높이이며 'AGL' 단위를 사용한다.
② 고도계 수정치를 표준 대기압(29.92"Hg)에 맞춘 상태에서 고도계가 지시하는 고도
③ 평균 해수면 고도로부터 항공기까지의 실제 높이
④ 고도계를 해당 지역이나 인근, 공항의 고도계 수정치 값에 수정했을 때 고도계가 지시하는 고도

기압고도 : 표준대기압 해면(29.92inhg)으로부터 항공기까지의 높이
진고도 : 실제 해면상으로부터 항공기까지의 수직 높이절
대고도 : 현 지형으로부터 항공기까지의 높이

29 다음 중 강우(비)가 예상되는 구름은?

① AC(고적운)
② CC(권적운)
③ NS(난층운)
④ CS(권층운)

비구름 : 난층운(NS), 소나기 구름 : 적란운(CB)

정답 22 ② 23 ① 24 ② 25 ② 26 ② 27 ③ 28 ③ 29 ③

30 운량은 각 구름층이 하늘을 덮고 있는 정도를 말한다. 운량이 6/8~7/8일 때의 상태는?

① SCT
② FEW
③ OVC
④ BKN

CLR(0/8), FEW(1/8~2/8), SCT(3/8~4/8), BKN(5/8~7/8), OVC(8/8)

31 대류권에서 고도가 상승함에 따라 공기의 밀도, 온도, 압력의 변화로 옳은 것은?

① 밀도, 온도, 압력 모두 감소한다.
② 밀도, 온도, 압력 모두 증가한다.
③ 밀도, 온도는 증가하고 압력은 감소한다.
④ 밀도, 온도는 감소하고, 압력은 증가한다.

32 다음 설명 중 틀린 것을 고르시오.

① 해수면 기압 또는 동일한 기압대를 형성하는 지역을 따라서 그은 선을 등압선이라 한다.
② 고기압 지역에서 공기 흐름은 시계 방향으로 돌면서 밖으로 흘러 나간다.
③ 일반적으로 고기압권에서는 날씨가 맑고 저기압권에서는 날씨가 흐린 경향을 보인다.
④ 일기도의 등압선이 넓은 지역은 강한 바람이 예상된다.

33 기온은 직사광선을 피해서 측정을 하게 되는데 몇 m의 높이에서 측정하는가?

① 3m　　② 2.5m
③ 2.2m　　④ 1.5m

•보통 : 1.5m
•평균 : 1.25~2m

34 육상에서 나뭇잎이 움직이고 풍향계가 움직이기 시작한다. 바다에서는 잔잔한 파도가 전면에 나타나고, 파도머리가 매끄러운 상태이다. 이때의 풍속은 대략 어느 정도인가?

① 1.6~3.3m/s　　② 3.4~5.4m/s
③ 5.5~7.9m/s　　④ 8.0~10.7m/s

35 뇌우와 번개에 관한 설명 중 틀린 것은?

① 뇌우란 번개와 천둥을 동반한 강한 소나기가 내리는 현상을 말한다.
② 뇌우와 번개, 두 개의 현상은 같이 발생한다.
③ 번개와 뇌우의 강도와는 상관없다.
④ 뇌우의 발달과정에 따라 적운단계, 성숙단계, 소멸단계로 구분한다.

뇌우는 천둥과 번개를 동반하는 적란운 또는 적란운의 집합체이다.

36 기압고도(Pressure altitude)란 무엇을 말하는가?

① 항공기의 지표면의 실측 높이이며 'AGL' 단위를 사용한다.
② 고도계 수정치를 표준 대기압(29.92inHg)에 맞춘 상태에서 고도계가 지시하는 고도
③ 기압고도에서 비표준 온도와 기압을 수정해서 얻은 고도이다.
④ 고도계를 해당 지역이나 인근 공항의 고도계 수정치 값에 수정했을 때 고도계가 지시하는 고도

37 다음 중 이슬, 안개 및 구름이 형성될 수 있는 조건은?

① 기온과 노점이 같을 때
② 수증기가 존재할 때
③ 수증기가 응결될 때
④ 수증기가 없을 때

대기중의 수증기가 응결핵을 중심으로 응결해서 성장하게 되면 구름이나 안개가 된다.

정답 30 ④ 31 ① 32 ④ 33 ④ 34 ① 35 ③ 36 ② 37 ③

38 복사안개에 대한 설명으로 틀린 것은?

① 주로 가을이나 겨울의 맑은 날, 바람이 거의 불지 않는 새벽에 지면 부근이 매우 잘 복사 냉각 되어 기온역전층이 형성되므로 발생하는 안개이다.
② 복사안개가 형성되면 흐린 날씨이다.
③ 땅안개라고 한다.
④ 우리나라 내륙에서 빈번하게 발생하는 안개이다.

안개가 형성되면 날씨가 좋다.

39 해수면에서 표준대기압과 표준온도로 틀린 것은?

① 1013.2mb
② 1,032.15hpa
③ 29.92inHg
④ 15℃

40 다음 중 안개가 발생하기 적합한 조건이 아닌 것은?

① 대기 중에 수증기가 다량으로 포함되어 있다.
② 공기가 이슬점 온도 이하로 냉각된다.
③ 강한 난류가 존재한다.
④ 대기 중에 미세한 물방울의 생성을 촉진시키는 흡습성의 미립자가 많이 존재한다.

강한 난류가 있으면 안개가 형성되지 않는다.

정답 38 ② 39 ② 40 ③

제 2 회 항공 기상 모의고사

01 바람이 고기압에서 저기압 중심부로 불어갈수록 북반구에서는 우측으로 90° 휘게 되는데 이는 무엇 때문인가?

① 전향력
② 지향력
③ 기압경도력
④ 지연 마찰

02 우리나라 평균해수면 높이를 0m로 정한 기준이 되는 만은?

① 제주만　　② 순천만
③ 인천만　　④ 영일만

인천만을 기준으로 우리나라 평균해수면 높이를 0m로 정하였다.

03 바람이 존재하는 근본적인 원인은?

① 기압 차이
② 고도 차이
③ 공기밀도 차이
④ 자전과 공전 현상

04 Cumulonimbus의 nimbus는 무엇을 의미하는가?

① 우박
② 대류
③ 비구름
④ 적운

적란운(CB ; Cumulonimbu) : 번개가 치며 소나기나 우박이 내림, 쌘비구름

05 뇌우의 성숙단계 시 나타나는 현상으로 틀린 것은?

① 강한 바람과 번개가 동반한다.
② 상승기류와 하강기류가 교차
③ 강한 비가 내린다.
④ 상승기류가 생기면서 적란운이 운집

적운단계 : 적운형 구름이 성장하는 단계, 강수현상은 미비
소멸단계 : 구름 내부에 하강기류만 남게 되어 구름 소멸

06 뇌우(천둥)가 발생하면 항상 함께 일어나는 기상현상은?

① 소나기　　② 스콜
③ 우박　　④ 번개

항상 뇌우는 천둥과 번개가 같이 일어나는 폭풍이다.

07 기온과 이슬점 기온의 분포가 5% 이하일 때 예측 대기현상은?

① 서리　　② 이슬비
③ 강수　　④ 안개

08 공기 중의 수증기량을 나타내는 것이 습도이다. 습도의 양은 무엇에 따라 달라지는가?

① 지표면의 물의 양
② 바람의 세기
③ 기압의 상태
④ 온도

정답 01 ① 02 ③ 03 ① 04 ③ 05 ④ 06 ④ 07 ④ 08 ④

09 항공 기상에서 기상 7대 요소는 어느 것인가?

① 기압, 기온, 습도, 구름, 강수, 바람, 시정
② 기압, 전선, 기온, 습도, 구름, 강수, 바람
③ 기압, 기온, 대기, 안정성, 해수면, 바람, 시정
④ 전선, 기온, 난기류, 시정, 바람, 습도

기상 7대 요소는 기압, 온도, 습도, 구름, 강수, 바람, 시정이다.

10 국제표준대기 조건 적용 하에 500ft 상공에서의 온도는 얼마인가?

① 14℃
② 15℃
③ 16℃
④ 17℃

기온감률 : 1000ft당 2도

11 대기 중에 수증기의 양을 나타내는 것을 무엇이라 하는가?

① 기온 ② 습도
③ 밀도 ④ 기압

12 이슬비란 무언인가?

① 빗방울 크기가 직경 0.5mm 이하일 때
② 빗방울 크기가 직경 0.7mm 이하일 때
③ 빗방울 크기가 직경 0.9mm 이하일 때
④ 빗방울 크기가 직경 1mm 이하일 때

13 시정 장애물의 종류가 아닌 것은?

① 황사
② 안개
③ 스모그
④ 강한 비

강한 비는 시정 장애물이 아니다.

14 태풍의 세력이 약해져서 소멸되기 직전 또는 소멸되어 무엇으로 변하는가?

① 열대성 고기압
② 열대성 저기압
③ 열대성 폭풍
④ 편서풍

15 지구상에서 전향력이 최대로 발휘될 수 있는 지역은?

① 중위도
② 적도
③ 북극이나 남극
④ 저위도

16 빠른 한랭전선이 온난전선에 따라붙어 합쳐져 중복된 부분을 무슨 전선이라 부르는가?

① 정체전선
② 대류성 한랭전선
③ 북태평양 고기압
④ 폐색전선

폐색전선 : 한랭전선과 온난전선이 겹쳐지면서 형성된다. 한랭전선은 온난전선보다 더 빠른 속도로 이동하는데 한랭전선이 온난전선을 따라잡으면 온난전선이 상공으로 밀려 올라간다. 대부분의 폐색전선이 여기에 해당하지만 반대로 한랭전선이 상공으로 밀려 올라가는 경우도 있다.

17 공기밀도에 대한 설명으로 틀린 것은?

① 온도가 높아질수록 공기밀도도 증가한다.
② 일반적으로 공기밀도는 하층보다 상층이 낮다.
③ 수증기가 많이 포함될수록 공기밀도는 감소한다.
④ 국제표준대기(ISA)의 밀도는 건조공기로 가정했을 때의 밀도이다.

온도가 높아질수록 공기밀도는 감소한다.

정답 09 ① 10 ① 11 ② 12 ① 13 ④ 14 ② 15 ③ 16 ④ 17 ①

18 안정된 대기 조건이 아닌 것은?

① 적란형 구름
② 잔잔한 대기
③ 지속적인 강우
④ 역전층

적란형 구름은 쌘비구름으로 불안정한 대기 조건이다.

19 다음 중 대기오염물질과 혼합되어 나타나는 시정장애물은?

① 안개
② 연무
③ 스모그
④ 해무

20 등압선이 좁은 곳은 어떤 현상이 발생하는가?

① 강한 바람
② 태풍 지역
③ 무풍 지역
④ 약한 바람

등압선 좁은 곳은 강한 바람, 넓은 곳은 약한 바람

21 산바람과 골바람에 대한 설명 중 맞는 것은?

① 산악지역에서 낮에 형성되는 바람은 골바람으로 산 아래에서 산 정상으로 부는 바람이다.
② 산바람은 산 정상으로 불고 골바람은 산 정상에서 아래로 부는 바람이다.
③ 산바람과 골바람 모두 산의 경사 정도와 가열되는 정도에 따른 바람이다.
④ 산바람은 낮에 그리고 골바람은 밤에 형성된다.

22 METAR 보고에서 바람 방향, 즉 풍향의 기준은 무엇인가?

① 자북 ② 진북
③ 도북 ④ 자북과 도북

METAR 보고서 : 공항별 정시 기상 관측, 매 시각 정시 5분 전에 발생(인천공항의 경우 30분마다 관측), 공항의 기상상태를 보고하는 기본관측

23 비행기 고도 상승에 따른 공기 밀도와 엔진 출력 관계를 설명한 것 중 옳은 것은?

① 공기 밀도 감소, 엔진 출력 증가
② 공기 밀도 감소, 엔진 출력 감소
③ 공기 밀도 증가, 엔진 출력 감소
④ 공기 밀도 증가, 엔진 출력 증가

고도 상승 따라 공기밀도가 감소하기 때문에 엔진출력도 감소한다.

24 주간에는 해수면에서 육지로 바람이 불며 야간에는 육지에서 해수면으로 부는 바람은?

① 해풍 ② 계절풍
③ 해륙풍 ④ 국지풍

해륙풍 : 해안가에서 하루를 주기로 풍향이 바뀌는 바람

25 어떤 물질 1g을 섭씨온도 1℃ 올리는 데 필요한 열량은?

① 잠열 ② 열량
③ 비열 ④ 현열

비열은 어떤 물질 1g을 섭씨 1℃ 올리는 데 필요한 열량

정답 18 ① 19 ③ 20 ① 21 ① 22 ② 23 ② 24 ③ 25 ③

PART 02 항공 기상

26 열대성 저기압 중심부의 최대 풍속이 몇 m/s 이상일 때를 태풍이라고 하는가?

① 14m/s　② 30m/s
③ 21m/s　④ 17m/s

최대 풍속이 17m/s 이상일 때를 태풍이라 한다.

27 다음 중 열량에 대한 내용으로 맞는 것은?

① 물질의 온도가 증가함에 따라 열에너지를 흡수할 수 있는 양
② 물질 10g의 온도를 10℃ 올리는 데 요구되는 열
③ 온도계로 측정한 온도
④ 물질의 하위 상태로 변화시키는 데 요구되는 열 에너지

28 해수면의 표준 기온과 표준기압은?

① 15℃와 29.92mb
② 15℃와 29.92inHg
③ 15.F와 29.92Hg
④ 15.F와 29.92mb

29 지구의 기상이 일어나는 가장 근본적인 원인은 무엇인가?

① 해수면의 온도 상승
② 구름의 양
③ 바람
④ 지구 표면의 태양 에너지의 불균형

30 강수 발생률을 강화시키는 것은?

① 온난한 하강기류
② 난기류의 수직활동
③ 상승기류
④ 전선의 수평활동

비가 내리는 이유는 공기 중에는 수증기가 있고 공기는 상승기류가 생겨 수증기를 포함하기 때문이다.

31 구름의 종류 중 하층운 구름에 속하지 않는 것은?

① 층운　② 층적운
③ 권운　④ 난층운

상층운(6~12km) : 권운(CI), 권적운(CC), 권층운

32 우리나라에 영향을 미치는 기단 중에 초여름 해양성기단으로 불연속의 장마전선을 이루는 기단은?

① 오호츠크해 기단
② 양쯔강 기단
③ 북태평양 기단
④ 시베리아 기단

양쯔강 : 봄, 가을, 북태평양 : 여름, 시베리아 : 겨울

33 지구 중심축의 기준으로 회전운동을 하는 것은 무엇이라 하는가?

① 공전　② 자전
③ 전향력　④ 원심력

자전 : 지구의 축 중심 회전

34 불포화 상태의 공기가 냉각되어 포화 상태가 되는 기온은?

① 상대온도
② 결빙온도
③ 절대온도
④ 이슬점(노점) 기온

이슬점온도 : 일정한 기압하에서 수분의 증감 없이 공기가 냉각되어 포화상태가 되면서 응결이 일어날 때의 대기 온도를 말한다.

정답 26 ④ 27 ① 28 ② 29 ④ 30 ③ 31 ③ 32 ① 33 ② 34 ④

35 표준대기 상태에서 해수면 상공 1000ft당 상온의 기온은 몇 도씩 감소하는가?

① 2℃ ② 3℃ ③ 4℃ ④ 5℃

1000ft당 2℃ 감소

36 수적이 크고 주위 기온이 0~10℃인 경우에 항공기 표면을 따라 고르게 흩어지면서 천천히 결빙되는 투명 또는 반투명의 가장 위험한 형태의 착빙은?

① 거친 착빙 ② 맑은 착빙
③ 혼합 착빙 ④ 이슬 착빙

맑은 착빙이 가장 위험하다. 이슬 착빙이라는 것은 없다.

37 대류권에서 대기의 온도는 고도가 상승하면서 몇도 비율로 감소하는가?

① 2℃/km ② 6.5℃/km
③ 6.5℃/1000ft ④ 2℃/500ft

km당 6.5℃ 감소, 1000ft당 2℃ 감소

38 6500ft 이하에서 발생하는 구름의 종류는 맞는 것은?

① 권층운 ② 고층운
③ 층운 ④ 적운

하층운(2km 미만) : 난층운(NS), 층적운(SC), 층운(ST)

39 차가운 지면이나 수면 위로 따뜻한 공기가 이동해 오면, 공기의 밑 부분이 냉각되어 응결이 일어나는 안개로 대부분 해안이나 해상에서 발생하는 것은?

① 이류안개 ② 복사안개
③ 활승안개 ④ 증기안개

복사안개 : 지표면 발생, 활승안개 : 산기슭에 발생

40 대기권 중에서 장거리 무선통신이 가능한 전리층이 존재하는 곳은?

① 대류권 ② 성층권
③ 중간권 ④ 열권

열권에서는 태양에너지에 의해 공기 분자가 이온화되어 자유전자가 밀집되어 전리층이라 불린다.

정답 35 ① 36 ② 37 ② 38 ③ 39 ① 40 ④

제 3 회 항공 기상 모의고사

01 자북과 진북의 사이각을 무엇이라 하는가?

① 복각 ② 차이각
③ 수평 사이각 ④ 편각

자북 : 나침반의 북쪽, 진북 : 지구상의 북쪽인 북극 방향, 도북 : 지도상의 북쪽

02 온난건조하고 이동성 고기압과 함께 동진해 와서 따뜻하고 건조한 일기를 나타내는 기단은?

① 양쯔강 기단
② 오호츠크해 기단
③ 북태평양 기단
④ 적도 기단

봄/가을 : 양쯔강 기단

03 중심기압이 주변보다 높으며, 주변이 낮은 기압으로 둘러싸인 것은?

① 온난전선 ② 한랭전선
③ 고기압 ④ 저기압

고기압 : 주변이 낮은 기압, 저기압 : 주변이 높은 기압

04 바람이 존재하는 근본적인 원인으로 맞는 것은?

① 고도 차이 ② 기압 차이
③ 공기 밀도 차이 ④ 자전과 공전 현상

바람은 기압이 높은 곳에서 낮은 곳으로 분다.

05 안개의 시정은 ( ) 미만인가?

① 100m ② 200m
③ 1000m ④ 2000m

안개는 일반적으로 구성입자가 수적으로 되어 있으면서 시정이 1km 미만이다.

06 다음 중 착빙의 종류가 아닌 것은?

① 맑은 착빙 ② 서리 착빙
③ 거친 착빙 ④ 이슬 착빙

이슬 착빙은 없다.

07 난기류(Turbulence)를 발생하는 주요 원인이 아닌 것은?

① 대형항공기에서 발생하는 후류 영향
② 바람의 흐름에 대한 장애물
③ 안정된 대기 상태
④ 기류의 수직 대류 현상

난류는 지표면의 불등균한 가열과 기복, 수목, 건물 등에 의하여 생긴 회전 기류와 바람 급변의 결과로 불규칙한 변동을 하는 대기의 흐름을 뜻한다.

08 운량은 각 구름층이 하늘을 덮고 있는 정도를 말한다. 운량이 3/8~4/8일 때의 상태는?

① SCT ② BKN
③ OVC ④ FEW

CLEAR(SKC/CLR) 0/8, FEW 1/8~2/8, SCATTER(SCT) 3/8~4/8, BROKEN(BKN) 5/8~7/8, OVERCAST(OVC) 8/8

정답 01 ④ 02 ① 03 ③ 04 ② 05 ③ 06 ④ 07 ③ 08 ①

09 대류권에서 고도가 높아짐에 따라 공기밀도의 변화는?

① 낮아진다.
② 높아진다.
③ 동일하다.
④ 높아지다가 낮아진다.

고도가 높아짐에 따라 공기는 희박하며 밀도는 낮아진다.

10 다음 중 기압의 단위가 아닌 것은?

① hPa　② mb
③ mmHg　④ lbs

lbs(Pound)는 무게의 단위이다.

11 다음 중 수직운으로 분류되는 구름은?

① CB(적란운)
② NS(난층운)
③ ST(층운)
④ AS(고층운)

수직운 : 적운(CU), 적란운(CB)

12 온대성 저기압이 발달하는 과정의 마지막 단계로 저기압에 동반된 한랭전선과 온난전선이 합쳐져 폐색상태가 된 전선을 무엇이라 하는가?

① 정체전선
② 폐색전선
③ 장마전선
④ 온난전선

우리나라에서는 겨울철에는 한랭형이, 여름철에는 중립형이나 온난형 폐색전선이 많이 발생한다.

13 윈드시어의 현상 중 옳지 않은 것은?

① 윈드시어는 풍향과 관련이 없다.
② 항공기의 실속이나 비정상적인 고도 상승을 초래한다.
③ 측풍에 의해 활주로 이탈을 초래한다.
④ 정풍이나 배풍의 급격한 증가 또는 감소를 초래한다.

윈드시어는 풍향과 풍속이 급변하여 항공기의 이·착륙 과정에서 매우 큰 영향을 준다.

14 낮에 골짜기에서 산 정상으로 위로 부는 바람을 무엇이라 하는가?

① 곡풍　② 산풍
③ 해풍　④ 육풍

낮 : 골짜기→산정상으로 공기 이동(곡풍), 밤 : 산 정상 → 산 아래로 공기 이동(산풍)

15 어떤 물질 1g을 1℃ 올리는데 필요한 열량을 무엇이라 하는가?

① 잠열　② 비열
③ 열량　④ 현열

16 무풍, 맑은 하늘, 상대습도고 높은 조건에서 아침에 발생하는 안개는 무엇인가?

① 밤안개　② 복사안개
③ 이류안개　④ 활승안개

17 보퍼트 풍력계급표에서 바람이 피부에 느껴지고, 나뭇잎이 흔들리는 풍속은 어느 정도인가?

① 0.3~1.5m/s　② 3.4~5.4m/s
③ 1.6~3.3m/s　④ 5.5~7.9m/s

나뭇잎이 흔들린다 : 1.6~3.3m/s, 나뭇가지가 흔들린다 : 3.4~5.4m/s

정답 09 ① 10 ④ 11 ① 12 ② 13 ① 14 ① 15 ② 16 ② 17 ③

18 열에너지 전달 방법 중 유체 운동이 수평방향으로 이루어지는 것은?

① 대류　　② 복사
③ 이류　　④ 전도

대류 : 수직방향, 이류 : 수평방향

19 항공기 이륙 시 이륙거리를 짧게 하려면 어떤 바람을 이용해야 하는가?

① 수직풍　　② 배풍
③ 정풍　　④ 하강풍

배풍은 이륙거리가 길어진다.

20 두 기단이 인접했을 때 상호 간섭 없이 본래의 특성을 그대로 지니고 움직임이 거의 없는 전선의 형태는?

① 한랭전선　　② 정체전선
③ 폐색전선　　④ 온난전선

정체전선은 움직이지 않거나 움직여도 매우 느리게(10km/hr 미만) 움직이는 전선을 말한다.

21 다른 조건은 일정할 때 활공거리를 가장 길게 해주는 바람은 무엇인가?

① 측풍　　② 배풍
③ 후풍　　④ 바람방향과 관계없음

배풍은 항공기 뒤쪽에서 앞으로 부는 바람이다.

22 다음 중 수평시정에 대한 설명으로 맞는 것은?

① 관제탑에서 알려져 있는 목표물을 볼 수 있는 수평거리이다.
② 조종사가 이륙 시 볼 수 있는 가시거리이다.
③ 조종사가 착륙 시 볼 수 있는 가시거리이다.
④ 관측지점으로부터의 알려져 있는 목표물을 참고하여 측정한 거리다.

수평시정이란 관측지점에서 수평방향으로 특정목표물이 어디까지 보이는가를 측정한 거리이다. 우시정이란 최대치의 수평 시정을 말하며 관측자로부터 수평원의 절반 또는 그 이상의 거리를 식별할 수 있는 시정이다.

23 다음 중 1기압과 다른 것은?

① 760mmHg　　② 10.13hPa
③ 29.92inHg　　④ 760Torr

1기압 = 1013.2hPa

24 겨울에는 대륙에서 해양으로 여름에는 해양에서 대륙으로 부는 바람을 무엇이라 하는가?

① 편서풍　　② 계절풍
③ 해풍　　④ 대륙풍

25 다음 중 윈드시어(Wind shear)에 관한 설명 중 틀린 것은?

① 동일 지역 내에 바람의 방향이 급변하는 것으로 풍속의 변화는 없다.
② 어느 고도 층에서나 발생하며 수평, 수직적으로 일어날 수 있다.
③ 저고도 기온 역전층 부근에서 윈드쉬어가 발생하기도 한다.
④ 착륙 시 양쪽 활주로 끝 모두가 배풍을 지시하면 저고도 윈드쉬어로 인식하고 복행해야 한다.

윈드시어는 풍향과 풍속 모두 급변한다.

26 나뭇잎과 가는 가지가 쉴 새 없이 흔들리고, 깃발이 흔들릴 때 나타나는 풍속은?

① 0.3~1.5m/s　　② 3.4~5.4m/s
③ 1.6~3.3m/s　　④ 5.5~7.9m/s

나뭇잎이 흔들린다 : 1.6~3.3m/s, 나뭇가지가 흔들린다 : 3.4~5.4m/s

정답　18 ③　19 ③　20 ②　21 ②　22 ④　23 ②　24 ②　25 ①　26 ②

27 바람이 없거나 미풍, 맑은 하늘, 상대습도가 높을 때, 낮거나 평평한 지형에서 쉽게 형성되는 안개로 주로 야간 혹은 새벽에 형성되는 것은?

① 활승안개　　② 이류안개
③ 증기안개　　④ 복사안개

복사안개 : 지표면, 이류안개 : 해안, 활승안개 : 산기슭

28 주변이 높은 기압으로 둘러싸인 것은?

① 한랭전선　　② 고기압
③ 온난전선　　④ 저기압

저기압 : 주변이 높은 기압, 고기압 : 주변이 낮은 기압

29 한랭전선 통과 시 풍속의 상태는?

① 서서히 강해진다.
② 돌풍이 분다.
③ 돌풍 후 일정해진다.
④ 서서히 약해진다.

한랭전선 통과 시 돌풍이 불며, 시정은 일시 나빠지나 곧 회복된다.

30 유체의 수직 이동현상으로 맞는 것은?

① 대류　　② 이류
③ 전도　　④ 복사

대류 : 수직 이동, 이류 : 수평 이동

31 항공정기기상보고 시 바람의 기준과 방향을 숫자로 어떻게 보고하는가?

① 도북을 기준으로 2자리 숫자로 보고한다.
② 진북을 기준으로 2자리 숫자로 보고한다.
③ 도북을 기준으로 3자리 숫자로 보고한다.
④ 진북을 기준으로 3자리 숫자로 보고한다.

항공정기기상보고에서 바람정보는 모두 5자리 숫자이다. 첫 세 자리는 진북을 기준으로 바람방향을 나타내고 다음 두 자리는 바람 속도로서 99knot 초과 시 000 세 자리로 표기한다. 00000KT : 무풍

32 난류의 강도에 대한 설명으로 옳지 않은 것은?

① 약한난류(Light)는 항공기 조종에 큰 영향을 미치지 않으며, 비행방향과 고도유지에 지장이 없다.
② 심한난류(Severe)는 항공기 고도 및 속도가 급속히 변화되고 순간적으로 조종 불능 상태가 되는 정도이다.
③ 보통난류(Moderate)는 상당한 동요를 느끼고 몸이 들썩할 정도로 순간적으로 조종 불능 상태가 될 수도 있다.
④ 극심한 난류(Extreme)는 항공기가 심하게 튀거나 조종 불가능한 상태를 말하고 항공기 손상을 초래할 수 있다.

보통난류은 주의가 요망된다.

33 지상 METER 보고에서 바람 방향, 즉 풍향의 기준은 무엇인가?

① 자북　　② 자북과 도북
③ 도북　　④ 진북

자북 : 나침반의 북쪽, 진북 : 지구상의 북쪽인 북극 방향, 도북 : 지도상의 북쪽

34 다음 중 고기압에 대한 설명으로 틀린 것은?

① 중심에서는 상승기류가 형성된다.
② 북반구에서 고기압의 공기는 시계방향으로 불어 나간다.
③ 주변보다 기압이 높은 곳은 고기압이다.
④ 근처에서 주로 맑은 날씨가 나타난다.

상승기류가 형성되는 것은 저기압니다.

정답 27 ② 28 ④ 29 ② 30 ① 31 ④ 32 ③ 33 ④ 34 ①

35 우시정에 대해 설명한 것이다. 틀린 것은?

① 우리나라에서는 2004년부터 우시정 제도를 채용하고 있다.
② 방향에 따라 보이는 시정이 다를 때 가장 작은 값으로부터 더해 각도의 합계가 180도 이상이 될 때의 값을 말한다.
③ 관측자로부터 수평원의 절반 또는 그 이상의 거리를 식별할 수 있는 시정
④ 최대치의 수평시정을 말하는 것이다.

가장 큰 값으로부터 더해 각도의 합계가 180도 이상이 될 때의 값을 말한다.

36 바람에 대한 설명으로 틀린 것은?

① 풍속의 단위는 m/s, knot 등을 사용한다.
② 풍향은 지리학상이 진북을 기준으로 한다.
③ 바람은 기압이 낮은 곳에서 높은 곳으로 흘러가는 공기의 흐름이다.
④ 풍속은 공기가 이동한 거리와 이에 소요되는 시간의 비이다.

바람은 기압이 높은 곳에서 낮은 곳으로 흘러가는 공기의 흐름이다.

37 통상 하루 중 최저 기온의 시간은?

① 자정　　② 자정 1시간 후
③ 일출 직후　　④ 일출 1시간 전

일몰 후 일사량은 없어지지만 이후에도 지면 복사의 방출은 계속되기 때문에 최저 기온은 일출 직후에 나타난다.

38 항공기 이륙성능을 향상시키기 위한 가장 적절한 바람의 방향은?

① 좌측 측풍(옆바람)
② 정풍(맞바람)
③ 배풍(뒷바람)
④ 우측 측풍(옆바람)

정풍 : 항공기 전면에서 뒤쪽으로 부는 바람

39 다음 중 뇌우의 생성 조건으로 거리가 먼 것은?

① 불안정한 대기　　② 강한 상승작용
③ 낮은 대기 온도　　④ 높은 습도

낮은 대기온도와 뇌우는 상관없다.

40 다음 중 강한 비가 계속 올 수 도 있는 구름의 약어는 무엇인가?

① CC　　② AS
③ CB　　④ ST

비구름 : NS(난층운), CB(적란운)

정답 35 ② 36 ③ 37 ③ 38 ② 39 ③ 40 ③

제 4 회 항공 기상 모의고사

01 공기 중 가장 많은 부분을 차지하는 기체 성분은?

① 질소　② 산소
③ 이산화탄소　④ 수소

질소(78%), 산소(21%), 기타(1%)

02 다음 중 뇌우의 생성 조건으로 거리가 먼 것은?

① 불안정한 대기
② 낮은 대기 온도
③ 높은 습도
④ 강한 상승작용

열대지방에서는 연중 뇌우가 발생하며, 우리나라와 같은 중위도 지방에서는 봄과 여름을 거쳐 가을까지 뇌우의 가능성이 존재한다.

03 빙결온도 이하의 대기에서 과냉각 물방울이 어떤 물체에 충돌하여 얼음 피막을 형성하는 현상은?

① 푄현상　② 대류현상
③ 역전현상　④ 착빙현상

착빙현상 발생 시 : 양력 감소, 중력 증가, 추력 감소, 항력 증가

04 국제적으로 통일된 하층운의 높이는?

① 10,000ft 이하
② 6,500ft 이상
③ 6,500ft 이하
④ 10,000ft 이상

하층운(2km 미만), 중층운(2~6km), 상층운(6~12km)

05 해당지역 해수면 기압과 무관하게 고도계를 표준기압 값인 29.92inHg로 세팅하는 방식은?

① QNE　② QFE
③ QNH　④ QNF

QNH(Q-Nautial Height) : 평균해수면의 실제 기압값 세팅, 공항의 공식 표고를 나타내도록 맞춘 고도계 수정치, 진고도라고도 사용, 대부분 국가에서 사용
- QFE(Q-Field Elevation) : 착륙한 항공기의 기압고도계의 눈금을 고도 0으로 하는 고도계 수정치, 절대고도라고도 사용
- QNE, *약어 미사용 : 전이고도 이상에서(14,000ft) 표준기압 29.92inHg 세팅, 압력고도라고도 사용

06 대기권을 고도에 따른 높은 곳부터 낮은 순으로 올바르게 나열한 것은?

① 외기권 – 열권 – 중간권 – 성층권 – 대류권
② 열권 – 외기권 – 중간권 – 성층권 – 대류권
③ 외기권 – 열권 – 성층권 – 중간권 – 대류권
④ 외기권 – 성층권 – 열권 – 중간권 – 대류권

대류권(~11km), 성층권(11~50km), 중간권(50~ 80km), 열권(80~500km), 외기권(500~10,000km)

07 항공정기기상보고에서 +RA FG는 무엇을 의미하는가?

① 강한 비 이후 안개가 내린다.
② 비와 함께 안개가 동반되지 않는다.
③ 비와 함께 안개가 동반된다.
④ 약한 비가 내린 후 안개가 내린다.

+ 강함, – 약함

정답 01 ① 02 ② 03 ④ 04 ③ 05 ① 06 ③ 07 ①

08 대기권에 대한 설명으로 틀린 것은?

① 대기의 온도, 습도, 압력 등으로 대기의 상태를 나타낸다.
② 대기권 중 대류권에서는 고도가 상승할 때 온도가 상승한다.
③ 대기의 상태는 수평방향보다 수직방향으로 고도에 따라 심하게 변한다.
④ 대기는 몇 개의 층으로 구분하는데 온도의 분포를 바탕으로 대류권, 성층권, 중간권 등으로 나타낸다.

태양에 의해 지표면에 입사되는 태양 복사열과 지표면에서 방출되는 지구복사열로 인하여 고도 11km까지는 고도가 높아질수록 기온은 약 6.5℃/km의 비율로 감소하며, 풍속은 고도가 높아질수록 증가한다.

09 저기압일 때 강수확률이 높으므로 초경량 비행장치를 운용하기에 적합하지 않다. 저기압에 대한 설명인 것은?

가. 기압경도는 중심일수록 작으므로 풍속도 중심일수록 약하다.
나. 사방으로부터 바람이 불어 들어온다.
다. 북반구에서는 중심을 향하여 반시계방향으로, 남반구에서는 시계방향으로 분다.
라. 북반구에서는 중심 주위를 시계방향으로 회전하고, 남반구에서는 반시계방향으로 회전하면서 불어나간다.

① 나, 다　　② 다, 라
③ 가, 라　　④ 가, 나

저기압 : 지상에서의 바람은 북반구에서 저기압 중심을 향하여 반시계방향으로 불어 들어온다.

10 우시정(Prevailing visibility)에 관한 설명으로 틀린 것은?

① 우시정은 수평원의 반원 이상을 차지하는 지점이다.
② 시정이 방향에 따라 다를 경우 시정값이 작은 쪽부터 순차적으로 합산하여 180도 이상일 때 결정한다.
③ 항공기상의 국제통보에 사용된다.
④ 법정마일과 분수로 보고한다.

시정이 방향에 따라 다를 경우 시정값이 큰 쪽부터 순차적으로 합산하여 180도 이상일 때 결정한다.

11 다음 중 중층운에 속하는 구름이 아닌 것은?

① 고층운　　② 층운
③ AS　　④ 고적운

중층운 : 고적운(AC), 고층운(AS)

12 다음 중 온난전선이 지나가고 난 뒤 일어나는 현상은?

① 바람이 강하다.　　② 기온이 올라간다.
③ 기압은 내려간다.　　④ 기온이 내려간다.

한랭전선 통과 시 돌풍이 분다.

13 다음 냉각에 의해 형성된 안개의 종류가 아닌 것은?

① 이류안개　　② 복사안개
③ 전선안개　　④ 활승안개

증발은 수면이나 낙하하는 우적에서 일어나며, 이러한 증발에 의해 형성된 안개에는 증발안개와 전선안개가 있다.

정답 08 ② 09 ① 10 ② 11 ② 12 ② 13 ③

14 빠른 한랭전선이 온난전선에 따라 붙어 합쳐져 중복된 부분을 무슨 전선이라 부르는가?

① 정체전선
② 대류성 한랭전선
③ 북태평양 고기압
④ 폐색전선

폐색전선은 온대성 저기압이 발달하는 과정의 마지막 단계로 저기압에 동반된 한랭전선과 온난전선이 합쳐져 폐색상태가 된 전선을 말한다.

15 다음 중 한랭전선의 특징이 아닌 것은?

① 적운형 구름
② 온난전선에 비해 이동속도가 빠르다.
③ 좁은 지역에 소나기나 우박이 내린다.
④ 경사가 온난전선보다 기울기가 작다.

찬 공기가 따뜻한 공기 속으로 파고들기 때문에 이동 속도가 빠르고 경사가 온난전선보다 기울기가 크다.

16 한랭전선의 특징이 아닌 것은?

① 대기의 불안정
② 적운형 구름의 형성
③ 급격한 온도 감소와 낮은 노점 온도
④ 시정 불량과 안개 형성

한랭전선 시 시정이 좋다.

17 렌즈형 구름 발생 시 생기는 현상은?

① 소나기　② 안개
③ 난기류　④ 우박

렌즈 모양의 구름으로서 말린구름과 같이 정체성이며 계속적으로 형성된다. 렌즈구름은 말린구름보다 고고도인 20,000ft 이상에서 형성되며 윤곽은 부드럽지만, 그 층의 기류에 요란이 있을 때는 거칠게 보이기도 한다.

18 수직운의 국제기호 약자는?

① AS　② CS　③ CB　④ NS

수직운 : 적운(CU), 적란운(CB)

19 다음 중 윈드시어(wind shear)에 관한 설명 중 틀린 것은?

① 저고도 기온 역전층 부근에서 wind shear가 발생하기도 한다.
② Wind shear는 어느 고도층에서나 발생하며 수평, 수직적으로 일어날 수 있다.
③ Wind shear는 동일지역 내에 바람이 급변하는 것으로 풍속의 변화는 없다.
④ 착륙 시 양쪽 활주로 끝 모두가 배풍을 지시하면 저고도 wind shear로 인식하고 복행을 해야 한다.

윈드시어 시 풍속과 풍향이 급변한다.

20 태풍의 세력이 약해져 소멸되기 직전 또는 소멸되어 무엇으로 변화는가?

① 열대성 저기압
② 열대성 폭풍
③ 열대성 고기압
④ 편서풍

열대성 저기압 중심부의 최대 풍속이 17m/s 이상일 때를 태풍이라 한다. 태풍의 눈은 5m/s 이하의 미풍이 분다.

21 바람이 고기압에서 저기압으로 불어 갈수록 북반구에서 우측으로 90도 휘는 현상을 무엇이라 하는가?

① 기압경도력
② 원심력
③ 전향력(코리올리 효과)
④ 지면마찰력

전향력의 크기는 극지방에서 최대이고, 적도 지방에서 최소이다.

정답 14 ④ 15 ④ 16 ④ 17 ③ 18 ③ 19 ③ 20 ① 21 ③

22 **평균 속도보다 10Kts 이상 차이가 있으며 순간 최대풍속 17Knot 이상의 강풍이며, 지속시간이 초단위로 급변하는 바람을 무엇이라 하는가?**

① 스콜 ② 돌풍
③ 윈드시어 ④ 마이크로버스터

돌풍이 불 때는 풍향도 급변하며, 때로는 천둥을 동반하기도 하고, 수 분에서 1시간 정도 계속되기도 한다.

23 **구름이 하늘을 다 덮은 경우를 무엇이라 부르는가?**

① few ② scattered
③ broken ④ overcast

8/8 = overcast

24 **다음 바람 용어에 대한 설명 중 옳지 않은 것은?**

① 바람속도는 스칼라 양인 풍속과 같은 개념이다.
② 풍속은 공기가 이동한 거리와 이에 소요되는 시간의 비이다.
③ 풍향은 바람이 불어오는 방향을 말한다.
④ 바람시어는 바람 진행방향에 대해 수직 또는 수평 방향의 풍속 변화이다.

바람속도는 바람의 벡터 성분을 표현한 것으로서, 스칼라 양인 풍속과는 다르다.

25 **다음 구름의 분류에 대한 설명 중 옳지 않은 것은?**

① 상층운은 운저고도가 보통 6km 이상으로 권운, 권적운, 권층운이 있다.
② 중층운은 중위도 지방 기준 구름 높이가 2~6km이고 고적운, 고층운이 있다.
③ 하층운은 운저고도가 보통 2km 이하이며, 적운, 적란운이 있다.
④ 구름은 상층운, 중층운, 하층운, 수직운으로 분류하며, 운형은 10종류가 있다.

하층운 : 난층운, 층적운, 층운, 수직운 : 적운, 적란운

26 **해양성 기단으로 7~9월 태풍과 함께 상륙하는 기단은?**

① 적도 기단 ② 북태평양 기단
③ 양쯔강 기단 ④ 오호츠크해 기단

태풍 : 적도 기단, 여름 : 북태평양 기단, 봄/가을 : 양쯔강 기단, 장마 : 오호츠크해 기단

27 **고기압과 저기압에 대한 설명 중 옳지 않은 것은?**

① 고기압은 중심 기압이 주변보다 높은 곳을 말함
② 저기압권 내 지상에서의 바람은 북반구에서 저기압 중심을 향하여 시계방향으로 불어 들어옴
③ 고기압권 내의 바람은 북반구에서는 고기압 중심 위주를 시계방향으로 회전하면서 불어 나감
④ 저기압은 중심 기압이 주변보다 낮은 곳을 말함

저기압권 내 지상에서의 바람은 북반구에서 저기압 중심을 향하여 반시계방향으로 불어 들어옴

28 **다음 중 국지비행에 영향을 미치는 구름이 아닌 것은?**

① 권층운 ② 층운
③ 적운 ④ 적란운

국지비행이란 이륙한 비행 장치가, 주위를 비행한 후 이륙한 착륙장으로 착륙하는 것, 권층운은 상층운으로 국지비행과 관련 없다.

정답 22 ② 23 ④ 24 ① 25 ③ 26 ① 27 ② 28 ①

29 한랭기단의 찬 공기가 온난기단의 따뜻한 공기 쪽으로 파고들 때 형성되며, 전선 부근에 소나기가 뇌우, 우박 등 궂은 날씨를 동반하는 전선은 무슨 전선인가?

① 온난전선 ② 폐색전선
③ 정체전선 ④ 한랭전선

한랭전선 : 좁은 지역에 강수가 나타나며 강수 강도가 강하다.

30 대기압이 높아지면 양력과 항력은 어떻게 변하는가?

① 양력 감소, 항력 감소
② 양력 증가, 항력 증가
③ 양력 증가, 항력 감소
④ 양력 감소, 항력 증가

기압이 높아지면 양력이 증가하고 항력도 증가한다.

31 국제민간항공협약 부속서의 항공기상 특보의 종류가 아닌 것은?

① SIGMET 정보
② AIRMET 정보
③ 공항 경보
④ 뇌우 경보

항공기상 특보 4가지 : SIGMET 정보, AIRMET 정보, 공항 경보, 윈드시어 경보

32 지구 대기권의 대기의 성분의 부피에 관한 설명 중 옳은 것은?

① 고도 80km까지 균일한 구성 분포를 유지하여 균질권(homosphere)이라고 함
② 산소(O2) 77%
③ 아르곤(Ar), 이산화탄소(CO2) 등 기타 2%
④ 질소(N2) 21%

질소 78%, 산소 21%, 기타 1%

33 화씨온도에서 물이 어는 온도와 끓는 온도는 각각 몇 °F인가?

① 어는 온도 : 0, 끓는 온도 : 100
② 어는 온도 : 32, 끓는 온도 : 212
③ 어는 온도 : 22, 끓는 온도 : 202
④ 어는 온도 : 12, 끓는 온도 : 192

섭씨(℃) : 물의 어는점 0℃, 끓는점 100℃

34 수직으로 발달하고 많은 강우를 포함하고 있는 적란운의 부호로 맞는 것은?

① NS ② AS
③ CS ④ CB

NS(난층운), AS(고층운), CS(권층운)

35 국제 구름 기준에 의해 구름을 잘 구분한 것은 어느 것인가?

① 높이에 따른 상층운, 중층운, 하층운, 수직으로 발달한 구름
② 층운, 적운, 난운, 권운
③ 층운, 적란운, 권운
④ 운량에 따라 작은 구름, 중간 구름, 큰 구름 그리고 수직으로 발달한 구름

국제 구름 기준은 높이에 따라 10종류로 구분하고 있다.(상층운, 중층운, 하층운, 수직운)

36 다음 중 안정된 대기에서의 기상 특성이 아닌 것은?

① 적운형 구름
② 층운형 구름
③ 지속성 강우
④ 잔잔한 기류

적운형 구름은 소나기 구름으로 불안정한 대기이다.

정답 29 ④ 30 ② 31 ④ 32 ① 33 ② 34 ④ 35 ① 36 ①

37 1기압에 대한 설명 중 틀린 것은?

① 단면적 $1cm^2$, 높이 76cm의 수은주 기둥
② 단면적 $1cm^2$, 높이 1,000km 공기 기둥
③ 1,013mbar = 1.013bar
④ 3.760mmHg = 29.92inHg

760mmHg = 29.92inHg

38 뇌우가 동반하는 기상 현상이 아닌 것은?

① 돌풍 ② 안개
③ 천둥 ④ 우박

뇌우는 천둥과 번개를 동반하는 적란운 또는 적란운의 집합체이다. 강한 대류 현상을 가진 뇌우는 폭우, 우박, 돌풍, 번개 등을 동반함으로써 짧은 시간 동안에 큰 항공 재해를 가져올 수 있는 기상 현상이다.

39 빙결온도 이하의 대기에서 과냉각 물방울이 어떤 물체에 충돌하여 얼음 피막을 형성하는 현상은?

① 착빙현상 ② 대류현상
③ 푄현상 ④ 역전현상

착빙 현상의 조건에는 첫째, 항공기가 비 또는 구름 속을 비행해야 하는데 대기 중에 과냉각 물방울이 존재해야 하며, 두 번째 조건은 항공기 표면의 자유대기온도가 0℃ 미만이어야 발생한다.

40 장마가 시작되기 이전의 우리나라 기후에 영향을 미치며, 장마 전에 장기간 나타나는 건기의 원인이 되는 기단은?

① 오호츠크해 기단
② 시베리아 기단
③ 양쯔강 기단
④ 북태평양 기단

태풍 : 적도 기단, 여름 : 북태평양 기단, 봄/가을 : 양쯔강 기단, 장마 : 오호츠크해 기단

정답 37 ④ 38 ② 39 ① 40 ①

MEMO

CONTENTS

PART 3

무인 항공기(드론) 이론 및 운용

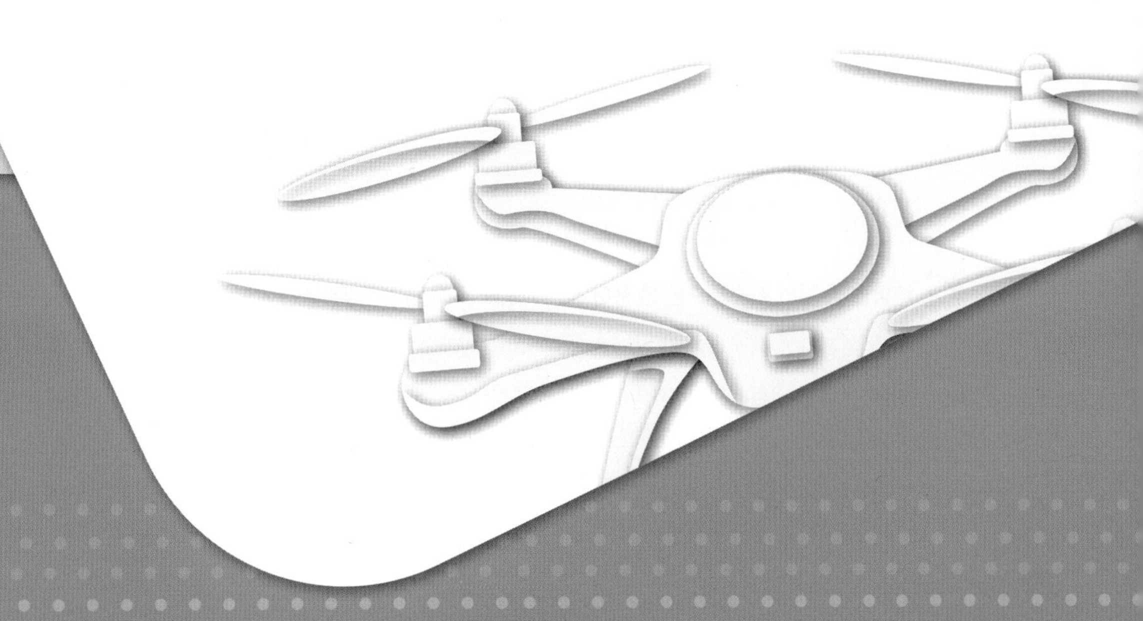

비행 기초원리

1 개요

1 무인 항공기 시스템이란?

무인 항공기 또는 드론은 조종사가 비행체에 직접 탑승하지 않고 지상에서 원격조종(Remotely Piloted), 사전 프로그램 경로를 자동(Auto-Piloted), 반자동(Semi-Auto-piloted) 방식으로 비행하는 시스템

2 무인 항공기 핵심 구성 요소

(1) 비행체(Aircraft)
(2) 탑재 임무 장비(Pay Load)
(3) 지상지원장비(Support Equipments)
(4) 통신장비(Data Link)

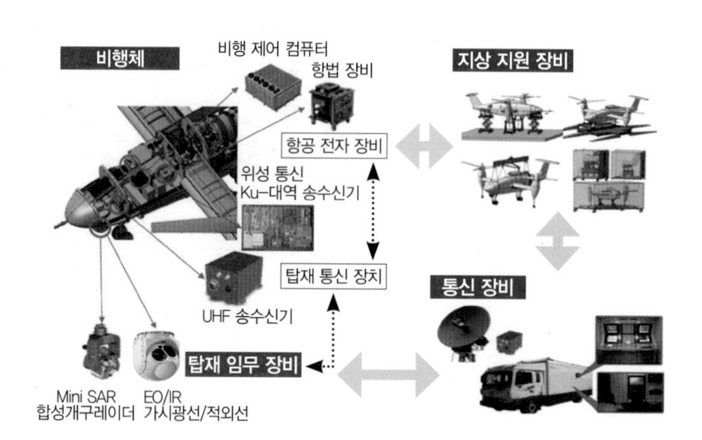

예상문제

1 다음 중 무인 항공기(드론)의 용어 정의 내용으로 적절하지 않은 것은?

① 조종사가 지상에서 원격으로 자동 · 반자동 형태로 통제하는 항공기
② 자동 비행장치가 탑재되어 자동 비행이 가능한 항공기
③ 비행체, 통신장비, 탑재임무 장비, 지원 장비로 구성된 시스템 항공기
④ 자동항법장치가 없어 원격 통제되는 모형 항공기

정답 1 ④

2 용어의 변화

- 기술발전에 따른 용어 변경

Drone
· 1970년대 이전

이륙 또는 발사시킨 후 사전 입력된 프로그램에 따라 정찰지역까지 비행하고 복귀된 비행체에서 필름 등을 회수하는 방식 비행체.
미국) 최근 무인 항공기 통칭 용어 재사용, 한국) 멀티콥터 지칭 용어

RPV : Remotely Piloted Vehicle
· 1980년대

원격통신 제어 장비의 발전으로 비행체를 실시간으로 원격 조정 비행하여 경로 등을 변경할 수 있는 무인 비행체

UAV : Unmanned · Uninhabited · Unhumanized Aerial Vehicle System
· 1990년대

RPV에서 데이터링크 기술 발달로 영상까지 실시간 전송받을 수 있는 무인 항공기 실시간 비행체 및 임무지역 상황을 지상/함상 통제소에서 원격 모니터링하여 운용

UAS : Unmanned Aircraft System
· 2000년대

무인 항공기가 일정하게 한정된 공역에서 벗어나 민간항공공역에 진입하여 동시 운용할 필요성이 증대함에 따라 무인 항공기도 유인 항공기(Aircraft) 수준의 안정성과 신뢰성을 확보해야 하는 항공기임을 강조하는 용어

RPAV : Remotely Piloted Air · Aerial Vehicle
· 2000년대

미국 중심의 UAS에 대응으로 유럽무인기협회 등을 중심으로 사용했던 용어

RPAS : Remotely Piloted Aircraft System, 원격으로 조종되는 비행시스템
· 2013년~

2013년 이후 국제 민간항공기구(ICAO)에서 공식 용어로 채택해 사용하는 용어
비행체만 지칭 시 RPV(Remotely Piloted Vehicle)
통제시스템을 지칭 시 RPS(Remote Pilot Station)

예상문제

1 다음 중 국제 민간항공기구(ICAO)에서 공식 용어로 선정한 무인 항공기의 명칭은?

① UAV(Unmanned Aerial Vehicle)
② Drone
③ RPAS(Remotely Piloted Aircraft System)
④ UAS(Unmanned Aircraft System)

2 무인 항공기를 지칭하는 용어로 볼 수 없는 것은?

① UAV ② UGV
③ RPAS ④ Drone

정답 1③ 2②

1 미국과 한국 무인기용어 정의

(1) 미 국방장관실(OSD, Office of the Secretary of Defence) UAV Road Map에서 Dod Dictionary(미국방사전, Department of Denfense Dictionary) 인용

> 조종사를 태우지 않고, 공기역학적 힘에 의해 부양하여 자율적으로 또는 원격조종으로 비행을 하며, 무기 또는 일반 화물을 실을 수 있는 일회용 또는 재사용할 수 있는 동력비행체를 말한다. 탄도비행체, 준탄도비행체, 순항미사일, 포, 발사체 등은 무인 항공기로 간주되지 않는다.

(2) 미국연방항공청(FAA, Federal Aviation Administration)

원격 조종 또는 자율조종으로 시계 밖 비행이 가능한 민간용 비행기로서 스포츠 또는 취미 목적으로 운용되지 않으며, 또한 승객이나 승무원을 운송하지 않는다.

(3) 국토교통부령

무인비행장치 : 사람이 탑승하지 아니하는 것으로서 다음 각 목의 비행장치

가. 무인동력비행장치 : 연료의 중량을 제외한 자체중량이 150킬로그램 이하인 무인비행기, 무인헬리콥터 또는 무인멀티콥터

나. 무인비행선 : 연료의 중량을 제외한 자체중량이 180킬로그램 이하이고 길이가 20미터 이하인 무인비행선

3 시스템 구성

1 6가지 기본 구성 요소

(1) 비행체
- 무인항공기 기체
- 추진장치(엔진, 모터), 연료장치, 전기장치, 비행제어컴퓨터
- 항법전자장치, 통신장비

(2) 지상통제시스템
- 주통제장비
- 임무계획수립, 조종통제명령, 영상 및 데이터 송수신

(3) 통신 데이터 링크 : 비행체와 지상통제시스템 연결 주 · 보조 링크로 백업 구성, 비행데이터와 명령값, 영상 감지기 등에서 수집된 데이터를 전송하기에 충분한 대역폭을 확보해야 함

(4) 탑재 임무 장비
EO[5]/IR, GMTI[6], SAR[7], 통신중계장비 등

(5) 후속 군수 지원
교육 훈련, 정비 체계/장비, 지원 장비, 교범류, 기타 선택장비(이착륙 보조장비, 원격 영상 수신 장비)

(6) 시스템 요소
운용 개념, 운용 시나리오 및 절차, 장비 편성, 운용 인력편제, 부수장비 구성 등

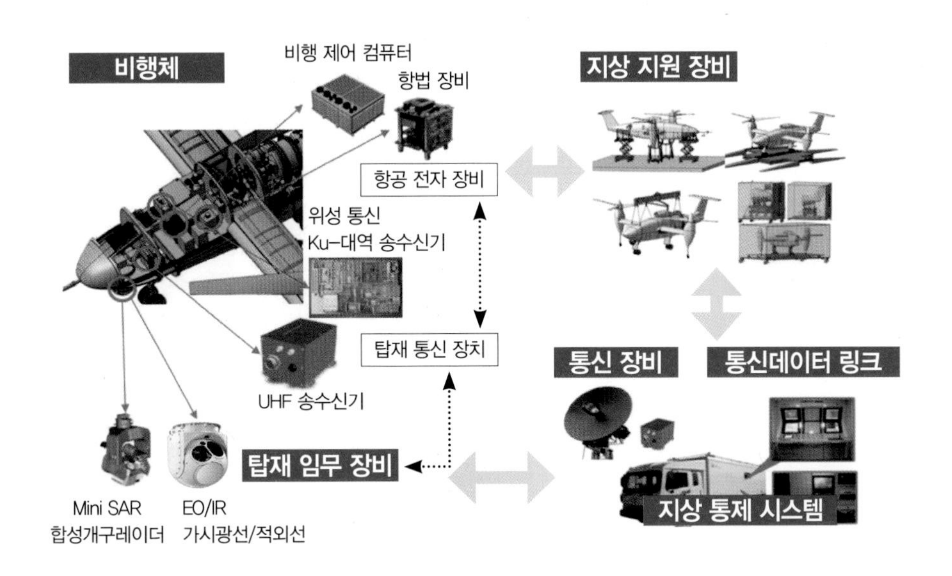

5) EO : Electro – Optic, IR : Infra-Red, 주야간 영상감지기
6) GMTI : Ground Movind Target Indicator, 지상이동표적지시기
7) SAR : 합성개구레이더(SAR : Synthetic Aperture Radar)는 공중에서 지상 및 해양을 관찰하는 레이다이다. 합성개구레이다라는 정식 명칭이 길기 때문에 한국어 화자들은 보통 길게 '싸-'라고 발음한다.

예상문제

1 무인 항공기 시스템에서 비행체와 지상통제시스템을 연결시켜 주어 지상에서 비행체를 통제 가능하도록 만들어 주는 장치는 무엇인가?

① 비행체 ② 탑재 임무 장비 ③ 데이터링크 ④ 지상통제장비

2 무인항공 시스템의 지상 지원장비로 볼 수 없는 것은?

① 발전기 ② 비행체 ③ 비행체 운반차량 ④ 정비 지원차량

3 무인 비행장치 탑재 임무 장비(Payload)로 볼 수 없는 것은?

① 주간 카메라(EO) ② 데이트링크 장비
③ 적외선(Flir) 감시 카메라 ④ 통신중계 장비

4 다음 중 무인 비행장치의 기본 구성 요소라 볼 수 없는 것은?

① 조종자와 지원 인력 ② 비행체
③ 관제소 교신용 무전기 ④ 임무 탑재 카메라

정답 1③ 2② 3② 4③

4 무인멀티콥터의 구성품

1 구성품 : 기체 프레임, 로터부, 센서류, 착륙 장치, 임무 장비, 조종기 등

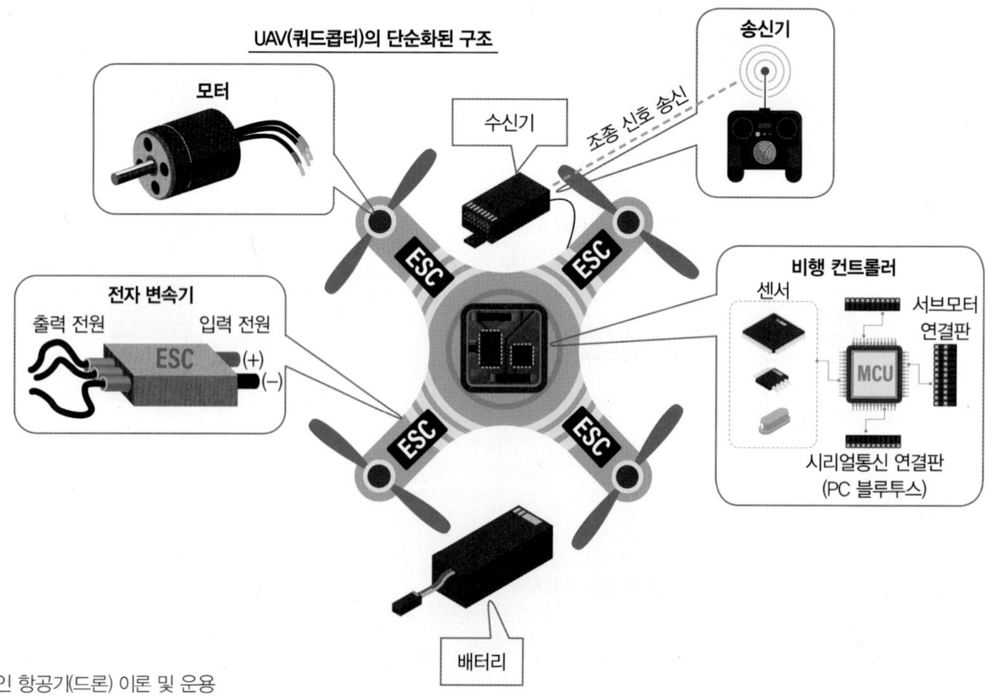

예상문제

1 무인멀티콥터의 주요 구성요소가 아닌 것은?

① 프로펠러(로터) ② 모터 ③ 변속기 ④ 카브레터

2 전동식 멀티콥터의 기체 구성품과 거리가 먼 것은?

① 로터(프로펠러) ② 모터와 변속기
③ 자동 비행장치 ④ 클러치

3 멀티콥터의 중심부분(CG)은 어디인가?

① 동체 중앙 부분 ② 배터리 장착 부분
③ 로터 장착 부분 ④ GPS 안테나 부분

4 인간과 기계가 다른 점은?

① 새로운 대처 방법 ② 반복적인 행동
③ 속도가 빠르다. ④ 한꺼번에 많은 것을 처리한다.

5 메인 블레이드의 밸런스 측정 방법 중 옳지 않은 것은?

① 메인 블레이드 각각의 무게가 일치하는지 측정한다.
② 메인 블레이드 각각의 중심(CG)이 일치하는지 측정한다.
③ 양손을 들어 보아 가벼운 쪽에 밸런싱 테이프를 감아 준다.
④ 양쪽 블레이드 드레그 홀에 축을 끼워 앞전이 일치하는지 측정한다.

6 무인멀티콥터의 프로펠러 재질로 가장 거리가 먼 것은?

① 카본 ② 강화 플라스틱
③ 금속 ④ 나무

7 비행체의 계통과 연결이 옳지 않은 것은?

① 동력전달계통(구동계통) – 모터, 변속기
② 전기계통 – 배터리, 발전기
③ 조종계통 – 서보, 변속기
④ 연료계통 – 카브레터, 라디에이터

정답 1④ 2④ 3① 4① 5③ 6③ 7④

PART 03 무인 항공기(드론) 이론 및 운용

2 무인멀티콥터 비행 절차

(1) 조종 방법 : 모드 2

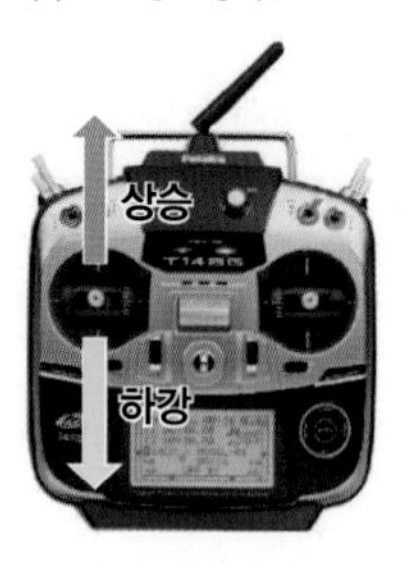

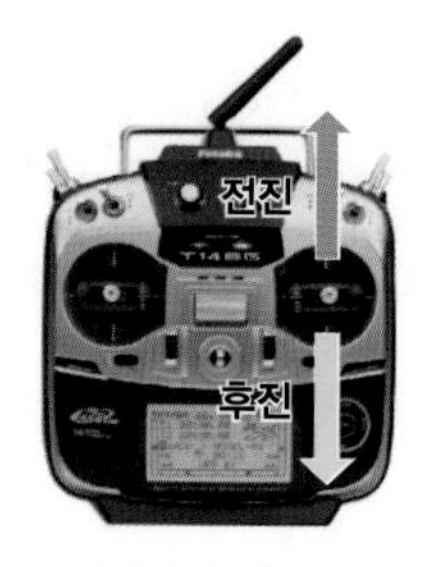

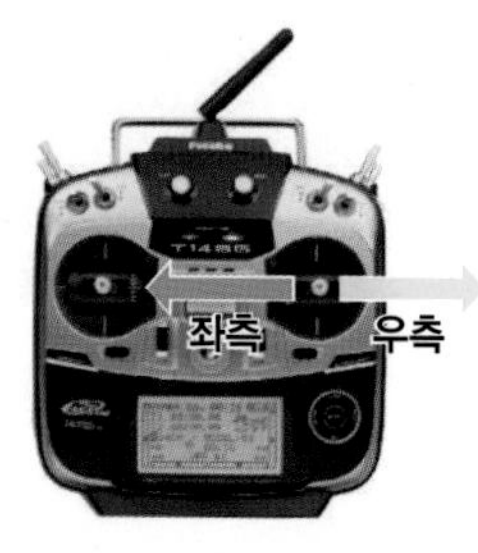

▲ 스로틀(Throttle) ▲ 러더(Rudder) ▲ 엘리베이터(Elevator) ▲ 에일러론(Aileron)

예상문제

1 무인멀티콥터 조종기 사용에 대한 설명으로 바른 것은?

① 모드 1 조종기는 고도 조종 스틱이 좌측에 있다.
② 모드 2 조종기는 우측 스틱으로 전후좌우를 모두 조종할 수 있다.
③ 비행 모드는 자세 제어모드와 수동모드로 구성된다.
④ 조종기 배터리 전압은 보통 6VDC 이하로 사용한다.

2 멀티콥터 조종기 테스트 방법 중 가장 올바른 것은?

① 기체 가까이에서 한다.
② 레인지 테스트 모드에서 기체와 30m 이상 떨어진 상태에서 점검한다.
③ 기체에서 100m 정도 떨어진 곳에서 한다.
④ 기체의 먼 곳에서 한다.

3 무인멀티콥터 조종기를 장기간 사용하지 않을 경우 일반적인 관리 요령이 아닌 것은?

① 보관 온도에 상관없이 보관한다.
② 서늘한 장소에 보관한다.
③ 배터리를 분리해서 보관한다.
④ 케이스에 보관한다.

4 비행 전 조종기 점검사항으로 부적절한 것은?

① 각 버튼과 스틱들이 Off 위치에 있는지 확인한다.
② 조종 스틱이 부드럽게 전 방향으로 움직이는지 확인한다.
③ 조종기를 켠 후 자체 점검 이상 유무와 전원 상태를 확인한다.
④ 조종기 트림은 자동으로 중립 위치에 설정되므로 확인할 필요 없다.

정답 1② 2② 3① 4④

5 멀티콥터의 Heading을 원 선회 중심을 향한 상태에서 선회하기 위해 필요한 키의 조합으로 가장 적절한 것은? (단, 무조작에서 기체 고도는 일정하다고 가정한다.)

① 스로틀, 에일러론 ② 에일러론, 러더
③ 러더, 엘리베이터 ④ 엘리베이터, 스로틀

6 멀티콥터 조종 시 옆에서 바람이 불고 있을 경우, 기체 위치를 일정하게 유지하기 위해 필요한 조작으로 가장 알맞은 것은?

① 스로틀을 올린다. ② 엘리베이터를 조작한다.
③ 에일러론을 조작한다. ④ 랜딩기어를 내린다.

7 멀티콥터 조종기 테스트 중 올바른 것은?

① 기체 바로 옆에서 테스트한다.
② 레인지 테스트 모드에서 기체와 30m 이상 떨어진 상태에서 점검한다.
③ 기체와 100m 떨어져서 일반모드로 테스트한다.
④ 기체를 이륙해서 조종기를 테스트한다.

8 멀티콥터의 기체를 내리려면?

① 엘리베이터를 전진한다. ② 엘리베이트를 후진한다.
③ 스로틀을 내린다. ④ 스로틀을 올린다.

정답 5 ③ 6 ③ 7 ② 8 ③

PART 03 무인 항공기(드론) 이론 및 운용

(2) 비행 제어 모드

구분	내용
Manual mode(수동모드)	모든 센서가 미작동하여 모든 비행조종을 조종자가 직접 감각으로 실시하는 모드
Attitude mode(자세제어모드)	기압계 센서에 의한 고도 유지와 수평을 잡아주는 모드
GPS mode(GPS자동비행모드)	GPS 기반으로 위치를 인식하여 정지비행모드
RTH(자동복귀모드)	통신 두절이나 이륙 전 임의로 위치를 설정하여 자동복귀 및 착륙 가능

예상문제

1 무인 비행장치 비행 모드 중에서 자동 복귀에 대한 설명으로 맞는 것은?

① 자동으로 자세를 잡아주면서 수평을 유지시켜 주는 비행 모드
② 자세 제어에 GPS를 이용한 위치제어가 포함되어 위치와 자세를 잡아준다.
③ 설정된 경로를 따라 자동으로 비행하는 비행 모드
④ 비행 중 통신두절 상태가 발생했을 때 이륙 위치나 이륙 전 설정한 위치로 자동 복귀한다.

2 무인 비행장치들이 가지고 있는 일반적인 비행 모드가 아닌 것은?

① 수동 모드(Manual Mode)
② 고도제어 모드(Altitude Mode)
③ 자세 제어 모드(Attitude Mode)
④ GPS 모드

3 무인 비행장치 비행 모드 중에서 자동 복귀 모드에 해당하는 설명이 아닌 것은?

① 이륙 전 임의의 장소를 설정할 수 있다.
② 이륙장소로 자동으로 되돌아올 수 있다.
③ 수신되는 GPS 위성 수에 상관없이 설정할 수 있다.
④ Auto-Land(자동 착륙)과 Auto-Hover(자동제자리 비행)을 설정할 수 있다.

4 비행 중 GPS 에러 경고등이 점등되었을 때의 원인과 조치로 가장 적절한 것은?

① 건물 근처에서는 발생하지 않는다.
② 자세 제어모드로 전환하여 자세 제어 상태에서 수동으로 조종하여 복귀시킨다.
③ 마그네틱 센서의 문제로 발생한다.
④ GPS 신호는 전파 세기가 강하여 재밍의 위험이 낮다.

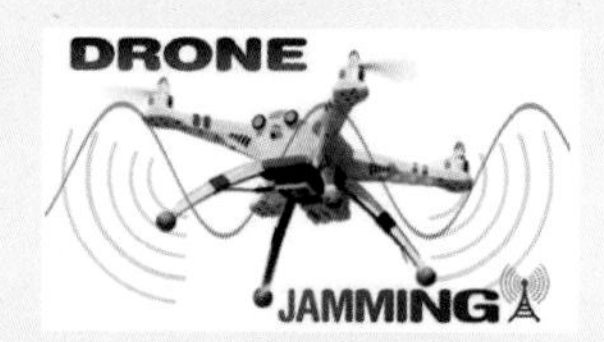

5 비행제어 시스템의 내부 구성품으로 볼 수 없는 것은?

① ESC ② IMU ③ PMU ④ GPS

6 비행제어 시스템에서 자세 제어와 직접 관련이 있는 센서와 장치가 아닌 것은?

① 가속도 센서 ② 자이로 센서 ③ 변속기 ④ 모터

7 비행장치의 위치를 확인하는 시스템은 무엇인가?

① 위성측위 시스템(GPS) ② 자이로 센서
③ 가속도 센서 ④ 지자기 방위 센서

정답 1④ 2② 3③ 4② 5① 6④ 7①

(3) LED 상태 표시등

① 비행 상태를 외부에서 육안으로 모니터링하기 위해 FCS에 연결된 LED 표시등

② FCS 제조사에 따라 등화 방식이 다르므로 각 제조사 매뉴얼에 제시된 표시 방법 사전 숙지

Statas	LED Condition
compass 오류	●● ●● ●● ●● ●●
GPS	● ● ● ●
Altitude	● ● ● ●
Low Lipo Battery Voltage Caution	●● ●● ●● ●●
Low Lipo Battery Voltage Warning	●●●● ●●●● ●●●● ●●●●

(4) 지자기 방위 센서(Magnetic Compass) 캘리브레이션

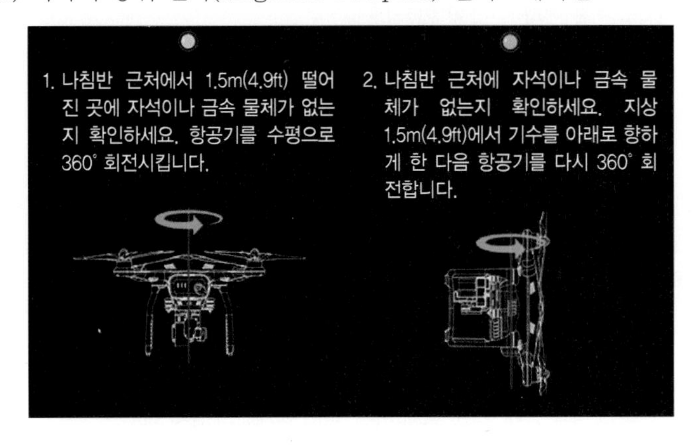

① 캘리브레이션(Calibration)이란 무엇인가?
지자계 센서수치값을 0으로 만드는 기능

② 주의할 사항은 무엇인가?
㉠ 평평한 장소에서 배터리 연결 후 10초간 대기 상태에서 초기화
㉡ 주변의 전자기석의 간섭이 없는 장소에서 실시, 철재로부터 15m 이상 이격
㉢ 개인소지품 중 전자기 제품 제거

③ 어떻게 하는가?
㉠ 조종기 모드 스위치를 10번 정도 Up-Down을 반복하여 캘리브레이션 모드 진입
㉡ 기체를 들어 수평으로 한 바퀴 돌아 등의 LED 색이 변하면 다시 수직으로 세워서 360도 회전
㉢ 완료 시 등은 정상 GPS 또는 자세 모드로 표시

예상문제

1 지자기 센서의 보정(Calibration)이 필요한 시기로 옳은 것은?

① 비행체를 처음 수령하여 시험 비행한 후 다음날 다시 비행할 때
② 10km 이상 이격된 지역에서 비행할 경우
③ 비행체가 GPS 모드에서 고도를 잘 잡지 못할 경우
④ 전진 비행 시 좌측으로 바람과 상관없이 벗어나는 경우

2 지자기 방위 센서 캘리브레이션(Calibration) 시 주의사항으로 틀린 것은?

① 10초간 기체를 움직이지 않은 상태에서 배터리를 연결하여 초기화시킨다.
② 캘리브레이션을 실시하는 동안에는 주변에 전자기석의 간섭이 없는 장소에서 실시한다.
③ 근거리에 자동차나 철제 펜스 등이 있는 주차장은 적합하지 않으며 철재물로부터 약 15m 이상 이격장소에서 하는 것이 좋다.
④ 전자식 자동차 열쇠, 휴대폰 등은 크게 영향을 받지 않는다.

정답 1 ④ 2 ④

(5) 비행 전 점검

구분	내용
조종기	스로틀이 최하 위치일 때 조종기를 먼저 켠다. 이때 조종기 전압 확인
FCS	배터리를 연결하여 LED 경고등이 정상 작동되는지와 GPS 수신 상태 확인
각암, 프로펠러, 모터, 변속기	프로펠러 파손 또는 균열, 모터가 부드럽게 선회와 상부와 하부 몸 체간 유격 여부, 변속기 장착 상태, 타는 냄새 여부, 암의 몸체와의 유격 여부
본체	각 부분의 체결 상태 점검
착륙 장치	착륙 장치 파손 여부, 본체와 연결부위 유격 여부
임무 장비	탑재되어 있는 카메라 짐벌이나 약제 살포장치 등의 임무 장비 장착 상태와 작동 여부
배터리 연결	주 배터리 연결, + – 선 연결 주의(커넥터 사용 권장)
Fail/Safe	비행 시마다 할 필요 없음, 통신 두절 등의 상황에 대비한 비상 절차로서 비행체를 수령하거나 정비한 후 설정된 상태 확인

(6) 시동과 이륙, 착륙

구분	내용
모터 시동	종간들을 최하 위치에서 양쪽 끝이나 안쪽으로 모아서 모터 작동
이륙	시동이 걸린 상태에서 스로틀 조종간을 천천히 올리면 기체가 이륙하여 상승 변속기 장착 상태, 타는 냄새 여부, 암의 몸체와의 유격 여부

이륙 후 점검	전후좌우 방향을 한번씩 작동하여 정상 작동 여부 확인
착륙	비행 중 스로틀을 아래로 내리면 기체 하강, 지면에 닿으면 완전히 내림

예상문제

1 무인멀티콥터 이륙 절차로서 적절하지 않은 것은?

① 비행 전 각 조종부의 작동 점검을 실시한다.
② 시동 후 고도를 급상승시켜 불필요한 배터리 낭비를 줄인다.
③ 이륙은 수직으로 천천히 상승시킨다.
④ 제자리 비행 상태에서 전 · 후 · 좌 · 우 작동 점검을 실시한다.

2 무인멀티콥터 이륙 절차로서 적절한 것은?

① 숙달된 조종자의 경우 비행체와 안전거리를 적당히 줄여서 적용한다.
② 시동 후 준비상태가 될 때까지 로터 작동을 한 후에 이륙을 실시한다.
③ 장애물들을 피해 측면비행으로 이륙과 착륙을 실시한다.
④ 비행 상태 등은 필요할 때만 모니터하면 된다.

3 회전익 무인 비행장치 이착륙 지점으로 적합한 지역에 해당하지 않는 곳은?

① 모래먼지가 나지 않는 평탄한 농로
② 경사가 있으나 가급적 수평인 지점
③ 풍압으로 작물이나 시설물이 손상되지 않는 지역
④ 사람들이 접근하기 쉬운 지역

4 다음 중 무인멀티콥터 비행 후 점검사항이 아닌 것은?

① 송신기와 수신기를 끈다.
② 비행체 각 부분을 세부적으로 점검한다.
③ 모터와 변속기의 발열 상태를 점검한다.
④ 프롭의 파손 여부를 점검한다.

5 무인멀티콥터 비행 중 조종기의 배터리 경고음이 울렸을 때 취해야 할 행동은?

① 당황하지 말고 기체를 안전한 장소로 이동하여 착륙시켜 배터리를 교환한다.
② 경고음이 꺼질 때까지 기다려 본다.
③ 재빨리 송신기의 배터리를 예비 배터리로 교환한다.
④ 기체를 원거리로 이동시켜 제자리 비행으로 대기한다.

정답 1② 2② 3④ 4① 5①

6 회전익 무인 비행장치의 비행 준비사항으로 적절하지 않은 것은?

① 기체 크기
② 기체 배터리 상태
③ 조종기 배터리 상태
④ 조종사의 건강 상태

7 회전익 무인 비행장치 조종사가 비행 중 주의해야 하는 사항이 아닌 것은?

① 휴식 장소
② 착륙장의 부유물
③ 비행 지역의 장애물
④ 조종사 주변의 차량 접근

8 비행 후 기체 점검 사항 중 옳지 않은 것은?

① 동력 계통 부위의 볼트 조임 상태 등을 점검하고 조치한다.
② 메인 블레이드, 테일 블레이드의 결합 상태, 파손 등을 점검한다.
③ 남은 연료가 있을 경우 호버링 비행하여 모두 소모시킨다.
④ 송수신기의 배터리 잔량을 확인하여 부족 시 충전한다.

9 무인멀티콥터의 조종기를 장기간 사용하지 않을 경우 일반적인 관리 요령이 아닌 것은?

① 보관 온도에 상관없이 보관한다.
② 서늘한 장소에 보관한다.
③ 배터리를 분리해서 보관한다.
④ 케이스에 보관한다.

10 산업용 무인멀티콥터의 일반적인 비행 전 점검 순서로 맞게 된 것은?

① 프로펠러, 모터, 변속기, 붐/암, 본체, 착륙 장치, 임무 장비
② 변속기, 붐/암, 프로펠러, 모터, 본체, 착륙 장치, 임무 장비
③ 임무 장비, 프로펠러, 모터, 변속기, 붐/암, 착륙 장치, 본체
④ 임무 장비, 프로펠러, 변속기, 모터, 붐/암, 본체, 착륙 장치

11 무인멀티콥터에서 비행 간에 열이 발생하는 부분으로서 비행 후 필히 점검해야 할 부분이 아닌 것은?

① 프로펠러(또는 로터) ② 비행제어장치(FCS)
③ 모터 ④ 변속기

정답 6 ① 7 ① 8 ③ 9 ① 10 ① 11 ①

⑫ 비행 전 점검 사항이 아닌 것은?

① 모터 및 기체의 전선 등 점검 ② 조종기 배터리 부식 등 점검
③ 호버링을 한다. ④ 기체 배터리 및 전선 상태 점검

⑬ 다음 중 비행 후 점검사항이 아닌 것은?

① 기체 점검 ② 조종기 ③ 이륙 후 시험 비행 ④ 배터리

⑭ 정상적으로 비행 중 기체에 진동을 느꼈을 때 조치사항으로 틀린 것은?

① 로터에 균열이 있는지 정확히 확인한다.
② 조종기와 FC간의 전파에 문제가 있는지 확인한다.
③ 기체의 이음새나 부품의 틈이 헐거워졌는지 확인 후 볼트, 너트 등을 조인다.
④ 짐벌이나 방제용기의 정착 상태를 정확히 확인한다.

⑮ 로터 점검 시 내용으로 틀린 것은?

① 로터의 고정 상태를 확인한다.
② 로터의 회전방향을 확인한다.
③ 로터의 균열이나 손상 여부를 확인한다.
④ 로터의 냄새를 맡아본다.

⑯ 회전익 무인 비행장치의 기체 및 조종기의 배터리 점검사항 중 틀린 것은?

① 조종기에 있는 배터리 연결 단자의 헐거워지거나 접촉 불량 여부를 점검한다.
② 기체의 배선과 배터리와의 고정 볼트의 고정 상태를 점검한다.
③ 배터리가 부풀어 오른 것을 사용하여도 문제 없다.
④ 기체 배터리와 배선의 연결 부위의 부식을 점검한다.

⑰ 비행 전 점검사항이 아닌 것은?

① 모터 및 기체의 전선 등 점검
② 조종기 배터리 부식 등 점검
③ 스로틀을 상승하여 비행해 본다.
④ 기기 배터리 및 전선 상태 점검

⑱ 멀티콥터의 비행이 아닌 것은?

① 전진 비행 ② 후진 비행 ② 회전 비행 ④ 배면 비행

정답 12 ③ 13 ③ 14 ② 15 ④ 16 ③ 17 ③ 18 ④

5 무인멀티콥터의 비행 제어 시스템 원리

1 비행제어 시스템 : FCS

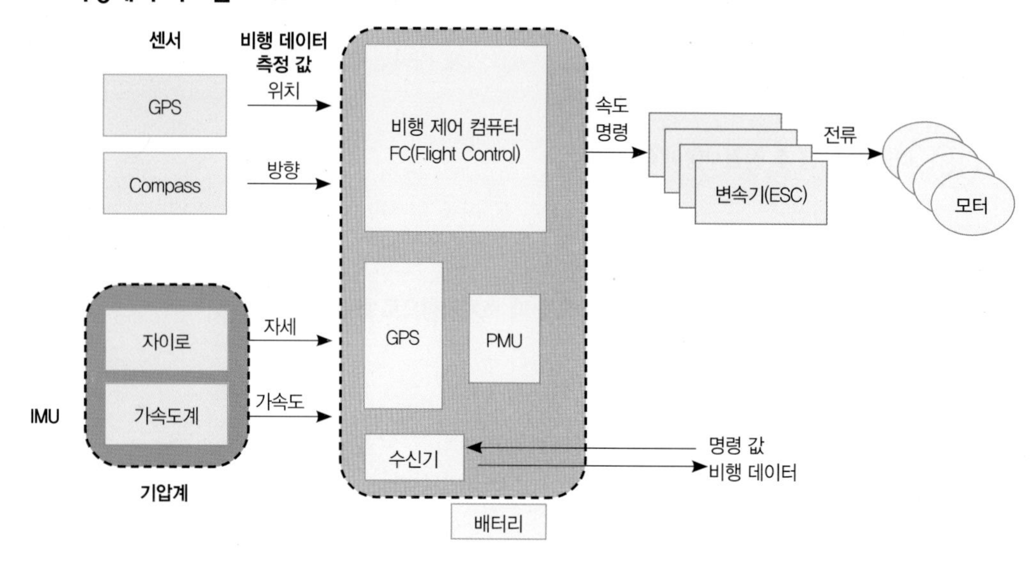

2 비행제어기(FC : Flight Controller)

사람의 뇌와 유사, 수신모듈로부터 수신된 명령 신호를 처리하며 각 암(ARM)의 변속기를 통해 모터를 제어하고, 가속도계 · 자이로 센서를 포함하는 관성측정장치(IMU), 컴파스 · 지자계 등의 센서 데이터를 기반으로 안정적인 비행을 가능하도록 한다.

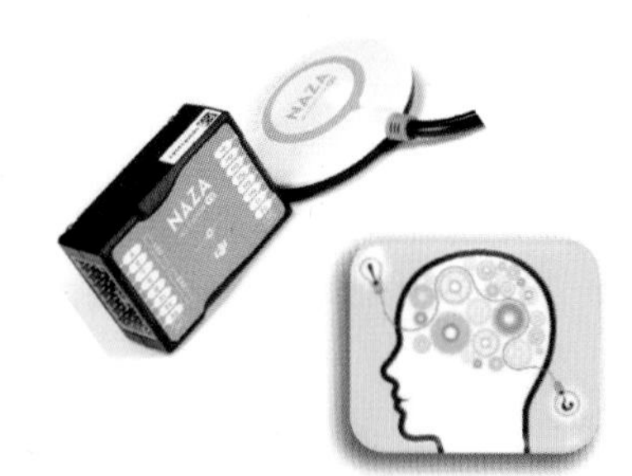

(1) FC의 구체적 역할

① 입력 : 송신기에서 보낸 신호를 수신기로 받아 복조한 각 채널의 PWM 신호를 입력으로 받는다.

② 출력 : PWM 신호를 연산하여 기체의 자세를 송신기의 명령대로 제어하기 위하여 각 변속기에 제어신호를 보낸다.

③ 조종기에 보내는 비행 모드대로 수행하기 위해서 비행 모드별(매뉴얼, 에띠, GPS 등)로 각기 다르게 연산한다.

④ FC 내의 LED 및 외부 LED 모듈 또는 특정한 빛과 소리를 발생시켜서 조작에 상응하는 반응 표시

3 위성항법시스템 GNSS(Global Navigation Satllite System) 역사 · 원리

GNSS는 우주에 존재하는 인공위성들이 보내오는 신호를 받아 삼각진법으로 해석함으로써 지구상의 어느 곳에 있는지를 정확히 알 수 있는 시스템

(1) 위성항법시스템의 역사

① 미국 : GPS(Global Positioning System), 지피에스
1978년 첫 항법 위성 발사, 현재 약 65개 위성 중 30여 기 사용 중
※ 대부분 위성항법시스템은 이 두 가지 체계를 다 지원하도록 설계

② 러시아 : GLONASS(Global Navigation Satellite System), 글로나스
1982년 첫 위성 발사, 현재 24여 기 운용

③ 중국 : Beidou, 베이더우
㉠ 2,000년부터 아시아-태평양 지역 위주로 서비스하면서 최근 22번째 위성 발사
㉡ 향후 전 세계를 대상으로 서비스하기 위한 COMPASS 계획 실행 중이며 30여 기 운용

④ 유럽 : Galileo, 갈릴레오
2011년부터 발사 시작, 2020년까지 30기 위성을 발사해 완성할 예정

⑤ 대한민국 : 2019년 시범서비스를 목표로 SBAS 개발 진행 중
KASS 시스템이 구축될 예정

⑥ 현 세계 4대 위성 위치 시스템 : 약 10m 오차
정지궤도 위성을 이용하여 오차 범위를 1m 이내로 줄이는 초정밀 GNSS 보정 시스템 구축
→ 이를 SBAS(Satellite Based Augmentation System)라 함

(2) 위성항법시스템의 작동 원리

① 우주 궤도상에 수십 개의 위성군을 일정한 형상으로 배치하여, 항상 전 지구를 커버할 수 있도록 하여 위성에서 발신한 전파를 이용하여 지구상의 사용자에게 언제 어디서나 누구에게나 위치, 고도, 속도, 시간 정보를 제공할 수 있도록 하는 시스템

② 최근 멀티콥터에 탑재되는 GPS 안테나는 고성능으로 6~15개의 신호를 동시에 수신할 수 있음
※ GPS 위성 숫자가 최소 4개 이상이면 설정이 가능하지만, 일반적으로 6개 이상인 상태에서 설정이 되도록 프로그램
※ GPS 신호 : 1~2Ghz 대역 주파수, 직진성이 강함

(3) 위성항법시스템의 무인멀티콥터 활용

① 멀티콥터의 대부분은 GPS 안테나 탑재, 스스로 위치를 산출함으로써 자동적으로 공중의 같은 위치에 정지 → 조종자의 부담을 줄여주는 반면, GPS 신호 수신 제한 시 예기치 못한 동작을 하는 경우가 있기 때문에 주의 필요

② 단점 : 실내에서 신호 수신 불가, 높은 건물이 많은 장소/구름층이 두터운 장소 수신 불량
GPS 신호는 전파 세기가 미약하여 재밍에 취약

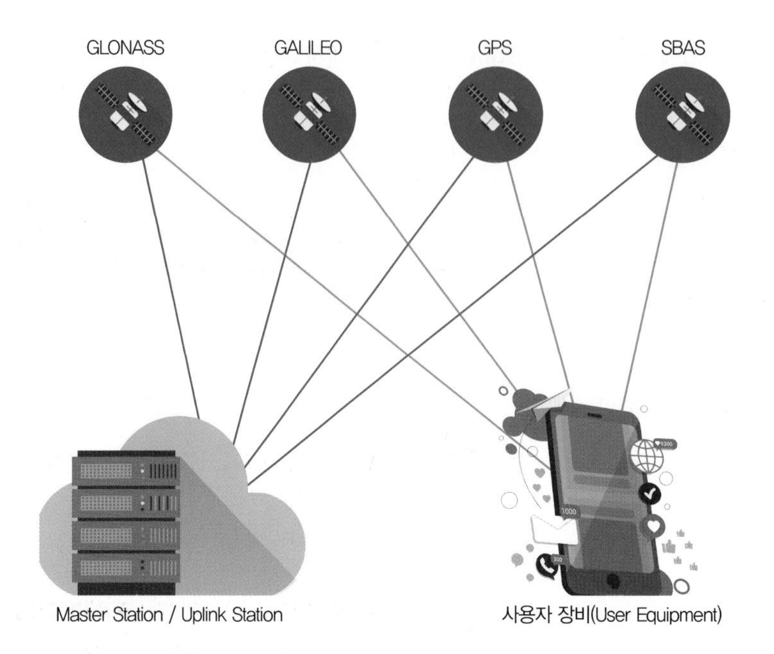

예상문제

1 무선주파수 사용에 대해서 무선 허가가 필요치 않은 경우는?

① 가시권 내의 산업용 무인 비행장치가 미약 주파수 대역을 사용할 경우
② 가시권 밖에 고출력 무선 장비를 사용할 경우
③ 항공촬영 영상수신을 위해 5.8Ghz의 3W 고출력 장비를 사용할 경우
④ 원활한 운용자 간 연락을 위해 고출력 산업용 무전기를 사용하는 경우

2 위성항법시스템(GNSS)의 설명으로 틀린 것은?

① 위성항법시스템에는 GPS, GLONASS, Galileo, Beidou 등이 있다.
② 우리나라에서는 GLONASS는 사용하지 않는다.
③ 위성신호별로 빛의 속도와 시간을 이용해 거리를 산출한다.
④ 삼각진법을 이용하여 위치를 계산한다.

3 위성항법시스템(GNSS)에 대한 설명으로 옳은 것은?

① GPS는 미국에서 개발 및 운용하고 있으며 전 세계에 20개의 위성이 있다.
② GLONASS는 유럽에서 운용하는 것으로 24개의 위성이 구축되어 있다.
③ 중국은 독자 위성항법시스템이 없다.
④ 위성 신호의 오차는 통상 10m 이상이며 이를 보정하기 위한 SBAS 시스템은 정지궤도위성을 이용한다.

정답 1① 2② 3④

4 위성항법시스템의 무인멀티콥터 활용 시의 설명 중 가장 맞는 것은?

① 멀티콥터의 대부분은 GPS시스템을 탑재하고 스스로 위치를 산출하여 자동적으로 공중의 같은 위치에서 정지비행을 할 수 있다.
② GPS 신호는 곡선성이 높고, 반사에 의한 신호는 오차가 거의 발생하지 않게 수신된다.
③ GPS 신호는 높은 건물이 많은 장소, 실내, 구름층 등 지역에서도 잘 수신된다.
④ 멀티콥터에 탑재되는 GPS 안테나는 고성능이므로 1개만으로 신호를 받을 수 있다.

정답 4 ①

4 기체의 상태를 계측하는 센서(IMU : Inertial Measurement Unit)

(1) 자이로 센서(각속도 센서)

① 물체의 회전속도인 각속도의 값을 이용하는 센서(=각속도 센서)
② 각속도는 시간당 회전하는 각도를 의미

예 수평한 상태(정지)에서 각속도가 0°/sec이다. 물체가 10초 동안 움직이는 동안 50°만큼 기울어졌다면 10초 동안 평균 각속도는 5°/sec이다.

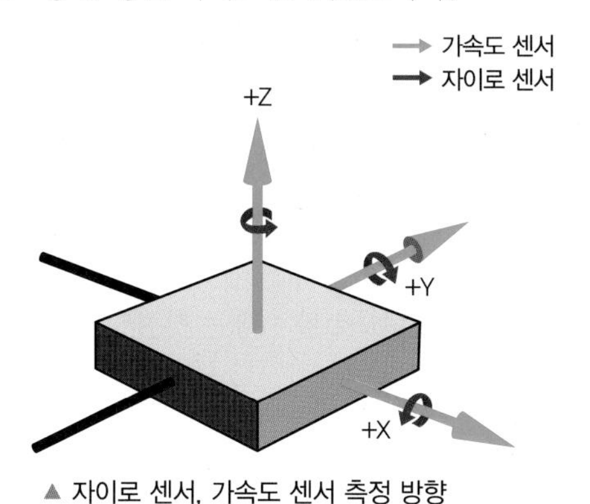

▲ 자이로 센서, 가속도 센서 측정 방향

(2) 가속도(加速度) 센서

① 가속도를 계측할 수 있지만, 기체가 정지 상태일 때도 항시 중력이 작용하기 때문에 그 중력 가속도가 작용하는 방향을 측정함으로써 기체의 자세(기울기)를 계측할 수 있음
② 가속도를 적분함으로써 이동량도 구함

예상문제

1 IMU 장치로 측정되는 비행데이터에 해당되는 것은?

① 속도와 고도　　② 고도와 비행자세
③ 가속도와 방위각　　④ 비행자세와 각속도

정답 1 ④

PART 03 무인항공기(드론) 이론 및 운용

5 자세 제어 원리

(1) 자세 제어장치 = 자세 안정화 장치

① 공통 : 모든 제어장치는 기울어짐을 감지한 경우 즉시 회복하도록 로터 출력을 제어하는 자세 안정화 기능이 탑재되어 있음

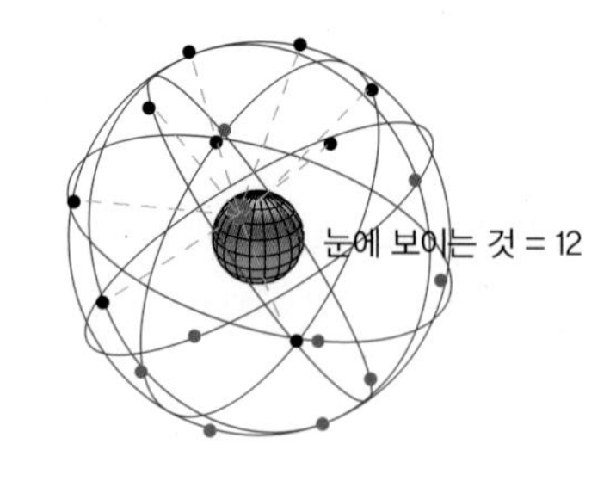

㉠ 가속도 센서로부터 얻는 기울기를 근거로 기울어진 쪽의 로터 출력을 증가시키고, 자이로 센서로부터 얻은 회전 상태를 근거로 모터를 제어

② 일부 제어장치는 자세 유지뿐만 아니라 자동 이륙 기능, 홈 위치로 자동 귀환 기능 등 고성능화

③ GPS 모드 : GPS가 제공한 위치 정보를 근거로 같은 위치로 제자리 비행할 수 있도록 모든 키를 제어할 수 있는 모드

④ GPS를 사용하지 않고, 가속도 센서와 자이로 센서만으로 자세 제어를 한다면?

㉠ 기체는 변화된 자세를 그대로 유지하면서 흐르게 되거나 정지하게 됨

㉡ 이것은 가속도 센서와 자이로 센서만으로는 기체가 현재 어디를 비행하고 있는지 알 수 없기 때문 → 이를 보완하기 위해 기압 센서, 초음파 센서, 광학 센서 등 탑재

※ 기체를 조종하는 경우 각각의 센서의 원리와 역할을 정확히 파악하여 문제 발생 시 일어날 수 있는 움직임에 대비하는 것이 중요

예상문제

1 자동 비행장치(FCS)를 구성하는 기본 시스템으로 볼 수 없는 것은?

① 자이로와 마그네틱콤파스
② 레이저 및 초음파 센서
③ GPS 수신기와 안테나
④ 전원관리 장치(PMU)

2 자동 비행장치(FCS)에 탑재된 센서와 역할의 연결이 부적절한 것은?

① 자이로 – 비행체 자세
② 지자기 센서 – 비행체 방향
③ GPS 수신기 – 속도와 자세
④ 가속도계 – 자세변화와 속도

3 GPS 장치의 구성으로 볼 수 없는 것은?

① 안테나 ② 변속기 ③ 신호선 ④ 수신기

정답 1② 2③ 3②

④ 무인 비행장치에 탑재되는 비행 센서로서 적절하지 않은 것은?

① MEMS 자이로 센서　　② 가속도 센서
③ 기압 센서　　④ 유량 센서

⑤ 다음 중 무인멀티콥터에 탑재된 센서와 연관성이 옳지 않은 것은?

① MEMS 자이로 센서 – 비행자세
② 가속도 센서 – 위치
③ 기압 센서 – 비행속도와 고도
④ AHRS – 방위각

⑥ 멀티콥터의 비행자세 제어를 확인하는 시스템은?

① 자이로 센서　　② 기압센서
③ 위성시스템(GPS)　　④ 지자기 방위 센서

정답 4 ④ 5 ③ 6 ①

PART 03 무인 항공기(드론) 이론 및 운용

6 전동 모터와 전자변속기

1 구조와 원리

(1) 모터의 정의 : 전력을 받아서 회전하고, 그축에 회전력을 발생시키는 동력기계. 공급되는 전기 방식에 따라 직류용, 단상 교류용, 3상 교류용 등이 있다.

(2) 모터 : 브러시 모터와 브러시리스(BLDC)

▲ 브러시 모터

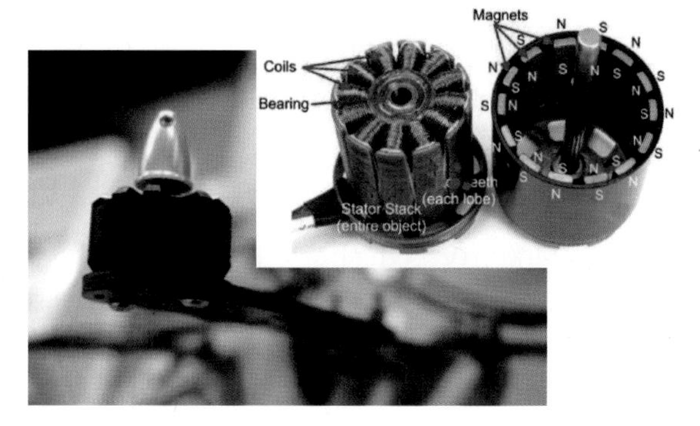

▲ 브러시리스 모터

예상문제

1 **회전익 무인 비행장치의 엔진으로 적합한 것은?**

① 전기모터 ② 가솔린 엔진
③ 로터리 엔진 ④ 터보 엔진

정답 1 ①

2 브러시 직류 모터(Brushed DC Motor)

일반적으로 주변에서 많이 볼 수 있는 모터, 주로 완구나 컴퓨터의 USB를 이용하는 선풍기 등에 많이 사용되는 모터로서 전자석의 (+)와 (-) 방향을 바꿔주는 부분에 브러시라는 얇은 철판이 사용된다.

(1) 브러시로 인해 수명이 있다.
브러시 부분에 마찰이 생겨 높은 전류에서 브러시와 정류자 사이에 스파크가 발생하고 수명이 단축된다.

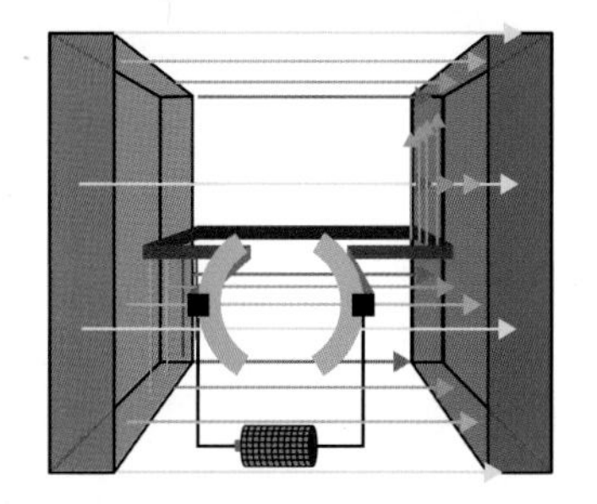

(2) 회전력(토크)이 작고 회전속도를 빠르게 설계하기 쉬워 작은 프로펠러를 장착하는 소형 멀티콥터에 적합하다.

(3) DC 전압을 조절하면서 회전 수를 조절할 수 있어 변속기가 불필요하다.

3 브러시리스 직류 모터(BLDC Motor : Brushless DC Motor)

모터의 수명에 영향을 미치는 브러시를 없애므로 수명을 반영구적으로 만든 모터

(1) 수명이 반영구적

(2) 안전이 중요한 대형 멀티콥터에 적합

(3) 전자석에 순차적으로 자성을 발생시키는 변속기(ESC)가 필수적

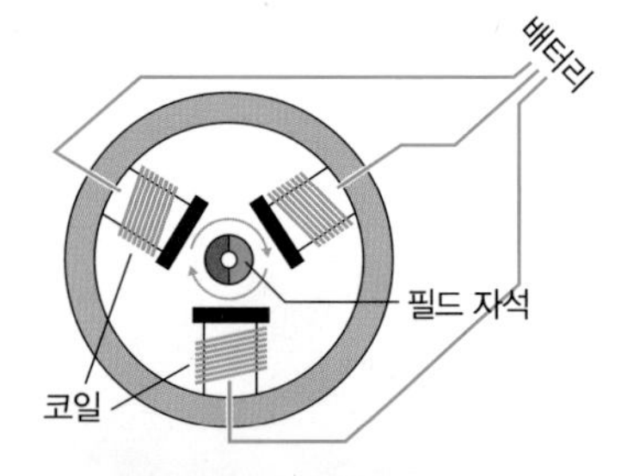

(4) 모터 KV값 알아보기
① 1V의 전압을 걸었을 때 분당회전수(RPM)
② KV1400 : 1V 전압 시 분당 1400RPM을 의미
③ 모터의 전압
㉠ 배터리 6S, 1S당 3.7V X 6 = 22.2V
㉡ 1400 X 22.2 = 31,080RPM으로 회전

(5) BLDC 모터의 구조 이해

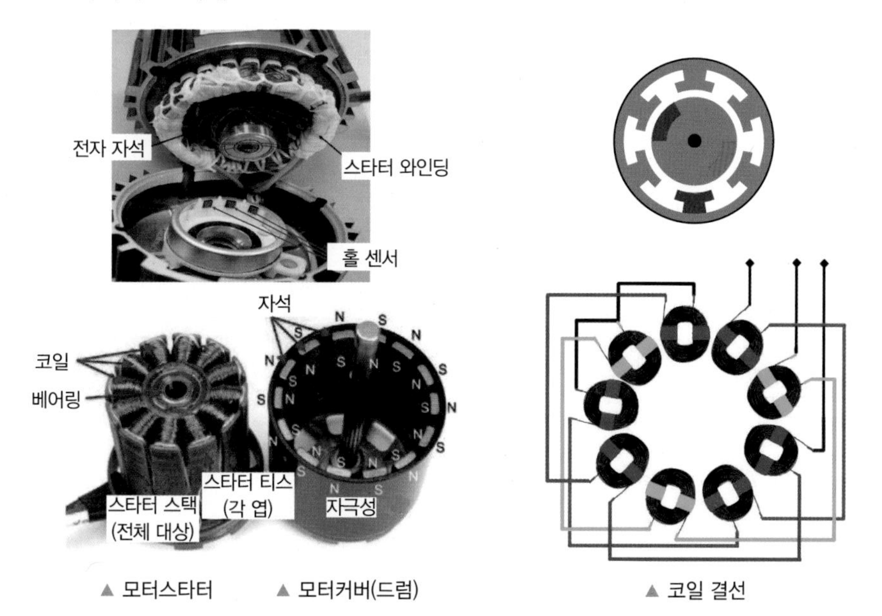

▲ 모터스타터 ▲ 모터커버(드럼) ▲ 코일 결선

예상문제

1 다음 중 멀티콥터용 모터와 관련된 설명 중 옳지 않은 것은?

① DC 모터는 영구적으로 사용할 수 없는 단점이 있다.
② BLDC 모터는 ESC(속도제어장치)가 필요 없다.
③ 2300KV는 모터의 회전수로서 1V로 분당 2300번 회전한다는 의미이다.
④ Brushless 모터는 비교적 대형 멀티콥터에 적당하다.

2 멀티콥터에 사용되는 브러시리스 모터의 설명 중 틀린 것은?

① 모터의 수명에 영향을 미치는 브러시를 없애므로 수명을 반영구적으로 만든 모터이다.
② DC 전압을 조절하면서 회전수를 조절할 수 있어 변속기가 불필요하다.
③ 수명이 반영구적이다.
④ 전자석에 순차적으로 자성을 발생시키는 변속기(ESC)가 필수적이다.

3 다음 중 멀티콥터의 비행 중 모터 한 두개가 정지하여 비행이 불가할 때 가장 올바른 대처 방법은?

① 신속히 최기 안전 지역에 수직하강하여 착륙시킨다.
② 상태를 기다려 본다.
③ 조종 기술을 이용하여 최대한 호버링한다.
④ 최초 이륙지점으로 이동시켜 착륙한다.

정답 1 ② 2 ② 3 ①

4 윤활유의 역할이 아닌 것은?

① 마찰 저감 작용 ② 냉각 작용
③ 응력 분산 작용 ④ 방빙 작용

* 방빙(작용)장치 : 항공기 빙결을 막는 장치 – 가열공기방식과 전력가열방식

5 엔진오일의 역할이 아닌 것은?

① 윤활 작용 ② 온도상승 방지
③ 기밀 유지 ④ 방빙 작용

6 1마력을 표현한 것이 아닌 것은?

① 0.75kw
② 한 마리의 말이 1초 동안에 75kg의 중량을 1m 움직일 수 있는 일의 크기
③ 75kg.m/sec
④ 0.75kg.m/sec

7 브러시 직류 모터와 브러시리스 직류 모터의 특징으로 맞는 것은?

① 브러시 직류 모터는 반영구적이다.
② 브러시 모터는 안전이 중요한 만큼 대형 멀티콥터에 적합하다.
③ 브러시 리스 모터는 전자변속기(ESC)가 필요 없다.
④ 브러시 모터는 영구적으로 사용할 수 없다는 단점이 있다.

8 큰 규모의 무인멀티콥터 엔진으로 가장 적절한 것은?

① 전기 모터(브러시 리스 직류)
② 전기 모터(브러시 직류)
③ 제트 엔진
④ 로터리 엔진

정답 4④ 5④ 6④ 7④ 8①

4 전자변속기(ESC : Electronical Speed Controller)

전자식 속도 제어기로서 모터의 속도를 제어하는 필수적인 전력제어 전자회로로서 모터를 회전시킴과 함께 매 순간 매우 빠른 속도로 모터의 회전속도를 가변시키는 역할

(1) 전자변속기의 종류

- 브러시형 모터에는 브러시형 변속기(불필요)
- 브러시리스형 모터에는 브러시리스형 변속기(필수)

① 브러시형 변속기 : 모터 연결선이 굵은 2가닥(+전극, −전극)
② 브러시리스형 변속기 : 모터 연결선이 굵은 3가닥(U상, V상, W상)

(2) 전자변속기의 허용 전류 용량에 따른 분류

① 모터의 구동과제어를 위한 것이므로, 모터의 용량에 맞게 전류 용량 중에서 적합한 것 선택
② 종류 : 취미용 드론 5(A)급 ~ 중형기체 20(A) ~ 대형기체 50(A) 사용
※ 전류 용량이 큰 것일수록 대체적으로 좋지만, 가격이 비싸지고 중량이 무거워져 적당한 것 선택

(3) 전자변속기의 허용 전압에 따른 분류

변속기는 배터리의 전원 전압과 모터의 최대 허용 전력을 감안하여 설계, 최대 허용전압 범위 내에서 사용, 특히 전압으로 지정하지 않으며 변속기에 전원전압으로 입력이 가능한 범위의 전압을 허용 셀 수로 표기(소형기체 2~3셀용, 중급기체 3~4셀용, 대형기체 4~6셀용)

예상문제

1 다음 중 전자변속기(ESC)의 설명이 틀린 것은?

① BLDC 모터의 방향과 속도를 제어할 수 있도록 해주는 장치이다.
② Brushed 모터의 방향과 속도를 제어할 수 있도록 해주는 장치이다.
③ 비행제어 시스템의 명령값에 따라 적정 전압과 전류를 조절하여 실제 비행체를 제어할 수 있도록 해준다.
④ 모터를 한 방향으로 회전하도록 만들어지는데 삼상의 전원선을 교차시킴으로서 모터의 회전 방향이 반대가 되도록 한다.

정답 1 ②

7 배터리 종류와 관리 방법

1 화학전지란?

화학전지는 화학반응을 발생시켜 전기를 얻는 장치를 말한다. 건전지, 배터리 등은 이러한 화학전지를 일컫는 용어들이다.

2 배터리 종류 : 1차 전지, 2차 전지, 연료전지로 분류

(1) 1차 전지 : 일회용 전지(한번 사용하고 버리는 일회용 전지)

① 종류 : 알카라인(Alkaline), 망간(MN−ZN, Manganese Zinc), 니켈 아연, 탄소 아연(C−ZN, Carbon Zinc) 등이다.
② 장점 : 기전력이 크다, 일정한 전압이 오랫동안 유지된다. 자기 방전이 적어 용량이 줄지 않는다.
③ 단점 : 가볍고 저렴하며 용량이 적고, 내부 저항이 적다.

(2) 2차 전지 : 여러 번 충전하여 사용할 수 있는 전지

① 종류 : 납(Pb), 니켈 카드뮴(Ni-Cd), 니켈 수소(Ni-MH), 리튬이온(Li-Ion), 리튬 폴리머(Li-Po) 등

② 장점 : 여러 번 충전 가능, 다양한 모양 · 크기로 제작 가능, 대용량

(3) 연료 전지 : 차세대 전지로 많은 연구가 진행되고 있는 전지
연료와 산화제를 촉매층을 통과시켜 촉매에 의해 전기 화학적으로 반응시켜 전기를 발생

3 무인멀티콥터 배터리

(1) Li-Po 배터리 스펙 바로 알기

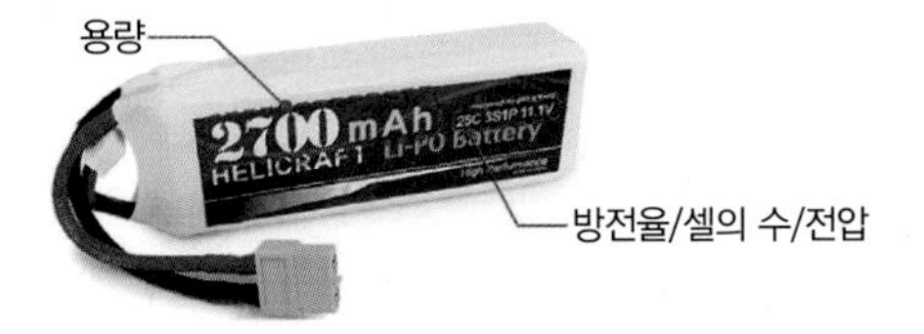

① 용량(Capacity)
1시간 동안 2700mA를 흘려 보낼 수 있다.
예 휴대폰 배터리가 2000~3000mAh

② 방전율(C-Rating)

㉠ 배터리가 안정적으로 출력 가능한 최대치를 의미

㉡ 용량은 물탱크, 방전율 = 수도꼭지의 크기

㉢ 25C : 순간적으로 배터리의 용량을 25배 즉, 67.5A(25X2700mA)까지 순간 출력이 가능함을 의미

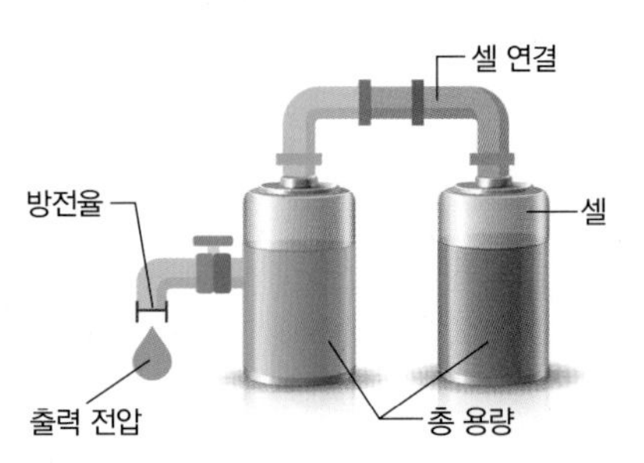

③ 셀의 수(Cell-Count)

㉠ 셀 : 고용량의 배터리를 구성하는 작은 배터리

㉡ S = Serial · 직렬, P = Parallel · 병렬의 의미

㉢ 3S1P : 3개의 직렬, 1개의 병렬(하나의 묶음 의미)

④ 전압(Voltage) : 11.1V, 1셀은 11.1V/3 = 3.7V

(2) Li-Po 배터리 효율적 관리

① 사용 시 주의사항

㉠ 비행 시마다 배터리를 완충시켜야 한다.

㉡ 정해진 모델의 충전기 사용, 타 모델장비와 혼용 금지

㉢ 저전력 경고가 점등될 경우 즉시 복귀 및 착륙시켜야 한다.

㉣ 낙하, 충격 또는 인위적 합선 금지

㉤ -10℃ 이하로 사용될 경우 영구 손상되어 사용불가 상태가 될 수 있다.

② 충전 시 주의사항

㉠ 배터리 충전 시에는 항상 모니터링 실시(화재 발생 가능성 항상 염두)

㉡ 완충 시 배터리를 분리

㉢ 리포배터리 전용 충전기 사용(밸런싱 충전 기능이 있는 제품 사용 추천)

㉣ 오랜 시간 충전을 방치하여 과충전 금지(열발생 및 스웰링 현상 발생)

㉤ 가급적 고속 충전 금지(수명 단축 원인)

③ 보관 시 주의사항

㉠ 10일 이상 미사용 보관 시 60~70% 정도까지 방전 후 보관

㉡ 비행체를 장기 보관할 경우 배터리 분리 보관

㉢ 더운 날씨 차량 보관 금지, 적정 보관 온도는 22~28℃

④ 정비 시 주의사항

㉠ 과도하게 방전시키면 배터리 셀 손상되므로 주의

㉡ 배터리를 장시간 사용하지 않을 경우 수명 단축

(3) Li-Po 배터리 장단점

장 점	단 점
① 2차 전지 등에 비해 높은 전압을 가진다. ② 리튬이온 배터리보다 에너지 효율이 높다. ③ 폴리머 형태의 전해질로 높은 안전성을 가진다. ④ 다양한 형태와 크기로 제작이 가능하다. ⑤ 대형 전자기기에도 사용이 가능하다. ⑥ 인체에 유해한 중금속을 사용하지 않는다.	① 과충전 시 스웰링(Swelling) 현상이 발생한다. – 스웰링 : 배터리가 부풀어 오르는 현상 ② 제조공정이 복잡하고 가격이 높다. ③ 액체 형태의 전해질보다 전도율이 떨어진다. ④ 저온에서 성능이 저하된다.

예상문제

1 배터리를 오래 효율적으로 사용하는 방법으로 적절한 것은?

① 충전기는 정격 용량이 맞으면 여러 종류의 모델 장비를 혼용해서 사용한다.

② 10일 이상 장기간 보관할 경우 100% 완충시켜서 보관한다.

③ 비행 시마다 배터리를 완충시켜서 사용한다.

④ 충전이 다 됐어도 배터리를 계속 충전기에 걸어 놓아 자연 방전을 방지한다.

2 리튬 폴리머 배터리 보관 시 주의사항이 아닌 것은?

① 더운 날씨에 차량에 배터리를 보관하지 마시오. 적합한 보관 장소의 온도는 22~28℃

② 배터리를 낙하, 충격, 쑤심, 또는 인위적으로 합선시키지 마시오.

③ 손상된 배터리나 전력 수준이 50% 이상인 상태에서 배송하지 마시오.

④ 화로나 전열기 등 열원 주변처럼 따뜻한 장소에서 보관하시오.

3 리튬 폴리머(Li-Po) 배터리 취급 · 보관 방법으로 부적절한 설명은?

① 배터리가 부풀거나, 누유 또는 손상된 상태일 경우에는 수리하여 사용한다.

② 빗속이나 습기가 많은 장소에 보관하지 말아야 한다.

③ 정격 용량 및 장비별 지정된 정품 배터리를 사용해야 한다.

④ 배터리는 −10~40℃의 온도 범위에서 사용한다.

정답 1 ③ 2 ④ 3 ①

④ 초경량 무인 비행장치 배터리의 종류가 아닌 것은?

① 니켈 카드뮴(Ni-Cd)
② 리튬폴리머(Li-Po)
③ 니켈 아연(Ni-Zi)
④ 니켈 수소(Ni-MH)

⑤ 리튬 폴리머(Li-Po) 배터리 취급에 대한 설명으로 올바른 것은?

① 폭발 위험이나 화재 위험이 적어 충격에 잘 견딘다.
② 50℃ 이상의 환경에서 사용될 경우 효율이 높아진다.
③ 수중에 장비가 추락했을 경우에는 배터리를 잘 닦아서 사용한다.
④ -10℃ 이하로 사용될 경우 영구히 손상되어 사용불가 상태가 될 수 있다.

⑥ 리튬 폴리머 배터리 사용상의 설명으로 적절한 것은?

① 비행 후 배터리 충전은 상온까지 온도가 내려간 상태에서 실시한다.
② 수명이 다 된 배터리는 그냥 쓰레기들과 같이 버린다.
③ 여행 시 배터리는 화물로 가방에 넣어서 운반이 가능하다.
④ 가급적 전도성이 좋은 금속 탁자 등에 두어 보관한다.

⑦ 다음 중 멀티콥터 배터리 관리 및 운용방법 중 틀린 것은?

① 매 비행 시마다 완충된 배터리를 사용해야 한다.
② 전원이 켜진 상태에서 배터리 탈착이 가능하다.
③ 정격 용량 및 장비별 지정된 정품 배터리를 사용해야 한다.
④ 전압 경고가 점등될 경우 가급적 빨리 복귀 및 착륙시키는 것이 좋다.

⑧ 다음 중 초경량 비행장치에 사용하는 배터리가 아닌 것은?

① LiPo(리튬 폴리머) ② NiCd(니켈 카드뮴)
③ NiZi(니켈 아연) ④ NiMH(니켈 수소)

⑨ 초경량 비행장치의 배터리 종류가 아닌 것은?

① NC ② LP ③ Nmh ④ Nich

⑩ 배터리 소모율이 가장 많은 것은?

① 이륙 시 ② 비행 중
③ 착륙 시 ④ 조종기 트림에 관한 조작 시

정답 4 ③ 5 ④ 6 ① 7 ② 8 ③ 9 ④ 10 ①

11 배터리 보관 방법 중 틀린 것은?

① 장기간 보관 시 완충하여 보관한다.
② 10일 이상 장기간 사용하지 않을 경우 50~70% 정도까지 방전시켜 보관한다.
③ 비행체에서 분리하여 보관한다.
④ 겨울철에는 춥지 않은 따뜻한 장소에서 보관한다.

12 리튬 폴리머 배터리에 대한 설명 중 옳지 않은 것은?

① 충전 시 셀당 4.2V를 초과되지 않도록 한다.
② 한 셀만 3.2V이고 나머지는 4.0V 이상일 경우에는 정상이므로 비행에 지장 없다.
③ 20C, 25C 등은 방전율을 의미한다.
④ 6S, 12S 등은 배터리 팩의 셀 수를 표시하는 것이다.

13 초경량 비행장치에 사용하는 배터리가 아닌 것은?

① Li-Po ② Ni-Cd
③ Ni-MH ④ Ni-CH

정답 11 ① 12 ② 13 ④

구조와 기능에 관한 지식

1 비행원리

1 날개(Airfoil, 풍판(風板))

(1) 비행기 날개처럼 주변 공기의 움직임에 따라 반동력이 생기는 디자인으로 만들어진 본체

(2) 날개는 몸체를 상승시키기 위해 양력과 전진을 위해 추력을 발생시킨다.

- **프로펠러(Propeller)란?**
  원동기의 회전력을 추력으로 바꾸어 비행기나 선박을 추진시키는 장치

- **로터(Rotor)란?**
  회전익의 수직으로 상승하는 데 필요한 양력을 발생시키는 회전 날개로 회전축이 고정되어 있지 않고 기울여서 양력 발생.
  한 개는 블레이드(Blade), 두 개 이상 통합된 것을 로터(Rotor)라고 함

예상문제

1 프로펠러의 정확한 의미로 가장 적절한 것은?

① 항공기나 선박에 추력(추진력, 전방으로 이동하는 힘)을 부여하는 장치
② 항공기나 선박에 양력(공중으로 부양시키는 힘)을 부여하는 장치
③ 항공기나 선박에 항력(공기 중에 저항받는 힘)을 부여하는 장치
④ 항공기나 선박에 중력(중량, 무게)을 부여하는 장치

2 로터(Rotor) 또는 블레이드(Blade)의 정확한 의미로 가장 적절한 것은?

① 항공기나 드론에 추력(추진력, 전방으로 이동하는 힘)을 부여하는 장치
② 항공기나 드론에 중력(중량, 무게)을 부여하는 장치
③ 항공기나 드론에 항력(공기 중에 저항받는 힘)을 부여하는 장치
④ 항공기나 드론에 양력(공중으로 부양시키는 힘)을 부여하는 장치

정답 1 ① 2 ④

(3) 날개의 명칭

1929년에 미국의 NACA(National Advisory Committee for Aeronautics, 국립항공자문위원회)에서 에어포일에 대한 연구와 실험을 수행하여 에어포일을 체계적으로 표준화하고 정의

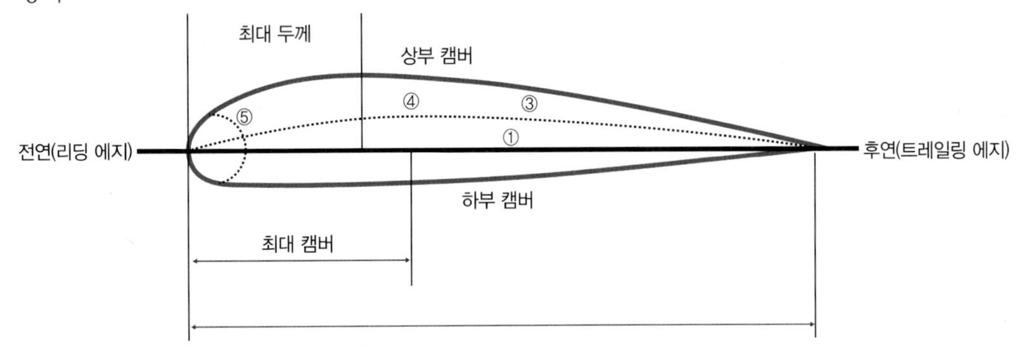

① 익현선(Chord Line) : 전연과 후연을 연결하는 직선
② 익현 길이(Chord Length) : 날개의 길이
③ 평균 곡률선 혹은 중심선(Mean Camber Line) : 날개 상 · 하면에 내접하는 가상의 원 중심을 연결한 선
④ 평균 캠버선(Camber) : 익현선과 평균곡률선 사이
⑤ 전연 원 : 전연을 기준으로 날개(Airfoil)에 내접하는 원의 반경을 전연반경이라 함

2 받음각과 취부각

(1) 받음각 : AOA(Angle of Attack)

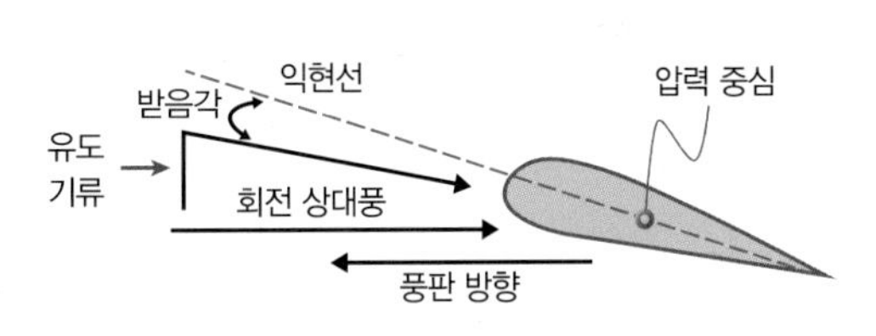

① 익현선과 합력 상대풍의 사이 각, 공기역학적 각 취부각의 변화 없이도 변화할 수 있음
② 양력, 항력 및 피칭 모멘트에 가장 큰 영향
③ 영각이 커지면 비행기에 미치는 양력은 증가한다. 항력은 크게 받음각과 같이 증가하는 유도항력과 속도와 함께 증가하는 유해항력으로 나

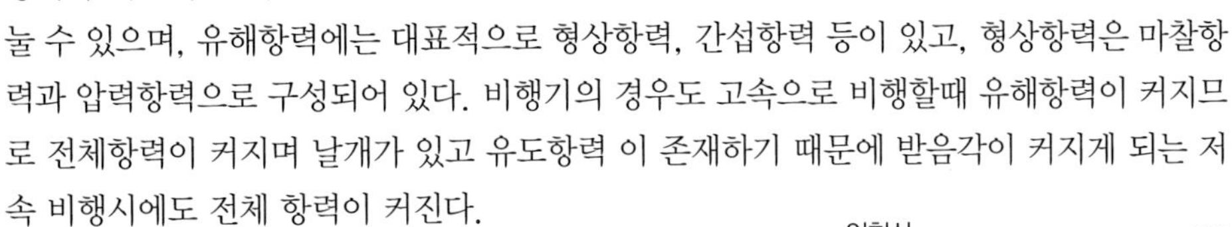

눌 수 있으며, 유해항력에는 대표적으로 형상항력, 간섭항력 등이 있고, 형상항력은 마찰항력과 압력항력으로 구성되어 있다. 비행기의 경우도 고속으로 비행할때 유해항력이 커지므로 전체항력이 커지며 날개가 있고 유도항력 이 존재하기 때문에 받음각이 커지게 되는 저속 비행시에도 전체 항력이 커진다.

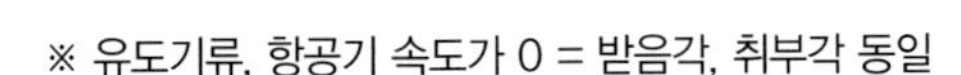

※ 유도기류, 항공기 속도가 0 = 받음각, 취부각 동일
※ 유도기류, 항공기 속도가 변화 시 = 받음각 ≠ 취부각
※ 취부각은 받음각에 변화를 주어 날개에 작용하는 양력계수에 변화 발생 → 양력이 증가하거나 감소

(2) 취부각 = 붙임각 = 블레이드 피치각

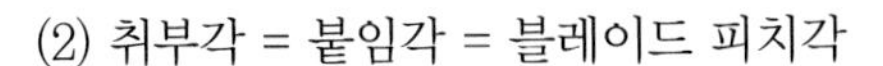

① 익현선과 로터 회전면이 이루는 각
② 공기역학적인 반응에 의해 형성된 각이 아니라 기계적인 각
③ 통상 블레이드 피치각이라 함

PART 03 무인 항공기(드론) 이론 및 운용

예상문제

1 비행 방향의 반대방향인 공기 흐름의 속도 방향과 Airfoil의 시위선이 만드는 사이각을 말하며, 양력, 항력 및 피칭 모멘트에 가장 큰 영향을 주는 것은?

① 상반각　　② 받음각　　③ 붙임각　　④ 후퇴각

2 취부각(붙임각)의 설명이 아닌 것은?

① Airfoil의 익현선과 로터 회전면이 이루는 각
② 취부각(붙임각)에 따라서 양력은 증가만 한다.
③ 블레이드 피치각
④ 유도기류와 항공기 속도가 없는 상태에서 받음각과 동일하다.

3 받음각에 대한 설명 중 틀린 것은?

① Airfoil의 익현선과 합력 상대풍의 사이각
② 취부각(붙임각)의 변화 없이도 변화될 수 있다.
③ 양력과 항력의 크기를 결정하는 중요한 요소
④ 받음각이 커지면 양력이 작아지고 영각이 작아지면 양력이 커진다.

4 수평 직진 비행을 하다가 상승 비행으로 전환 시 받음각(양각)이 증가하면 양력은 어떻게 변화하는가?

① 순간적으로 감소한다.
② 순간적으로 증가한다.
③ 변화가 없다.
④ 지속적으로 감소한다.

5 다음 중 날개의 받음각에 대한 설명이다. 틀린 것은?

① 기체의 중심선과 날개의 시위선이 이루는 각이다.
② 공기 흐름의 속도 방향과 날개꼴의 시위선이 이루는 각이다.
③ 받음각이 증가하면 일정한 각까지 양력과 항력이 증가한다.
④ 비행 중 받음각은 변할 수 있다.

정답 1② 2② 3④ 4② 5①

3 날개의 형태와 분류

(1) 날개의 형태

① 대칭형 Airfoil

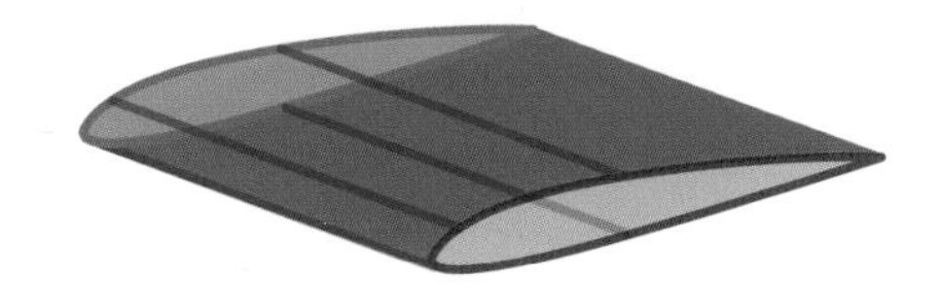

㉠ 상하부 표면 대칭, 평균 캠버선과 익현선 일치

㉡ 압력 중심 이동이 일정하게 유지(저속 항공기 적합)

㉢ 회전익 항공기에 적합

㉣ 낮은 가격, 제작 쉬움

※ 영각(받음각)에 비해 양력이 적게 발생하여 실속이 발생하는 경우가 많음

② 비대칭형 Airfoil

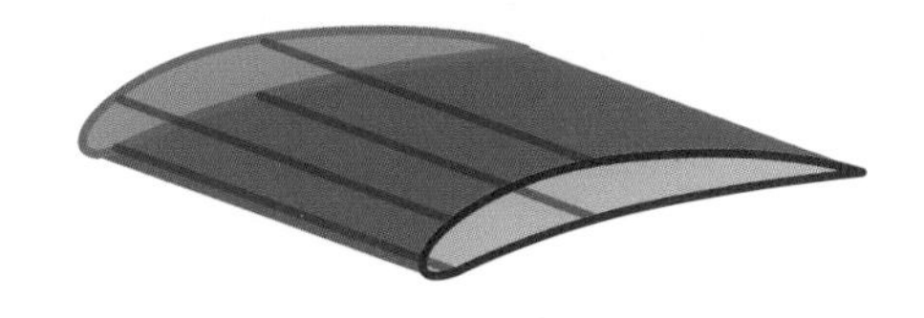

㉠ 상하부 표면 비대칭으로 만곡형

㉡ 압력 중심 위치 이동 많음(비틀림 발생)

㉢ 고정익 항공기에 적합

㉣ 높은 가격, 제작 어려움

※ 양력 발생 효율 향상

예상문제

1 비대칭형 air foil의 특징으로 틀린 것은?

① 날개의 상, 하부 표면이 비대칭이다.
② 대칭형에 비해 양력 발생효율이 향상되었다.
③ 압력 중심 위치이동이 일정하다.
④ 대칭형에 비해 가격이 높고 제작이 어렵다.

2 양력 계수가 가장 큰 이음속 Airfoil은?

① 직사각형 ② 정사각형
③ 비대칭 타원형 ④ 테이퍼형

3 대칭형 Airfoil에 대한 설명 중 틀린 것은?

① 상부와 하부 표면이 대칭을 이루고 있으나 평균 캠버선과 익현선은 일치하지 않는다.
② 중력 중심 이동이 대체로 일정하게 유지되어 주로 저속 항공기에 적합하다.
③ 장점은 제작 비용이 저렴하고 제작도 용이하다.
④ 단점은 비대칭형 Airfoil에 비해 양력이 적게 발생하여 실속이 발생할 수 있는 경우가 더 많다.

정답 1 ③ 2 ③ 3 ①

(2) 날개의 두께

① 얇은 날개

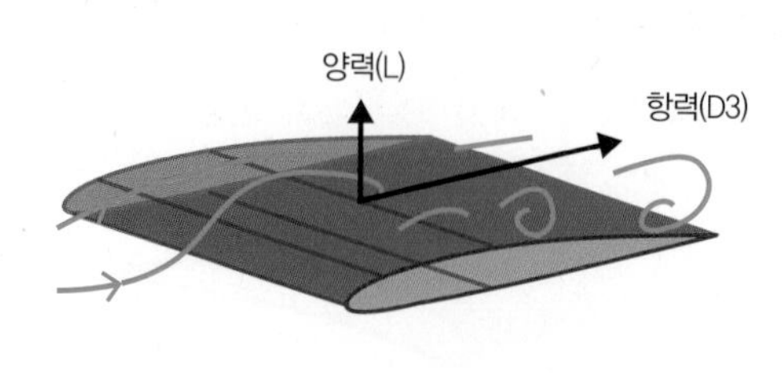

② 두꺼운 날개

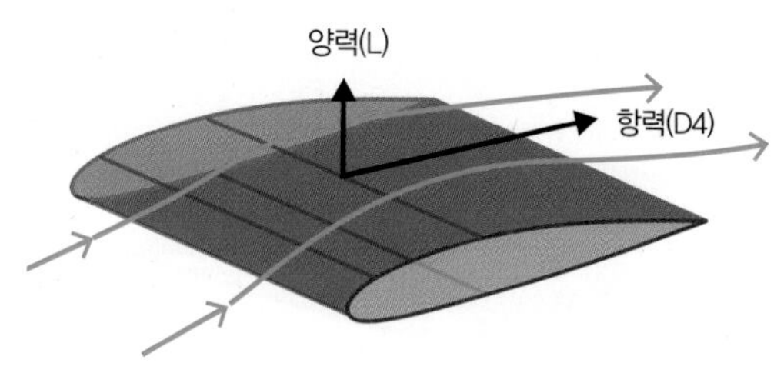

구분		얇은 날개	두꺼운 날개
받음각	클 때	항력 크다.(박리발생)	항력이 크다.
	적을 때	항력 적다.(박리 미발생)	항력이 크다.

(3) 전연에 박리 영향

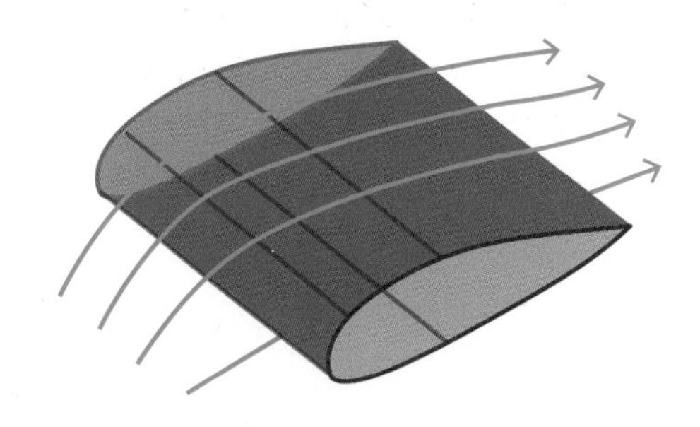

▲ 전연이 큰 경우 : 박리 없음

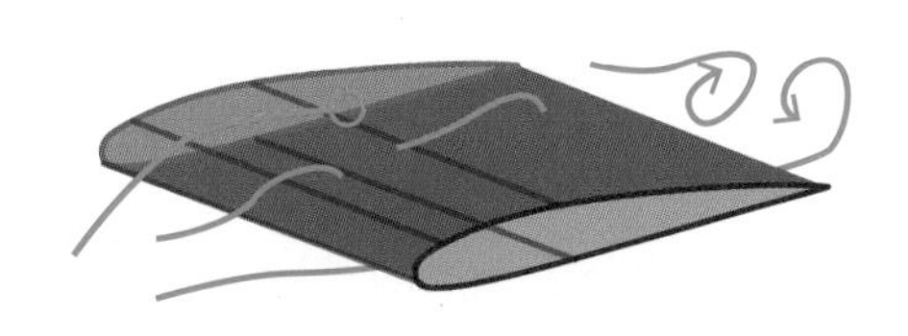

▲ 전연이 작은 경우 : 박리 발생

(4) 익현선 길이에 따른 현상

① 짧은 익현선

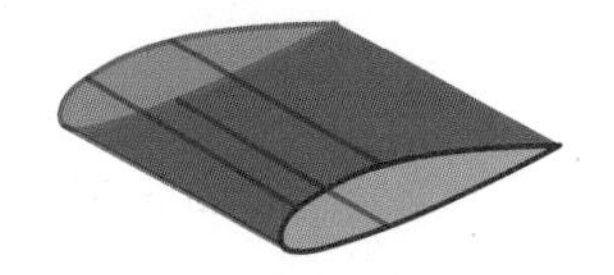

② 긴 익현선

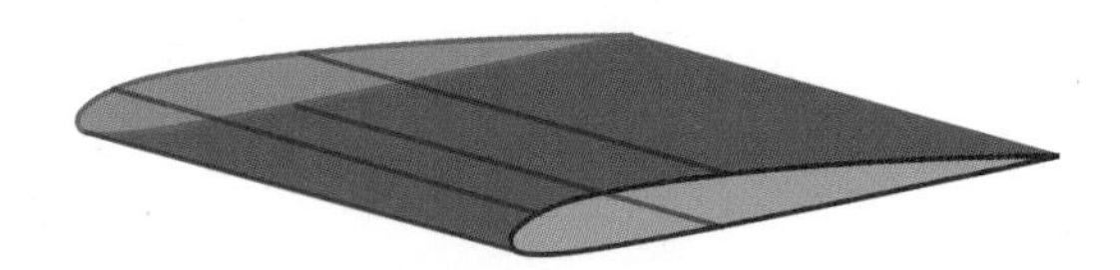

구분	짧은 익현선	긴 익현선
박리	다수 발생	후방에 발생
레이놀즈 수	작음	큼

(5) 캠버의 영향

① 대칭형

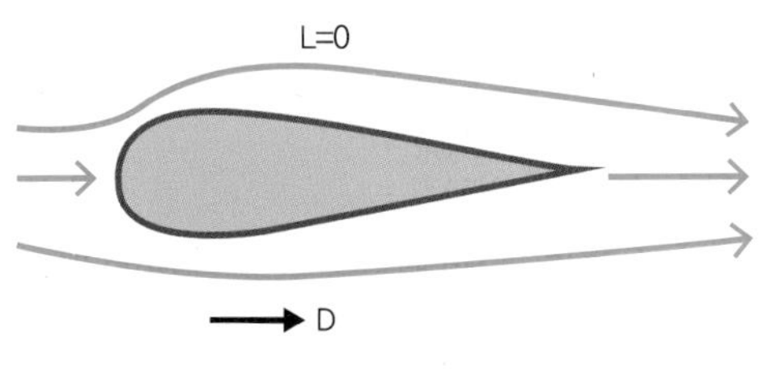

받음각 = 양력

② 비대칭형

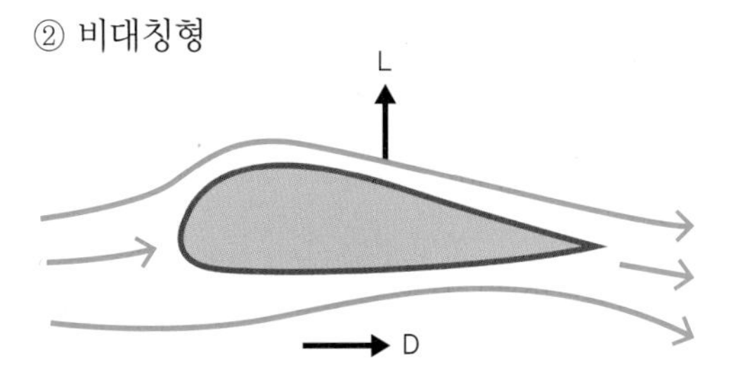

받음각 < 양력 (캠버가 클수록 양력이 큼)

4 날개의 공력 특성

(1) 레이놀즈 수(Reynolds Number)

① 유리관을 흐르는 물에 염료를 분사하여 층류와 난류의 흐름 발견

② 레이놀즈 수 : Re = D · V · e/M
(V : 속도, x : 직경, y : 점성 계수,
D : 관의직경, e : 밀도)

③

구분	현상
Re 2100 이하	층류
Re 2100~4000	천이구역
Re 4000 이상	난류

※ 레이놀즈 수는 점성력에 대한 관성의 비

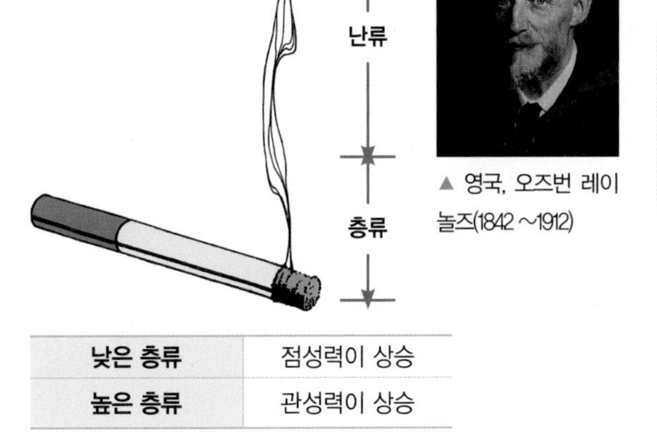

▲ 영국, 오즈번 레이놀즈(1842 ~1912)

낮은 층류	점성력이 상승
높은 층류	관성력이 상승

④ 레이놀즈 수가 낮은 층류 : 점성력이 큼

⑤ 레이놀즈 수가 높은 난류 : 관성력이 큼

※ 레이놀즈 수(Reynolds Number)가 항공역학적인 측면에서 중요한 이유는 실속을 방지하기 위한 이론적 근간이 되기 때문

(2) 기류박리(Air Flow Seperation)

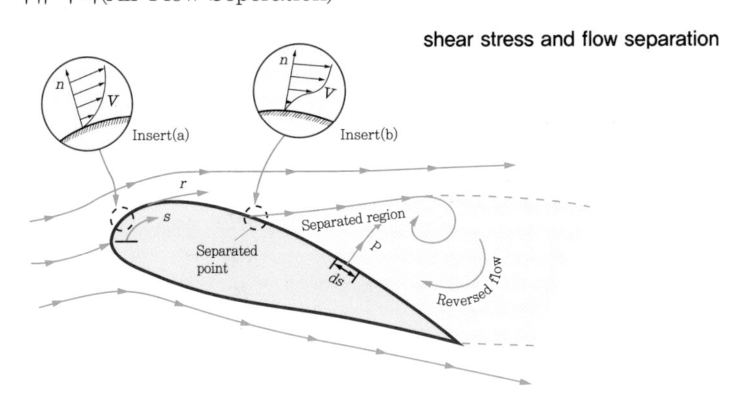

① 현상 : 기류가 날개의 전연에 도달하여 풍판을 따라 이동 중 받음각에 의해 기류가 풍판을 이탈할 경우 박리가 발생한다.

② 영향 : 박리가 발생하면 양력 저하, 항력 증가

예상문제

1 기류박리 현상이 발생하면 비행체는 어떤 현상이 일어나는가?

① 양력 증가, 항력 증가
② 양력 감소, 항력 증가
③ 양력 증가, 항력 감소
④ 양력 감소, 항력 감소

2 다음은 날개의 공기 흐름 중 기류박리에 대한 설명으로 틀린 것은?

① 날개 표면에 흐르는 기류가 날개의 표면과 공기입자 간의 마찰력으로 인해 표면으로부터 떨어져 나가는 현상을 말한다.
② 날개의 표면과 공기입자 간의 마찰력으로 공기 속도가 감소하여 정체구역이 형성된다.
③ 경계층 밖의 기류는 정체점을 넘어서게 되고 경계층이 표면에 박리된다.
④ 기류 박리는 양력과 항력을 급격히 증가시킨다.

정답 1② 2④

(3) 공력중심 특성

① 압력 : 날개의 익현선상에 양력과 항력에 의해 집중적으로 발생하는 하나의 점
② 공력 : 날개골의 임의 지점에 중심을 잡고, 받음각의 변화를 주면 기수를 들고 내리게 하는 피칭 모멘트가 발생하는데 받음각에 관계없이 일정한 지점
③ 무게 : 토크의 중심
④ 공력시위 : 가상의 날개꼴로 날개 공기력 분포를 대표할 수 있는 시위

예상문제

1 날개골의 임의 지점에 중심을 잡고 받음각의 변화를 주면 기수를 들고 내리게 하는 피칭 모멘트가 발생하는데 이 모멘트의 값이 받음각에 관계없이 일정한 지점을 말하는 용어는?

① 압력 중심 ② 공력 중심
③ 무게 중심 ④ 평균 공력 시위

정답 1②

2 날개에 있어서 양력과 항력의 합성력이 실제로 작용하는 작용점으로 받음각이 변화함에 따라 위치가 변화하며 모든 항공역학적인 힘들이 집중되는 점을 무엇이라 하는가?

① 압력 중심 ② 공력 중심
③ 무게 중심 ④ 평균 공력 시위

3 받음각이 변하더라도 모멘트의 계수 값이 변하지 않는 점을 무슨 점이라 하는가?

① 압력 중심 ② 공력 중심
③ 무게 중심 ④ 평균 공력 시위

정답 2 ① 3 ②

5 상대풍과 유도기류

(1) 상대풍(Relative Wind)

① 날개에 상대적인 공기 흐름
② 날개가 움직일 경우 발생, 날개가 움직일 경우 상대풍 방향 변경

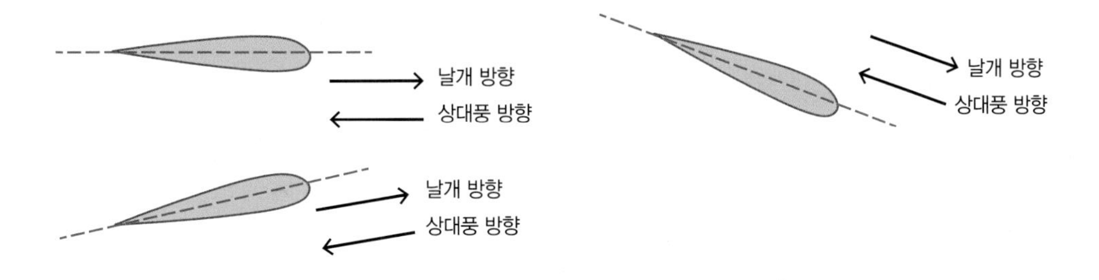

(2) 회전 상대풍

① 정의 : 로터가 축을 중심으로 회전시 발생하는 상대풍
② 변화율 : 블레이드 끝부분이 가장 빠르고, 축은 0으로 변화 없음

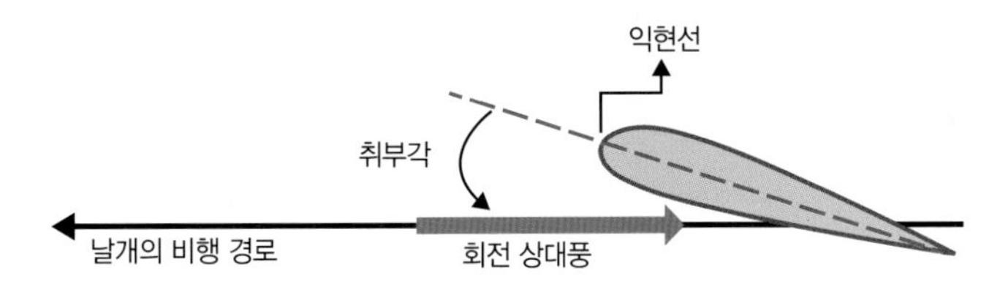

예상문제

1 상대풍이 공기에 미치는 영향으로 틀린 것은?

① Airfoil에 상대적인 공기의 흐름이다.
② Airfoil의 움직임에 의해 상대풍의 방향은 변하게 된다.
③ Airfoil의 방향에 따라서 상대풍의 방향도 달라지게 된다.
④ Airfoil이 위로 이동하면 상대풍도 위로 향하게 된다.

정답 1 ④

(3) 유도기류(유도저항 : Induced Drag)

공기가 로터블레이드의 움직임에 의해 변화된 하강기류

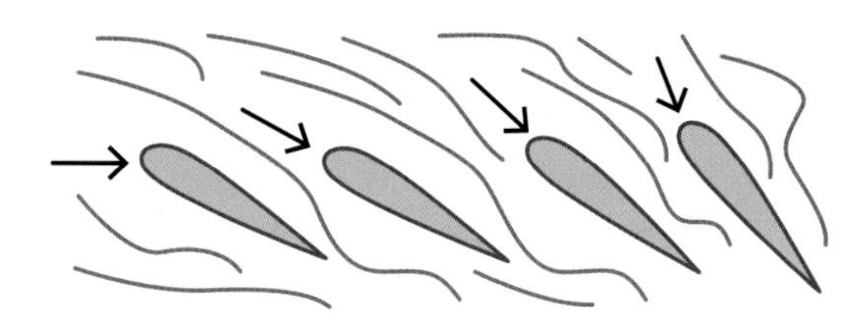

① 취부각 0 → Airfoil을 지나는 기류는 그대로 평행하게 흐른다.
② 취부각의 증가로 영각이 증가하게 되면 공기는 아래로 가속
③ 유도기류의 속도는 취부각이 증가할수록 증가
④ 로터 회전에 의해 발생하는 회전상대풍은 이러한 유도기류와 만나 방향과 크기가 변화되는데 이를 합력상대풍이라 함

예상문제

1 유도기류의 현상으로 맞는 것은?

① 취부각(붙임각)이 0일 때 Airfoil을 지나는 기류는 상, 하로 흐른다.
② 취부각의 증가로 영각(받음각)이 증가하면 공기는 위로 가속하게 된다.
③ 공기가 로터블레이드의 움직임에 의해 변화된 하강기류를 말한다.
④ 유도기류 속도는 취부각이 증가하면 감소한다.

정답 1 ③

2 항공역학 관련 운동 법칙

1 물리량

(1) 스칼라 양과 벡터 양

① 스칼라 양(Scalar Quantity)

- 방향을 가리지 않고 크기만 가지고 있음
- 질량, 부피, 길이, 면적 등

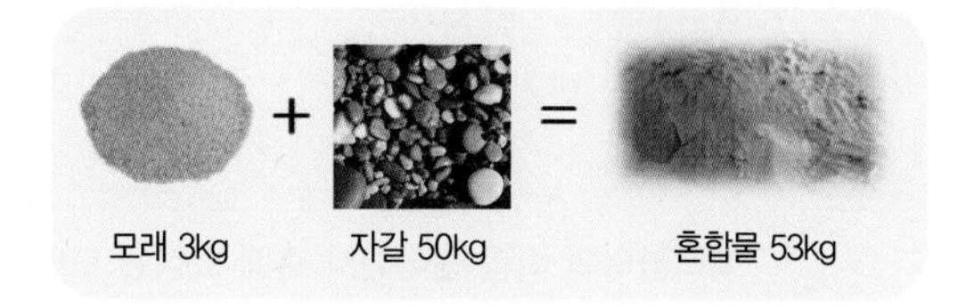

② 벡터 양(Vector Quantity)

- 방향과 크기를 가짐
- 속도, 가속도, 중량, 양력, 항력 등

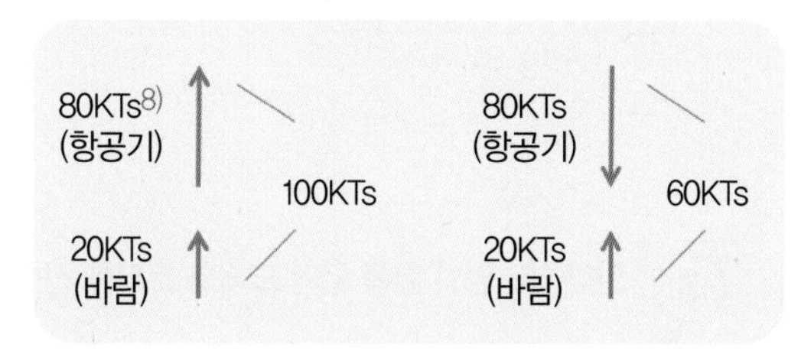

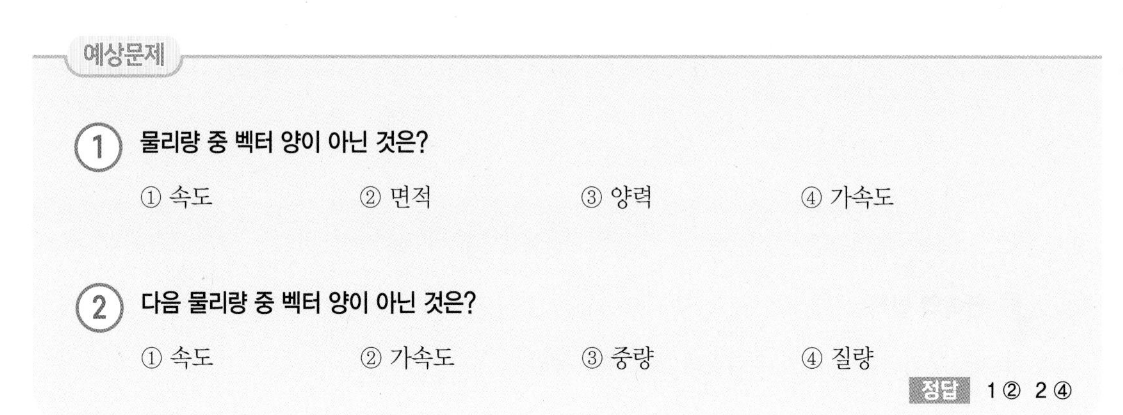

예상문제

1 물리량 중 벡터 양이 아닌 것은?

① 속도 ② 면적 ③ 양력 ④ 가속도

2 다음 물리량 중 벡터 양이 아닌 것은?

① 속도 ② 가속도 ③ 중량 ④ 질량

정답 1 ② 2 ④

2 뉴턴의 운동 법칙

(1) 관성의 법칙 : 외부에서 힘이 가해지지 않는 한 모든 물체는 자기의 상태를 그대로 유지하려고 하는 것을 말한다.

(2) 가속도의 법칙 : 물체가 어떤 힘을 받으면 그 물체는 힘의 방향으로 가속되려는 성질이 있음
F(힘) = M(질량) × A(가속도)

예 멀티콥터 제자리 비행에서 전진 비행 시 속도 증가

(3) 작용, 반작용의 법칙 : 모든 작용은 힘의 크기가 같고 방향이 반대인 반작용을 수반

예 멀티콥터 모터가 로터 회전 시 모터 축에서 반시계 방향으로 힘이 작용

8) kt 또는 kn이다. 1시간에 1해리(1,852m)의 속력이 1kn이다. 16세기경부터 항해용 단위로 쓰였으며, 그 명칭은 당시 선미(船尾)에 삼각형의 널조각을 끈에 매달아 흘려 보내면서 그 끈에 28ft(약 8.5m)마다 매듭(knot)을 짓고, 28초 동안 풀려나간 끈의 매듭을 세어 배의 속력을 재었던 데서 유래한다.

예상문제

1 뉴턴의 법칙 중 드론이 제자리 비행을 하다가 전진 비행을 계속하면 속도가 증가되어 이륙하게 되는데 이것은 뉴턴의 무슨 법칙인가?

① 가속도의 법칙 ② 관성의 법칙
③ 작용, 반작용의 법칙 ④ 등가속의 법칙

2 멀티콥터의 비행 원리에서 축에 고정된 모터가 시계방향으로 로터를 회전시킬 경우 이 모터 축에서 반시계 방향으로 힘이 작용하게 되는데 뉴턴의 운동법칙 중 무슨 법칙인가?

① 가속도의 법칙 ② 관성의 법칙
③ 작용, 반작용의 법칙 ④ 등가속의 법칙

3 멀티콥터 암의 한쪽 끝에 모터와 로터를 장착하여 운용할 때 반대쪽에 작용하는 힘의 법칙은 무엇인가?

① 관성의 법칙 ② 가속도의 법칙
③ 작용과 반작용의 법칙 ④ 연속의 법칙

정답 1 ① 2 ③ 3 ③

3 양력 발생원리

1 연속의 법칙

유관을 통과하는 유체의 유입량과 유출량은 동일

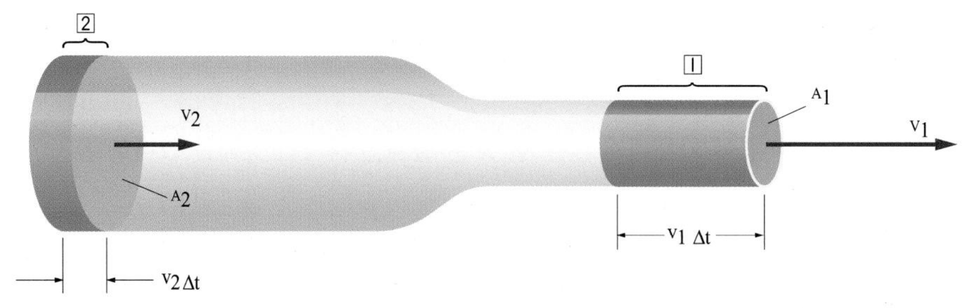

$$\rho_2 A_2 v_2 = \rho_2 A_1 v_1$$

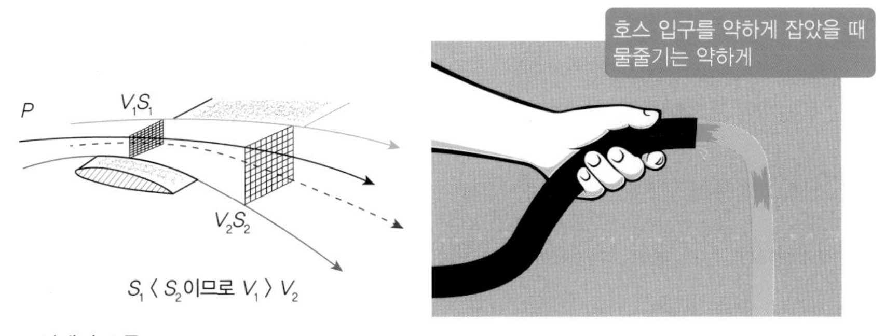

▲ 날개의 흐름

예상문제

① 유관을 통과하는 완전유체의 유입량과 유출량은 항상 일정하다는 법칙은 무슨 법칙인가?

① 뉴턴의 법칙
② 관성의 법칙
③ 작용, 반작용의 법칙
④ 연속의 법칙

정답 1 ④

2 베르누이의 정리

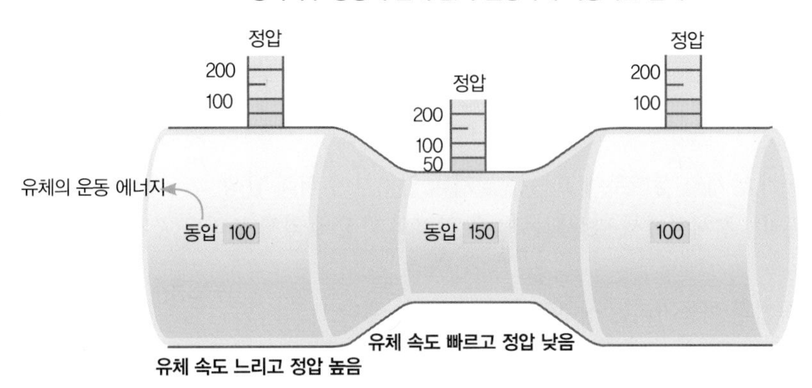

(1) 정압과 동압을 합한 값은 그 흐름의 속도가 변하더라도 언제나 일정하다.

(2) P(정압) + q(동압) = Pt(전압), q = 1/2pV2 P + 1/2pV2 = Pt

※ 유체역학에서 가장 기본이 되는 수식
어느 한 점에서 속도가 빨라지면 동압은 증가하지만 정압은 감소된다는 에너지 보존의 법칙이 적용

▲ 베르누이
(1700~1782, 스위스)

예상문제

1 상, 하, 좌, 우 모든 방향에 관계없이 일정하게 압력이 작용하는 것은?

① 동압 ② 정압 ③ 유압 ④ 풍압

2 공기 흐름 방향에 관계없이 모든 방향으로 작용하는 압력으로 맞는 것은?

① 정압
② 동압
③ 벤츄리 압력
④ 유압

정답 1② 2①

3 양력 발생원리

(1) 베르누이 정리

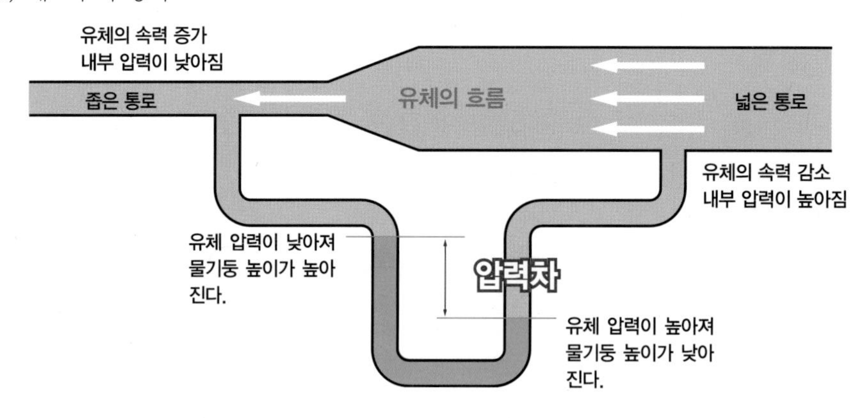

① 원리 : 항공기 날개의 상하부에 흐르는 공기의 압력차에 의해 발생
② 양력발생원리 : 정체점에서 발생되는 높은 압력의 파장에 의해 분리된 공기는 후연에서 만난다.
③ 에어포일 공기의 이동거리는 상부는 길고, 하부는 짧다.
④ 모든 물체는 공기의 압력이 높은 곳에서 낮은 곳으로 이동

예상문제

1 항공기 날개의 상하부에 흐르는 공기의 압력 차에 의해 발생하는 압력의 원리는?

① 작용, 반작용의 법칙
② 가속도의 법칙
③ 베르누이의 정리
④ 관성의 법칙

정답 1③

2 양력의 발생원리 설명 중 틀린 것은?

① 정체점에서 발생되는 높은 압력의 파장에 의해 분리된 공기는 후연에서 만난다.
② Airfoil 상부에서는 곡선율과 취부각으로 공기의 이동거리가 길다.
③ Airfoil 하부에서는 곡선율과 취부각으로 공기의 이동거리가 짧다.
④ 모든 물체는 공기의 압력(정압)이 낮은 곳에서 높은 곳으로 이동한다.

3 베르누이 정리에 대한 바른 설명은?

① 정압이 일정하다.
② 동압이 일정하다.
③ 전압이 일정하다.
④ 동압과 전압의 합이 일정하다.

4 베르누이 정리에 의한 압력과 속도와의 관계는?

① 압력 증가, 속도 증가
② 압력 증가, 속도 감소
③ 압력 증가, 속도 일정
④ 압력 감소, 속도 일정

5 베르누이 정리에 대한 바른 설명은?

① 베르누이 정리는 밀도와는 무관하다.
② 유체의 속도가 증가하면 정압이 감소한다.
③ 위치 에너지의 변화에 의한 압력이 동일하다.
④ 정상 흐름에서 정압과 동압의 합은 일정하지 않다.

6 날개에서 양력이 발생하는 원리의 기초가 되는 베르누이 정리에 대한 설명이다. 틀린 것은?

① 전압(Pt)=동압(O)+정압(P)
② 흐름의 속도가 빨라지면 동압이 증가하고 정압이 감소한다.
③ 음속보다 빠른 흐름에서는 동압과 정압이 동시에 증가한다.
④ 동압과 정압의 차이로 비행속도를 측정할 수 있다.

7 다음 베르누이 정리와 연계한 양력 발생원리 설명 중 틀린 것은?

① 날개의 정체점에서 발생된 높은 압력의 파장에 의해 분리된 공기는 후연에서 다시 만난다.
② 날개의 상부는 곡선율과 취부각(붙임각)으로 공기의 이동거리가 길다.(속도 증가, 등압 증가, 정압 감소)
③ 날개의 하부는 이동거리가 짧다.(속도 감소, 동압 감소, 정압 증가)
④ 모든 물체는 공기의 압력(정압)이 낮은 곳에서 높은 곳으로 이동한다.

정답 2④ 3③ 4② 5② 6③ 7④

PART 03 무인 항공기(드론) 이론 및 운용

4 헬리콥터와 멀티콥터의 양력 발생원리 차이

(1) 헬리콥터 : 운용 RPM(분당 회전 수) 속에서 날개의 피치각을 조정하여 양력 발생시키며 이를 변동 피치라고 함

(2) 멀티콥터 : 고정된 날개의 피치각에 모터의 회전 수에 의한 양력 발생 크기를 조절하는데 이를 고정 피치라고 함

(3) 따라서 헬리콥터와 멀티콥터의 양력 발생원리의 차이는 변동 피치와 고정 피치의 차이라고 할 수 있음

※ 헬리콥터와 멀티콥터의 회전익 비행체는 공기를 회전시켜 양력을 얻는 방식이기 때문에 공기 밀도가 낮은 높은 고도에서는 양력 발생이 저하됨으로 비행 특성이 불안정하게 됨. 특히 무게 대비 양력 발생이 적은 멀티콥터의 경우, 높은 고도에서의 비행은 각별한 주의가 요구됨.

예상문제

1 무인 헬리콥터와 멀티콥터의 양력 발생원리 중 맞는 것은?

① 멀티콥터 : 고정 피치
② 멀티콥터 : 변동 피치
③ 헬리콥터 : 고정 피치
④ 헬리콥터 : 고정 및 변동 피치

2 멀티콥터는 고정된 날개의 피치각에 모터의 회전수에 의한 양력 발생 크기를 조절한다. 이를 무엇이라 하는가?

① 변동피치 ② 고정피치
③ 조절피치 ④ 회전피치

정답 1 ① 2 ②

4 회전익(멀티콥터)에 작용하는 힘의 원리

1 멀티콥터에 작용하는 4가지 힘 : 양력, 중력, 추력, 항력

예상문제

1. **비행장치에 작용하는 힘은?**

① 양력, 중력, 추력, 항력　② 양력, 중력, 무게, 추력
③ 양력, 무게, 동력, 마찰　④ 양력, 마찰, 추력, 항력

2. **비행장치에 작용하는 힘이 아닌 것은?**

① 양력　② 항력　③ 중력　④ 압축력

정답 1 ① 2 ④

(1) 양력(Lift)

① 합력 상대풍에 수직으로 작용하는 항공역학적인 힘을 말하며 여기서 상대풍은 날개를 향한 기류방향을 뜻함

② 방정식 : 양력계수 × ½ × P(공기밀도) × V^2(속도의 제곱) × S(날개의 면적)
※ 풍동실험을 통해 날개에 작용하는 힘에 의해 부양하는 정도를 수치화한 것

(2) 중력(Weight)

항공기/멀티콥터 등이 중력을 받는 힘이며, 그 방향은 지구 중심을 향하고 있으며, 이러한 중량은 양력과 반대되는 힘이라 할 수 있음

(3) 추력(Thrust)

공기 중에서 항공기를 전방으로 움직이게 하는 힘으로써 고정익 항공기의 경우 뉴턴의 제3법칙 작용과 반작용의 법칙에 의해 제트엔진에서 고온 · 고압의 가스를 뒤로 분출함으로써 추력이 발생되지만 헬리콥터는 엔진에 의해 메인로터가 회전하게 되고, 회전하는 메인로터에 경사를 주어 추력을 발생하게 됨

예상문제

1. **다음 중 양력의 성질을 설명한 것 중 맞는 것은?**

① 양력이란 합력 상대풍에 수평으로 작용하는 항공역학적인 힘이다.
② 양력은 양력계수, 공기밀도, 속도의 제곱, 날개의 면적에 반비례한다.
③ 피치 적용에 의해 나타나는 양력계수와 항공기 속도는 조종사가 변화시킬 수 있다.
④ 양력의 양은 조종사가 모두 조절할 수 있다.

2. **양력 발생에 영향을 미치는 것이 아닌 것은?**

① 속도　② 받음각
③ 해발 고도　④ 장애물이 없는 지역

정답 1 ③ 2 ④

3 다음 중 양력의 성질에 대한 설명으로 틀린 것은?

① 양력은 양력계수, 공기밀도, 속도의 제곱, 날개의 면적에 반비례한다.
② 양력계수란 날개에 작용하는 힘에 의해 부양하는 정도를 수치화한 것이다.
③ 양력의 양은 조종사가 조절할 수 있는 것과 조절할 수 없는 것으로 구분된다.
④ 양력계수와 항공기 속도는 조종사가 변화시킬 수 있다.

정답 3 ①

(4) 항력(Drag)

① 공기 점성에 의한 표면 마찰, 공기 점성은 날개 주위로 공기를 흐르게 하여 양력을 발생시키는 원인으로도 작용하지만 표면과의 마찰로 인해 항공기의 공중진행을 더디게 하는 항력으로 작용하며 속도의 제곱에 비례한다.

㉠ 날개 에어포일에 흐르는 공기 흐름 압력 차이에 의해 발생하는 공기 흐름에 따라 양력 성분이 뒷날개에 기울어지는데 이때 뒤로 기울어진 양력의 수평 성분

② 유도항력

㉠ 양력 발생 시 동반되는 하향기류 속도와 날개의 윗면, 아랫면을 통과하는 공기 흐름을 저해하는 와류(Vortex)에 의해 발생

㉡ 양력에 관계되는 모든 종류의 항력 점성과는 무관

㉢ 하강풍인 유도기류에 의해 발생하므로 저속과 제자리 비행 시 가장 크며, 속도가 증가할수록 감소

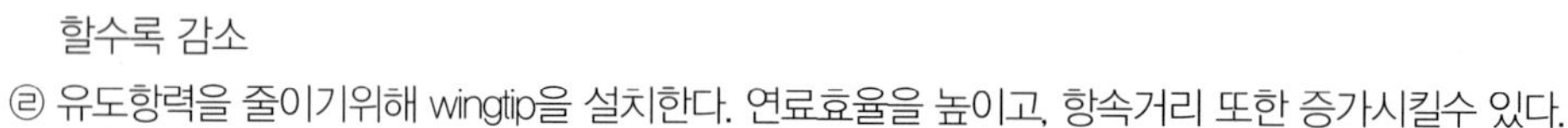

㉣ 유도항력을 줄이기위해 wingtip을 설치한다. 연료효율을 높이고, 항속거리 또한 증가시킬수 있다.

③ 유해항력

㉠ 항공기 주변 공기 흐름, 난기류, 항공기 에어포일에 의한 공기 흐름을 방해하는 항력

㉡ 항공기의 형체, 표면 마찰, 크기, 설계 등에 영향을 받음, 마찰성 저항으로 양력 발생과는 무관, 속도 제곱에 비례하고 유해항력 발생 최소화를 위해 인입식 랜딩기어, 형상을 유선형으로 설계

④ 형상항력

㉠ 항공기 동체와 공기흐름의 마찰로 발생

※ 회전익 항공기에서만 발생하는 항력
- 블레이드의 표면을 지나는 공기는 점성에 의해 표면에 붙이려 함
- 표면에서 떨어진 곳을 흐르는 공기는 표면에 가까운 공기를 끌고 가려 함

㉡ 영각(받음각) 변화에 좌우되지 않으나 속도에 상당히 좌우됨(속도 증가 시 항력 증가)

예상문제

1 항력의 종류 중 속도가 증가하면 감소하는 항력은?

① 유도항력 ② 형상항력 ③ 유해항력 ④ 총항력

2 회전익 항공기 또는 비행장치 등 회전익에만 발생하며 블레이드가 회전할 때 공기와 마찰하면서 발생하는 항력은 무엇인가?

① 유도항력 ② 유해항력 ③ 형상항력 ④ 총항력

3 항력과 속도와의 관계 설명 중 틀린 것은?

① 항력은 속도 제곱에 반비례한다.
② 유해항력은 거의 모든 항력을 포함하고 있어 저속 시 작고, 고속 시 크다.
③ 형상항력은 블레이드가 회전할 때 발생하는 마찰성 저항이므로 속도가 증가하면 점차 증가한다.
④ 유도항력은 하강풍인 유도기류에 의해 발생하므로 저속과제자리 비행 시 가장 크며, 속도가 증가할수록 감소한다.

PART 03
무인 항공기(드론) 이론 및 운용

4 다음 중 비행장치에 작용하는 힘의 방향(양력, 항력, 중력, 추력)과 속도와의 관계 설명 중 틀린 것은?

① 항력은 속도의 제곱에 비례한다.
② 양력은 받음각이 증가하면 증가한다.
③ 중력은 속도에 비례한다.
④ 추력은 받음각과 상관없다.

5 다음 중 항공기와 무인 비행장치에 작용하는 힘에 대한 설명 중 틀린 것은?

① 양력의 크기는 속도의 제곱에 비례한다.
② 항력은 비행기의 받음각에 따라 변한다.
③ 추력은 비행기의 받음각에 따라 변하지 않는다.
④ 중력은 속도에 비례한다.

6 다음 중 항공기 형체나 표면 마찰, 크기, 설계 등 외부 부품에 의해 발생하는 항력은?

① 유도항력 ② 형상항력 ③ 유해항력 ④ 마찰항력

7 회전익에서 양력 발생 시 동반되는 하강기류 속도와 날개의 윗면과 아랫면을 통과하는 공기 흐름의 저해하는 와류에 의해 발생되는 항력은?

① 유도항력 ② 형상항력 ③ 유해항력 ④ 마찰항력

정답 1 ① 2 ③ 3 ① 4 ③ 5 ④ 6 ③ 7 ①

2 헬리콥터에 작용하는 힘과 비행 방향

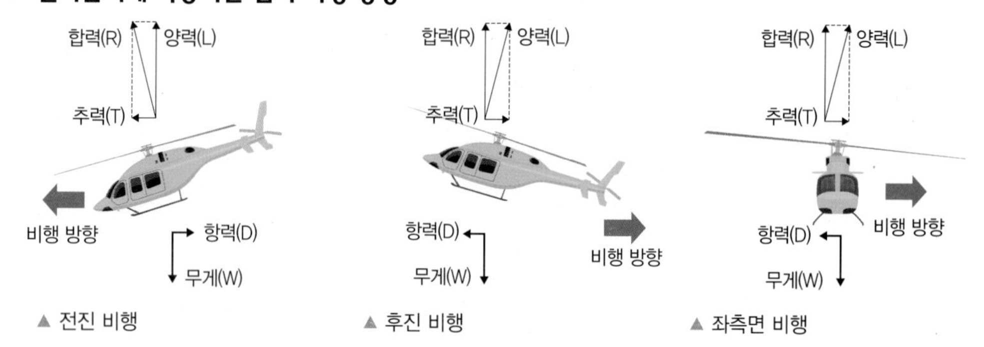

▲ 전진 비행 ▲ 후진 비행 ▲ 좌측면 비행

(1) 헬리콥터는 비행 방향에 따라 힘의 관계가 달라진다. 즉, 작용하는 추력 방향에 따라 전진 비행, 후진 비행, 좌측면 비행, 우측면 비행이 가능

(2) 일반적인 항공기에서와 같이 등속도 수평 비행 상태를 유지하기 위해서는 추력(T) = 항력(D), 양력(L) = 중력(W)과 같은 비행 조건이 요구됨

3 제자리 비행(Hovering)과 수직 강하 및 상승 비행 시

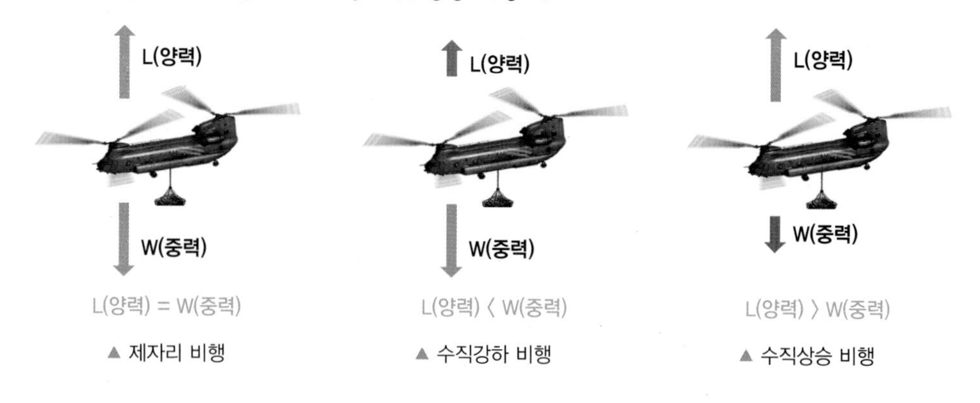

▲ 제자리 비행 ▲ 수직강하 비행 ▲ 수직상승 비행

예상문제

1 항공기가 일정 고도에서 등속 수평 비행을 하고 있다. 맞는 조건은?

① 양력 = 항력, 추력 = 중력 ② 양력 = 중력, 추력 = 항력
③ 추력 〉 항력, 양력 〉 중력 ④ 추력 = 항력, 양력 〈 중력

2 멀티콥터의 비행 원리 설명 중 틀린 것은?

① 공중으로 뜨는 힘은 기본적으로 헬리콥터와 같아 로터가 발생시키는 양력에 의한다.
② 멀티콥터는 인접한 로터를 역방향으로 회진시켜 토크를 상쇄시킨다.
③ 멀티콥터는 테일 로터는 필요하지 않고 모든 로터가 수평상태에서 회전해 양력을 얻는다.
④ 멀티콥터도 상호 역방향 회전으로 토크를 상쇄시킨 결과 헬리콥터와 같이 이륙 시 전이 성향이 나타난다.

정답 1 ② 2 ④

5 회전익(수직 이착륙) 항공기의 비행 특성 이해

1 헬리콥터와 멀티콥터의 조종법 연계성

(1) 헬리콥터와 멀티콥터의 조종법 연계성

3타 일치된 조종 : 3가지 조종 기능이 동시에 조화롭게 작용 시 효율 증가, 조종 원활

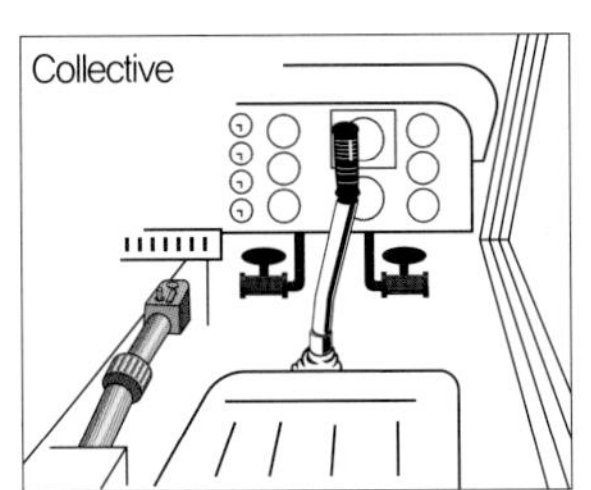

▲ 콜렉티브 피치 조종

Cyclic

▲ 사이클릭 피치 조종

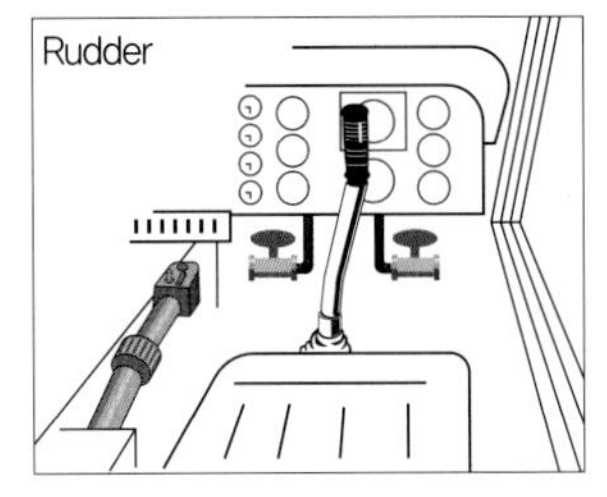

▲ 반토크 페달 조종

고도 상승, 하강 이동

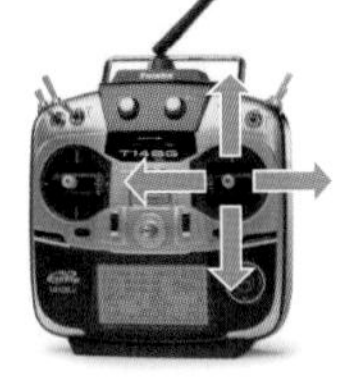
전/좌, 우/하 이동

좌측면, 우측면 기수 회전

예상문제

1 다음 중 조종 방법 설명에서 옳은 것은?

① 고도를 하강 시 스로틀을 내린다.
② 고도를 하강 시 스로틀을 올린다.
③ 고도를 하강 시 엘리베이터를 전진한다.
④ 고도를 하강 시 엘리베이터를 후진한다.

정답 1 ①

2 회전익(수직 이착륙)의 특성

장 점	단 점
① 제자리 비행 가능 ② 측방 및 후진 비행 가능 ③ 수직 이착륙(VLOT) 가능 ④ 비상시 오토로테이션으로 착륙	① 최대 속도 제한 ② 추력과 양력 대비 무게 한계 ③ 소음 발생과 하강풍의 영향 ④ 높은 동력에서 시작해서 높은 동력으로 종료

예상문제

1 회전익 비행장치의 특성이 아닌 것은?

① 제자리, 측후방 비행이 가능하다.
② 엔진 정지 시 자동활공이 가능하다.
③ 동적으로 불안하다.
④ 최저 속도를 제한한다.

정답 1 ④

3 회전익(수직 이착륙) 로터의 운동 특성

(1) 양력 불균형(Dissymmetry of Lift)개요

① 정의: 전진 비행하는 헬리콥터 로터 회전면에서 발생하는 양력의 불균형

② 발생 원인: 전진 블레이드와 후진 블레이드의 속도 차이 때문인데 이러한 현상은 전진 블레이드는 상대속도가 증가하여 양력이 증가되나 후진 블레이드는 상대속도가 감소하여 양력이 감소되기 때문

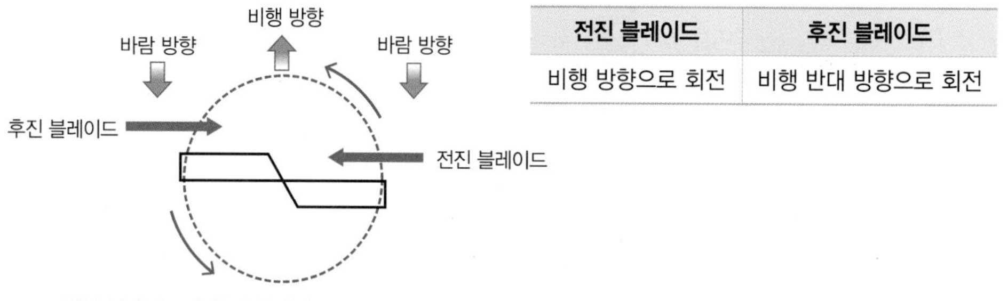

전진 블레이드	후진 블레이드
비행 방향으로 회전	비행 반대 방향으로 회전

▲ 전진 블레이드와 후진 블레이드

(2) 멀티콥터의 양력 불균형 현상

① 일반적으로 유인 헬리콥터는 One Copter, Two Copter의 회전면을 갖는데 비해 멀티콥터는 Multi-Copter로 되어 4(Quad-Copter), 6(Hexa-Copter), 8(Octo-Copter) 등으로 이들 4, 6, 8개가 하나로 통합되어 하나의 회전면을 만들고 이들 회전면의 기울기에 따라서 비행 방향이 결정됨

② 멀티콥터의 양력 불균형은 각각의 로터에서 발생하지 않고 하나로 통합될 시 그중 하나 또는 그 이상의 로터에 동력 전달이 원활하게 되지 않아 양력이 불균형을 이루게 되어 과도하게 기울어지게 되고 심하면 전복되는 경우 발생

③ 통상적으로 많이 발생하는 경우는 시동 후 이륙 시 스로틀을 일정한 속도로 지속적 상승을 시켜야 하는데 지극히 천천히 상승 또는 중간중간 멈출 경우 동력 제어 시스템이 효과적으로 작동하지 못하여 각각의 모터(로터)에 회전속도를 일정하게 전달하지 못할 경우 발생

④ 조치 방법 : 우선 스로틀을 일정한 속도로 지속적 상승을 시키도록 훈련, 불균형 현상이 인지되면 이륙을 포기하고 스로틀을 Full Down하여야 함

(3) 멀티콥터의 양력 불균형 : 속도변화

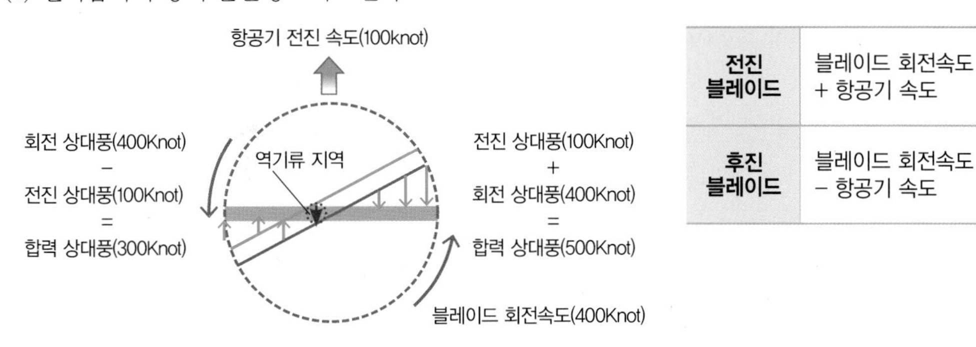

전진 블레이드	블레이드 회전속도 + 항공기 속도
후진 블레이드	블레이드 회전속도 – 항공기 속도

이러한 속도차이로 전진 블레이드는 상대적으로 양력을 많이, 후진 블레이드는 적게 발생

(4) 양력 불균형 해소 방법

① 블레이드 플래핑(Flapping)

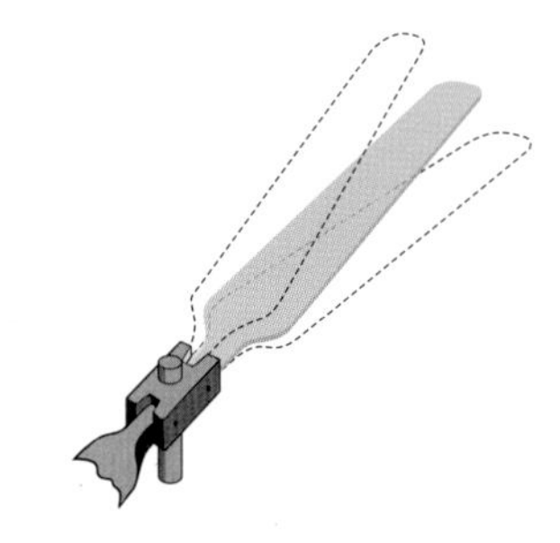

㉠ 힌지를 중심으로 로터 블레이드 상하운동
㉡ 역할 : 양력 불균형 상쇄의 중요한 수단

② 사이클릭 페더링(Feathering)

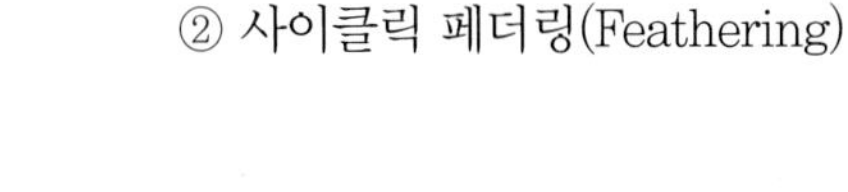

㉠ 블레이드가 축을 중심으로 회전함으로써 취부각(붙임각)이 변하는 운동
㉡ 컬렉티브 페더링, 사이클릭 페더링

※ 이러한 블레이드 플래핑, 사이클릭 페더링에 의해 전진 블레이드는 양력이 감소되고, 후진 블레이드는 양력이 증가하여 양력 불균형을 해소

예상문제

1 양력 불균형이란?

① 추력의 불균형으로 인한 전진 블레이드 절반과 후진블레이드 절반 사이에 존재하는 양력의 차이
② 전진 비행 중 로터디스크의 후방 부분과 전진 부분 사이에 존재하는 양력의 차이
③ 동력비행에서 로터를 통한 하향 공기 흐름과 오토로테이션 비행에서 로터를 통한 위로 흐르는 공기 흐름 사이를 구분하기 위해서 사용하는 용어
④ 디스크 면적의 전진 블레이드 절반과 후진 블레이드 절반 사이에 존재하는 양력의 차이

정답 1 ④

(5) 제자리 비행(Hovering)

헬리콥터 또는 회전익 항공기가 전후좌우 편류 없이 일정한 고도와 방향을 유지하면서 제자리에 머무는 비행을 말한다. 제자리 비행하는 동안 양력과 추력, 항력과 무게는 동일방향으로 작용하며, 양력과 추력의 합은 무게와 항력의 합과 같다. 제자리 비행 상태에서 추력을 증가시켜 양력과 추력의 합이 항력과 무게의 합보다 크게 되면 드론은 상승비행을 시작하고, 반대로 추력을 감소시켜 양력과 추력의 합이 항력과 무게의 합보다 작게 되면 드론은 하강비행을 시작한다.

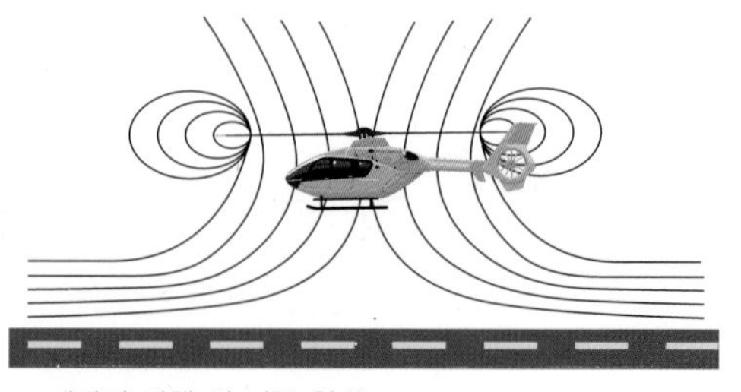
▲ 제자리 비행 시 기류 현상

① 기류 현상 : 기류는 유도기류와 원형와류로 구분된다.
- 유도기류 : 로터가 회전하면서 공기가 아랫방향으로 펌핑되는 현상으로 기류가 형성
- 원형와류 : 날개 끝단에 기류가 돌면서 와류가 발생

② 세차(precession) : 회전 운동하는 물체의 회전축이 도는 운동

예상문제

1 비행장치에 작용하는 4가지 힘이 균형을 이룰 때는 언제인가?

① 등가속비행 시 ② 제자리 비행 시
③ 가속 중일 때 ④ 상승 비행 시

2 다음 중 무인 회전익 비행장치가 고정익형 무인 비행기와 비행특성이 가장 다른 점은?

① 우선회 비행 ② 정지 비행
③ 좌선회 비행 ④ 전진 비행

3 호버링을 할 때 영향을 미치는 요소에 해당되지 않는 것은?

① 자연풍의 영향
② 블레이드가 자체적으로 만들어내는 바람의 영향
③ 기온의 영향
④ 요잉 성능의 영향

4 다음 중 멀티콥터나 회전익 항공기가 지면 가까이서 제자리 비행을 할 때 나타나는 현상이 아닌 것은?

① 유도기류 ② 익단 원형와류
③ 지면 효과 ④ 회전운동의 세차

정답 1② 2② 3② 4④

(6) 지면 효과(Ground Effect)

지면효과(Ground Effect)란 지면에 근접하여 운용시 로터 하강풍이 지면과의 충돌로 양력발생 효율이 증대되는 현상으로 지면효과의 결과 지면효과를 받지 않을 때 나타나는 현상과 받을 때 나타나는 현상으로 구분 할 수 있다.

① 지면효과를 받지 않을 때(OGE;Out of Ground Effect) : 하강기류에 의해 지면 반사풍이 달라지는데 프로펠러 회전속도가 빠르게 감소시에는 하강기류의 지면 반사효과가 없어지므로 수직하강속도가 빠르게 진행되어 지면으로부터 반사되는 공기부양력이 없다.
- 중력 증가, 수직 양력 감소, 지면 반사효과 없음

② 지면효과를 받을 때(IGE;In Ground Effect) : 하강기류가 지면과의 충돌로 인하여 반사되므로 로터에서 발생하는 하강기류는 수직양력이 증가하게 된다. 즉, 지면효과는 제자리 비행 상태를 유지하는 데 필요한 순간 양력을 유지하는 것으로, 이는 공기의 하향흐름이 지면과 부딪히게 되면서 반사되어 멀티콥터와 지면 사이의 공기를 압축, 멀티콥터가 일시적으로 제자리 비행을 할 수 있는 쿠션 역할을 하는 것이다.
- 중력 감소, 수직 양력 증가, 지면 반사효과 증대

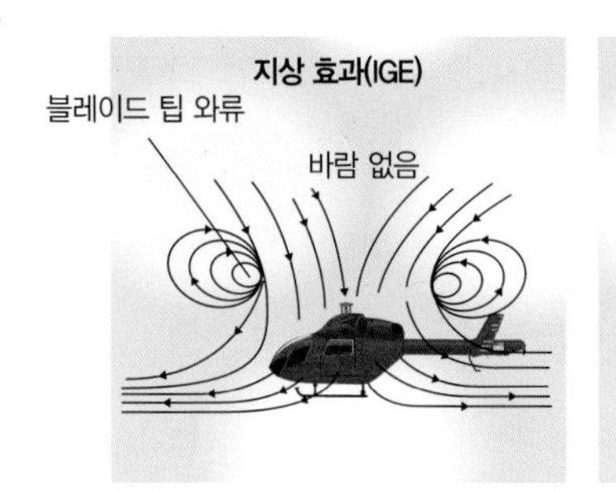

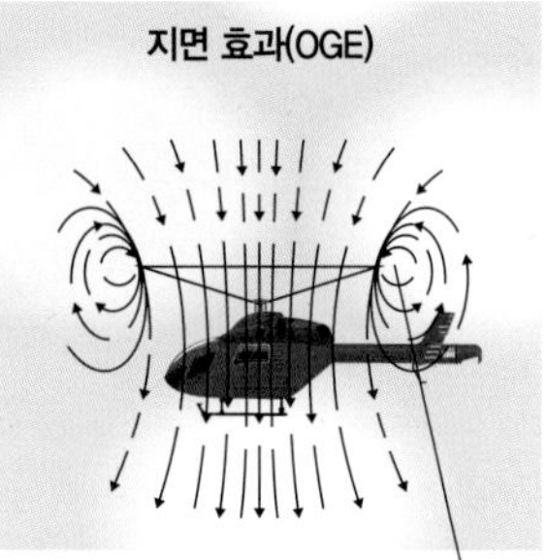

구분	지상효과	지면효과
유도기류 속도	감소	증가
유도항력	감소	증가
받음각	증가	증가
수직 양력	증가	증가

③ 지면 효과와 양력과의 관계

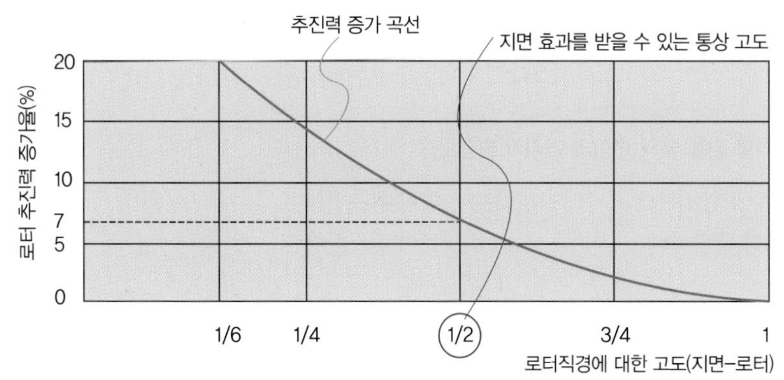

※ 직경 1배 되는 고도 = 추진율 0

→ 로터 직경의 1배 되는 고도에서는 지면 효과를 받지 못한다는 것을 의미

㉠ 지면 효과 증대 요인 : 직경 1배 미만 고도, 무풍, 장애물이 없는 평평한 지형

㉡ 지면 효과 감소 요인 : 직경 1배 이상, 바람이 불 경우, 수면이나 풀숲과 수목상공 등

예상문제

1 **항공기 이륙 및 착륙 시 지면 가까이에서 운용 시 날개와 지면 사이를 흐르는 공기의 기류가 압축되어 날개의 부양력을 증대시키는 현상은?**

① 횡단류 효과 ② 전이 비행
③ 자동 회전 ④ 지면 효과

2 **다음 중 지면 효과를 받을 수 있는 통상고도는?**

① 지표면 위의 비행기 날개폭의 절반 이하 ② 지표면 위의 비행기 날개폭의 2배 고도
③ 비행기 날개폭의 4배 고도 ④ 비행기 날개폭의 5배 고도

3 **다음 중 지면 효과를 받을 때의 설명 중 잘못된 것은?**

① 받음각이 증가한다. ② 항력의 크기가 증가한다.
③ 양력의 크기가 증가한다. ④ 같은 출력으로 많은 무게를 지탱할 수 있다.

4 **다음 중 지면 효과에 대한 설명 중 가장 옳은 것은?**

① 지면 효과에 의해 회전날개 후류의 속도는 급격하게 증가되고 압력은 감소한다.
② 동일 엔진일 경우 지면 효과가 나타나는 낮은 고도에서 더 많은 지탱을 할 수 있다.
③ 지면 효과는 양력 감소 현상을 초래하기는 하지만 항공기의 진동을 감소시키는 등 긍정적인 면도 있다.
④ 지면 효과는 양력의 급격한 감소 현상과 같은 헬리콥터의 비행성에 항상 불리한 영향을 미친다.

5 **다음 중 멀티콥터나 무인 회전익 비행장치의 착륙 조작 시 지면에 근접하면 힘이 증가되고 착륙 조작이 어려워지는 것은 어떤 현상 때문인가?**

① 지면 효과를 받기 때문 ② 전이 성향 때문
③ 양력 불균형 때문 ④ 횡단류 효과 때문

6 **다음 중 지면 효과를 받을 때의 현상과 거리가 먼 것은?**

① 유도기류 속도가 감소한다. ② 유도 항력이 감소한다.
③ 영각(받음각)이 증가한다. ④ 수직 양력이 감소한다.

7 **다음 중 지면 효과에 대한 설명으로 잘못된 것은?**

① 지면 효과가 발생하면 양력을 상실해 추락한다.
② 기체의 비행으로 인해 밑으로 부는 공기가 지면에 부딪혀 공기가 압축되는 현상이다.
③ 지면 효과가 발생하면 더 적은 동력으로 양력을 발생시킬 수 있다.
④ 지면 효과가 발생하면 착륙하기 어려워지는 경우가 있다.

정답 1④ 2① 3② 4② 5① 6④ 7①

(7) 토크(torque)

물체에 힘을 작용하여 물체의 운동상태를 변하게 하는 외력의 종류 중 하나로 물체를 회전시키는 힘이다. 프롭이 회전할 때 동체는 반대방향으로 회전하려는 성질

※ 뉴턴의 작용과 반작용법칙을 적용하여 설명할 수 있다.

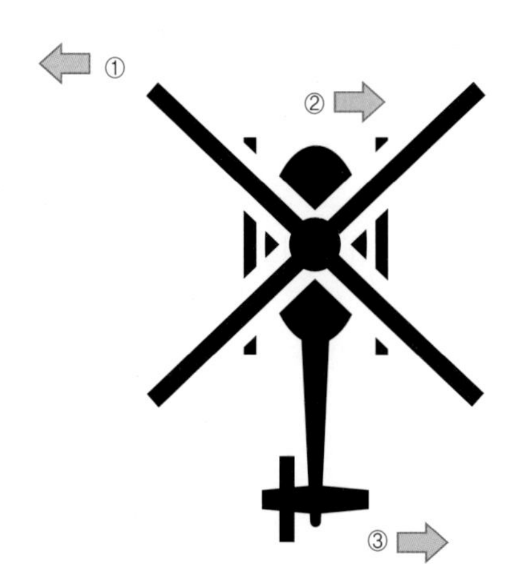

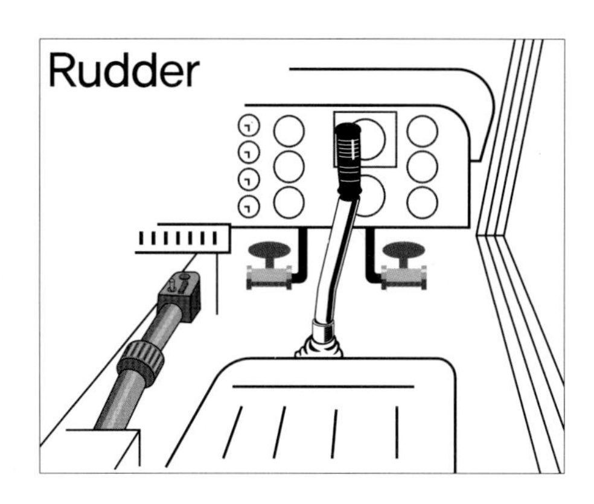

예상문제

1 토크 작용은 어떤 운동법칙에 해당되는가?

① 관성의 법칙
② 가속도의 법칙
③ 작용과 반작용의 법칙
④ 연속의 법칙

2 아래 설명은 어떤 원리를 설명하는 것인가?

> **테일로터의 상관관계**
> 동축 헬리콥터의 아랫부분 로터는 시계방향으로 회전하고, 윗부분 로터는 반시계 방향으로 회전 종렬식 헬리콥터의 앞부분 로터는 시계방향으로 회전하고 뒷부분 로터는 반시계 방향으로 회전 옆쪽의 로터는 반시계 방향으로 회전한다.

① 토크 상쇄
② 전이 성향 해소
③ 횡단류 효과 억제
④ 양력 불균형 해소

정답 1 ③ 2 ①

(8) 전이 성향

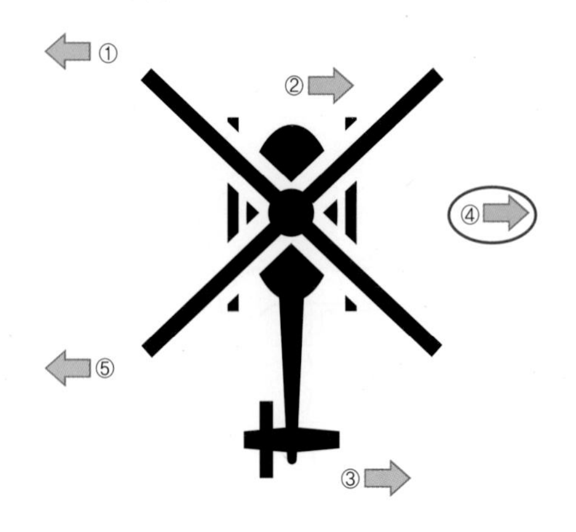

운동하는 방향이 바뀌거나 다른 방향으로 옮겨지는 현상
단일 회전익 계통의 헬리콥터가 제자리 비행 중 우측으로 편류하려는 현상

① 메인로터 회전 방향
② 메인로터 회전 반대방향으로 작용하는 토크 작용
③ 토크 작용을 억제하는 테일로터 추진력
④ 편류하는 전이 성향(토크+테일로터 추진력)
⑤ 전이 성향을 막기 위한 메인로터 회전면 경사
⑥ 극복 대책
㉠ 사이클릭이 중앙에 있을 때 회전면이 약간 왼쪽으로 기울도록 설계
㉡ 동체가 수평일 때 마스트가 약간 좌측으로 기울도록 메인 트랜스미션 장착
㉢ 컬렉티브 피치를 증가시키면 회전면이 약간 좌측으로 기울도록 컬렉티브 조종 계통 설계

예상문제

1 **제자리 비행 중 테일로터 추력의 방향으로 편류하는 헬리콥터의 경향을 무엇이라 하는가?**

① 코리올리스 효과 ② 횡단류 효과
③ 양력 불균형 ④ 전이 성향

2 **운동하는 방향이 바뀌거나 다른 방향으로 옮겨지는 현상으로 토크 작용과 토크 작용을 상쇄하는 꼬리 날개의 추진력이 복합되어 기체가 우측으로 편류하는 현상을 무엇이라 하는가?**

① 전이 성향 ② 전이 비행
③ 횡단류 효과 ④ 지면 효과

정답 1 ④ 2 ①

(9) 전이 양력(Translation Lift)

정지비행중 전진비행으로 전환시 외부공기가 추가로 유입되어 양력이 발생하는 것

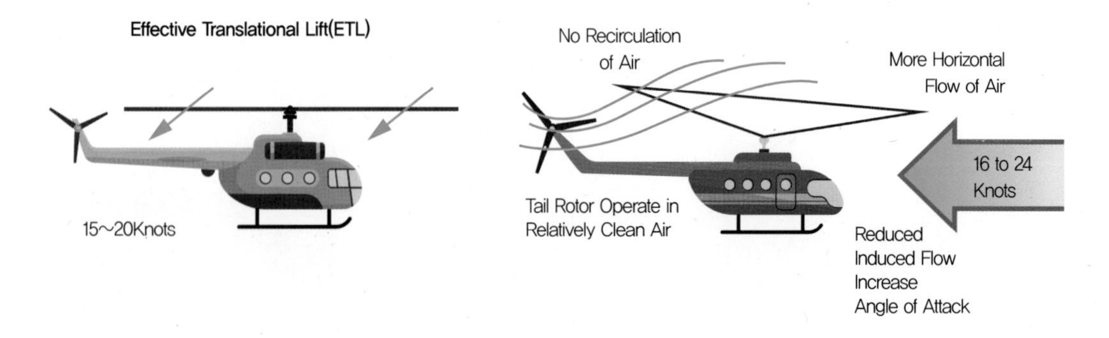

① 전이 양력 10~15kts

㉠ 공기의 흐름은 더욱 수평을 이루어 회전면에 유입

㉡ 10kts 시 : 익단에서 유입된 기류는 기수상공 흐름

㉢ 15kts 시 : 익단에서 유입된 기류는 테일로터 지남

㉣ 익단와류와 요단기류가 헬리콥터 후방으로 벗어남

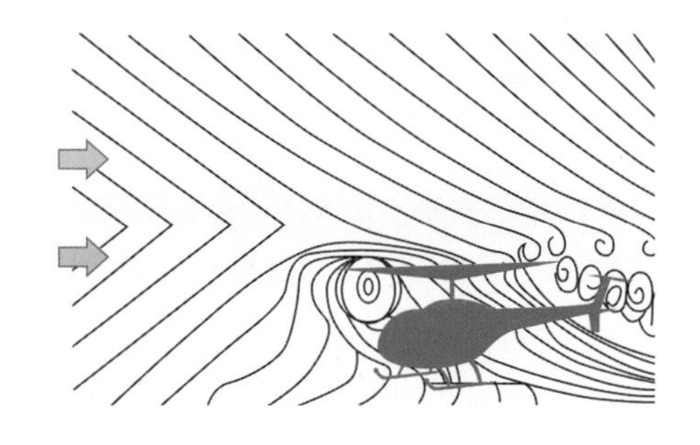

(10) 유효전이양력(ETL–Effective Translational Lift)

전이양력은 회전익이 수평으로 이동시에는 항상 발생한다. 항공기 속도가 약 16~24knot일 때 최대의 공기흐름의 증가효과가 일어난다. 회전익항공기가 이 속도범위에서 가속할 때 회전익에 와류가 발생하지 않고 공기흐름이 가장 좋아진다. 또한 공기흐름이 수평으로 더 많이 흘러 양력 증가를 위한 받음각 증가에 비해 유도항력도 작아진다. 이러한 속도에서 추가로 얻어지는 양력을 유효전이양력이라고 한다.

회전익 장치를 하나만 가진 회전익 항공기가 전이양력을 받고 비행할 때에는 회전익을 통과한 공기 흐름이 꼬리회전익 주변을 지나가게 되는데 그 흐름상태가 좋아서 꼬리 회전익의 공기역학적인 효과가 커진다. 즉 꼬리회전익의 추력이 증가하여 항공기가 왼쪽으로 요 현상을 일으킨다. (회전익이 반시계방향으로 회전하는 항공기인 경우). 그래서 이륙할 때 이런 현상을 방지하기 위하여 오른쪽 반토크 페달을 사용하여야 한다.

또 하나의 현상으로 항공기가 기수가 들리고 오른쪽으로 기울어진다. 이런 현상은 양력의 불균형과 유도흐름의 차이로 인한 교차흐름효과에 기인하며 사이클릭 조종으로 수정해 주어야 한다.

항공기가 제자리비행을 하더라도 바람이 16~24knot의 속도로 불어오면 전이양력이 발생한다. 정상적으로 작동할 때나 특히 최대 성능이 필요할 때에는 전이양력을 이용하여야 한다.

예상문제

1 **유효 전이 양력을 얻을 때 일어나는 현상이 아닌 것은?**

① 좌편요 현상 ② 우횡요 현상

③ 기수 들림 ④ 자동 활공

2 **회전익 비행장치가 제자리 비행 상태로부터 전진비행으로 바뀌는 과도적인 상태는?**

① 횡단류 효과 ② 전이 성향

③ 자동 회전 ④ 지면 효과

정답 1④ 2②

PART 03 무인 항공기(드론) 이론 및 운용

6 멀티콥터의 구조와 비행 원리

1 멀티콥터 개요

멀티콥터는 통상 3개 이상의 동력축(모터)과 수직프로펠러(로터)를 장착함으로써 각 로터에 의해 발생하는 반작용을 상쇄시키는 구조를 가진 비행체를 의미

① 헬리콥터에 비해 구조적으로 간단
② 부품수가 적으며, 구조적 안정성이 뛰어남
③ 각 로터들이 독립적을 통제됨에 따라 어느 한 부분이 문제가 되더라도 기타 로터를 이용 자세를 유지하여 비행하는 것이 가능

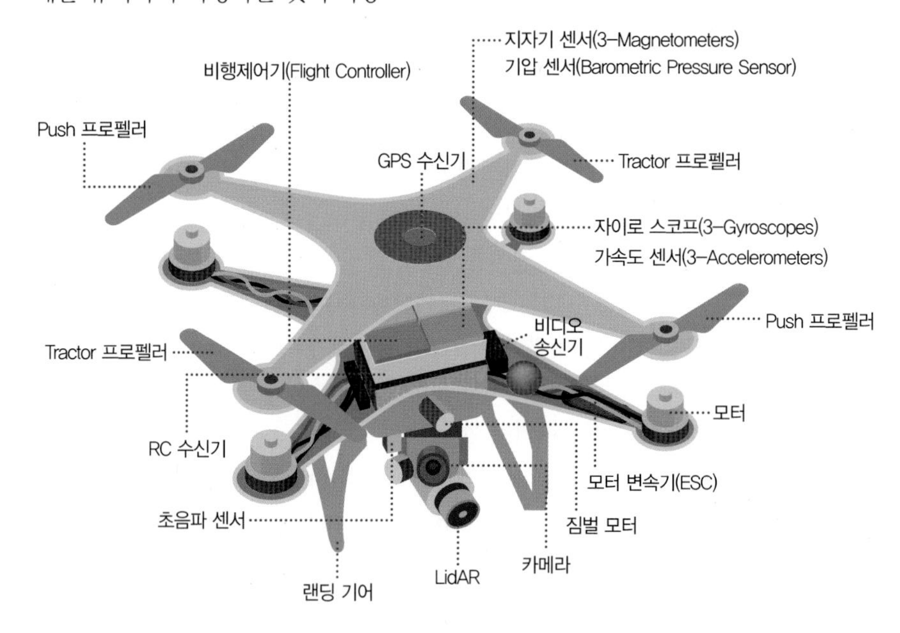

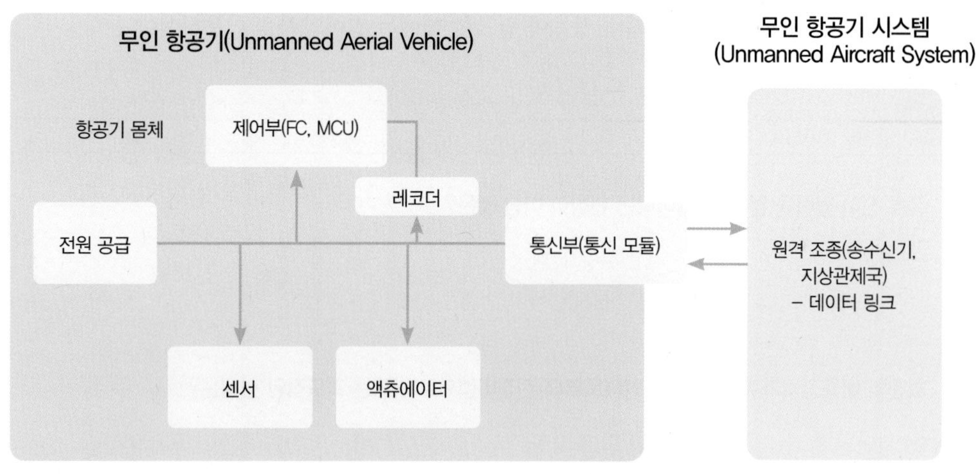

▲ 멀티콥터 구조

2 멀티콥터의 비행 원리

(1) 쿼드 로터 프로펠러

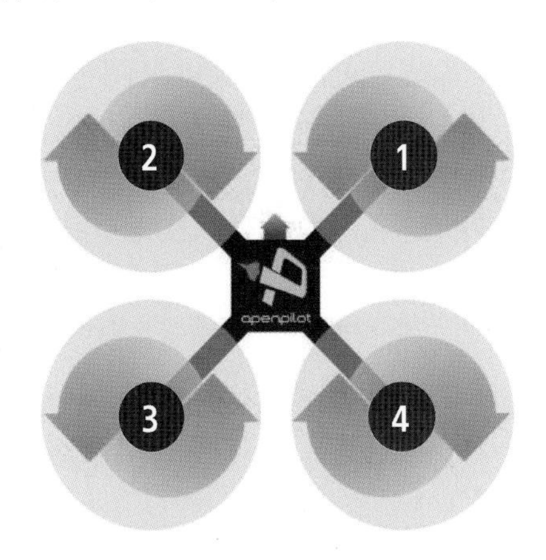

① 1, 3번 반시계방향(Counterclockwise : CCW)

② 2, 4번 시계 방향(Clockwise : CW)

(2) 기체 방향 회전

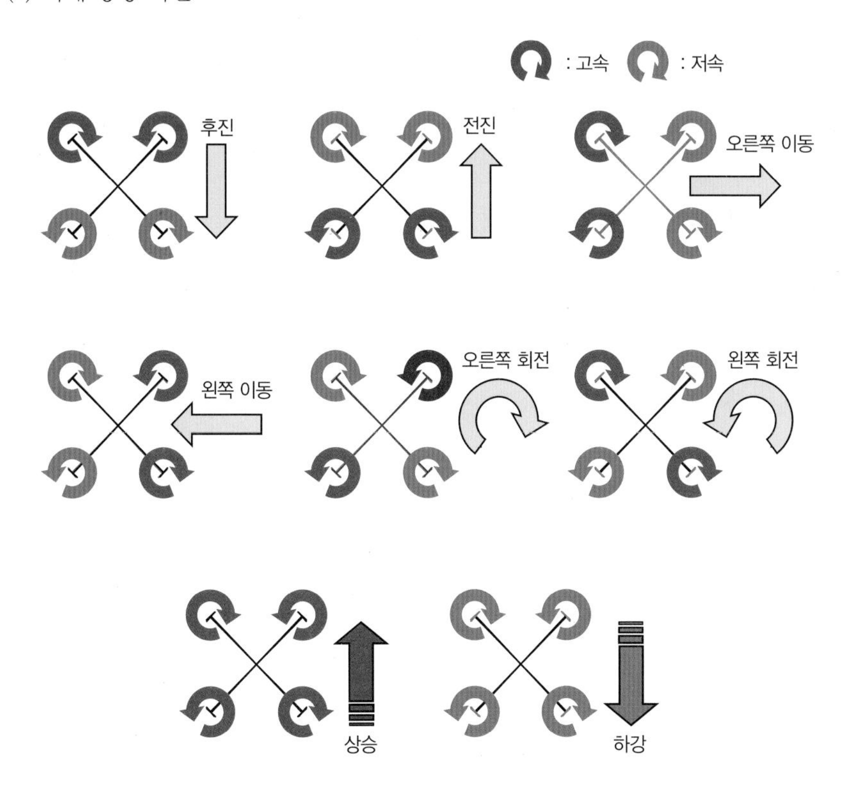

① 회전면의 경사에 의하여 경사가 이루어지는 방향으로 이동

② 회전면의 경사는 앞, 뒤, 좌, 우 모터의 회전수를 상대적으로 빠르게 또는 느리게 회전하게 하여 회전면의 경사를 이루게 함

예상문제

1 멀티콥터의 구조와 특성을 설명한 것 중 틀린 것은?

① 통상 3개의 동력축(모터)과 수직 프로펠러를 장착하여 각 로터에 의해 발생하는 반작용을 상쇄시키는 구조를 지니고 있다.
② 반작용을 상쇄시키기 위해 홀수의 동력축과 프로펠러를 장착한다.
③ 기존 헬리콥터에 비행 구조가 간단하고 부품수가 적으며, 구조적으로 안정성이 뛰어나서 초보자들도 조종하기 쉽다.
④ 각 로터들이 독립적으로 통제되어 어느 한 부분이 문제가 되어도 상호 보상을 하여 자세를 유지시켜 비행하는 것이 가능하다.

2 멀티콥터의 이동 방향이 아닌 것은?

① 전진 ② 후진 ③ 회전 ④ 배면

3 무인동력 비행장치의 전, 후진 비행을 위하여 어떤 조종 장치를 조작하는가?

① 스로틀 ② 엘리베이트 ③ 에일러론 ④ 러더

4 무인동력 비행장치의 수직 이, 착륙비행을 위하여 어떤 조종 장치를 조작하는가?

① 스로틀 ② 엘리베이트 ③ 에일러론 ④ 러더

5 쿼드 x형 멀티콥터가 전진 비행 시 모터(로터 포함)의 회전속도 변화 중 맞는 것은?

① 앞의 두 개가 빨리 회전한다.
② 뒤의 두 개가 빨리 회전한다.
③ 좌측의 두 개가 빨리 회전한다.
④ 우측의 두 개가 빨리 회전한다.

6 멀티콥터 이동 비행 시 속도가 증가될 때 통상 나타나는 현상은?

① 고도가 올라간다.
② 고도가 내려간다.
③ 기수가 좌로 돌아간다.
④ 기수가 우로 돌아간다.

7 로터가 6개인 멀티콥터를 무엇이라 하는가?

① Quad Copter ② Tri Copter ③ Hexa Copter ④ Octo Copter

정답 1① 2④ 3② 4① 5② 6② 7③

8 X자형 멀티콥터가 우로 이동 시 로터는 어떻게 회전하는가?

① 왼쪽은 시계방향으로, 오른쪽은 하단에서 반시계 방향으로 회전한다.
② 왼쪽은 반시계 방향으로, 오른쪽은 하단에서 반시계 방향으로 회전한다.
③ 왼쪽 2개가 빨리 회전하고, 오른쪽 2개는 천천히 회전한다.
④ 왼쪽 2개가 천천히 회전하고, 오른쪽 2개는 빨리 회전한다.

9 멀티콥터의 수직착륙 시 조종 방법은?

① 스로틀 상승 ② 스로틀 하강
③ 엘리베이트 전진 ④ 엘리베이트 후진

10 다음 중 옥토콥터의 로터 개수는?

① 3개 ② 4개 ③ 6개 ④ 8개

11 다음 중 Skid에 관한 설명으로 올바른 것은?

① 발연장치 ② 착륙 장치
③ 유압장치 ④ 발전장치

12 프로펠러의 정확한 의미로 가장 적절한 것은?

① 항공기나 선박에 추력(추진력, 전방으로 이동하는 힘)을 부여하는 장치
② 항공기나 선박에 양력(공중으로 부양시키는 힘)을 부여하는 장치
③ 항공기나 선박에 항력(공기 중에 저항받는 힘)을 부여하는 장치
④ 항공기나 선박에 중력(중량, 무게)을 부여하는 장치

13 로터(Rotor), 블레이드(Blade)의 정확한 의미로 가장 적절한 것은?

① 항공기나 드론에 추력(추진력, 전방으로 이동하는 힘)을 부여하는 장치
② 항공기나 드론에 양력(공중으로 부양시키는 힘)을 부여하는 장치
③ 항공기나 드론에 항력(공기 중에 저항받는 힘)을 부여하는 장치
④ 항공기나 드론에 중력(중량, 무게)을 부여하는 장치

14 헥사콥터의 로터 하나가 비행 중에 회전수가 감소될 경우 발생할 수 있는 현상으로 가장 가능성이 높은 것은?

① 전진을 시작한다. ② 상승을 시작한다.
③ 진동이 발생한다. ④ 요잉현상이 발생하면서 추락하지 않는다.

정답 8 ③ 9 ② 10 ④ 11 ② 12 ① 13 ② 14 ④

15 멀티콥터(고정 피치)의 조종 방법 중 가장 위험을 동반하는 것은?

① 수직으로 상승하는 조작
② 요잉을 반복하는 조작
③ 후진하는 조작
④ 급강하하는 조작

정답 15 ④

7 기타

1 항공기의 축과 운동

(1) 무게중심점(CG : Center of Gravity)
항공기에 작용하는 세개의 축이 만나는 점, 이점을 기준으로 힘의 균형 유지

(2) 무게중심점 값 : 총 모멘트 ÷ 총 무게

(3) 무게중심점 한계
무게중심점은 한 지점이지만, 전, 후, 좌, 우로 허용한계치가 있음. 이는 제작사가 지정

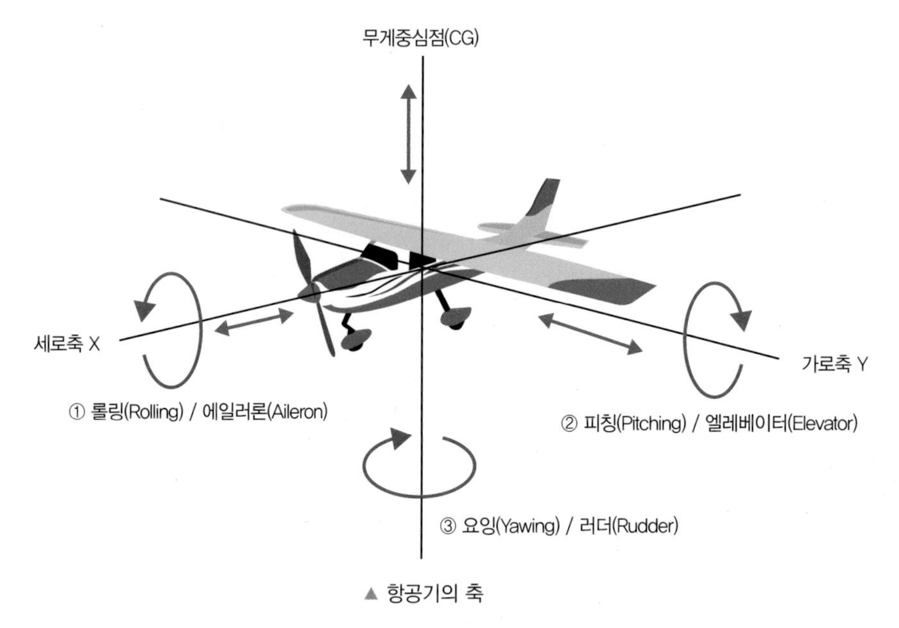

▲ 항공기의 축

(4) 항공기의 3축 운동 (3 Axis Movement)

항공기가 X, Y, Z축을 중심으로 회전하는 것

① 롤링(Rolling : 옆놀이) : X축 중심 회전 운동

② 피칭(Pitching : 키놀이) : Y축 중심 회전 운동

③ 요잉(Yawing : 빗놀이) : Z축 중심 회전 운동

롤링(Rolling) : 옆놀이

피칭(Pitching) : 키놀이

요잉(Yawing) : 빗놀이

항공기의 롤링을 도와준다.

항공기의 요잉을 도와준다.

항공기의 피칭을 도와준다.

예상문제

1 항공기에 작용하는 세 개의 축이 교차되는 곳은 어디인가?

① 무게 중심　② 압력 중심

③ 가로 축의 중간 지점　④ 세로 축의 중간 지점

정답 1 ①

2 비행장치의 무게 중심은 어떻게 결정할 수 있는가?

① CG = TA × TW(총 암과 총 무게를 곱한 값)
② CG = TM ÷ TW(총 모멘트를 총 무게로 나누어 얻은 값)
③ CG = TM ÷ TA(총 모멘트를 총 암으로 나누어 얻은 값)
④ CG = TA ÷ TM(총 암을 모멘트로 나누어 얻은 값)

3 멀티콥터의 무게중심(CG) 위치는?

① 동체의 중앙 부분　　② 배터리 장착 부분
③ 로터 장착 부분　　④ GPS 안테나 부분

정답 2 ② 3 ①

2 안정과 안정성

(1) 안정(Stability)

구분	용어의 뜻
항공기 안정성	어떤 교란으로 인해 무게중심에 대한 힘과 모멘트가 0에서 벗어나 평행이 깨져 비행자세가 변경되었을 경우, 항공기가 스스로 다시 평형이 되는 방향으로 운동이 일어나는 경향성
정적 안정	자세가 변경되었을 때 처음의 평행상태로 되돌아가는 움직임의 방향을 말한다.
정적 불안정	Negative Static Stability 평행 상태에서 벗어난 물체가 처음 평행 상태로 돌아가지 못하는 상태
정적 중립	Neutral Stability 평행 상태에서 벗어난 물체가 원래의 평행 상태로 되돌아오지도 않고 평행 상태에서 벗어난 방향으로도 이동하지 않는 경우
동적 안정	정적 안정성은 평행상태에서 교란된 후에 다시 원래의 평행상태로 되돌아가려는 처음의 경향을 정의한 것이며, 동적 안정성은 교란된 상태에서 평행상태로 되돌아가려는 경향성이 시간에 따라 반응하는 정도를 말한다.
장주기 진동	Long Period Oscillation 휴고이드 진동이라고도 하며, 진동 주기가 상당히 길다. 대개 20초에서 60초 사이의 값을 가진다. 정적으로 안정된 항공기에 결정되며 쉽게 조정이 가능
단주기 진동	Short Period Oscillation 속도 변화에 거의 무관하며, 진동이 1초 혹은 2초 이내 지속될 때를 말한다. 일반적으로 조종이 매우 어렵고, 진동을 즉각 감소시키지 않으면 구조적 손상 초래

(2) 안정성

구분	용어의 뜻
세로 안정성	항공기를 가로축에 대하여 안정시키는 것으로 피치 안정성이라고 한다. 항공기 무게중심에 대한 피칭 모멘트에 의해서 결정되는데 세로 안정성이 불안전한 항공기는 예를 들어 돌풍을 만났을 때 의도하지 않는 받음각의 증가로 항공기가 원래의 평행상태로 돌아가지 못하고 강하하거나 상승하려는 경향이 있다.
가로 안정성	세로축을 중심으로 한 좌우 안정. 롤 안정성이라 한다. 항공기의 날개는 양력을 발생할 뿐만 아니라 난류와 같은 외부 힘에 의해 야기된 불안정한 상태를 항공기 자체의 특성으로 스스로 안정된 상태로 회복할 수 있도록 설계되어 있다.
방향 안정성	항공기의 수직축에 대한 안정성은 빛놀이 또는 방향안정성이라고 불린다. 수직안정판은 항공기 방향안정성에 가장 큰 역할을 하며 CG후방에 있는 동체의 측면 또한 풍향계 또는 화살의 깃처럼 작동하여 상대풍 쪽으로 기수를 향하게 하여 방향 안정성에 기여한다.

예상문제

1 고유의 안정성이란 무엇을 의미하는가?

① 이착륙 성능이 좋다.
② 실속이 되기 어렵다.
③ 스핀이 되지 않는다.
④ 조종이 보다 용이하다.

2 안정성에 관하여 연결한 것 중 틀린 것은?

① 가로 안정성 – rolling
② 세로 안정성 – pitching
③ 방향 안정성 – yawing
④ 방향 안정성 – rolling & yawing

정답 1 ④ 2 ④

3 실속

항공기의 상승자세가 임계받음각을 초과하면 날개 위를 흐르는 공기의 분리가 일어나고 양력을 급격히 감소시켜 실속이 발생한다. 실속은 어느 자세나 어느 속도에서도 발생할 수 있다. 실속은 역학적인 부분에서 가장 오해가 많이 일어나는 분야로 조종사들은 실속이 발생하면 더 이상 양력이 발생할 수 없다고 생각한다. 실제 수평비행을 유지할 수 있는 적절한 양력의 양이 발생하지 못한다.

실속은 무게, 하중계수, 비행속도, 밀도 고도와 관계없이 항상 같은 받음각 속에서 발생. 임계받음각을 초과할 수 있는 경우는 고속비행, 저속비행, 깊은 선회 비행이다.

실속의 발생 원인은 속도의 감소와 받음각의 초과이다.

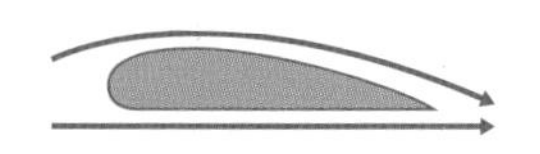

① 큰 양력

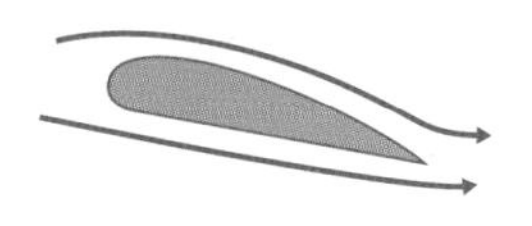

② 적은 양력

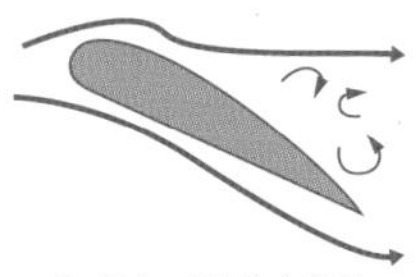

③ 실속 : 양력 〈 항력

※ 받음각의 크기 : ① < ② < ③

예상문제

1 CG가 후방으로 이동 시 비행장치는 어떻게 되는가?

① 안정성과 조종성이 감소된다.
② 안정성은 감소되지만 조종하기 용이하다.
③ 조종성은 다소 감소되나 안정성은 증대된다.
④ CG가 초과하지 않는 한 안정성과 조종성이 증가한다.

2 실속에 대한 설명 중 틀린 것은?

① 실속의 직접적인 원인은 과도한 받음각이다.
② 실속은 무게, 하중계수, 비행속도 또는 밀도고도에 관계없이 항상 다른 받음각에서 발생한다.
③ 임계받음각을 초과할 수 있는 경우는 고속 비행, 저속 비행, 깊은 선회 비행 등이다.
④ 선회 비행 시 원심력과 무게의 조화에 의해 부과된 하중들이 상호 균형을 이루기 위한 추가적인 양력이 필요하다.

정답 1 ① 2 ②

3 실속에 대한 설명 중 틀린 것은?

① 실속은 무게, 하중계수, 비행속도 또는 밀도고도에 관계없이 항상 같은 받음각에서 발생한다.
② 실속의 직접적인 원인은 과도한 취부각 때문이다.
③ 임계받음각을 초과할 수 있는 경우는 고속 비행, 저속 비행, 깊은 선회 비행이다.
④ 날개의 윗면을 흐르는 공기 흐름이 조기에 분리되어 형성된 와류가 확산되어 더 이상 양력을 발생하지 못할 때 발생한다.

4 실속에 대한 설명으로 가장 올바른 것은?

① 기체를 급속하게 감속시키는 것을 말한다.
② 땅 주위를 주행 중인 기체를 정지시키는 것을 말한다.
③ 날개가 실속 받음각을 초과하여 양력을 잃는 것을 말한다.
④ 대기속도계가 고장이 나서 속도를 알 수 없게 되는 것을 말한다.

정답 3 ② 4 ③

항공기의 역사

1) 몽상시대 및 비행기의 발명

- 신과 악마에게 내준 하늘
  - 산과 악마의 날개로 가득 찬 고대의 하늘
  - 인간의 공상 비행
- 인력 비행 시대
  - 하늘로 가는 첫걸음 연 비행
  - 실패로 끝난 조인들의 인력 비행
  - 레오나르도 다 빈치의 악마의 기계
- **기구 비행 시대, 1783년 몽골피에 형제**
  - 공기보다 가벼운 비행장치의 구성
  - 최초의 유인 비행
  - 기구의 다양한 이용
- 비행선 비행 시대
  - 조종이 가능한 비행선
  - 비행선의 아버지 체펠린
  - 비행선 수송의 황금기
- 글라이더 비행 시대
  - 대항공의 아버지 케일리 경
  - 릴리엔탈의 글라이더 비행
  - 동력 비행장치에 도전한 파이오니아들
  - 라이트에 앞선 동력 비행의 도전자들
- **동력 비행 성공, 1903년, 라이트형제**
  - 최초의 동력비행 성공, 라이트 형제
  - 키티, 호크에서의 활공 실험
  - 최초의 동력 비행기 플라이어 1호
  - 뒤몽의 유럽 최초의 동력 비행
  - 커티스의 동력 비행 도전
  - 항공여명기의 비행기들
  - 역사에 길이 남을 랭스 비행 대회
- 비행기 실용화 시대
  - 제1차 세계대전과 비행기의 실용화
  - 제1차 세계대전과 군용기의 발달
- 수송기의 근대화 시대
  - 1920년대의 수송기의 발달
  - 근대 수송기의 탄생
  - 화려한 비행정 시대
  - 장거리 항로의 개척
  - 린드버그의 북대서양 단독 무착륙 비행
- 비행기 혁신 시대
  - 제2차 세계대전과 군용기의 발달
  - 제2차 세계대전의 대표적 군용기
  - 제트엔진 발명 · 제트군용기 개발
  - 헬리콥터의 개발과 군용화
- 군용기의 제트화 초음속 시대
  - 군용기 제트화(1950년대)
  - 군용기 초음속화(1960~70년대)
  - 군용기 발달(1980년대 이후)
- 수송기의 제트화 초음속 시대
  - 프로펠러 수송기의 전성시대
  - 제트수송 시대의 개막
  - 대량 수송 시대의 개막
  - 초음속 수송 시대의 개막
- 미래의 항공기
  - 초거인기, 초고속기의 등장
  - 21세기형의 새로운 수송기

2) 대한민국

1592년
최초 비행기
정평구 비차(飛車)

1913년
최초 비행
일본 해군 기술장교 나라하라 중위

1917년
최초 곡예 비행
미국인 조종사 아트스미스

1922년
최초 비행사
안창남

1929년
최초 비행학교
조선 비행학교(신용욱 설립)

1930년
최초 부정기 운송사업
서울-베이징-난진 간 친선 운항

1933년
최초 여류 비행사
박경

1948년
최초 운송회사
대한국민항공사 KNA(신용욱 설립)

1949년
최초 여류 비행사(대한민국 정부 수립 후)
김경오

1954년
최초 항공협정
한국 – 영국 간 잠정 항공협정
최초 외국노선
KNA의 서울 – 홍콩 간 DC-3기로 시험운항 성공
서울 – 타이페이 – 홍콩 간 DC-4기로 주 1회 운항 개시
최초 국산 비행기(부활호)

1991년
최초 국산 기본 훈련기
KT 1(웅비)

1993년
5인승 다목적 소형 항공기(창공 91) 개발
대한항공, 삼성중공업, 한국화이버 참여
우리나라 민항공 사상 처음으로 교통부로부터 형식증명과 감항증명 받음

2001년
최초 수출 항공기
KT 1B(인니 수출기)

2002년
최초 국산 초음속 항공기
T-50 Golden Eagle

제 1 회 무인 항공기(드론) 이론 및 운용 모의고사

01 착륙접근 시 안전상의 문제가 있다고 판단되어 즉시 착륙접근을 포기하고 상승하는 조작방법은?

① 벌루닝 ② 하드랜딩
③ 플로팅 ④ 복행

- 벌루닝 : 빠른 접근 속도에서 피치 자세와 받음각을 급속히 증가시켜 다시 상승하게 하는 현상
- 하드랜딩 : 비상착륙 시 수직속도가 남아 강한 충격으로 착륙하는 현상
- 플로팅 : 접근 속도가 정상접근 속도보다 빨라 침하하지 않고 또 있는 현상

02 조종자 리더십에 관한 설명으로 옳은 것은?

① 편향적 안전을 위하여 의논한다.
② 결점을 찾아내서 수정을 한다.
③ 다른 조종자를 험담 한다.
④ 기체 손상 여부 관리를 의논한다.

03 항공기의 수직축에 대한 안정성은 빗놀이 또는 방향안정성이라고 한다. 이러한 방향안정성에 가장 큰 역할을 하는 것은 무엇인가?

① 세로축 ② 수직안정판
③ 가로축 ④ 무게중심

- 가로안정성 : 세로축에 대한 항공기의 운동을 안정시키는 것 → Rolling
- 세로안정성 : 가로축에 대한 항공기의 운동을 안정시키는 것 → Pitching
- 방향안정성 : 항공기 수직축에 대한 안정성 → Yawing

04 모터의 속도상수(KV)에 대한 설명으로 맞는 것은?

① KV가 작을수록 동일한 전류로 큰 토크가 발생한다.
② KV가 작을수록 동일한 전류로 작은 토크가 발생한다.
③ KV가 클수록 동일한 전류로 큰 토크가 발생한다.
④ KV와 토크는 상관없다.

KV(1V의 전압을 가했을 때 모터의 분당 회전수)와 토크는 반비례 관계이다.

05 브러시리스 모터에 사용되는 전자변속기(ESC)에 대한 설명으로 옳은 것은?

① 전자변속기는 과열방지를 위한 냉각은 필요 없다.
② 모터의 회전수를 제어하기 위해서 사용한다.
③ 브러시리스 모터에 꼭 필요한 장치는 아니다.
④ 모터의 최대 소모전류와 관계없이 전자변속기를 사용하면 된다.

브러시리스 모터에는 전자변속기가 꼭 필요하며, 전자변속기는 모터의 속도를 제어한다.

06 농업용 무인멀티콥터 비행전 점검할 내용으로 맞지 않은 것은?

① 기체 이력부에서 이전 비행기록과 이상 발생 여부는 확인할 필요가 없다.
② 비행 전 기체 및 조종기의 배터리 충전상태를 확인한다.
③ 비행전 공역 확인을 철저히 한다.
④ 비행전 점검표에 따라 각 부품의 점검을 철저히 실시한다.

기체 이력부에서 이전 비행기록과 이상 발생 여부를 확인해야 한다.

07 인적요인의 대표적 모델인 SHELL Model의 구성요소가 아닌 것은?

① S – Software ② H – Human
③ E – Environment ④ L – Liveware

정답 01 ④ 02 ② 03 ② 04 ① 05 ② 06 ① 07 ②

H : Hardware로 항공기의 기계적인 부분을 나타낸다.
S : Software는 운항 분야의 각종 규정, 절차, 기호, 부호 등을 나타낸다.
E : Environment는 기상 등의 조종 환경 등을 나타낸다.
L : Liveware, 중앙에 있는 L은 사람, 조종사를 나타낸다.
L : Liveware, 역시 사람을 나타내지만 조종사와 관계되는 사람들을 나타낸다.

08 엔진의 출력을 일정하고 하고 수평비행 상태를 유지하여 비행하면 연료소비에 따라 무게가 감소한다. 이에 대한 변화를 설명한 것으로 맞는 것은?

① 속도는 늦어지고 양력계수는 작아진다.
② 속도는 빨라지고 양력계수는 커진다.
③ 속도는 늦어지고 양력계수는 커진다.
④ 속도는 빨라지고 양력계수는 작아진다.

무게와 속도는 반비례 관계, 속도가 빨라지면 양력계수는 작아진다.

09 다음 중 항공방제작업(농약 살포작업)을 할 때 비행안전 사항으로 맞는 것은?

① 부조종자는 배치할 필요는 없다.
② 최소 안전거리 10m는 이격해서 비행해야 한다.
③ 장애물을 등지고 비행하고 조종자는 이동거리 단축에 집착하지 말아야 한다.
④ 풍향을 고려 대상이 아니다.

부조종자는 배치해야 하며, 최소 안전거리는 15m이다. 또한 풍향으로 등지고 작업을 해야 한다.

10 베르누이 정리에 의한 압력과 속도의 관계로 맞는 것은?

① 압력 감소, 속도 감소
② 압력 증가, 속도 증가
③ 압력 증가, 속도 감소
④ 상관없다.

압력과 속도는 반비례 관계이다.

11 초경량비행장치의 방향타(러더)의 사용 목적은 무엇인가?

① 편요(요잉) 조종
② 과도한 기울임이 조종
③ 선회 시 경사를 주기 위해
④ 선회 시 하강을 막기 위해

Mode2에서는 왼쪽에 러더키가 있으며, 러더는 좌우 회전(편요)을 위한 키이다.

12 받음각이 변하더라도 모멘트의 계수값이 변하지 않는 점을 무슨 점이라고 하는가?

① 압력중심 ② 무게중심
③ 중력중심 ④ 공력중심

공력중심 : 받음각이 변해도 피칭 모멘트의 값이 변하지 않는 에어포일의 기준점
압력중심 : 에어포일 표면에 분포된 압력이 한 점에 집중적으로 작용한다고 가정할 때 이 힘의 작용점

13 초경량 비행장치에 사용하는 배터리가 아닌 것은?

① Li-Po ② Ni-Cd
③ Ni-Mh ④ Ni-Ch

Li-Po(리튬폴리머), Ni-Cd(니켈 카드뮴), Ni-Mh(니켈 수소), Ni-Ch는 없음

14 무인비행장치의 동력장치로 적합한 것은?

① 가솔린엔진
② 전기모터
③ 로터리엔진
④ 터보엔진

브러시리스 모터는 자기센서를 모터에 내장하여 회전자가 만드는 회전자계를 검출하고, 이 전기신호를 고정자의 코일에 전하여 모터의 회전을 제어할 수 있게 한 것이다.

정답 08 ④ 09 ③ 10 ③ 11 ① 12 ④ 13 ④ 14 ②

15 멀티콥터의 구성요소로 틀린 것은?

① FC　② ESC
③ GPS　④ Propeller

GPS는 필수 구성요소가 아니다. GPS가 없는 드론도 많다.

16 배터리 미사용 시 보관방법으로 옳지 않은 것은?

① 보관온도는 상관없다.
② 서늘한 곳에 보관한다.
③ 전용케이스에 넣어서 보관한다.
④ 배터리를 분리해서 보관한다.

배터리는 상온에 보관해야 한다.

17 조종자 교육 시 논평(Criticize)을 실시하는 목적은 무엇인가?

① 문제점을 발굴하여 발전을 도모하기 위함
② 지도조종자의 품위를 유지하기 위함
③ 주변 타교육생들에게 경각심을 주기 위함
④ 잘못을 직접 질책하기 위함

18 공기의 흐름 방향에 관계없이 모든 방향으로 작용하는 압력을 무엇이라 하는가?

① 전압　② 동압
③ 벤츄리 압력　④ 정압

전압(전체압력) = 동압+정압

19 항공기에 작용하는 힘에 대한 설명으로 틀린 것은?

① 양력 크기는 속도의 제곱에 비례한다.
② 항력은 비행기 받음각에 따라 변한다.
③ 중력은 속도에 비례한다.
④ 추력은 비행기 받음각에 따라 변하지 않는다.

중력은 속도에 반비례한다.

20 프로펠러 이상 시 가장 먼저 나타나는 현상은?

① 프로펠러의 진동이 느껴진다.
② 모터의 속도가 늦어진다.
③ 기체가 떨린다.
④ 배터리가 열이 난다.

21 다음 중 비행 후 점검사항이 아닌 것은?

① 수신기를 끈다.
② 송신기를 끈다.
③ 기체를 안전한 곳으로 옮긴다.
④ 모터와 변속기의 발열상태를 점검한다.

수신기는 본체 내부에 위치한다.

22 멀티콥터의 비행모드가 아닌 것은?

① GPS 모드　② ATTI 모드
③ 수동 모드　④ 고도제한 모드

고도제한 모드는 없다. ATTI모드=수동모드

23 역편요(Adverse Yaw)에 대한 설명으로 틀린 것은?

① 비행기가 선회하는 경우, 옆 미끄럼이 생기면 옆 미끄럼한 방향으로 롤링하는 것을 말한다.
② 비행기가 보조익을 조작하지 않더라도 어떤 원인에 의해 Rolling운동을 시작하며(단, 실속 이하에서) 올라간 난개의 방향으로 Yaw하는 특성을 말한다.
③ 비행기가 선회하는 경우, 보조익을 조작해서 경사하게 되면 선회방향과 반대방향으로 요잉하는 것을 말한다.
④ 긴 날개 방향으로 요잉하는 것을 말한다.

역편요란 비행기가 선회시 선회반대방향으로 기수가 돌아가는 것을 말한다. 편요(요잉)을 말하는 것이다 (롤링)이 아니다.

정답　15 ③　16 ①　17 ①　18 ④　19 ③　20 ①　21 ①　22 ④　23 ①

24 왕복엔진의 윤활유의 역할이 아닌 것은?

① 기밀작용　　② 윤활작용
③ 방빙작용　　④ 냉각작용

윤활유 : 기밀작용, 냉각작용, 감마작용 등의 역할
기밀작용 : 경계면에 유막을 형성하여 가스 누설을 방지하는 것
냉각작용 : 윤활유를 순환주입함으로써 발생된 마찰열을 제거하는 것
감마작용 : 기계와 기관 등의 운동부 마찰면에 유막을 형성하여 마찰을 감소시키는 것
※ 방빙작용이란 항공기 표면에 얼음이 생기는 것을 방지하는 일. 얼음을 없애는 화학물질을 사용하거나 열을 가해 얼음을 없앤다.

25 다음 중 마찰항력을 설명한 것으로 가장 적절한 것은 어느 것인가?

① 날개와는 관계없이 동체에서만 발생한다.
② 공기의 점성의 경계층에서 생기는 소용돌이에 영향을 받고 날개의 단면과 받음각 모양에 따라 다르다.
③ 날개 끝 소용돌이에 의해 발생하며 날개의 가로세로비에 따라 변한다.
④ 공기와의 마찰에 의하여 발생하며 점성의 크기와 표면의 매끄러운 정도에 따라 영향을 받는다.

마찰항력이란 가체 표면 근처(경계층 내)에서 공기의 마찰에 의한 점성효과에 의해 더딘 흐름을 보이면서 흐르며 항력을 발생시킴, 물체 표면과 유체 간 점성 마찰로 인해 생기는 항력이다.

26 회전익 비행장치가 호버링 상태로부터 전진비행으로 바뀌는 과도기적인 상태를 무엇이라 하는가?

① 전이양력　　② 전이성향
③ 자동회전　　④ 지면효과

해설

전이양력은 회전익 계통의 효율증대로 얻어지는 부가적인 양력으로 제자리 비행에서 전진비행으로 전환될 때 나타난다.

27 배터리를 장기 보관할 때 보관방법으로 적절하지 않은 것은?

① 4.2V로 완전 충전해서 보관한다.
② 상온 15도~28도에서 보관한다.
③ 밀폐된 가방에 보관한다.
④ 화로나 전열기 등 뜨거운 곳에 보관하지 않는다.

장기 보관 시 50~70% 수준으로 보관하여야 배부름 현상이 발생하지 않는다.

28 모터에 대한 설명 중 맞는 것은?

① BLDC 모터는 브러시가 있는 모터이다.
② DC 모터는 영구적으로 사용할 수 없는 단점이 있다.
③ DC 모터는 BLDC 모터보다 수명이 길다.
④ BLDC 모터는 변속기가 필요 없다.

BLDC 모터는 브러시가 없으며, 변속기가 필요하다.

29 4S 배터리의 정격전압으로 맞는 것은?

① 3.7V　　② 14.8V
③ 4V　　④ 11.1V

정격전압 3.7V X 4S = 14.8V

30 다음 중 초경량비행장치 Mode2의 수직하강을 하기 위한 조종기의 올바른 조작 방법은?

① 왼쪽 조종간을 올린다.
② 엘리베이터 조종간을 올린다.
③ 왼쪽 조종간을 내린다.
④ 에일러론 조종간을 조정한다.

수직상승 및 하강 키 : 스로틀

정답 24 ③ 25 ④ 26 ① 27 ① 28 ② 29 ② 30 ③

31 다음 중 토크작용과 관련된 뉴턴의 법칙은?

① 관성의 법칙
② 작용반작용의 법칙
③ 가속도의 법칙
④ 베르누이 법칙

회전익 비행체는 작용반작용의 법칙에 따라 로터가 회전하는 반대 방향으로 동체가 돌아가는 특성이 있다.

32 다음 중 브러시리스 모터의 속도를 제어하는 장치는?

① GPS ② 가속도센서
③ 자이로센서 ④ ESC

전자변속기(ESC)가 BLDC(브러시리스 직류모터)의 속도를 제어한다.

33 베르누이 정리에서 항상 일정한 값은?

① 전압 ② 정압
③ 동압 ④ 전압과 동압의 합

베르누이 정리 : 유체 속도가 빠르면(동압이 크면) 정압이 작아진다. 전압=동압+정압

34 무인멀티콥터 착륙지점으로 바르지 않은 것은?

① 평평하면서 경사진 곳
② 바람에 날아가는 물체가 없는 평평한 지역
③ 평평한 해안지역
④ 고압선이 없고 평평한 지역

35 무인멀티콥터가 비행 가능한 지역은 어느 것인가?

① 인파가 많고 차량이 많은 곳
② 전파수신이 많은 지역
③ 전깃줄 및 장애물이 많은 곳
④ 장애물이 없고 안전한 곳

36 블레이드 종횡비의 비율이 커지면 나타나는 현상이 아닌 것은?

① 양항비가 작아진다.
② 활공성능이 좋아진다.
③ 유도항력이 감소한다.
④ 유해항력이 증가한다.

종횡비란 날개의 가로세로비를 말한다. 가로세로비가 크면 클수록 양항비 증가, 양력 발생 증가, 익단와류가 감소한다.
양항비란 비행할 때 날개에 발생하는 양력과 항력의 비를 말한다. 글라이더의 경우 양항비가 크면 활공각이 작아지고, 같은 고도에서 더 멀리 활주가능 항공기의 경우 양항비가 큰 받음각에서 비행 시 같은 양의 연료로 항속거리, 항속시간이 늘어난다.

37 0양력 받음각에 대한 설명 중 맞는 것은?

① 양력이 발생하지 않을 때의 받음각
② 실속이 발생하지 않을 때의 받음각
③ 양력이 발생할 때의 받음각
④ 실속이 발생할 때의 받음각

0양력이란 양력이 발생하지 않을 때의 받음각으로 0양력 받음각을 넘어가면 양력이 발생한다.
실속각은 양력이 최대로 발생할 때의 받음각으로 실속각을 넘어가면 실속에 들어간다.

38 비행 전 점검사항이 아닌 것은?

① 모터 및 기체의 전선 등 점검
② 조종기 배터리 부식 등 점검
③ 프로펠러 상태 점검
④ 스로틀을 상승하여 비행해 본다.

정답 31 ② 32 ④ 33 ① 34 ① 35 ④ 36 ① 37 ① 38 ④

39 멀티콥터 조종기 테스트 중 올바른 것은?

① 기체와 30m 떨어져서 레인지모드로 테스트를 한다.
② 기체 바로 옆에서 테스트를 한다.
③ 기체와 100m 떨어져서 일반모드로 테스트를 한다.
④ 기체를 이륙해서 테스트를 한다.

드론 조종기의 레인지 모드는 드론과 조종기 간의 통신 범위를 최대한 확장하거나 최적화하는 기능을 말한다.
이 모드는 드론 조종기의 신호 전송 범위를 늘려서 드론이 조종기로부터 더 멀리 떨어진 위치까지 비행할 수 있게 해준다.

40 무인멀티콥터 중에서 프로펠러가 6개인 것은?

① 쿼드콥터　② 헥사콥터
③ 옥토콥터　④ 도데카콥터

쿼드콥터 : 4개, 헥사콥터 : 6개, 옥토콥터 : 8개, 도데카콥터 : 12개

정답 39 ① 40 ②

제 2 회 무인 항공기(드론) 이론 및 운용 모의고사

01 무인멀티콥터의 프로펠러 피치(Pitch)는 무엇을 의미하는가?

① 프로펠러가 한 바퀴 회전하였을 때 앞으로 나아가는 거리(기하학적 피치)
② 프로펠러 직경
③ 프로펠러가 회전하는 속도
④ 프로펠러 길이

프로펠러의 규격은 직경×피치로 나타내며 단위는 각각 inch를 쓴다.

02 무인멀티콥터 비행 중 비상사태 발생 시 가장 먼저 해야 할 조치사항은?

① ATTI 모드로 전환하여 조종을 한다.
② 육성으로 주위 사람들에게 큰 소리로 위험을 알린다.
③ 가장 가까운 곳으로 비상 착륙을 실시한다.
④ 사람이 없는 안전한 곳에 착륙을 실시한다.

비상사태 발생 시 최우선적으로 큰 소리로 주변에 상황을 알린 후 후속조치를 해야 한다.

03 무인멀티콥터의 자세를 제어하는 센서는?

① 가속도 센서
② 자이로 센서
③ GPS
④ 지자계 선서

가속도 센서 → 가속도 측정 → 자세각 계산 가능, 자이로스코프 → 자세각속도 측정
지자계 센서 → 기수 방위각 측정, GPS → 속도, 위치, 시간

4 무인멀티콥터가 좌평행 이동 시 빨리 회전하는 모터는?

① 앞 우측, 뒤 좌측
② 앞 좌측, 뒤 좌측
③ 앞 우측, 뒤 우측
④ 앞 좌측, 뒤 우측

이동하고자 하는 반대 방향의 프로펠러가 빠르게 회전한다.

05 무인멀티콥터가 우회전 시 빨리 회전하는 모터는?

① 앞 우측, 뒤 좌측
② 앞 좌측, 뒤 우측
③ 앞 우측, 뒤 우측
④ 앞 좌측, 뒤 좌측

시계방향으로 회전 시 반시계방향의 프로펠러가 빠르게 회전한다.

06 다음 중 정압 또는 동압에 영향을 받지 않는 계기는?

① 선회경사계
② 대기속도계
③ 고도계
④ 승강계(수직속도계)

선회경사계는 항공기가 선회할 때 선회의 각속도를 나타냄과 동시에 선회가 옆으로 미끄러지지 않고 균형 잡힌 상태인지를 여부를 지시하는 계기이다.

정답 01 ① 02 ② 03 ② 04 ③ 05 ① 06 ①

07 다음 중 벡터량이 아닌 것은?

① 질량 ② 속도
③ 양력 ④ 항력

벡터량은 크기와 방향을 갖는 물리량이다.

08 다음 중 받음각(Angle of attack)에 대한 설명으로 옳은 것은?

① 후퇴각과 취부각의 차
② 동체 중심선과 시위선이 이루는 각
③ 날개골의 시위선과 상대풍이 이루는 각
④ 날개 중심선과 시위선이 이루는 각

받음각이란 공기가 흐름의 방향과 날개의 경사각이 이루는 각도를 말한다. 일반적으로 받음각이 커질수록 양력(lift)도 증가하게 된다. 양력이란 항공기를 뜨게 하는 힘, 즉 항공기가 수평 비행할 때 항공기를 뜨게 하는 힘이다. 그러나 받음각이 일정한 수준을 넘어서면 양력이 감소하고 항력이 증가한다. 항력은 비행기의 움직이는 방향과 반대로 작용하는 힘이므로 항력이 커지면 비행기가 추락한다. 양력의 크기는 받음각(angle of attack), 비행속도, 날개 모양에 따라 달라진다.

09 리튬폴리머 배터리 사용 시 주의사항으로 틀린 것은?

① 습기가 많은 곳에 보관하지 않는다.
② 1달 전에 완충한 배터리를 사용한다.
③ 외관 문제가 있는 배터리는 사용하지 않는다.
④ 상온에서 사용한다.

배터리는 사용하기 바로 전에 완충하여 사용하여야 한다.

10 무인멀티콥터의 구동장치가 아닌 것은?

① 모터/엔진 ② 프로펠러
③ 배터리 ④ GPS

GPS는 비행제어시스템의 센서이다.

11 모터 점검 내용으로 적절하지 않은 것은?

① 발열 상태 점검
② 회전 상태 점검
③ 이물질 여부 점검
④ 오일 주입상태 점검

비행 전후 모터 점검 시 발열, 회전, 이물질을 점검하여야 한다.

12 비상착륙 시 수직속도가 남아 강한 충격으로 착륙하는 현상을 무엇이라 하는가?

① 하드랜딩 ② 복행
③ 플로팅 ④ 바운싱

바운싱 : 부적절한 착륙 자세나 과도한 침하율로 인하여 착지 후 공중으로 다시 떠오르는 현상

13 드론의 센서 중 위치를 제어하는 센서는?

① 자이로 센서 ② 지자계 센서
③ 가속도 센서 ④ GPS 센서

가속도 센서 → 가속도 측정 → 자세각 계산 가능, 자이로스코프 → 자세각속도 측정
지자계 센서 → 기수 방위각 측정, GPS → 속도, 위치, 시간

14 드론의 센서 중 자세를 제어하는 센서는?

① 가속도 센서 ② 지자계 센서
③ GPS 센서 ④ 자이로 센서

15 드론의 센서 중 고도를 제어하는 센서는?

① 자이로 센서 ② 지자계 센서
③ 기압 센서 ④ GPS 센서

바로미터(Barometer) 센서 = 기압 센서 : 고도 제어

정답 07 ① 08 ③ 09 ② 10 ④ 11 ④ 12 ① 13 ④ 14 ④ 15 ③

16 인적요인 대표모델 SHELL 모델에서 L-L이 의미하는 것은?

① 인간과 절차, 매뉴얼 및 체크리스트 레이아웃 등 시스템의 비물리적 측면
② 인간에게 맞는 환경 조성
③ 조종자와 관제사 혹은 육안감시자 등 사람 간의 관계 적용을 의미
④ 인간의 특징에 맞는 조종기 설계, 감각 및 정보처리 특성에 부합하는 디스플레이 설계

①：L-S(Software), ②：L-E(Environment), ④：L-H(Hardware)

17 모드1에서 후진을 하려면 조종 방법은?

① 오른쪽 조종간을 올린다.
② 왼쪽 조종간을 올린다.
③ 오른쪽 조종간을 내린다.
④ 왼쪽 조종간을 내린다.

Mode 1 조종기：왼쪽 조종간에 엘리베이터(전진, 후진), 오른쪽 조종간에 스로틀(상승, 하강)

18 옆에서 바람이 분다. 자세를 일정하게 유지하기 위해서 어떤 레버를 조작하여 위치를 유지해야 하는가?

① 에일러론 ② 러더
③ 엘리베이터 ④ 스로틀

전후좌우를 조종하는 것은 에일러론이다.

19 푸르키네 현상에 따르면 다음 보기 중에서 어두운 밤에 가장 잘 보이는 색은?

① 초록 ② 파랑
③ 노랑 ④ 빨강

푸르키네 현상은 낮은 조명 조건에서 발생하는 색각 변화 현상이다. 주간에는 빨강색이 야간에는 파랑색이 잘 보인다.

20 광수용기에 대한 설명 중 옳은 것은?

① 추상체는 야간에 흑백을 보는 것과 관련이 있다.
② 간상체는 주간시이고, 추상체는 야간시이다.
③ 추상체와 비교할 때 간상체의 개수가 더 많다.
④ 추상체는 주로 망막의 주변부에 위치한다.

추상체와 간상체 비교

구분	추 상 체	간 상 체
색각의 형태	컬러	흑백
활동 주시간대	주간	야간
망막의 분포	중심	주변
개수	약7백만개	약1억3천만개
해상도	높다	낮다

21 회전익(헬리콥터·멀티콥터) 날개의 후류가 지면에 영향을 줌으로써 회전면 아래의 압력이 증가되어 양력의 증가를 일으키는 현상은?

① 위빙효과
② 랜드업효과
③ 자동회전효과
④ 지면효과

지면 효과(Ground Effect)는 항공기가 지면에 가까워질 때 발생하는 현상으로, 항공기의 날개 밑에서 발생하는 양력이 증가하고 항력이 감소하는 것을 말한다.

22 러더스틱을 우측으로 하여 기수방향을 우측으로 할 때의 내용으로 맞는 것은?

① 반시계 방향으로 회전하는 프로펠러는 느리게 회전, 시계방향으로 회전하는 프로펠러는 빠르게 회전
② 반시계 방향으로 회전하는 프로펠러는 빠르게 회전, 시계방향으로 회전하는 프로펠러는 느리게 회전
③ 우측 프로펠러는 빠르게 회전, 좌측 프로펠러는 느리게 회전
④ 우측 프로펠러는 느리게 회전, 좌측 프로펠러는 빠르게 회전

정답 16 ③ 17 ④ 18 ① 19 ② 20 ③ 21 ④ 22 ②

시계방향으로 회전 시 반시계방향의 프로펠러가 빠르게 회전한다.

23 다음 중 비행 전 점검에 대한 내용으로 틀린 것은?

① 통신상태 및 GPS 수신 상태를 점검한다.
② 기체 아랫부분을 점검할 때는 기체는 호버링시켜 놓은 뒤 그 아래에서 상태를 확인한다.
③ 메인 프로펠러의 장착과 파손여부를 확인한다.
④ 배터리 잔량을 체커기를 통해 육안으로 확인한다.

비행 전 점검이란 비행을 하기 전에 기체의 점검을 말한다. 호버링(Hovering)은 드론이 공중에서 정지된 상태로 머무르는 것을 말한다.

24 비행 전 점검 시 모터에 대한 내용으로 옳지 않은 것은?

① 윤활유 주입 상태
② 베어링 상태
③ 고정 상태, 유격 점검
④ 이물질 부착 여부 점검

비행 전 점검 시 모터의 회전, 발열, 이물질 등을 확인하여야 한다.

25 항공기 날개의 상·하부를 흐르는 공기의 압력차에 의해 발생하는 압력의 원리는 무엇인가?

① 베르누이의 법칙
② 가속도의 법칙
③ 작용 · 반작용의 법칙
④ 관성의 법칙

베르누이의 법칙은 유체역학의 기본 원리 중 하나로, 유체의 흐름과 압력 사이의 관계를 설명한다. 이 법칙에 따르면, 유체의 속도가 빨라질수록 그 유체의 압력이 낮아진다는 것을 의미한다.

26 베르누이 방정식에 대한 설명으로 옳은 것은?

① 동압은 속도에 반비례한다.
② 정압과 동합의 합은 일정하지 않다.
③ 정압은 유체가 갖는 속도로 인해 속도의 방향으로 나타나는 압력이다.
④ 유체의 속도가 증가하면 정압은 감소한다.

유체의 속도가 증가하면 정압이 감소하고, 유체의 속도가 감소하면 정압이 증가한다.

27 프로펠러에 의한 공기의 하향흐름으로 발생한 양력 때문에 생긴 항력은?

① 유도항력
② 조파항력
③ 형상항력
④ 유해항력

유해항력: 외부 부품에 의해 발생하는 항력
형상항력 : 블레이드가 공기를 지날 때 표면마찰로 인해 발생하는 마찰성 항력
조파항력 : 초음속 흐름에서 공기의 압축성 효과로 생기는 충격파에 의해 발생하는 항력

28 조종자에 의해서 관리해야 하는 위험요소가 아닌 것은?

① 스트레스
② 피로
③ 감정
④ 환경(교통상황, 수질오염 등)

29 비행 전 점검할 내용으로 맞지 않은 것은?

① 이전 비행기록을 확인할 필요가 없다.
② 일기예보 확인
③ 배터리 충전 상태 확인
④ 프로펠러 정상 장착, 파손 여부 확인

비행 전 이전 비행기록도 확인하여야 한다.

정답 23 ② 24 ① 25 ① 26 ④ 27 ① 28 ④ 29 ①

30 비행 교육 요령으로 적합하지 않은 것은?

① 교육 중 안전을 위해 적당한 긴장감 유지
② 조종에 영향을 주거나 심리적인 압박을 줄 수 있는 과도한 언행 자제
③ 비행 교육상의 과오 불인정
④ 안전에 위배되는 경우 즉각적인 비행에 대한 간섭 시도

비행 교육상의 과오가 있었다면 인정하고 확인 후 재교육하여야 한다.

31 다음 중 날개의 받음각에 대한 설명으로 틀린 것은?

① 비행 중 받음각은 변한다.
② 기체의 중심선과 날개의 시위선이 이루는 각이다.
③ 받음각이 증가하면 일정한 각까지 양력과 항력이 증가한다.
④ 날개골에 흐르는 공기의 흐름 방향과 시위선이 이루는 각이다.

받음각이란 날개골(에어포일)의 시위선과 상대풍이 이루는 각을 말한다.

32 다음 중 무인멀티콥터 이착륙 지점으로 적절하지 않은 것은?

① 조종자로부터 안전거리 15m가 확보된 지역
② 평탄한 잔디나 작물, 시설물 피해 발생이 없는 지역
③ 차량과 사람의 통행이 없는 지역
④ 교통량이 많은 지역

교통량이 많은 지역은 사고우려로 인하여 이착륙 지점으로 적절하지 않다.

33 드론 장기간 미사용 시 배터리 관리방법으로 틀린 것은?

① 직사광선을 피하고 실온에 보관한다.
② 배터리는 분리하여 보관한다.
③ 파손을 방지하기 위하여 전용 케이스를 사용하여 보관한다.
④ 완충하여 보관한다.

장기간 보관 시 50~70% 충전 상태로 보관하여야 한다.

34 실속(Stall)이 일어나는 가장 큰 원인은?

① 받음각이 너무 커져서
② 속도가 없어지므로
③ 엔진의 출력이 부족해서
④ 불안정한 대기

받음각이 너무 커지면 공기의 흐름이 날개의 상부 표면에서 분리되어 양력이 급격히 감소한다. 이는 날개가 공기를 효과적으로 밀어낼 수 없게 되어 발생하는 현상이다.

35 받음각이 0일 때 양력계수가 0이 되는 날개골은 다음 중 어느 것인가?

① 캠버가 큰 날개골
② 대칭형 날개골
③ 캠버가 크고 두꺼운 날개골
④ 캠버가 작고 두꺼운 날개골

양력계수가 0인 상태는 항공기 날개나 어떤 양력을 생성하는 구조가 어떠한 순수한 양력도 생성하지 않는 상태를 의미한다.
대칭적인 날개골의 경우, 받음각이 0도일 때 날개 상부와 하부의 공기 흐름이 균일하여 양력과 하력이 서로 상쇄되고, 결과적으로 순수한 양력이 0이 된다.

정답 30 ③ 31 ② 32 ④ 33 ④ 34 ① 35 ②

36 날개골(Airfoil)에서 캠버(Camber)를 설명한 것이다. 바르게 설명한 것은?

① 앞전과 뒷전 사이를 말한다.
② 시위선과 평균캠버선 사이의 길이를 말한다.
③ 날개의 아랫면과 윗면 사이를 말한다.
④ 날개 앞전에서 시위선 길이의 25% 지점의 두께를 말한다.

① : 시위선, ③ : 두께, ④ : 날개골의 앞쪽 끝(leading edge)에서 시작하여 시위선(chord line)을 따라 후방으로 25% 지점에 해당하는 위치

37 프로펠러가 회전 시 몸체가 반대방향으로 움직이려는 힘이 발생하는 이유는?

① 토크효과　　② 슬립효과
③ 스키드효과　　④ 실속효과

뉴턴의 제3법칙에 따르면, 모든 힘은 동일한 크기의 반대 방향 힘과 함께 작용한다. 이 원리를 프로펠러에 적용하면, 프로펠러가 한 방향으로 회전력을 가하면 프로펠러가 부착된 몸체는 반대 방향으로 회전하려는 힘을 받게 된다.

38 다음 중 무인멀티콥터의 방향을 통제하는 센서는?

① GPS 센서　　② 기압계
③ 자이로　　④ 지자계

가속도 센서 → 가속도 측정 → 자세각 계산 가능, 자이로스코프 → 자세각속도 측정
지자계 센서 → 기수 방위각 측정, GPS → 속도, 위치, 시간

39 무인멀티콥터의 무게중심은 어느 곳에 위치하는가?

① 후방 모터의 뒤　　② 전방 모터의 뒤
③ 랜딩기어 뒤　　④ 기체 중심

무인멀티콥터의 무게중심(Center of Gravity, CG)은 일반적으로 드론의 중앙에 위치한다.

40 무인멀티콥터의 주요 구성품이 아닌 것은?

① 모터　　② 클러치
③ ESC　　④ 프로펠러

클러치는 주로 자동차나 다른 기계 장비에서 발견되는 중요한 구성 요소로, 엔진과 변속기 사이의 동력 전달을 제어하는 역할을 한다.

정답 36 ② 37 ① 38 ④ 39 ④ 40 ②

제 3 회 무인 항공기(드론) 이론 및 운용 모의고사

01 다음 중 초경량 비행장치에 사용하는 배터리가 아닌 것은?

① Li-Po ② Ni-CH
③ Ni-MH ④ Ni-Cd

해설
Li-Po(리튬폴리머), Ni-MH(니켈 메탈 하이드라이드), Ni-Cd(니켈카드뮴)

02 기체의 세로축과 날개의 시위선이 이루는 각도를 무엇이라 하는가?

① 취부각 ② 영각
③ 받음각 ④ 상반각

해설
비행기의 세로축과 날개의 시위선(코드라인)이 이루는 각도는 취부각 또는 붙임각이라 한다.

03 무인멀티콥터가 호버링 중 모터에 열이 많이 발생하는 이유는?

① 하중이 많이 나갈 때
② 기온이 30도 이상일 때
③ 조작키를 조작 중일 때
④ 착륙 할 때

해설
무인멀티콥터가 호버링 중 모터에 열이 많이 발생하는 주된 이유는 모터가 지속적으로 고도와 위치를 유지하기 위해 상당한 양의 에너지를 소비하기 때문이다. 하중이 많이 나갈 때, 즉 드론이 무거울 때 이 현상은 더욱 두드러진다.

04 비행 후 점검사항이 아닌 것은?

① 열이 식을 때까지 해당 부위는 점검하지 않는다.
② 수신기를 OFF한다.
③ 조종기를 OFF한다.
④ 기체를 안전한 곳으로 이동시킨다.

해설
수신기는 통상 본체 내부에 장착하기 때문에 비행 후 점검사항이 아니다.

05 다음 항법 방법 중 초경량비행장치가 이용하기에 적합한 것은?

① 천문항법 ② 지문항법
③ 추측항법 ④ 무선항법

해설
항법이란 배나 비행기가 두 지점 사이를 가장 안전하고 정확하게 이동하는 방법이다.
천문항법 : 천체관측으로 위치와 경로를 선정하는 방법, 장거리 해상비행에서 가장 중요하게 이용
지문항법 : 시계비행 상태에서 육안으로 확인되는 지상 목표물을 이용한 항법
추측항법 : 기본적인 계기를 이용해 예상되는 경로를 추측하면서 비행
무선항법 : 무선국의 송신된 전파를 수신하여 위치를 확인하고 경로를 이용

06 실속에 대한 설명으로 틀린 것은?

① 비행기가 그 고도를 더 이상 유지할 수 없는 상태를 말한다.
② 받음각(AOA)이 실속(Stall)각보다 클 때 일어나는 현상이다.
③ 날개에서 공기흐름의 떨어짐 현상이 생겼을 때 일어난다.
④ 양력계수가 급격히 증가하기 때문이다.

정답 01 ② 02 ① 03 ① 04 ② 05 ② 06 ④

실속(Stall)은 항공기의 날개나 다른 양력을 생성하는 구조물이 충분한 양력을 생성하지 못하는 상태를 말한다.

07 날개에서 양력이 발생하는 원리의 기초가 되는 베르누이 정리에 대한 설명이다. 틀린 것은?

① 전압(Pt) = 동압(Q)+정압(P)
② 흐름의 속도가 빨라지면 동압이 증가하고 정압이 감소한다.
③ 동압과 정압의 차이로 비행속도를 측정할 수 있다.
④ 음속보다 빠른 흐름에서 동압과 정압이 동시에 증가한다.

베르누이 정리에 따르면, 유체의 흐름 속도가 빨라질수록 해당 지점의 정압이 낮아진다는 것을 의미하고 반대로, 유체의 속도가 느려지면 정압이 증가한다.

08 관제 용어 중 Say again이란 다음 중 어떤 의미인가?

① 복행하라. ② 되돌아간다.
③ 착륙한다. ④ 교신 내용을 반복하라.

관제 용어에서 "Say again"은 "다시 말해 주세요" 또는 "다시 한 번 말씀해 주십시오"라는 의미로 사용된다. 항공 통신에서, 조종사나 관제사가 무전으로 전달된 메시지를 제대로 듣지 못하거나 이해하지 못했을 때 이 용어를 사용한다.

09 다음 중 배터리 보관 시 적절한 방법이 아닌 것은?

① 상온 15도~28도 온도에서 보관한다.
② 완충하여 보관한다.
③ 밀폐된 가방에 보관한다.
④ 화로나 전열기 등 뜨거운 곳에 보관하지 않는다.

일반적으로 50~70% 정도의 부분적으로 충전된 상태로 보관하는 것이 권장된다. 완전히 충전된 상태로 장기간 보관하면 배터리의 수명이 단축될 수 있으며, 화학적으로 불안정해질 수 있다.

10 무인멀티콥터의 무게중심(CG)의 위치는?

① 배터리 중앙 부분
② 동체 중앙 부분
③ 모터 중앙 부분
④ GPS 안테나 부분

무인멀티콥터의 무게중심(Center of Gravity, CG)은 일반적으로 동체 중앙 부분에 위치한다. 이는 드론의 전체 무게가 균일하게 분포되어야 하기 때문이다.

11 비행교육 요령으로 적합하지 않은 것은?

① 동기 유발
② 비행교육 상의 과오 불인정
③ 교육생 개별 접근
④ 계속적인 교시

비행교육 요령 중에서 비행교육 상의 과오 불인정은 적합하지 않은 요령이다. 효과적인 교육에서는 교육생이 저지른 실수나 과오를 인정하고, 이를 학습 기회로 삼는 것이 중요하다. 실수를 통해 배우고, 이를 개선하는 과정은 학습의 필수적인 부분이다.

12 농업용 무인비행장치 비행 전 점검할 내용으로 맞지 않은 것은?

① 기체이력부에서 이전 비행기록과 이상 발생 여부는 확인할 필요가 없다.
② 연료 또는 배터리의 만충 여부를 확인한다.
③ 비행체 외부의 손상 여부를 육안 및 촉수 점검한다.
④ 전원 인가상태에서 각 조종부위의 작동 점검을 실시한다.

기체이력부에서 이전 비행기록과 이상 발생 여부를 확인하는 것이 매우 중요하다. 이 기록을 통해 장치의 상태를 파악하고, 이전 비행에서 발견된 문제점이 있었는지, 해결되었는지 확인할 수 있다.

PART 03 무인 항공기(드론) 이론 및 운용

정답 07 ④ 08 ④ 09 ② 10 ② 11 ② 12 ①

13 무인멀티콥터가 비행할 수 없는 것은 어느 것인가?

① 배면비행 ② 전진비행
③ 추진비행 ④ 회전비행

배면비행은 항공기가 뒤집혀서 날개가 하늘을 향하는 상태로 비행하는 것을 의미하는데, 이는 전통적인 고정익 항공기나 특정한 곡예 비행용 항공기에서 가능한 비행 방식이다.

14 다음 중 주조종면 또는 1차 조종면으로 구분되지 않는 것은 무엇인가?

① 도움 날개 ② 방향타
③ 승강타 ④ 승강타 트림

1차 조종면(주조종면)은 항공기의 기본적인 방향을 제어하는 데 사용되는 조종면을 말한다.
- 도움 날개(Ailerons): 날개의 끝에 위치하며, 항공기의 롤(좌우 회전)을 제어
- 방향타(Rudder): 꼬리 부분에 위치하며, 항공기의 요우(좌우 방향 전환)를 제어
- 승강타(Elevator): 꼬리 부분에 위치하며, 항공기의 피치(상하 움직임)를 제어

반면에 승강타 트림(Elevator Trim)은 주조종면의 조작을 보조하는 보조 조종면으로, 주로 장시간 비행 중에 항공기의 피치 각도를 유지하는 데 도움을 준다. 이는 항공기가 한 방향으로 지속적으로 기울지 않도록 조종사의 조종 부담을 줄이기 위한 장치이다.

15 최근 멀티콥터에 주로 사용하지 않는 배터리의 종류는?

① Lipo ② NiCd
③ NiMh ④ LiFe

NiCd(니켈카드뮴) : 현재 일부 사용하고는 있으나 중금속 오염문제로 줄어드는 추세이다.
NiMh(니켈수소) : 에너지 밀도가 크고, 많은 용량의 저장이 가능해서 효율적이다.
LiFe(리튬철인산염) : LiPo에 비해 에너지 밀도가 낮거나 무거운 경우가 많다.

16 다음 중 자체중량에 해당하지 않는 것은?

① 기체 ② 배터리
③ 연료 ④ 고정탑재물

자체중량(Empty Weight 또는 Dry Weight)은 항공기나 기타 차량이 탑재물, 연료, 또는 추가 장비 없이 가지는 기본 무게를 의미한다.

17 러더 좌타 시 빠르게 회전하는 모터는?

① 앞 좌측, 뒤 우측
② 앞 좌측, 뒤 좌측
③ 앞 우측, 뒤 좌측
④ 앞 우측, 뒤 우측

반시계방향으로 회전 시 시계방향 모터가 빠르게 회전한다.

18 멀티콥터가 우측으로 이동 시 프로펠러 회전은?

① 우측 앞, 좌측 뒤 로터가 더 빨리 회전한다.
② 우측 앞뒤 2개의 로터가 더 빨리 회전한다.
③ 좌측 앞, 우측 뒤 로터가 더 빨리 회전한다.
④ 좌측 앞뒤 2개의 로터가 더 빨리 회전한다.

우측으로 이동 시 좌측 프로펠러가 빠르게 회전한다.

19 직원들의 스트레스 해소법이 아닌 것은?

① 정기적인 신체검사
② 적성에 따른 직무 재배치
③ 직무평가 도입
④ 정기적인 워크샵

직무평가는 직원의 업무 성과를 평가하는 과정으로, 이는 때때로 직원에게 추가적인 스트레스를 초래할 수 있다.

20 다음 중 2차 전지에 속하지 않는 배터리는?

① 리튬폴리머 배터리
② 알카라인 전지
③ 니켈카드뮴 배터리
④ 니켈수소 배터리

2차 전지는 재충전이 가능한 배터리를 말한다.

정답 13 ① 14 ④ 15 ② 16 ③ 17 ① 18 ④ 19 ③ 20 ②

21 **동체의 좌우 흔들림을 잡아주는 센서는?**

① 기압 센서　　② 지자계 센서
③ 자이로 센서　　④ GPS

가속도 센서 → 가속도 측정 → 자세각 계산 가능, 자이로스코프 → 자세각속도 측정
지자계 센서 → 기수 방위각 측정, GPS → 속도, 위치, 시간, 기압 센서 → 고도 측정

22 **날개골의 받음각이 증가하여 흐름의 떨어짐 현상이 발생하면 양력과 항력의 변화는?**

① 양력은 감소하고 항력은 급격히 증가한다.
② 양력과 항력이 모두 감소한다.
③ 양력은 증가하고 항력은 감소한다.
④ 양력과 항력이 모두 증가한다.

받음각이 너무 커지면, 날개 위의 공기 흐름이 분리되어 실속이 발생한다. 실속 상태에서는 양력이 급격히 감소하고, 공기 흐름의 분리로 인해 항력이 급격히 증가한다.

23 **브러시 모터와 브러시리스 모터의 특징으로 맞지 않은 것은?**

① 브러시리스 모터는 반영구적으로 사용 가능하다.
② 브러시리스 모터는 안전이 중요한 만큼 대형 멀티콥터에 적합하다.
③ 브러시 모터는 전자변속기(ESC)가 필요 없다.
④ 브러시 모터는 브러시가 있기 때문에 영구적으로 사용 가능하다.

브러시 모터는 브러시를 사용하여 전기적인 연결을 제공한다. 이 브러시는 시간이 지남에 따라 마모되기 때문에, 브러시 모터는 영구적으로 사용할 수 없다. 정기적인 유지보수와 브러시 교체가 필요하다.

24 **날개의 받음각에 대한 설명 중 틀린 것은?**

① 공기흐름의 속도방향과 날개골의 시위선이 이루는 각이다.
② 기체의 중심선과 날개의 시위선이 이루는 각이다.
③ 받음각이 증가하면 일정한 각까지 양력과 항력이 증가한다.
④ 비행 중 받음각은 변할 수 있다.

받음각(Angle of Attack, AoA)은 공기흐름의 방향(상대풍 방향)과 날개골의 시위선(Chord Line)이 이루는 각이다.

25 **비행 중 조종기의 배터리 경고음이 울렸을 때 취해야 할 행동은?**

① 기체를 원거리로 이동시켜 제자리 비행으로 대기한다.
② 경고음이 꺼질 때까지 기다려 본다.
③ 재빨리 송신기의 배터리를 예비 배터리로 교환한다.
④ 당황하지 말고 기체를 안전한 장소로 이동하여 착륙시켜 배터리를 교환한다.

배터리 경고음은 배터리가 곧 방전될 수 있음을 알리는 중요한 신호로 착륙시켜 배터리를 교환하여야 한다.

26 **비행 전 점검사항에 해당되지 않는 것은?**

① 조종기 외부 깨짐을 확인
② 보조조종기의 점검
③ 배터리 충전 상태 확인
④ 기체 각 부품의 상태 및 파손 확인

보조조종기의 점검은 표준적인 비행 전 점검사항이 아니다. 대부분의 비행 상황에서 보조조종기는 필요하지 않거나 사용되지 않으며, 주 조종기의 상태와 기능이 더 중요한 초점이다.

정답 21 ③ 22 ① 23 ④ 24 ② 25 ④ 26 ②

27 다음 중 연료 여과기에 대한 설명으로 맞는 것은?

① 연료가 엔진에 도달하기 전에 연료의 습기나 이물질을 제거한다.
② 외부 공기를 기화된 연료와 혼합하여 실린더 입구로 공급한다.
③ 엔진 사용 전 흡입구에 연료를 공급한다.
④ 연료탱크 안에 고여 있는 물이나 침전물을 외부로부터 빼내는 역할을 한다.

연료 여과기의 주된 역할은 연료 속의 불순물, 이물질, 습기 등을 걸러내어 깨끗한 연료만이 엔진으로 전달되도록 하는 것이다.

28 무인멀티콥터 배터리 관리 및 운용방법 중 틀린 것은?

① 매 비행 시마다 완충된 배터리를 사용하는 것이 좋다.
② 정격 용량 및 정비별 지정된 정품 배터리를 사용해야 한다.
③ 전원이 켜진 상태에서 배터리 탈착이 가능하다.
④ 전압 경고가 점등될 경우 가급적 빨리 복귀 및 착륙하는 것이 좋다.

전원이 켜진 상태에서 배터리를 탈착하는 것은 매우 위험하다. 이는 전자 장비에 손상을 줄 수 있고, 무엇보다 사용자와 주변 사람들의 안전에 위협이 될 수 있다. 따라서 배터리를 탈착하거나 교체할 때는 반드시 무인멀티콥터의 전원을 끄고 나서 수행해야 한다.

29 멀티콥터는 언제 제일 열이 많이 발생하는가?

① 기온이 30도 이상일 때
② 무거운 짐을 많이 실었을 때
③ 착륙할 때
④ 조종기에서 조작키를 잡고 있을 때

멀티콥터에 무거운 짐이 많이 실려 있으면, 엔진과 모터가 더 많은 힘을 내야 한다. 이 때문에 더 많은 열이 발생하게 된다. 특히, 양력을 생성하기 위해 프로펠러가 더 빠르게 회전해야 하며, 이는 모터와 관련된 전자 부품에 추가적인 부하를 가하게 된다.

30 비행장치에 작용하는 힘으로 맞는 것은?

① 양력, 마찰, 추력, 항력
② 양력, 중력, 무게, 추력
③ 양력, 무게, 동력, 마찰
④ 양력, 중력, 추력, 항력

양력(Lift)은 비행장치를 위로 들어 올리는 힘으로, 공기와 날개의 상호작용에 의해 발생한다. 중력(Gravity)은 지구의 중력에 의해 비행장치를 아래로 끄는 힘이다. 추력(Thrust)은 비행장치를 앞으로 밀어내는 힘으로, 엔진이나 프로펠러에 의해 생성된다. 마지막으로 항력(Drag)은 공기 저항으로 인해 비행장치의 전진을 방해하는 힘이다.

31 베르누이 정의에 대한 설명으로 맞는 것은?

① 정압이 일정하다.
② 동압이 일정하다.
③ 전압이 일정하다.
④ 정압은 속도와 비례한다.

전압(전체압력) = 동압+정압

32 비행장치에 작용하는 4가지 힘이 균형을 이룰 때는 언제인가?

① 가속중일 때
② 등가속도 수평 비행 시
③ 지상에 정지 상태에 있을 때
④ 상승을 시작할 때

비행장치에 작용하는 4가지 힘이 균형을 이룰 때는 등가속도 수평 비행이다. 이때, 비행장치는 일정한 속도로 수평 비행을 하며, 양력과 중력, 추력과 항력이 각각 균형을 이룬다.

33 주날개에 장착된 플랩의 효과는?

① 양력의 증가로 고속 비행 가능
② 주익(주날개)의 양력 증가로 비행기 속도의 변화 없이 급경사 착륙 진입 가능
③ 실속의 방지
④ 기체의 좌우 쏠림 방지

정답 27 ① 28 ③ 29 ② 30 ④ 31 ③ 32 ② 33 ②

해설

플랩은 항공기의 주익(주날개)에 장착된 고양력 장치로, 주로 저속 비행, 특히 착륙과 이륙 시에 유용하게 사용된다.

34 항력과 속도와의 관계에 대한 설명으로 틀린 것은?

① 유해항력은 거의 모든 항력을 포함하고 있어 저속 시 작고, 고속 시 크다.
② 항력은 속도의 제곱에 반비례한다.
③ 형상항력은 블레이드가 회전할 때 발생하는 마찰성 저항이므로 속도가 증가하면 점차 증가한다.
④ 유도항력은 하강풍인 유도기류에 의해 발생하므로 저속과 제자리 비행 시 가장 크며, 속도가 증가할수록 감소한다.

항력은 속도의 제곱에 비례한다. 즉, 속도가 증가함에 따라 항력도 제곱으로 증가한다. 이는 공기 저항이 속도가 빨라질수록 더 커진다는 것을 의미한다.

35 조종기 에일러론을 우측으로 하여 우로 수평비행 시 일어나는 현상은?

① 우측 프로펠러의 속도가 증가하고, 좌측 프로펠러의 속도가 감소한다.
② 시계방향으로 도는 프로펠러의 속도가 감소하고, 반시계방향으로 도는 프로펠러의 속도가 증가한다.
③ 시계방향으로 도는 프로펠러의 속도가 증가하고, 반시계방향으로 도는 프로펠러의 속도가 감소한다.
④ 우측 프로펠러의 속도가 감소하고, 좌측 프로펠러의 속도가 증가한다.

우측으로 이동 시 반대편인 좌측 프로펠러의 속도가 증가하여야 한다.

36 무인멀티콥터의 발열과 관련 없는 것은?

① 배터리 ② 모터
③ ESC ④ 조종면 트림

조종면 트림은 비행기나 다른 유형의 항공기에서 주로 사용되는 조종 장치로, 비행 중에 조종면의 중립 위치를 조정하여 조종자의 부담을 줄이는 데 사용된다. 무인멀티콥터에서 트림이라 함은 조종기에서 각 스틱의 영점을 맞추는 스위치를 말한다. 발열과는 관련이 없다.

37 이륙 고도를 측정하는 센서는?

① GPS 센서 ② 가속도 센서
③ 기압 센서 ④ 지자계 센서

기압 센서는 고도를 측정하는 데 사용되며, 주변 기압의 변화를 이용하여 현재 고도를 추정한다. 기압은 고도가 높아질수록 감소하기 때문에, 기압 센서를 통해 고도를 상당히 정확하게 측정할 수 있다.

38 비행 후 기체 점검사항 중 옳지 않은 것은?

① 기체의 볼트 조임 상태 등을 점검하고 조치한다.
② 배터리를 점검한다.
③ 조종기의 배터리 잔량을 확인하고 부족 시 충전한다.
④ 남은 배터리가 있을 경우 호버링하여 모두 소모시킨다.

비행 후에는 남은 배터리를 모두 소모시키는 것은 권장되지 않는다. 배터리를 완전히 소모시키는 것은 배터리 수명을 단축시킬 수 있으며, 안전에 문제가 될 수 있다. 오히려 남은 배터리 용량의 일부를 남겨두고 충전하는 것이 좋다.

PART 03 무인 항공기(드론) 이론 및 운용

정답 34 ② 35 ④ 36 ④ 37 ③ 38 ④

39 초경량 비행장치를 공기 중에 부양시키는 항공역학적인 힘은 다음 중 어떤 힘인가?

① 양력 ② 항력
③ 중력 ④ 추력

양력은 비행장치의 날개나 회전 익 등에 의해 발생하며, 공기의 압력 차이로 인해 발생하는 역학적인 힘으로, 공중에 떠 있게 하거나 비행하는 데 필요한 힘 중 하나이다.

40 초경량비행장치 중 프로펠러가 4개인 것을 무엇이라 부르는가?

① 헥사콥터 ② 쿼드콥터
③ 옥토콥터 ④ 트라이콥터

헥사콥터 : 6개, 옥토콥터 : 8개, 트라이콥터 : 3개

정답 39 ① 40 ②

제 4 회 무인 항공기(드론) 이론 및 운용 모의고사

01 비행장치가 지면 가까이에서 날개와 지면 사이를 흐르는 공기가 압축되어 날개의 부양력을 증가시키는 현상은?

① 공력효과 ② 간섭효과
③ 토크효과 ④ 지면효과

비행장치의 지면효과(Ground Effect)는 비행체가 지면에 가까워질 때 발생하는 현상으로, 비행체의 날개와 지면 사이를 통과하는 공기 흐름이 변경되어 부양력이 증가하게 된다.

02 외부로부터 항공기에 작용하는 힘을 외력이라고 한다. 다음 중 외력과 가장 거리가 먼 것은?

① 항력 ② 압축력
③ 중력 ④ 양력

압축력은 항공기의 구조적인 요소와 관련된 내부적인 힘이다. 예를 들어, 항공기의 기체가 공기의 압력을 견디기 위해 겪는 내부적인 스트레스나 압축력을 의미한다. 따라서 외부로부터 항공기에 작용하는 힘인 외력과 가장 거리가 먼 것은 압축력이다.

03 전진비행을 계속하면 속도가 증가되는 뉴턴의 운동법칙은?

① 관성의 법칙
② 가속도의 법칙
③ 작용반작용의 법칙
④ 베르누이의 법칙

이 법칙은 어떤 물체에 가해지는 힘이 그 물체의 질량과 가속도의 곱과 같다고 설명된다. 수식으로는 $F = ma$ (힘 = 질량 × 가속도)로 표현되며, 이 법칙에 따라, 항공기에 지속적으로 힘이 가해지면 가속도가 발생하여 속도가 증가한다.

04 러더를 오른쪽으로 움질일 때 프로펠러의 회전 방향으로 맞는 것은?

① 전방 우측과 후방 좌측 프로펠러가 빠르게 회전한다.
② 전방 좌측과 후방 우측 프로펠러가 빠르게 회전한다.
③ 전방 우측 프로펠러가 빠르게 회전한다.
④ 전방 좌측 프로펠러가 빠르게 회전한다.

시계방향으로 회전하기 위해서는 반시계방향의 프로펠러가 빠르게 회전하여야 한다.

05 유도항력의 원인은 무엇인가?

① 속박 와류 ② 날개 끝 와류
③ 간섭항력 ④ 충격파

유도항력은 주로 비행체의 날개 끝에서 발생하는 공기 흐름의 왜곡으로 인해 생기는 현상으로 날개가 생성하는 양력은 날개 상부의 낮은 압력과 하부의 높은 압력 사이의 차이에 의해 발생한다. 이 압력 차이로 인해 날개 끝에서 공기가 상부에서 하부로 움직이며, 이로 인해 발생하는 와류가 유도항력을 일으킨다. 유도항력은 비행체의 속도가 느릴수록 증가하며, 효율적인 날개 설계를 통해 최소화할 수 있다.

06 회전익에서 양력발생 시 동반되는 하향기류 속도와 날개의 윗면과 아랫면을 통과하는 공기흐름을 저해하는 와류에 의해 발생되는 항력은?

① 유해항력 ② 유도항력
③ 마찰항력 ④ 형상항력

유도항력은 양력을 생성하는 과정에서 발생하는 부수적인 항력으로, 특히 회전익 항공기나 프로펠러에서 중요한 요소이다. 이 항력은 날개나 프로펠러 끝에서 생성되는 와류로 인해 발생하며, 이 와류는 날개의 윗면과 아랫면 사이의 압력 차이 때문에 발생한다.

정답 01 ④ 02 ② 03 ② 04 ① 05 ② 06 ②

07 비대칭형 Blade의 특징으로 틀린 것은?

① 압력중심 위치이동이 일정하다.
② 날개의 상, 하부 표면이 비대칭이다.
③ 대칭형에 비해 양력 발생효율이 향상되었다.
④ 대칭형에 비해 가격이 높고 제작이 어렵다.

비대칭형 블레이드에서는 압력중심의 위치 이동이 더 불규칙하거나 예측하기 어려울 수 있다. 대칭형 블레이드에 비해 비대칭형은 양력 발생 메커니즘이 더 복잡하기 때문에 압력중심의 이동도 더 복잡해질 수 있다.

08 다음은 날개의 공기흐름 중 기류 박리에 대한 설명으로 틀린 것은?

① 날개의 표면과 공기입자 간의 마찰력으로 공기 속도가 감소하여 정체구역이 형성된다.
② 기류박리는 양력과 항력을 급격히 증가시킨다.
③ 경계층 밖의 기류는 정체점을 넘어서게 되고 경계층이 표면에서 박리되게 된다.
④ 날개 표면에 흐르는 기류가 날개의 표면과 공기입자 간의 마찰력으로 인해 표면으로부터 떨어져 나가는 현상을 말한다.

기류 박리는 항공기의 날개와 같은 공기역학적 표면에서 발생하는 현상으로, 공기 흐름이 표면으로부터 분리되는 것을 말한다. 박리된 공기 흐름은 날개의 양력 생성 능력을 감소시키고, 동시에 항력을 증가시키는 불안정한 공기 흐름을 생성한다.

09 다음 중 항공기와 무인비행장치에 작용하는 힘에 대한 설명 중 틀린 것은?

① 추력은 비행기의 받음각에 따라 변하지 않는다.
② 양력의 크기는 속도의 제곱에 비례한다.
③ 중력은 속도에 비례한다.
④ 항력은 비행기의 받음각에 따라 변한다.

중력은 항공기의 질량과 지구의 중력 상수에 의해 결정되며, 속도와는 무관하다. 중력은 항공기의 속도와 관계없이 일정하게 작용한다.

10 프로펠러가 비행 중 한 바퀴 회전하여 실제로 전진하는 거리를 무엇이라 하는가?

① 기하학적 피치 ② 회전 피치
③ 슬립 ④ 유효 피치

유효 피치는 프로펠러가 회전하면서 실제로 이동하는 거리를 의미하며, 이는 이론적인 피치(기하학적 피치)와는 다를 수 있다. 프로펠러가 공기를 통해 이동하는 동안 발생하는 저항과 슬립 때문에 실제 이동 거리가 이론적인 피치보다 짧아지는 것이 일반적이다.

11 프로펠러가 피치에 대한 설명으로 옳은 것은?

① 프로펠러가 한 바퀴 회전했을 때 앞으로 나아가는 기하학적 거리
② 고속 비행체일수록 저피치 프로펠러가 유리
③ 프로펠러 직경이 클수록 피치가 작아짐
④ 프로펠러 두께를 의미

고속 비행체의 경우, 고피치 프로펠러가 더 유리하며, 프로펠러의 직경과 피치는 서로 직접적인 관계가 없으며, 설계에 따라 다를 수 있다.

12 비행기 날개에 작용하는 항력(drag)에 대한 설명으로 맞는 것은?

① 공기의 속도에 비례한다.
② 공기 유속의 3승에 비례한다.
③ 공기 속도의 제곱에 비례 한다.
④ 공기 속도에 반비례한다.

물체가 이동함에 따라 공기 입자와 더 많은 충돌이 발생한다. 이 충돌의 수는 속도에 비례하여 증가한다. 또한 각 충돌에서 전달되는 에너지도 속도에 비례하여 증가한다. 따라서 항력은 충돌의 수와 각 충돌의 에너지 모두에 비례하기 때문에 속도의 제곱에 비례하게 된다.

정답 07 ① 08 ② 09 ③ 10 ④ 11 ① 12 ③

13 리튬폴리머 배터리 사용상의 설명으로 적절한 것은?

① 수명이 다 된 배터리는 그냥 쓰레기들과 같이 버린다.
② 비행 후 배터리 충전은 상온까지 온도가 내려간 상태에서 실시한다.
③ 여행 시 배터리는 화물로 가방에 넣어서 운반이 가능하다.
④ 가급적 전도성이 좋은 금속상자 등에 두어 보관한다.

비행 후 배터리를 상온까지 식힌 후 충전하는 이유는 과열을 방지하고 배터리의 안전성과 수명을 보호하기 위해서이다. 이는 고온 상태의 배터리가 충전 중 과열되어 성능 저하나 안전 문제를 일으킬 수 있기 때문이다.

14 무인멀티콥터가 이륙할 때 필요 없는 장치는?

① 변속기 ② 배터리
③ GPS ④ 모터

GPS가 무인멀티콥터의 필수장치는 아니다.

15 초경량비행장치 배터리가 작동하여 발생시키는 힘이 아닌 것은?

① 양력 ② 항력
③ 추력 ④ 중력

중력은 지구의 질량에 의해 생성되는 자연적인 힘으로, 배터리의 작동과는 무관하다. 중력은 모든 물체에 영향을 미치며, 비행장치의 경우 이 중력을 극복하기 위해 양력과 추력을 사용하게 된다.

16 플랩을 설치하는 목적으로 알맞은 것은?

① 순항 시 항력을 작게 하기 위해
② 순항 시 양력을 크게 하기 위해
③ 이 · 착륙 시 양력을 크게 하기 위해
④ 이 · 착륙 시 항력을 작게 하기 위해

플랩은 항공기의 날개 끝부분에 설치되는 조정 가능한 공기역학적 장치로, 주로 이착륙 시 사용된다. 플랩이 확장되면 날개의 곡률과 표면적이 증가하여 양력이 더 많이 발생한다. 이렇게 증가된 양력은 항공기가 더 낮은 속도에서도 안정적으로 이착륙할 수 있게 도와준다. 반면에, 플랩을 사용하면 항력도 증가하게 되므로, 일반적으로 순항 시에는 플랩을 사용하지 않는다.

17 주날개에 장착된 플랩의 효과는?

① 양력의 증가로 고속 비행 가능
② 주익(주날개)의 양력증가로 비행기 속도의 변화 없이 급경사 착륙 진입 가능
③ 실속의 방지
④ 기체의 좌우 쏠림 방지

플랩의 확장은 양력을 증가시키지만 동시에 항력도 증가시키므로, 고속 비행에는 적합하지 않다. 또한 플랩의 주된 기능은 실속 방지나 기체의 좌우 쏠림 방지가 아니라 양력의 증가에 초점을 맞춘다.

18 항공기가 이착륙할 때 짧은 활주거리를 저속으로 안전하게 비행하게 하는 고양력 장치는?

① 플랩 ② 승강타
③ 방향타 ④ 보조익

플랩은 항공기의 주익(주날개)에 설치되는 조절 가능한 부속품으로, 주로 이착륙 시에 사용된다. 플랩을 확장하면 날개의 곡률과 표면적이 증가하여 양력이 더 많이 발생하며, 이로 인해 항공기는 더 낮은 속도에서도 안정적으로 이착륙할 수 있다. 이는 이착륙 시 필요한 활주거리를 줄이는 데 기여한다.

19 프로펠러가 8개인 드론을 무엇이라 하는가?

① 트라이콥터
② 쿼드콥터
③ 헥사콥터
④ 옥토콥터

트라이콥터(3개), 쿼드콥터(4개), 헥사콥터(6개)

정답 13 ② 14 ③ 15 ④ 16 ③ 17 ② 18 ① 19 ④

20 다음 중 드론 조종 모드가 아닌 것은?

① 자세제어 모드(Attitude Mode)
② GPS 모드(GPS Mode)
③ 수동 모드(Manual Mode)
④ 충돌방지 모드(Vision Mode)

충돌방지 모드라는 명칭의 모드는 일반적으로 드론 조종 모드로 분류되지 않는다. 대신, 많은 현대 드론에는 충돌방지 기능이 포함되어 있지만, 이는 별도의 모드보다는 안전 기능으로 간주되며, 이 기능은 드론이 장애물에 가까워질 때 자동으로 작동하여 충돌을 방지한다.

21 무인멀티콥터의 구성품으로 옳지 않은 것은?

① ESC ② 프로펠러
③ 주회전 날개 ④ 조종기

주회전 날개는 전형적인 헬리콥터에 사용되는 구성 요소로, 드론과 같은 멀티콥터에는 해당되지 않는다.

22 에어포일의 공력 중심은 주익 앞전에서 시위선 길이의 %지점에 위치하는가?

① 10% ② 25%
③ 50% ④ 75%

공력 중심은 에어포일의 압력 분포에 따라 결정되는 점으로, 이 지점에서 에어포일에 작용하는 양력과 항력이 균형을 이룬다. 대부분의 에어포일에서 이 공력 중심은 앞전에서 약 25% 지점 부근에서 발견된다.

23 BLDC 모터에 대한 설명으로 옳지 않은 것은?

① 회전수 제어를 위해 전자변속기(ESC) 필요
② 브러시 모터보다 가격이 싸다.
③ 모터 권선의 전자기력을 이용해 회전력 발생
④ 모터의 규격에 KV(속도상수)가 존재하며, 1V인가했을 때 무부하 상태에서의 회전수를 의미

BLDC 모터는 브러시 모터에 비해 일반적으로 가격이 더 비싸다. 이는 BLDC 모터의 구조가 브러시 모터보다 복잡하고, 제어를 위한 전자 회로가 필요하기 때문이다. BLDC 모터는 높은 효율, 긴 수명, 낮은 유지보수 필요성 등의 장점을 가지고 있지만, 이러한 장점들은 제조 비용 증가로 이어져 브러시 모터에 비해 높은 가격으로 판매된다.

24 무인멀티콥터의 모터 발열현상과 관련 없는 것은?

① 탑재물 중량이 너무 클 경우
② 고온에서 장시간 운용
③ 착륙 또는 정지 직후
④ 조종기 조종면 트림값 설정 시

트림값 설정은 조종기의 조종 민감도나 중립점을 조정하는 것으로, 모터의 발열과는 직접적인 관련이 없다.

25 양력에 대한 설명 중 옳은 것은?

① 속도에 비례하고 받음각의 영향을 받지 않는다.
② 속도의 제곱에 비례하고 받음각의 영향을 받는다.
③ 속도에 제곱에 비례하고 받음각의 영향을 받지 않는다.
④ 속도에 비례하고 받음각의 영향을 받는다.

양력은 비행체의 날개를 통과하는 공기의 속도에 크게 의존한다. 공기의 속도가 증가하면, 날개와 공기 분자 간의 상호 작용이 증가하고, 이는 양력의 증가로 이어진다. 물리학에서 운동 에너지가 속도의 제곱에 비례하기 때문에, 공기 속도의 증가는 양력의 상당한 증가로 이어진다. 그리고 받음각이 커지면, 날개의 윗면과 아랫면 사이의 압력 차이가 증가하여 양력이 증가한다. 하지만 받음각이 너무 커지면 공기 흐름이 날개에서 분리되어 실속이 발생할 수 있으므로, 적절한 받음각의 유지가 중요하다.

26 정압관이 고장 났을 때 정상적인 작동을 하지 않는 계기가 아닌 것은?

① 자세계
② 승강계
③ 고도계
④ 속도계

자세계는 항공기의 자세, 즉 롤(roll), 피치(pitch), 요(yaw)를 표시한다. 이 계기는 일반적으로 자이로스코프를 사용하여 작동하므로, 정압관 고장과는 관련이 없다.

정답 20 ④ 21 ③ 22 ② 23 ② 24 ④ 25 ② 26 ①

27 Mode2 조종모드에서 반시계방향으로 원주비행 시 키 조작 방법으로 맞는 것은?

① 스로틀 전진 + 좌 러더
② 엘리베이터 전진 + 좌 러더
③ 엘리베이터 전진 + 우 러더
④ 스로틀 전진 + 우 러더

가장 적절한 조작은 엘리베이트 전진으로 일정한 속도를 유지하면서 좌 러더를 사용하여 기체가 왼쪽으로 회전하도록 하는 것이다.

28 플랩을 내리면 나타나는 현상으로 맞는 것은?

① 양력, 항력 증가
② 양력 감소, 항력 증가
③ 양력 증가, 항력 감소
④ 양력, 항력 감소

플랩은 항공기의 날개 끝에 장착된 조절 가능한 부품으로, 주로 이착륙 시 사용된다. 플랩을 확장하면 날개의 곡률과 표면적이 증가하여 양력이 증가한다. 이 증가된 양력은 항공기가 더 낮은 속도에서도 안정적으로 이착륙할 수 있게 도와준다. 그러나 동시에 플랩 확장은 공기 저항을 증가시켜 항력도 증가시킨다. 따라서, 플랩을 내릴 때 양력과 항력이 모두 증가하는 것이 일반적인 현상이다.

29 다음 중 벡터에 해당하지 않는 것은?

① 속도 ② 질량
③ 양력 ④ 가속도

질량은 스칼라량으로 크기만을 가진다. 방향 개념이 없다. 따라서 벡터가 아니다.

30 항공기에 작용하는 세 개의 축이 교차되는 지점을 무엇이라 하는가?

① 압력 중심
② 무게 중심
③ 가로축의 중간 지점
④ 세로축의 중간 지점

무게 중심은 항공기의 전체 질량이 집중되는 지점으로, 항공기의 균형을 유지하는 데 중요한 역할을 한다. 무게 중심 지점은 항공기의 안정성과 조종성에 영향을 미치는 중요한 요소 중 하나이다.

31 다음 중 플랩의 역할이 아닌 것은?

① 양력을 증가시킨다.
② 연료 소모율을 감소시킨다.
③ 이착륙 거리를 짧게 한다.
④ 항력을 증가시킨다.

플랩이 연료 소모율을 감소시키는 주된 역할은 아니다. 플랩은 비행기의 안전성과 조종성을 향상시키는 데 주로 사용된다.

32 항공기 날개의 상하부를 흐르는 공기의 압력차에 의해서 발생하는 압력의 원리는?

① 관성의 법칙 ② 가속도의 법칙
③ 베르누이의 정리 ④ 작용반작용의 법칙

베르누이의 정리는 유체 역학의 기본 원리 중 하나로, 유체의 속도가 증가하면 그 부분의 압력이 감소하고, 속도가 감소하면 압력이 증가하는 원리를 설명한다. 항공기 날개의 상하부를 흐르는 공기는 상부에서는 빠르게 흘러가고, 하부에서는 상대적으로 느리게 흘러가기 때문에 압력차가 발생한다. 이 압력차는 날개의 양력을 생성하는 주요 메커니즘 중 하나이다.

33 날개의 붙임각에 대한 설명으로 옳은 것은?

① 날개의 시위와 공기흐름의 방향과 이루는 각이다.
② 날개의 중심선과 공기흐름 방향과 이루는 각이다.
③ 날개 중심선과 수평축이 이루는 각이다.
④ 날개 시위선과 비행기 세로축선이 이루는 각이다.

붙임각(=취부각)은 동체의 기준선(X축, 세로축과 날개의 시위선이 이루는 각이다. 이 각도는 항공기의 날개가 동체에 대해 어떤 각도로 붙여져 있는지를 나타내며, 이 각도가 변하지 않고 고정되어 있다. 붙임각은 항공기의 비행 특성과 안정성에 영향을 미치는 중요한 요소 중 하나이다.

정답 27 ② 28 ① 29 ② 30 ② 31 ② 32 ③ 33 ④

34 상승 가속도 비행을 하고 있는 드론에 작용하는 힘의 크기로 옳게 나타낸 것은?

① 양력 〉 중력, 추력 〈 항력
② 양력 〉 중력, 추력 〉 항력
③ 양력 〈 중력, 추력 〉 항력
④ 양력 〈 중력, 추력 〈 항력

양력은 상승하는 힘이며, 속도를 높이기 위해서는 추력이 항력보다 강해야 한다.

35 비행 전 점검절차에 대한 설명 중 옳지 않은 것은?

① 프로펠러의 장착 상태와 파손 여부를 확인한다.
② 배터리 체크 시 절반 이상의 셀이 정격전압 이상일 때 비행이 가능하다.
③ FC 전원 인가 전에 조종기 전원을 인가한다.
④ 기체 자체 시스템 점검 후 GPS 위성이 안정적으로 수신이 되는지를 확인한다.

배터리 이상 시 비행을 하면 안된다. 각 셀은 정격전압을 유지하여야 한다.

36 항력과 속도와의 관계에 대한 설명 중 틀린 것은?

① 항력은 속도 제곱에 반비례한다.
② 유해항력은 거의 모든 항력을 포함하고 있어 저속 시 작고, 고속 시 크다.
③ 형상항력은 블레이드가 회전할 때 발생하는 마찰성 저항이므로 속도가 증가하면 점차 증가한다.
④ 유도항력은 하강풍인 유도기류에 의해 발생하므로 저속과 제자리 비행 시 가장 크며, 속도가 증가할수록 감소한다.

항력은 속도 제곱에 비례한다. 즉 속도가 증가하면 항력도 증가하고, 속도가 감소하면 항력도 감소한다.

37 수평 직진비행을 하다가 상승비행으로 전환 시 받음각(영각)이 증가하면 양력은 어떻게 변하는가?

① 순간적으로 감소한다.
② 순간적으로 증가한다.
③ 변화가 없다.
④ 지속적으로 감소한다.

받음각이 증가하면 날개로 들어오는 공기 흐름이 상승 방향으로 효율적으로 향하게 되어 양력이 증가하게 된다. 이는 상승 비행을 시작할 때 필요한 양력을 생성하는데 도움이 된다.

38 항상 일정한 방향과 자세를 유지하려는 역할을 하며 멀티콥터의 키 조작에 필요한 역할을 하는 장치는?

① 자이로스코프
② 가속도계
③ 음파탐지기
④ 기압계

자이로스코프는 비행체의 회전 운동을 감지하고 이를 보정하여 비행체의 자세를 안정적으로 유지하는 데 사용된다. 멀티콥터의 키 조작에 필요한 자세 제어와 안정성을 제공하는 중요한 센서 중 하나이다.

39 멀티콥터의 구성요소 중 모터의 회전을 신호대비 적절한 회전으로 유지해주는 장치는 무엇인가?

① 변속기
② 가속도계
③ 프로펠러
④ 자이로스코프

변속기는 멀티콥터의 제어 시스템과 모터 사이에서 동작하며, 컴퓨터 제어에 따라 모터의 회전 속도를 조절한다. 이렇게 모터의 회전을 제어함으로써 비행체의 안정성과 조종이 가능하게 된다.

정답 34 ② 35 ② 36 ① 37 ② 38 ① 39 ①

40 다음 중 비상시 조치요령으로 옳지 않은 것은?

① GPS 모드에 이상이 없더라도 일단 자세모드로 변경하여 안정적인 조작을 할 수 있도록 한다.

② 인명 및 시설에 피해가 가지 않는 장소에 빨리 착륙시킨다.

③ 주변에 비상이라고 알려 사람들이 멀티콥터로부터 대피하도록 한다.

④ 조작이 원활하지 않다면 스로틀 키를 조작하여 최대한 인명 및 시설에 피해가 가지 않는 장소에 불시착시킨다.

해설

GPS 모드는 위치 정보를 안정적으로 유지하는 모드이며, 비상 상황에서는 GPS 모드를 유지하는 것이 안전할 수 있다. 따라서 GPS 모드에 이상이 없으면 변경하지 않는 것이 좋다.

정답 40 ①

CONTENTS

PART 4

실전 문제풀이

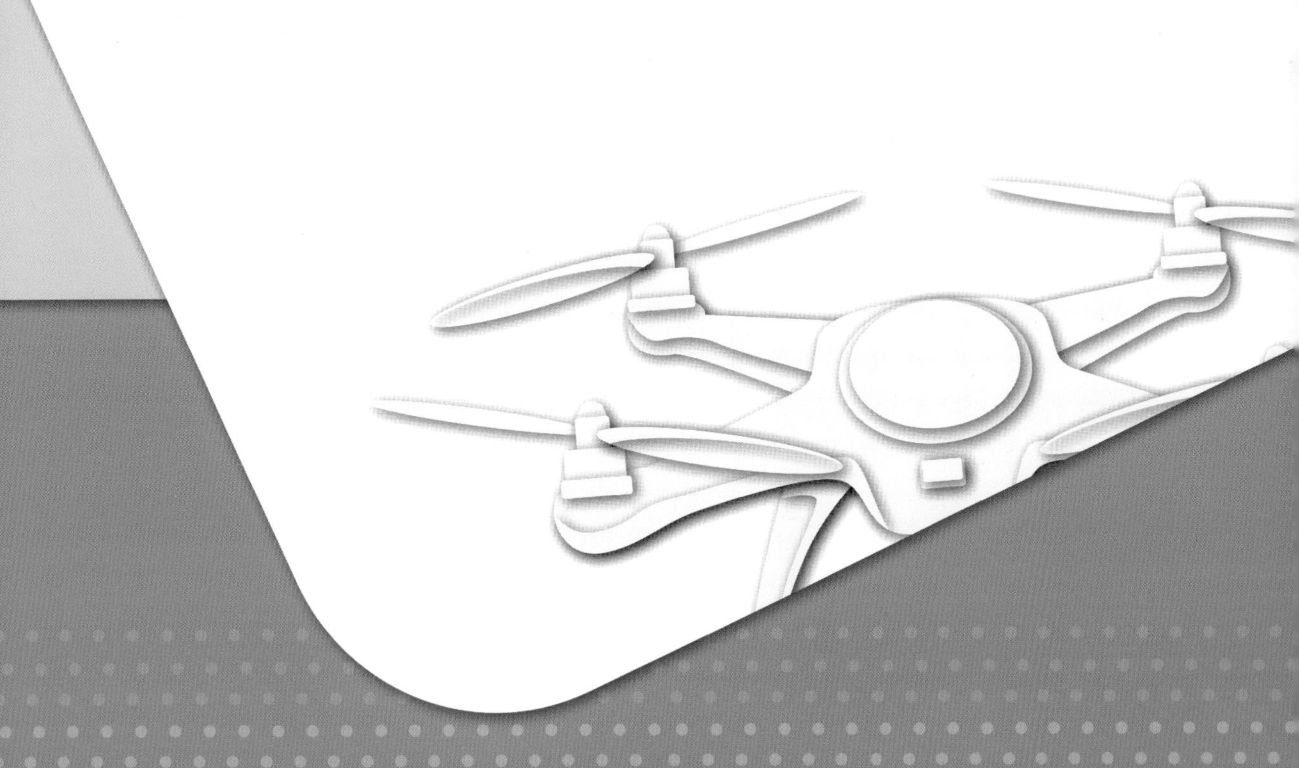

제 1 회 기출 복원문제

01 리튬폴리머 배터리 취급/보관 방법으로 부적절한 설명은?

① 배터리가 부풀거나 누유 또는 손상된 상태일 경우에는 수리하여 사용한다.
② 빗속이나 습기가 많은 장소에 보관하지 말 것
③ 정격 용량 및 장비별 지정된 정품 배터리를 사용하여야 한다.
④ 배터리는 −10℃~40℃의 온도 범위에서 사용한다.

02 프로펠러의 역할이 아닌 것은 무엇인가?

① 양력 발생
② 추력 발생
③ 항력 발생
④ 중력 발생

해설

로터는 양력, 추력, 항력을 발생시킨다. 중력은 지구가 발생시킨다.

03 초경량 비행장치 조종자 전문교육기관이 확보해야 할 실기평가조종자의 최소 비행시간은?

① 50시간
② 100시간
③ 150시간
④ 200시간

해설

조종자 : 20시간
•지도조종자 : 20+80=100시간
•실기평가조종자 : 20+80+50=150시간

04 METAR 보고에서 바람 방향, 즉 풍향의 기준은 무엇인가?

① 자북 ② 진북
③ 도북 ④ 자북과 도북

해설

METAR 보고서 : 공항별 정시 기상 관측, 매 시각 정시 5분 전에 발생(인천공항의 경우 30분마다 관측), 공항의 기상상태를 보고하는 기본 관측

05 비행기에 고정피치 프로펠러를 장착하고 시운전 중 진동이 느껴졌다. 다음 중 추정되는 원인으로 맞는 것은?

① 프로펠러 장착 볼트의 조임치가 일정하지 않다.
② 프로펠러의 표면이 거칠다.
③ 엔진 출력에 비해 큰 마찰수에 적당한 프로펠러를 장착했다.
④ 프로펠러의 장착과는 관계없다.

해설

대부분 볼트 조임이 일정치 않고, 프로펠러 플랩밸런스가 안 맞을 경우다.

06 다음 중 바람이 생성되는 원인은 무엇인가?

① 지구의 자전
② 기압 경도력의 차이
③ 공기밀도 차이
④ 대류와 이류 현상

해설

바람은 공기흐름의 유발이며, 태양에너지에 의한 지표면의 불균형 가열에 의한 기압차이로 발생된다. 또한 기압경도는 공기의 기압변화율로 지표면의 불균 가열로 발생하며 기압경도력은 기압경도의 크기 즉 힘을 말한다.

정답 01 ① 02 ④ 03 ③ 04 ② 05 ① 06 ②

07 항공기가 아닌 것은 어느 것인가?

① 우주선
② 중량이 초과하는 비행기
③ 속도를 개조한 비행기
④ 계류식 무인 비행기

08 항공기가 일정고도에서 등속수평비행을 하고 있다. 맞는 조건은?

① 양력=항력, 추력〉중력
② 양력=중력, 추력=항력
③ 추력〉항력, 양력〉중력
④ 추력=항력, 양력〈중력

수평이면 양력과 중력이 같아야 되고, 추력과 항력이 같아야 한다.

09 신고를 필요로 하지 아니하는 초경량 비행장치의 범위에 들지 않는 것은?

① 계류식 기구류
② 낙하산류
③ 동력을 이용하지 아니하는 비행장치
④ 프로펠러로 추진력을 얻는 것

10 무인멀티콥터의 위치를 제어하는 부품은?

① GPS　　② 온도감지계
③ 레이저 센서　　④ 자이로

11 다음 중 비행 후 점검사항이 아닌 것은?

① 수신기를 끈다.
② 송신기를 끈다.
③ 기체를 안전한 곳으로 옮긴다.
④ 열이 식을 때까지 해당 부위는 점검하지 않는다.

비행 후는 항상 기체(드론)의 전원을 먼저 끄고, 송신기를 끈다.

12 멀티콥터 제어장치가 아닌 것은?

① GPS　　② FC
③ 제어컨트롤　　④ 로터

로터는 모터에 붙어 있는 물건이라 제어장치가 아니다.

13 난기류(Turbulence)가 발생하는 주요인이 아닌 것은?

① 안정된 대기상태
② 바람의 흐름에 대한 장애물
③ 대형 항공기에서 발생하는 후류
④ 기류의 수직 대류형상

안정된 대기에는 난기류가 발생하지 않는다.

14 우시정에 대해 설명한 것으로 틀린 것은 어느 것인가?

① 우리나라에서는 2004년부터 우시정 제도를 채용하고 있다.
② 최대치의 수평 시정을 말하는 것이다.
③ 관측자로부터 수평원의 절반 또는 그 이상의 거리를 식별할 수 있는 시정
④ 방향에 따라 보이는 시정이 다를 때 가장 작은 값으로부터 더해 각도의 합계가 180° 이상이 될 때의 값을 말한다.

시정(VIS, visibility)이란 일정 방향의 목표물이 보이면서 동시에 그 형상을 식별할 수 있는 최대거리를 말한다.

정답 07 ① 08 ② 09 ④ 10 ① 11 ① 12 ④ 13 ① 14 ④

15 대기온도, 대기압에 적당하지 않은 것은 어느 것인가?

① 103,215hpa
② 760mmHG
③ 해수면 온도 섭씨 15℃, 화씨 59°F
④ 29.92inHg

• 1기압 = 1atm = 760mmHg = 760Torr
• 대기의 온도 : 지면에서 약 1.5m 높이의 백엽상 속에 온도계를 두어 측정한다. 기온은 높이에 따라 100m 당 0.5~0.6℃의 비율로 감소한다.

16 베르누이 정리에 대한 바른 설명은 어느 것인가?

① 베르누이 정리는 밀도와 무관하다.
② 유체의 속도가 증가하면 정압이 감소한다.
③ 위치 에너지의 변화에 의한 압력이 동압이다.
④ 정상 흐름에서 정압과 동압의 합은 일정하지 않다.

17 안개가 발생하기 적합한 조건이 아닌 것은?

① 대기의 성층이 안정할 것
② 냉각 작용이 있을 것
③ 강한 난류가 존재할 것
④ 바람이 없을 것

안개는 대기에 떠다니는 작은 물방울의 모임 중에서 지표면과 접촉하며 가시거리가 1000m 이하가 되게 만드는 것이다. 강한 난기류 존재 시 안개가 사라진다.

18 신고를 필요로 하지 않는 초경량 비행장치에 해당하지 않는 것은?

① 동력을 이용하지 아니하는 비행장치
② 계류식 기구류
③ 낙하산류
④ 초경량 헬리콥터

19 초경량 비행장치의 멸실 등의 사유로 신고를 말소할 경우에 그 사유가 발생한 날부터 며칠 이내에 한국교통안전공단 이사장에게 말소 신고서를 제출하여야 하는가?

① 5일　② 10일
③ 15일　④ 30일

20 초경량 비행장치 비행계획 승인 신청 시 포함되지 않는 것은 어느 것인가?

① 비행경로 및 고도
② 동승자의 자격 소지
③ 조종자의 비행경력
④ 비행장치의 종류 및 형식

동승자의 자격은 필요 없다.

21 초경량 비행장치의 기체 등록은 누구에게 신청하는가?

① 지방항공청장
② 국토교통부장관
③ 국방부장관
④ 한국교통안전공단 이사장

22 배터리 보관 시 주의사항이 아닌 것은?

① 더운 날씨에 차량에 배터리를 보관하지 않으며 적합한 보관 장소의 온도는 22℃~28℃이다.
② 배터리를 낙하, 충격, 쑤심, 또는 인위적으로 합선시키지 말 것
③ 손상된 배터리나 전력 수준이 50% 이상인 상태에서 배송하지 말 것
④ 화로나 전열기 등 열원 주변처럼 따뜻한 장소에 보관

정답 15 ① 16 ② 17 ③ 18 ④ 19 ③ 20 ② 21 ④ 22 ④

23 **물리량 중 벡터양이 아닌 것은?**

① 속도 ② 면적
③ 양력 ④ 가속도

벡터양은 변위, 속도, 가속도, 힘, 충격량, 운동량, 전기장 세기, 자기장 등

24 **멀티콥터의 구성요소 중 모터의 회전을 신호대비 적절한 회전으로 유지해주는 장치는 무엇인가?**

① 자이로스코프
② 가속도계
③ 변속기
④ 프로펠러

변속기는 멀티콥터의 제어 시스템과 모터 사이에서 동작하며, 컴퓨터 제어에 따라 모터의 회전 속도를 조절한다. 이렇게 모터의 회전을 제어함으로써 비행체의 안정성과 조종이 가능하게 된다.

25 **뇌우의 성숙단계 시 나타나는 현상이 아닌 것은?**

① 상승기류가 생기면서 적란운이 운집
② 상승기류와 하강기류가 교차
③ 강한 비가 내린다.
④ 강한 바람과 번개가 동반한다.

26 **멀티콥터의 비행자세 제어를 확인하는 시스템은?**

① 자이로 센서
② 가속도 센서
③ 위성시스템(GPS)
④ 지자기 방위 센서

GPS : 위치 제어, 자이로 센서 : 자세 제어, 가속도 센서 : 속도 제어

27 **초경량 비행장치 사고발생 시 사고조사를 담당하는 기관은?**

① 관할 지방항공청
② 항공교통관제소
③ 교통안전공단
④ 항공, 철도 사고 조사위원회

28 **항공 종사자의 음주 제한 기준은?**

① 0.02% ② 0.05%
③ 0.07% ④ 0.1%

29 **다음 중 벡터양이 아닌 것은?**

① 가속도 ② 속도
③ 양력 ④ 질량

• 스칼라 : 크기만 가진다.
• 벡터 : 크기와 방향을 가진다.

30 **지상 METAR 보고에서 바람 방향, 즉 풍향의 기준은 무엇인가?**

① 자북 ② 진북
③ 도북 ④ 자북과 도북

진북은 지구의 중심과 북극성을 다른 한 점으로 잡았을 때의 방향을 말한다. 자전축의 선분을 나타내기도 한다.

31 **무인멀티콥터 1~3종 자격시험 응시자격 연령은?**

① 12세 이상
② 14세 이상
③ 18세 이상
④ 20세 이상

14세 이상이다. 교관 자격증은 18세 이상.
4종은 10세 이상.

정답 23 ② 24 ③ 25 ① 26 ① 27 ④ 28 ① 29 ④ 30 ② 31 ②

32 초경량 비행장치 비행 중 조작불능 시 가장 먼저 할 일은?

① 크게 소리를 쳐서 알린다.
② 조종자 가까이 이동시켜 착륙 시킨다.
③ 안전하게 착륙시킨다.
④ 급하게 불시착시킨다.

안전을 위해 사람들에게 먼저 알려야 한다.

33 항력과 속도와의 관계에 대한 설명 중 틀린 것은?

① 유해항력은 거의 모든 항력을 포함하고 있어 저속 시 작고, 고속 시 크다.
② 항력은 속도 제곱에 반비례한다.
③ 형상항력은 블레이드가 회전할 때 발생하는 마찰성 저항이므로 속도가 증가하면 점차 증가한다.
④ 유도항력은 하강풍인 유도기류에 의해 발생하므로 저속과 제자리 비행 시 가장 크며, 속도가 증가할수록 감소한다.

항력은 속도 제곱에 비례한다. 즉 속도가 증가하면 항력도 증가하고, 속도가 감소하면 항력도 감소한다.

34 다음 중 초경량 비행장치의 비행 가능한 지역은 어느 것인가?

① R-14 ② UA
③ MOA ④ P65

항공정보간행물(AIP)에서 고시된 18개 공역에서 지상고 500ft 이내는 비행계획 승인 없이 비행가능한 공역이다. 즉, 초경량 비행장치 전용 공역이다.
UA2~UA7, UA9, UA10, UA14, UA19~UA27

35 무인 항공기를 지칭하는 용어로 볼 수 없는 것은?

① UAV ② RPAS
③ UGV ④ Drone

RPAs(Remote Piloted Aircraft System) : 무인 비행기,
UGV(Unmanned Ground Vehicle) : 무인 차량

36 무인멀티콥터가 비행 가능한 지역은?

① 인파가 많고 차량이 많은 곳
② 전파 수신이 많은 지역
③ 전기줄 및 장애물이 많은 곳
④ 장애물이 없고 안전한 곳

37 받음각이 변하더라도 모멘트의 계수값이 변하지 않는 점을 무슨 점이라 하는가?

① 공기력 중심
② 압력 중심
③ 반력 중심
④ 중력 중심

공력 중심(공기력 중심) : 받음각이 변해도 피칭 모멘트의 값이 변하지 않는 에어포일의 기준점

38 다음 중 3/8~4/8인 운량은 어느 것인가?

① clear ② scattered
③ broken ④ overcast

39 태풍의 세력이 약해져 소멸되기 직전 또는 소멸되어 무엇으로 변하는가?

① 열대성 고기압
② 열대성 저기압
③ 열대성 폭풍
④ 편서풍

40 초경량 비행장치 무인멀티콥터 1종 자격시험 응시자격 연령은?

① 14세 ② 16세
③ 18세 ④ 20세

교관자격증은 18세 이상

정답 32 ① 33 ② 34 ② 35 ③ 36 ④ 37 ① 38 ② 39 ② 40 ①

제 2 회 기출 복원문제

01 역편요(adverse yaw)에 대한 설명으로 틀린 것은?

① 비행기가 선회 시 보조익을 조작해서 경사하게 되면 선회 방향과 반대 방향으로 yaw하는 것을 말한다.
② 비행기가 보조익을 조작하지 않더라도 어떤 원인에 의해서 rolling 운동을 시작하며 올라간 날개의 방향으로 yaw하는 특성을 말한다.
③ 비행기가 선회하는 경우, 옆 미끄럼이 생기면, 옆 미끄럼 한 방향으로 롤링하는 것을 말한다.
④ 비행기가 오른쪽으로 경사하여 선회하는 경우 비행기의 기수가 왼쪽으로 yaw하려는 운동을 말한다.

비행기가 선회시 선회하는 반대 방향으로 기수가 돌아가는(yawing) 현상이다.

02 동력 비행장치의 연료 제외 무게는 어느 것인가?

① 70kg 이하 ② 115kg 이하
③ 150kg 이하 ④ 225kg 이하

좌석이 1개인 비행장치로서 탑승자, 연료 및 비상용 장비의 중량을 제외한 해당 장치의 자체 중량이 115kg 이하일 것

03 다음 중 플랩의 역할이 아닌 것은?

① 양력을 증가시킨다.
② 이착륙 거리를 짧게 한다.
③ 연료 소모율을 감소시킨다.
④ 항력을 증가시킨다.

플랩이 연료 소모율을 감소시키는 주된 역할은 아니다. 플랩은 비행기의 안전성과 조종성을 향상시키는 데 주로 사용된다.

04 멀티콥터의 비행모드가 아닌 것은?

① GPS모드 ② 에티모드
③ 수동모드 ④ 고도 제한 모드

고도 제한 모드는 비행모드가 아니고 멀티콥터 자체의 기능이다.

05 저속으로 비행하는 비행체에 흐르는 공기를 비압축성 흐름이라고 가정할 때 흐름의 떨어짐(박리)이 주원인이 되는 항력은 다음 중 어느 것인가?

① 압력 항력 ② 조파 항력
③ 마찰 항력 ④ 유도 항력

모든 유체는 점성이 있습니다. 고체와 접촉하는 유체는 고체의 접촉면에 가까울수록 고체에 대한 상대속도가 작다. 이런 현상 때문에 비행하는 항공기의 표면에 가까이 있는 공기입자가 항공기 표면에 붙어 가게 되고 이것으로 항력이 생긴다.

06 리튬폴리머 배터리 보관 시 주의 사항이 아닌 것은?

① 더운 날씨에 차량에 배터리를 보관하지 말 것 적합한 보관 장소의 온도는 22~28℃이다.
② 배터리를 낙하, 충격, 파손 또는 인위적으로 합선시키지 말 것
③ 손상된 배터리나 전력 수준이 50% 이상인 상태에서 배송하지 말 것
④ 추운 겨울에는 화로나 전열기 등 열원 주변처럼 뜨거운 장소에 보관할 것

정답 01 ③ 02 ② 03 ③ 04 ④ 05 ③ 06 ④

07 **비행기에 고정 피치 로터를 장착하고 시험운전 중 진동이 느껴졌다. 다음 중 추정되는 원인으로 맞는 것은?**

① 로터 장착 볼트의 조임치가 일정하지 않다.
② 로터의 표면이 거칠다.
③ 엔진 출력에 비해 큰 마력수에 적당한 로터를 장착했다.
④ 로터의 장착과는 관계없다.

08 **멀티콥터 우측으로 이동 시 프로펠러 회전은?**

① 좌측 앞뒤 2개의 로터가 더 빨리 회전한다.
② 우측 앞뒤 2개의 로터가 더 빨리 회전한다.
③ 좌측 앞, 우측 뒤 로터가 더 빨리 회전한다.
④ 우측 앞, 좌측 뒤 로터가 더 빨리 회전한다.

움직이려 하는 반대 쪽이 더 빨리 회전해야 한다.

09 **항공기에 작용하는 세 개의 축이 교차되는 지점을 무엇이라 하는가?**

① 무게 중심
② 압력 중심
③ 가로축의 중간 지점
④ 세로축의 중간 지점

무게 중심은 항공기의 전체 질량이 집중되는 지점으로, 항공기의 균형을 유지하는 데 중요한 역할을 한다. 무게 중심 지점은 항공기의 안정성과 조종성에 영향을 미치는 중요한 요소 중 하나이다.

10 **난기류(Turbulence)를 발생하는 주요인이 아닌 것은?**

① 안정된 대기 상태
② 바람의 흐름에 대한 장애물
③ 대형 항공기에서 발생하는 후류
④ 기류의 수직 대류현상

안정된 대기는 난기류가 발생하지 않는다.

11 **플랩을 내리면 나타나는 현상으로 맞는 것은?**

① 양력, 항력 감소
② 양력 감소, 항력 증가
③ 양력 증가, 항력 감소
④ 양력, 항력 증가

플랩은 항공기의 날개 끝에 장착된 조절 가능한 부품으로, 주로 이착륙 시 사용된다. 플랩을 확장하면 날개의 곡률과 표면적이 증가하여 양력이 증가한다. 이 증가된 양력은 항공기가 더 낮은 속도에서도 안정적으로 이착륙할 수 있게 도와준다. 그러나 동시에 플랩 확장은 공기 저항을 증가시켜 항력도 증가시킨다. 따라서 플랩을 내릴 때 양력과 항력이 모두 증가하는 것이 일반적인 현상이다.

12 **다음 공역 중 통제공역에 해당되는 것은?**

① 정보구역 ② 비행 금지구역
③ 군 작전구역 ④ 관제구

13 **사용하지 않는 배터리의 종류는 어느 것인가?**

① Li-Po ② Li-Ch
③ Ni-MH ④ Ni-Cd

Li-Ch : 리튬염화 사용하지 않음.
- 리튬폴리머 : 가장 많이 사용함
- 니켈수소 : 니켈카드뮴보다 일반적으로 무겁지만 에너지 밀도가 크고 많은 용량의 저장이 가능해 효율적이다.
- 니켈카드뮴 : 중금속 오염 문제로 수요가 줄어드는 추세이다.

14 **신고해야 할 기체가 아닌 것은 무엇인가?**

① 동력 비행장치
② 초경량 헬리콥터
③ 초경량 자이로 플레인
④ 계류식 무인 비행장치

계류식 무인비행장치는 신고할 필요가 없다.

정답 07 ① 08 ① 09 ① 10 ① 11 ④ 12 ② 13 ② 14 ④

15 초경량 비행장치 중 로터가 4개인 멀티콥터를 무엇이라 부르는가?

① 헥사콥터 ② 옥토콥터
③ 쿼드콥터 ④ 트라이콥터

•트라이콥터(tricopter) : 로터가 3개
•쿼드콥터(quadcopter) : 로터가 4개
•헥사콥터(hexcopter) : 로터가 6개
•옥토콥터(octocopter) : 로터가 8개
•도데카콥터 : 로터가 12개

16 다음 중 2차 전지에 속하지 않는 배터리는?

① 리튬폴리머(Li-Po) 배터리
② 니켈수소(Ni-MH) 배터리
③ 니켈카트뮴(Ni-Cd) 배터리
④ 알카라인 전지

충전을 할 수 없는 건전지를 1차 전지라고 한다. 현재 가장 많이 사용하는 1차 전지로는 망간 건전지와 알카라인 건전지가 있다.

17 Mode2 조종모드에서 반시계방향으로 원주비행 시 키 조작 방법으로 맞는 것은?

① 스로틀 전진 + 좌 러더
② 엘리베이터 전진 + 우 러더
③ 엘리베이터 전진 + 좌 러더
④ 스로틀 전진 + 우 러더

가장 적절한 조작은 엘리베이트 전진으로 일정한 속도를 유지하면서 좌 러더를 사용하여 기체가 왼쪽으로 회전하도록 하는 것이다.

18 왕복 엔진의 윤활유의 역할이 아닌 것은?

① 윤활력 ② 냉각력
③ 압축력 ④ 방빙력

윤활유는 방빙 역할은 하지 못한다. 방빙력은 따로 넣어주어야 한다.

19 회전익 비행장치가 호버링 상태로부터 전진비행으로 바뀌는 과도적인 상태는?

① 전이 성향 ② 전이 양력
③ 자동 회전 ④ 지면 효과

전이 양력(Translation Lift : 전이비행)은 이전에 발생한 양력이 새로운 형태의 양력으로 변하는 것. 제자리 비행에서 전진비행으로 전환될 때 나타난다.

20 동체의 좌우 흔들림을 잡아주는 센서는?

① 자이로 센서 ② 지자계 센서
③ 기압 센서 ④ GPS

해설

수평(자세)을 잡아주는 기능은 자이로 센서이다.

21 정압관 고장 났을 때 정상적인 작동을 하지 않는 계기가 아닌 것은?

① 고도계 ② 승강계
③ 자세계 ④ 속도계

자세계는 항공기의 자세, 즉 롤(roll), 피치(pitch), 요(yaw)를 표시한다. 이 계기는 일반적으로 자이로스코프를 사용하여 작동하므로, 정압관 고장과는 관련이 없다.

22 비행장 및 지상시설, 항공통신, 항로, 일반사항, 수색구조 업무 등의 종합적인 비행 정보를 수록한 정기간행물은?

① AIC ② AIP
③ AIRAC ④ NOTAM

AIP(Aeronautical infomation Publication : 항공정보간행물)-항공항행에 필수, 영구적인 성격의 항공정보를 수록한 간행물로 일반사항(GEN), 비행장(AD), 항공로(ENR)로 구성(3권 1책)

정답 15 ③ 16 ④ 17 ③ 18 ④ 19 ② 20 ① 21 ③ 22 ②

PART 04 실전문제풀이

23 항공기가 일정고도에서 등속 수평비행을 하고 있다. 맞는 조건은?

① 양력=항력, 추력〉중력
② 양력=중력, 추력=항력
③ 추력〉항력, 양력〉중력
④ 추력=항력, 양력〈중력

수평이면 양력과 중력이 같아야 되고, 추력과 항력이 같아야 한다.

24 항공 종사자가 업무를 정상적으로 수행할 수 없는 혈중 알코올 농도의 기준은?

① 0.02% 이상　　② 0.03% 이상
③ 0.05% 이상　　④ 0.5% 이상

25 양력에 대한 설명 중 옳은 것은?

① 속도에 비례하고 받음각의 영향을 받지 않는다.
② 속도에 제곱에 비례하고 받음각의 영향을 받지 않는다.
③ 속도의 제곱에 비례하고 받음각의 영향을 받는다.
④ 속도에 비례하고 받음각의 영향을 받는다.

양력은 비행체의 날개를 통과하는 공기의 속도에 크게 의존한다. 공기의 속도가 증가하면, 날개와 공기 분자 간의 상호작용이 증가하고, 이는 양력의 증가로 이어진다. 물리학에서 운동 에너지가 속도의 제곱에 비례하기 때문에, 공기 속도의 증가는 양력의 상당한 증가로 이어진다. 그리고 받음각이 커지면, 날개의 윗면과 아랫면 사이의 압력 차이가 증가하여 양력이 증가한다. 하지만 받음각이 너무 커지면 공기 흐름이 날개에서 분리되어 실속이 발생할 수 있으므로, 적절한 받음각의 유지가 중요하다.

26 태풍이 발생하는 조건으로 알맞은 것은 어느 것인가?

① 열대성 저기압　　② 열대성 고기압
③ 열대성 폭풍　　④ 편서풍

열대성 저기압은 지구의 에너지 균형을 맞추려는 작용의 일환으로 나타나는 현상이다.

27 무인멀티콥터의 모터 발열현상과 관련 없는 것은?

① 탑재물 중량이 너무 클 경우
② 고온에서 장시간 운용
③ 조종기 조종면 트림값 설정 시
④ 착륙 또는 정지 직후

트림값 설정은 조종기의 조종 민감도나 중립점을 조정하는 것으로, 모터의 발열과는 직접적인 관련이 없다.

28 비행 전 점검사항이 아닌 것은?

① 모터 및 기체의 전선 등 점검
② 조종기 배터리 부식 등 점검
③ 스로틀을 상승하여 비행해 본다.
④ 기기 배터리 및 전선 상태 점검

비행 전에는 기체를 상승시키지 않는다.

29 멀티콥터 무게중심(CG)의 위치는?

① 동체의 중앙 부분
② 배터리 장착 부분
③ 로터 장착 부분
④ GPS 안테나 부분

CG(center of gravity) : 무게중심

30 다음 중 비관제 공역에 대한 설명이 맞는 것은?

① 항공교통의 안전을 위하여 항공기의 비행순서 · 시기 및 방법 등에 관하여 국토교통부 장관의 지시를 받아야 할 필요가 있는 공역으로서 관제권 및 관제구를 포함하는 공역
② 항공교통의 안전을 위하여 항공기의 비행을 금지 또는 제한할 필요가 있는 공역
③ 관제공역 외의 공역으로서 항공기에게 비행에 필요한 조언 · 비행정보 등을 제공하는 공역
④ 항공기의 비행 시 조종사의 특별한 주의 · 경계 · 식별 등을 요구할 필요가 있는 공역

정답 23 ② 24 ① 25 ③ 26 ① 27 ③ 28 ③ 29 ① 30 ③

31 BLDC 모터에 대한 설명으로 옳지 않은 것은?

① 브러시 모터보다 가격이 싸다.
② 회전수 제어를 위해 전자변속기(ESC) 필요
③ 모터 권선의 전자기력을 이용해 회전력 발생
④ 모터의 규격에 KV(속도상수)가 존재하며, 1V인가했을 때 무부하 상태에서의 회전수를 의미

BLDC 모터는 브러시 모터에 비해 일반적으로 가격이 더 비싸다. 이는 BLDC 모터의 구조가 브러시 모터보다 복잡하고, 제어를 위한 전자 회로가 필요하기 때문이다. BLDC 모터는 높은 효율, 긴 수명, 낮은 유지보수 필요성 등의 장점을 가지고 있지만, 이러한 장점들은 제조 비용 증가로 이어져 브러시 모터에 비해 높은 가격으로 판매된다.

32 에어포일의 공력 중심은 주익 앞전에서 시위선 길이의 %지점에 위치하는가?

① 10% ② 15%
③ 25% ④ 50%

공력 중심은 에어포일의 압력 분포에 따라 결정되는 점으로, 이 지점에서 에어포일에 작용하는 양력과 항력이 균형을 이룬다. 대부분의 에어포일에서 이 공력 중심은 앞전에서 약 25% 지점 부근에서 발견된다.

33 멀티콥터의 비행자세 제어를 확인하는 시스템은?

① 자이로 센서
② 가속도 센서
③ 위성시스템(GPS)
④ 지자기방위 센서

GPS : 위치 제어, 자이로 센서 : 자세 제어, 가속도 센서 : 속도 제어

34 무인멀티콥터의 구성품으로 옳지 않은 것은?

① ESC
② 프로펠러
③ 주회전 날개
④ 조종기

주회전 날개는 전형적인 헬리콥터에 사용되는 구성 요소로, 드론과 같은 멀티콥터에는 해당되지 않는다.

35 다음 중 드론 조종 모드가 아닌 것은?

① 충돌방지 모드(Vision Mode)
② GPS 모드(GPS Mode)
③ 수동 모드(Manual Mode)
④ 자세제어 모드(Attitude Mode)

충돌방지 모드라는 명칭의 모드는 일반적으로 드론 조종 모드로 분류되지 않는다. 대신 많은 현대 드론에는 충돌 방지 기능이 포함되어 있지만, 이는 별도의 모드보다는 안전 기능으로 간주되며, 이 기능은 드론이 장애물에 가까워질 때 자동으로 작동하여 충돌을 방지한다.

36 비행기 외부점검을 하면서 날개 위에 서리(frost)를 발견했다면?

① 비행기의 이륙과 착륙에 무관하므로 정상절차만 수행하면 된다.
② 날개를 두껍게 하는 원리로 양력을 증가시키는 요소가 되므로 제거해서는 안 된다.
③ 비행기의 착륙과 관계가 없으므로 비행 중 제거되지 않으면 제거될 때까지 비행하면 된다.
④ 날개의 양력 감소를 유발하기 때문에 비행 전에 반드시 제거해야 한다.

37 태풍의 세력이 약해져 소멸되기 직전 또는 소멸되어 무엇으로 변하는가?

① 열대성 고기압
② 열대성 저기압
③ 열대성 폭풍
④ 편서풍

열대성 저기압으로 변한다.

PART 04 실전문제풀이

정답 31 ① 32 ③ 33 ① 34 ③ 35 ① 36 ④ 37 ②

38 초경량 비행장치 주소변경 신고기한은?

① 10일 ② 15일
③ 30일 ④ 60일

39 지상 METAR 보고에서 바람 방향, 즉 풍향의 기준은 무엇인가?

① 자북
② 진북
③ 도북
④ 자북과 도북

진북 : 지구의 중심과 북극성을 다른 한 점으로 잡았을 때의 방향을 말한다. 자전축의 선분을 나타내기도 한다.

40 프로펠러가 8개인 드론을 무엇이라 하는가?

① 트라이콥터
② 쿼드콥터
③ 헥사콥터
④ 옥토콥터

트라이콥터(3개), 쿼드콥터(4개), 헥사콥터(6개)

정답 38 ③ 39 ② 40 ④

제 3 회 기출 복원문제

01 항공기의 항행안전을 저해할 우려가 있는 장애물 높이가 지표 또는 수평으로부터 몇 m 이상이면 항공장애 표시등 및 항공장애 주간표지를 설치하여야 하는가?

① 50m
② 100m
③ 150m
④ 200m

150m 이상의 고도는 항공기 비행항로가 설치된 공역이다.

02 비행 후 기체 점검사항 중 옳지 않은 것은?

① 동력계통 부위의 볼트 조임상태 등을 점검하고 조치한다.
② 메인 블레이드, 테일 블레이드의 결합상태, 파손 등을 점검한다.
③ 남은 연료가 있을 경우 호버링 비행하여 모두 소모시킨다.
④ 송수신기의 배터리 잔량을 확인하고 부족 시 충전한다.

남은 연료는 소비하지 않고, 다음에 재사용할 수 있다. 배터리일 경우 착륙 후 남은 배터리는 탈거하여 재충전해 사용한다.

03 물방울이 비행장치의 표면에 부딪치면서 표면을 덮은 수막이 천천히 얼어붙고 투명하고 단단한 착빙은 무엇인가?

① 싸락눈
② 거친 착빙
③ 서리
④ 맑은 착빙

착빙이란 물체의 표면에 얼음이 달라붙거나 덮여지는 현상. 항공기 착빙은 0도 이하에서 대기에 노출된 항공기 날개나 동체 등에 과냉각수적이나 구름 입자가 충돌하여 얼음의 막을 형성하는 것이다. 계류장에 주기 중이거나 공중에서 비행 중에 발생한다. 수증기량이나 물방울의 크기, 항공기나 바람의 속도, 항공기 날개의 크기나 형태 등에 영향을 받는다.

착빙의 종류 : 거친 착빙, 맑은 착빙, 서리 착빙, 혼합 착빙, 비착빙

- 거친 착빙은 저온인 작은 입자의 과냉각 물방울이 충돌했을 때 생기며, 수빙이라고도 한다. 0~20℃
- 맑은 착빙 : 온도가 0~10℃ 기온에서 큰입자의 과냉각 물방울이 충돌할 때 발생한다.
- 서리 착빙 : 활주로에 주기 중인 항공기에 잘 발생한다.
- 혼합 착빙 : 서리 착빙과 맑은 착빙이 혼합된 형태로 매우 밀도가 높기 때문에 큰 위협이 된다.
- 비착빙 : 아주 특이한 형태의 맑은 착빙으로 울퉁불퉁하고 고르지 못한 형태를 가진다.

04 리튬폴리머 배터리 취급/보관 방법으로 부적절한 설명은?

① 배터리가 부풀거나 손상된 상태일 경우에는 수리하여 사용한다.
② 빗속이나 습기가 많은 장소에 보관하지 말 것
③ 정격 용량 및 장비별 지정된 정품배터리를 사용하여야 한다.
④ 배터리는 −10℃~40℃의 범위에서 사용한다.

리튬폴리머 배터리 취급 및 보관 주의사항

가. 과충전 혹은 과방전을 하지 않는다.(50% 이하 사용 시 급격히 성능 저하)
나. 장기간 보관 시 50% 방전 상태에서 보관
다. 낙하, 충격, 날카로운 것에 대한 손상의 경우 합선으로 화재가 발생할 수 있다.
라. 배터리 보관 적정온도는 22~28℃이다.
마. 셀당 전압을 일정하게 유지해야 한다.
바. −10℃ 이하에서 사용될 경우 사용불가 상태가 될 수 있다.
사. 50℃ 이상에서는 배터리가 폭발할 수 있다.
아. 배터리가 부풀거나 사용이 불가하여 폐기할 때는 소금물에 하루 동안 담가놓아 발전시킨 뒤 폐기해야 한다.

정답 01 ③ 02 ③ 03 ④ 04 ①

PART 04 실전문제 풀이

05 플랩을 설치하는 목적으로 알맞은 것은 어느 것인가?

① 순항 시 항력을 작게 하기 위해
② 순항 시 양력을 크게 하기 위해
③ 이 · 착륙 시 양력을 크게 하기 위해
④ 이 · 착륙 시 항력을 작게 하기 위해

플랩은 항공기의 날개 끝부분에 설치되는 조정 가능한 공기역학적 장치로, 주로 이착륙 시 사용된다. 플랩이 확장되면, 날개의 곡률과 표면적이 증가하여 양력이 더 많이 발생한다. 이렇게 증가된 양력은 항공기가 더 낮은 속도에서도 안정적으로 이착륙할 수 있게 도와준다. 반면에 플랩을 사용하면 항력도 증가하게 되므로, 일반적으로 순항 시에는 플랩을 사용하지 않는다.

06 초경량비행장치 배터리가 작동하여 발생시키는 힘이 아닌 것은?

① 양력 ② 항력
③ 추력 ④ 중력

중력은 지구의 질량에 의해 생성되는 자연적인 힘으로, 배터리의 작동과는 무관하다. 중력은 모든 물체에 영향을 미치며, 비행장치의 경우 이 중력을 극복하기 위해 양력과 추력을 사용하게 된다.

07 다음의 내용을 보고 어떤 종류의 안개인지 옳은 것을 고르시오.

> 바람이 없거나 미풍, 맑은 하늘, 상대습도가 높을 때, 낮거나 평평한 지형에서 쉽게 형성된다. 이 같은 안개는 주로 야간 혹은 새벽에 형성된다.

① 활승 안개 ② 전선 안개
③ 증기 안개 ④ 복사 안개

① 활승안개 : 습한공기가 산 경사면을 타고 상승하면서 팽창함에 따라 공기가 노점 이하로 단열 냉각되면서 발생하는 안개. 주로 산악지대에서 관찰되며 구름의 존재에 관계없이 형성
② 전선 안개 : 온난전선이든 한랭전선이든 구름에서 떨어지는 빗방울은 찬 공기를 지나 떨어진다. 이때 빗방울에서 증발이 일어난 후 그것이 찬공기로 공급되면 찬공기는 쉽게 포화되어 안개 형성
③ 증기 안개 : 찬 공기가 따뜻한 수면으로 이동할 때 생기는 안개. 강이나 호수 근처 찬 지면에 의해 냉각되면서 과포화되어 안개를 형성
④ 복사 안개 : 지표의 냉각으로 형성되고, 가을, 겨울에 빈번히 발생. 기온과 이슬점 온도가 8도 이상 차이날 때 안개 형성

08 무인멀티콥터가 이륙할 때 필요 없는 장치는?

① 변속기
② GPS
③ 배터리
④ 모터

GPS가 무인멀티콥터의 필수장치는 아니다.

09 동력 비행장치의 연료 제외 무게는?

① 70kg 이하
② 115kg 이하
③ 150kg 이하
④ 225kg 이하

좌석 1개, 115kg 이하일 것. 프로펠러에서 추진력을 얻는 것일 것. 고정익 비행장치

10 리튬폴리머 배터리 사용상의 설명으로 적절한 것은?

① 수명이 다 된 배터리는 그냥 쓰레기들과 같이 버린다.
② 여행 시 배터리는 화물로 가방에 넣어서 운반이 가능하다.
③ 비행 후 배터리 충전은 상온까지 온도가 내려간 상태에서 실시한다.
④ 가급적 전도성이 좋은 금속상자 등에 두어 보관한다.

비행 후 배터리를 상온까지 식힌 후 충전하는 이유는 과열을 방지하고 배터리의 안전성과 수명을 보호하기 위해서이다. 이는 고온 상태의 배터리가 충전 중 과열되어 성능 저하나 안전 문제를 일으킬 수 있기 때문이다.

정답 05 ③ 06 ④ 07 ④ 08 ② 09 ② 10 ③

11 우리나라 항공법의 기본이 되는 국제법은?

① 일본 동경협약
② 국제 민간항공조약과 같은 조약의 부속서
③ 미국의 항공법
④ 중국의 항공법

항공안전법 제1호(목적) : 이 법은 국제 민간항공협약 및 같은 협약의 부속서에서 채택된 표준과 권고되는 방식에 따라 항공기, 경량 항공기 또는 초경량 비행장치가 안전하게 항행하기 위한 방법을 정함으로써 생명과 재산을 보호하고, 항공기술 발전에 이바지함을 목적으로 한다.

12 비행기 날개에 작용하는 항력(drag)에 대한 설명으로 맞는 것은?

① 공기의 속도에 비례한다.
② 공기 유속의 3승에 비례한다.
③ 공기 속도에 반비례한다.
④ 공기 속도의 제곱에 비례한다.

물체가 이동함에 따라 공기 입자와 더 많은 충돌이 발생한다. 이 충돌의 수는 속도에 비례하여 증가한다. 또한 각 충돌에서 전달되는 에너지도 속도에 비례하여 증가한다. 따라서 항력은 충돌의 수와 각 충돌의 에너지 모두에 비례하기 때문에 속도의 제곱에 비례하게 된다.

13 기체의 착빙에 대한 설명 중 틀린 것은?

① 양력과 무게를 증가시켜 추진력을 감소시킨다.
② 습도와 많은 공기가 기체 표면에 부딪치면서 결빙이 발생한다.
③ 착빙은 Carburetor, Pitot관 등에도 생긴다.
④ 거친 착빙도 날개의 공기 역학에 영향을 줄 수 있다.

착빙은 물체의 표면에 얼음이 달라붙거나 덮여지는 현상. 항공기 착빙은 0℃ 이하에서 대기에 노출된 항공기 날개나 동체 등에 과냉각수적이나 구름 입자가 충돌하여 얼음의 막을 형성하는 것이다.
계류장에 주기 중이거나 공중에서 비행 중에 발생한다. 수증기량이나 물방울의 크기, 항공기나 바람의 속도, 항공기 날개 단면의 크기나 형태 등에 영향을 받는다.

14 프로펠러가 피치에 대한 설명으로 옳은 것은?

① 고속 비행체일수록 저피치 프로펠러가 유리
② 프로펠러가 한 바퀴 회전했을 때 앞으로 나아가는 기하학적 거리
③ 프로펠러 직경이 클수록 피치가 작아짐
④ 프로펠러 두께를 의미

고속 비행체의 경우, 고피치 프로펠러가 더 유리하며, 프로펠러의 직경과 피치는 서로 직접적인 관계가 없으며, 설계에 따라 다를 수 있다.

15 항공시설업무, 절차 또는 위험요소의 시설, 운영 상태 및 그 변경에 관한 정보를 수록하여 전기통신 수단을 항공 종사자들에게 배포하는 공고문은?

① AIC ② AIP
③ AIRAC ④ NOTAM

① AIC : 항공정보회람(비행 안전, 항행, 기술, 행정, 규정 개정 등에 관한 내용으로 항공정보간행물 또는 항공고시보에 의한 전파의 대상이 되지 않는 사항을 수록하고 있는 공고문이다.
② AIP : 항공정보간행물(항공항행에 필수 영구적인 성격의 항공정보를 수록한 간행물로 일반사항, 비행장, 항공로로 구성
③ AIRAC : 정해진 사이클에 따라 규칙적으로 개정하는 것
④ NOTAM : 항공보안을 위한 시설, 업무 등의 설치 또는 변경, 위험의 존재 등에 대해서 운항 관계자에게 국가에서 실시하는 고시로 기상정보와 함께 항공기 운항에 없어서는 안 될 중요한 정보이다. 조종사는 비행에 앞서 노탐을 체크하여 출발의 가부, 코스의 선정 등 비행계획의 자료로 삼고 있다.

PART 04 실전 문제 풀이

정답 11 ② 12 ④ 13 ① 14 ② 15 ④

16 우리나라 항공법의 목적은 무엇인가?

① 항공기의 안전한 항행과 항공운송사업의 질서 확립
② 항공기 등 안전 항행 기준을 법으로 정함
③ 국제 민간항공의 안전 항행과 발전도모
④ 국내 민간항공의 안전 항행과 발전도모

항공안전법 제1조 : 이 법은 국제 민간항공협약 및 같은 협약의 부속서에서 채택된 표준과 권고 되는 방식에 따라 항공기, 경량 항공기 또는 초경량 비행장치가 안전하게 항행하기 위한 방법을 정함으로써 생명과 재산을 보호하고, 항공기술 발전에 이바지 함을 목적으로 한다.

17 프로펠러가 비행 중 한 바퀴 회전하여 실제로 전진하는 거리를 무엇이라 하는가?

① 기하학적 피치
② 회전 피치
③ 슬립
④ 유효 피치

유효 피치는 프로펠러가 회전하면서 실제로 이동하는 거리를 의미하며, 이는 이론적인 피치(기하학적 피치)와는 다를 수 있다. 프로펠러가 공기를 통해 이동하는 동안 발생하는 저항과 슬립 때문에 실제 이동 거리가 이론적인 피치보다 짧아지는 것이 일반적이다.

18 다음 중 항공기와 무인비행장치에 작용하는 힘에 대한 설명 중 틀린 것은?

① 추력은 비행기의 받음각에 따라 변하지 않는다.
② 중력은 속도에 비례한다.
③ 양력의 크기는 속도의 제곱에 비례한다.
④ 항력은 비행기의 받음각에 따라 변한다.

중력은 항공기의 질량과 지구의 중력 상수에 의해 결정되며, 속도와는 무관하다. 중력은 항공기의 속도와 관계없이 일정하게 작용한다.

19 주로 봄과 가을에 이동성 고기압과 함께 동진해 와서 따뜻하고 건조한 일기를 나타내는 기단은?

① 오호츠크해 기단
② 양쯔강 기단
③ 북태평양 기단
④ 적도 기단

겨울(시베리아), 초여름(오호츠크해), 봄가을(양쯔강), 여름(북태평양)

20 안개가 발생하기 적합한 조건이 아닌 것은?

① 대기의 성층이 안정할 것
② 냉각작용이 있을 것
③ 강한 난류가 존재할 것
④ 바람이 없을 것

안개는 대기에 떠다니는 작은 물방울의 모임 중에서 지표면과 접촉하며 가시거리가 1,000m 이하가 되게 만드는 것이다. 본질적으로는 구름과 비슷한 현상이나, 구름에 포함되지 않는다. 안개는 습도가 높고, 기온이 이슬점 이하일 때 형성되며, 흡습성의 작은 입자인 응결핵이 있으면 잘 형성된다. 하층운이 지표면까지 하강하여 생기기도 한다.

21 다음은 날개의 공기흐름 중 기류 박리에 대한 설명으로 틀린 것은?

① 날개의 표면과 공기입자 간의 마찰력으로 공기 속도가 감소하여 정체구역이 형성된다.
② 경계층 밖의 기류는 정체점을 넘어서게 되고 경계층이 표면에서 박리되게 된다.
③ 기류박리는 양력과 항력을 급격히 증가시킨다.
④ 날개 표면에 흐르는 기류가 날개의 표면과 공기입자 간의 마찰력으로 인해 표면으로부터 떨어져 나가는 현상을 말한다.

기류 박리는 항공기의 날개와 같은 공기역학적 표면에서 발생하는 현상으로, 공기 흐름이 표면으로부터 분리되는 것을 말한다. 박리된 공기 흐름은 날개의 양력 생성 능력을 감소시키고, 동시에 항력을 증가시키는 불안정한 공기 흐름을 생성한다.

정답 16 ① 17 ④ 18 ② 19 ② 20 ③ 21 ③

22 해양성 기단으로 매우 습하고 더우며 주로 7~8월에 태풍과 함께 한반도 상공으로 이동하는 기단은?

① 오호츠크해 기단
② 양쯔강 기단
③ 북태평양 기단
④ 적도 기단

적도 기단 : 적도 부근에 위치하는 고온다습한 기단이다. 태평양, 인도양, 대서양에 띠 모양으로 분포하며, 해양성 기단에 속한다. 해양에서 증발한 대량의 수증기를 포함하고 있는데, 한국에서는 태풍과 함께 북상하는 기단이다.

23 뇌우와 같이 동반하지 않는 것으로 옳은 것은 어느 것인가?

① 하강기류 ② 우박
③ 안개 ④ 번개

폭우, 소나기, 우박을 동반하므로 안개가 발생하기 어렵다. 하강기류에 의해서 비가 내린다.

24 태양의 복사 에너지의 불균형으로 발생하는 것은 어느 것인가?

① 바람 ② 안개
③ 구름 ④ 태풍

바람의 생성 원인

25 해양의 특성이 많은 습기를 함유하고 비교적 찬 공기 특성을 지닌 늦봄, 초여름에 높새바람과 장마전선을 동반한 기단은?

① 오호츠크해 기단
② 양쯔강 기단
③ 북태평양 기단
④ 적도 기단

오호츠크해 기단은 해양성 한대 기단의 일종으로 오호츠크해 방면의 차가운 해상에서 발생한다.

26 다음 연료 여과기에 대한 설명 중 가장 타당한 것은?

① 연료탱크 안에 고여 있는 물이나 침전물을 외부로부터 빼내는 역할을 한다.
② 외부 공기를 기화된 연료와 혼합하여 실린더 입구로 공급한다.
③ 엔진 사용 전 흡입구에 연료를 공급한다.
④ 연료가 엔진에 도달하기 전에 연료의 습기나 이물질을 제거한다.

연료에 포함된 불순물과 수분을 제거하는 역할을 한다.

27 일반적으로 기상 현상이 발생하는 대기권은?

① 대류권 ② 성층권
③ 중간권 ④ 열권

- 대류권 : 지상에서 약 8~18km의 대기층 지구 전체 대기의 4분의 3이 대류권에 포함. 대류운동이 활발하고, 기상현상이 발생 온도변화 상승 1km당 6.5℃ 감소 = 1000ft당 2℃ 감소한다. 고도가 1km 높아질 때마다 기온 6.5℃ 감소=1000ft당 2℃ 감소
- 성층권 : 대류권 계면에서 약 50km의 대기층. 대류권 계면에서 35km까지 온도변화가 거의 없고, 대류현상이 거의 없다.
- 중간권 : 50~90km 대기층, 약한 대류운동, 일부 전리층 포함
- 열권 : 80~1000km 대기층, 대부분의 전리층 포함, 오로라 발생

28 회전익 비행장치가 호버링 상태로부터 전진비행으로 바뀌는 과도적인 상태는?

① 전이 성향
② 전이 양력
③ 자동 회전
④ 지면 효과

전이 양력은 이전에 발생한 양력이 새로운 형태의 양력으로 변하는 것. 제자리 비행에서 전진비행으로 전환될 때 나타난다.

정답 22 ④ 23 ③ 24 ① 25 ① 26 ④ 27 ① 28 ②

29 비대칭형 Blade의 특징으로 틀린 것은?

① 날개의 상, 하부 표면이 비대칭이다.
② 압력중심 위치이동이 일정하다.
③ 대칭형에 비해 양력 발생효율이 향상되었다.
④ 대칭형에 비해 가격이 높고 제작이 어렵다.

비대칭형 블레이드에서는 압력중심의 위치 이동이 더 불규칙하거나 예측하기 어려울 수 있다. 대칭형 블레이드에 비해 비대칭형은 양력 발생 메커니즘이 더 복잡하기 때문에 압력중심의 이동도 더 복잡해질 수 있다.

30 다음 설명하는 용어는?

> 날개골의 임의 지점에 중심을 잡고 받음각의 변화를 주면 기수를 올리고 내리는 피칭모멘트가 발생하는데 이 모멘트의 값이 받음각에 관계없이 일정한 지점을 말한다.

① 압력 중심
② 공력 중심
③ 무게중심
④ 평균공력시위

- 압력 중심 : 에어포일 표면에 작용하는 분포된 압력의 힘으로 찬 점에 집중적으로 작용한다고 가정할 때 이힘의 작용점. 날개에 있어서 양력과 항력의 합성력이 실제로 작용하는 적용점으로서 받음각이 변함에 따라 위치가 변함.
- 무게중심 : 중력에 의한 알짜 토크가 0인 점

31 대기원 중 기상 변화가 일어나는 층으로 고도가 상승할수록 온도가 강하되는 층은 어느 것인가?

① 성층권 ② 중간권
③ 열권 ④ 대류권

대류권 : 대기의 제일 아래층을 형성하는 부분. 대류권 중에서 고도가 100m 높아짐에 따라 기온이 약 0.6℃내려간다. 대류권의 높이는 곧 위도 지방에서 7~8km 중위도 지방에서 10~13km, 열대지방에서 15~16km이다. 이것은 대류를 일으키는 에너지가 열대 지방일수록 많기 때문이다. 일기 변화는 거의 대류권 내부에서 일어나고 있다.

32 안전성 인증검사 유효기간으로 적당하지 않은 것은?

① 안전성 인증검사는 25kg 초과 기체이다.
② 비영리 목적으로 사용되는 초경량 장치는 2년으로 한다.
③ 안전성 인증검사는 발급일로 1년으로 한다.
④ 인증검사 재검사 시 불합격 통지 6개월 이내 다시 검사한다.

안정성인증검사 유효기간은 2년이다. 2년마다 받아야 한다.

33 초경량 비행장치의 기체신고는 누구에게 신청하는가?

① 지방항공청장
② 국토교통부장관
③ 국방부장관
④ 한국교통안전공단 이사장

34 초경량 비행장치 조종자 전문교육기관이 확보해야 할 지도조종자의 최소 비행시간은?

① 50시간
② 100시간
③ 150시간
④ 200시간

35 회전익에서 양력발생 시 동반되는 하향기류 속도와 날개의 윗면과 아랫면을 통과하는 공기흐름을 저해하는 와류에 의해 발생되는 항력은?

① 유해항력
② 유도항력
③ 마찰항력
④ 형상항력

유도항력은 양력을 생성하는 과정에서 발생하는 부수적인 항력으로, 특히 회전익 항공기나 프로펠러에서 중요한 요소이다. 이 항력은 날개나 프로펠러 끝에서 생성되는 와류로 인해 발생하며, 이 와류는 날개의 윗면과 아랫면 사이의 압력 차이 때문에 발생한다.

정답 29 ② 30 ② 31 ④ 32 ③ 33 ④ 34 ② 35 ②

36 유도항력의 원인은 무엇인가?

① 날개 끝 와류
② 속박 와류
③ 간섭항력
④ 충격파

유도항력은 주로 비행체의 날개 끝에서 발생하는 공기 흐름의 왜곡으로 인해 생기는 현상으로 날개가 생성하는 양력은 날개 상부의 낮은 압력과 하부의 높은 압력 사이의 차이에 의해 발생한다. 이 압력 차이로 인해 날개 끝에서 공기가 상부에서 하부로 움직이며, 이로 인해 발생하는 와류가 유도항력을 일으킨다. 유도항력은 비행체의 속도가 느릴수록 증가하며, 효율적인 날개 설계를 통해 최소화할 수 있다.

37 NOTOM 유효기간으로 적당한 것은?

① 1개월　② 3개월
③ 6개월　④ 1년

국제 민간항공기구에서 항공보안을 위한 시설, 업무방식 등의 설치 변경, 위성 존재 등 운항관계자에 국가에서 실시하는 고시, 항공고시보

38 초경량 비행장치의 운용시간은 언제부터 언제까지인가?

① 일출부터 일몰 30분 전까지
② 일출부터 일몰까지
③ 일몰부터 일출까지
④ 일출 30분 후부터 일몰 30분 전까지

39 리튬폴리머 배터리 보관 시 주의사항이 아닌 것은?

① 더운 날씨에 차량에 배터리를 보관하지 말 것 적합한 보관장소의 온도는 22~28℃이다.
② 배터리를 낙하, 충격, 파손, 또는 인위적으로 합선시키지 말 것
③ 손상된 배터리나 전력수준이 50% 이상인 상태에서 배송하지 말 것
④ 추운 겨울에는 화로나 전열기 등 열원 주변처럼 뜨거운 장소에 보관할 것

40 러더를 오른쪽으로 움직일 때 프로펠러의 회전 방향으로 맞는 것은?

① 전방 우측과 후방 좌측 프로펠러가 빠르게 회전한다.
② 전방 좌측과 후방 우측 프로펠러가 빠르게 회전한다.
③ 전방 우측 프로펠러가 빠르게 회전한다.
④ 전방 좌측 프로펠러가 빠르게 회전한다.

시계방향으로 회전하기 위해서는 반시계방향의 프로펠러가 빠르게 회전하여야 한다.

정답 36 ① 37 ② 38 ② 39 ④ 40 ①

제 4 회 기출 복원문제

01 전진비행을 계속하면 속도가 증가되는 뉴턴의 운동법칙은?

① 가속도의 법칙
② 관성의 법칙
③ 작용반작용의 법칙
④ 베르누이의 법칙

이 법칙은 어떤 물체에 가해지는 힘이 그 물체의 질량과 가속도의 곱과 같다고 설명된다. 수식으로는 F = ma (힘 = 질량 × 가속도)로 표현되며, 이 법칙에 따라 항공기에 지속적으로 힘이 가해지면 가속도가 발생하여 속도가 증가한다.

02 멀티콥터의 비행모드가 아닌 것은?

① GPS 모드
② 에티 모드
③ 수동 모드
④ 고도 제한 모드

고도 제한 모드는 비행모드가 아니고 멀티콥터 자체의 기능이다.

03 외부로부터 항공기에 작용하는 힘을 외력이라고 한다. 다음 중 외력과 가장 거리가 먼 것은?

① 항력　② 중력
③ 압축력　④ 양력

압축력은 항공기의 구조적인 요소와 관련된 내부적인 힘이다. 예를 들어, 항공기의 기체가 공기의 압력을 견디기 위해 겪는 내부적인 스트레스나 압축력을 의미한다. 따라서 외부로부터 항공기에 작용하는 힘인 외력과 가장 거리가 먼 것은 압축력이다.

04 비행장치가 지면 가까이에서 날개와 지면 사이를 흐르는 공기가 압축되어 날개의 부양력을 증가시키는 현상은?

① 지면효과
② 간섭효과
③ 토크효과
④ 공력효과

비행장치의 지면효과(Ground Effect)는 비행체가 지면에 가까워질 때 발생하는 현상으로, 비행체의 날개와 지면 사이를 통과하는 공기 흐름이 변경되어 부양력이 증가하게 된다.

05 초경량비행장치 중 프로펠러가 4개인 것을 무엇이라 부르는가?

① 쿼드콥터
② 헥사콥터
③ 옥토콥터
④ 트라이콥터

헥사콥터 : 6개, 옥토콥터 : 8개, 트라이콥터 : 3개

06 멀티콥터 로터 피치가 1회전 시 측정할 수 있는 것은 무엇인가?

① 속도　② 거리
③ 압력　④ 온도

로터 시위선과 회전축에 수직인면 사이의 예각. 로터가 한 번 회전할 때의 전방으로 이동한 실제거리를 유효피치라 한다.

정답 01 ① 02 ④ 03 ③ 04 ① 05 ① 06 ②

07 공기밀도는 습도와 기압이 변화하면 어떻게 되는가?

① 공기밀도는 기압에 비례하며 습도에 반비례한다.
② 공기밀도는 기압과 습도에 비례하며 온도에 반비례한다.
③ 공기밀도는 온도에 비례하고 기압에 반비례한다.
④ 온도와 기압의 변화는 공기밀도와는 무관하다.

공기밀도는 항공기의 비행성능, 엔진의 출력에 중요한 요소이다. 밀도는 이륙, 상승률, 치대하중, 대기속도 등에 영향을 준다. 그러므로, 공기의 밀도와 온도, 압력, 습도 상호 간의 관계를 이해하는 것은 아주 중요하다. 아래 식에서 밀도는 압력에 비례하고, 온도에 반비례하는 관계이다. 즉 압력이 높을수록 밀도는 증가하고, 압력이 낮을수록 밀도는 감소한다. 또한 밀도는 온도가 높을수록 감소하고, 온도가 낮을수록 증가한다. 공기밀도는 습도에 반비례한다.

08 항공법에서 정한 용어의 정의가 맞는 것은?

① 관제구라 함은 평균해수면으로부터 500m 이상 높이의 공역으로서 항공교통의 통제를 위하여 지정된 공역을 말한다.
② 항공등화라 함은 전파, 불빛, 색채 등으로 항공기 항행을 돕기 위한 시설을 말한다.
③ 관제권이라 함은 비행장 및 그 주변의 공역으로서 항공교통의 안전을 위하여 지정된 공역을 말한다.
④ 항행안전시설이라 함은 전파에 의해서만 항공기 항행을 돕기 위한 시설을 말한다.

- 관제구 : 항공 교통통제를 위하여 지정된 공역으로 평균 해수면으로부터 200m 이상의 상공에 설정된 공역
- 항공등화 : 항공등화는 전파와 색채는 포함되지 않는다.
- 항행안전시설 : 항공기가 항행하는 데 이용되는 항행 보조 시설의 총칭

09 이륙거리를 짧게 하는 방법으로 적당하지 않은 것은?

① 추력을 크게 한다.
② 비행기 무게를 작게 한다.
③ 배풍으로 이륙한다.
④ 고양력 장치를 사용한다.

이륙거리는 비행기가 활주로에서 하늘로 탈출하는 거리이다. 그렇다면 추력은 최대한으로 해야 하고, 비행기 무게를 작게 해야 하며, 양력을 사용해야 할 것이다. 이륙은 맞바람을 맞으면서 이륙해야 한다.

10 초경량 비행장치를 공기 중에 부양시키는 항공역학적인 힘은 다음 중 어떤 힘인가?

① 양력　　② 항력
③ 중력　　④ 추력

양력은 비행장치의 날개나 회전익 등에 의해 발생하며, 공기의 압력 차이로 인해 발생하는 역학적인 힘으로, 공중에 떠 있게 하거나 비행하는 데 필요한 힘 중 하나이다.

11 비행 후 기체 점검사항 중 옳지 않은 것은?

① 기체의 볼트 조임 상태 등을 점검하고 조치한다.
② 배터리를 점검한다.
③ 남은 배터리가 있을 경우 호버링하여 모두 소모시킨다.
④ 조종기의 배터리 잔량을 확인하고 부족 시 충전한다.

비행 후에는 남은 배터리를 모두 소모시키는 것은 권장되지 않는다. 배터리를 완전히 소모시키는 것은 배터리 수명을 단축시킬 수 있으며, 안전에 문제가 될 수 있다. 오히려 남은 배터리 용량의 일부를 남겨두고 충전하는 것이 좋다.

정답 07 ① 08 ③ 09 ③ 10 ① 11 ③

12 이륙 고도를 측정하는 센서는?

① 기압 센서　② 가속도 센서
③ GPS 센서　④ 지자계 센서

기압 센서는 고도를 측정하는 데 사용되며, 주변 기압의 변화를 이용하여 현재 고도를 추정한다. 기압은 고도가 높아질수록 감소하기 때문에, 기압 센서를 통해 고도를 상당히 정확하게 측정할 수 있다.

13 왕복엔진의 윤활유의 역할이 아닌 것은?

① 윤활력　② 냉각력
③ 압축력　④ 방빙력

윤활력, 냉각력, 압축력, 윤활유는 방빙(어는 것) 역할은 하지 못한다. 방빙력은 따로 넣어주어야 한다.

14 항력과 속도와의 관계에 대한 설명으로 틀린 것은?

① 항력은 속도의 제곱에 반비례한다.
② 유해항력은 거의 모든 항력을 포함하고 있어 저속 시 작고, 고속 시 크다.
③ 형상항력은 블레이드가 회전할 대 발생하는 마찰성 저항이므로 속도가 증가하면 점차 증가한다.
④ 유도항력은 하강풍인 유도기류에 의해 발생하므로 저속과 제자리 비행 시 가장 크며, 속도가 증가할수록 감소한다.

항력은 속도의 제곱에 비례한다. 즉, 속도가 증가함에 따라 항력도 제곱으로 증가한다. 이는 공기 저항이 속도가 빨라질수록 더 커진다는 것을 의미한다.

15 주날개에 장착된 플랩의 효과는?

① 양력의 증가로 고속 비행 가능
② 기체의 좌우 쏠림 방지
③ 실속의 방지
④ 주익(주날개)의 양력 증가로 비행기 속도의 변화 없이 급경사 착륙 진입 가능

플랩은 항공기의 주익(주날개)에 장착된 고양력 장치로, 주로 저속 비행, 특히 착륙과 이륙 시에 유용하게 사용된다.

16 투명하고 단단한 형태로 형성되는 착빙은 어느 것인가?

① 혼합 착빙　② 맑은 착빙
③ 거친 착빙　④ 서리 착빙

•서리 착빙 : 백색, 얇고 부드럽다. 수증기가 0℃ 이하로 물체에 승화
•거친 착빙 : 백색, 우윳빛, 불투명, 부서지기 쉽다. 층운에서 형성된 작은 물방울이 날개 표면에 부딪혀 형성
•맑은 착빙 : 투명한 색을 띠는 단단한 착빙

17 무인멀티콥터의 위치를 제어하는 부품은?

① GPS　② 온도 감지계
③ 레이저 센서　④ 자이로

18 멀티콥터가 우측으로 이동 시 프로펠러 회전은?

① 좌측 앞뒤 2개의 로터가 더 빨리 회전한다.
② 우측 앞뒤 2개의 로터가 더 빨리 회전한다.
③ 좌측 앞, 우측 뒤 로터가 더 빨리 회전한다.
④ 우측 앞, 좌측 뒤 로터가 더 빨리 회전한다.

움직이려 하는 반대쪽이 더빨리 회전한다.

19 베르누이의 정리 조건끼리 묶은 것이다. 올바른 것은?

① 비압축성, 비유동성, 무점성
② 압축성, 유동성, 유점성
③ 비압축성, 유동성, 무점성
④ 압축성, 비유동성, 유점성

베르누이의 정의
가. 유체속도가 빠르면 정압이 낮아진다.
나. 유체속도는 정압에 반비례한다.
다. 정압은 속도와 반비례한다.
라. 유체속도는 압력과 밀접한 관계가 있다.
유체 동역학에서 베르누이 방정식은 이상 유체(ideal fluid)에 대하여, 유체에 가해지는 일이 없는 경우에 대해, 유체의 속도와 압력, 위치 에너지 사이의 관계를 나타낸 식이다. 이러한 베르누이 방정식은 흐르는 유체에 대하여 유선(streamline) 상에서 모든 형태의 에너지의 합은 언제나 일정하다는 점을 설명하고 있다. 실제 유체는 점성이 있고, 열을 포함하여 전도한다. 이상유체는 이런 가능성들을 무시하는 이상적인 모델로써 비압축성이며, 비유동성, 무점성의 특징을 전제로 한다.

정답 12 ① 13 ④ 14 ① 15 ④ 16 ② 17 ① 18 ① 19 ①

20 베르누이 정의에 대한 설명으로 맞는 것은?

① 정압이 일정하다.
② 동압이 일정하다.
③ 전압이 일정하다.
④ 정압은 속도와 비례한다.

전압(전체압력) = 동압+정압

21 다음중 착빙의 종류가 아닌 것은?

① 맑은 착빙　　② 거친 착빙
③ 서리 착빙　　④ 이슬 착빙

착빙이란? 물체의 표면에 얼음이 달라 붙거나 덮여지는 현상

22 비행장치에 작용하는 힘으로 맞는 것은?

① 양력, 중력, 추력, 항력
② 양력, 중력, 무게, 추력
③ 양력, 무게, 동력, 마찰
④ 양력, 마찰, 추력, 항력

양력(Lift)은 비행장치를 위로 들어 올리는 힘으로, 공기와 날개의 상호작용에 의해 발생한다. 중력(Gravity)은 지구의 중력에 의해 비행장치를 아래로 끄는 힘이다. 추력(Thrust)은 비행장치를 앞으로 밀어내는 힘으로, 엔진이나 프로펠러에 의해 생성된다. 마지막으로 항력(Drag)은 공기 저항으로 인해 비행장치의 전진을 방해하는 힘이다.

23 멀티콥터는 언제 제일 열이 많이 발생하는가?

① 기온이 30도 이상일 때
② 무거운 짐을 많이 실었을 때
③ 착륙할 때
④ 조종기에서 조작키를 잡고 있을 때

멀티콥터에 무거운 짐이 많이 실려 있으면, 엔진과 모터가 더 많은 힘을 내야 한다. 이 때문에 더 많은 열이 발생하게 된다. 특히, 양력을 생성하기 위해 프로펠러가 더 빠르게 회전해야 하며, 이는 모터와 관련된 전자 부품에 추가적인 부하를 가하게 된다.

24 동쪽에서 길고 강한 호우를 일으키는 기단은?

① 양쯔강 기단
② 오호츠크해 기단
③ 적도 기단
④ 시베리아 기단

25 무인멀티콥터 배터리 관리 및 운용방법 중 틀린 것은?

① 매 비행 시마다 완충된 배터리를 사용하는 것이 좋다.
② 정격 용량 및 정비별 지정된 정품 배터리를 사용해야 한다.
③ 전원이 켜진 상태에서 배터리 탈착이 가능하다.
④ 전압 경고가 점등될 경우 가급적 빨리 복귀 및 착륙하는 것이 좋다.

전원이 켜진 상태에서 배터리를 탈착하는 것은 매우 위험하다. 이는 전자 장비에 손상을 줄 수 있고, 무엇보다 사용자와 주변 사람들의 안전에 위협이 될 수 있다. 따라서 배터리를 탈착하거나 교체할 때는 반드시 무인멀티콥터의 전원을 끄고 나서 수행해야 한다.

26 북반구 고기압과 저기압의 회전 방향으로 옳은 것은?

① 고기압-시계 방향, 저기압-시계 방향
② 고기압-시계 방향, 저기압-반시계 방향
③ 고기압-반시계 방향, 저기압-시계 방향
④ 고기압-반시계 방향, 저기압-반시계 방향

정답 20 ③ 21 ④ 22 ① 23 ② 24 ② 25 ③ 26 ②

27 공기밀도에 관한 설명으로 틀린 것은?

① 온도가 높아질수록 공기밀도도 증가한다.
② 일반적으로 공기밀도가 하층보다 상층이 낮다.
③ 수증기가 많이 포함될수록 공기밀도는 감소한다.
④ 국제표준대기의 밀도는 건조공기로 가정했을 때의 밀도이다.

공기밀도는 단위 부피당 공기의 질량으로, 기압과 같이 고도가 낮을수록 크다. 해수면에서 15℃일 때 공기의 밀도는 약 1.225kg/㎥이다. 공기에 포함된 기체 분자들이 얼마나 조밀하게 모여 있는가를 나타내는 지표로, 온도와 압력으로부터 이상기체상태 방정식을 통해 계산할 수 있다. 공기밀도는 온도와 반비례 관계이다.

28 비행 전 점검사항에 해당되지 않는 것은?

① 조종기 외부 깨짐을 확인
② 배터리 충전 상태 확인
③ 보조조종기의 점검
④ 기체 각 부품의 상태 및 파손 확인

보조조종기의 점검은 표준적인 비행 전 점검사항이 아니다. 대부분의 비행 상황에서 보조조종기는 필요하지 않거나 사용되지 않으며, 주 조종기의 상태와 기능이 더 중요한 초점이다.

29 날개의 받음각에 대한 설명 중 틀린 것은?

① 기체의 중심선과 날개의 시위선이 이루는 각이다.
② 공기흐름의 속도방향과 날개골의 시위선이 이루는 각이다.
③ 받음각이 증가하면 일정한 각까지 양력과 항력이 증가한다.
④ 비행 중 받음각은 변할 수 있다.

받음각(Angle of Attack, AoA)은 공기흐름의 방향(상대풍 방향)과 날개골의 시위선(Chord Line)이 이루는 각이다.

30 진한 회색을 띄며 비와 안개를 동반한 구름은 무엇인가?

① 권층운 ② 난층운
③ 층적운 ④ 권적운

구름의 종류
가. 상층운 : 6,000m 이상 상공에서 형성되며 공기가 차고, 건조하며, 빙정으로 형성되어 얇은 층을 이룬다.
나. 중층운 : 2,000~6,000m 고도에 있는 구름. 물방울과 얼음 알갱이로 구성되어 있다.
다. 하층운 : 물방울과 얼음알갱이가 간간이 섞여 있는 구름. 고도가 2,000m를 넘지 않으며, 때때로 쉬지 않고 계속되는 비를 내리게 한다.
라. 연직운 : 밑면은 낮은 고도에 있지만 매우 높게 솟아 있는 형태의 구름. 적운과 적란운의 두 유형이 있다.

31 멀티콥터가 쓰는 엔진으로 맞는 것은?

① 전기 모터 ② 가솔린
③ 로터리 엔진 ④ 터보 엔진

대부분 전기 모터(BLDC)로 사용한다.

32 멀티콥터 운영 도중 비상사태 발생 시 가장 먼저 조치해야 할 사항은?

① 육성으로 주위 사람들에게 큰소리로 알린다.
② 에티모드로 전환하여 조종을 한다.
③ 가장 가까운 곳으로 비상착륙을 한다.
④ 사람이 없는 안전한 곳에 착륙을 한다.

첫 번째로 사람들에게 알리는 게 우선이다.

33 브러시 모터와 브러시리스 모터의 특징으로 맞지 않은 것은?

① 브러시리스 모터는 반영구적으로 사용 가능하다.
② 브러시리스 모터는 안전이 중요한 만큼 대형 멀티콥터에 적합하다.
③ 브러시 모터는 전자변속기(ESC)가 필요 없다.
④ 브러시 모터는 브러시가 있기 때문에 영구적으로 사용 가능하다.

정답 27 ① 28 ③ 29 ① 30 ② 31 ① 32 ① 33 ④

브러시 모터는 브러시를 사용하여 전기적인 연결을 제공한다. 이 브러시는 시간이 지남에 따라 마모되기 때문에, 브러시 모터는 영구적으로 사용할 수 없다. 정기적인 유지보수와 브러시 교체가 필요하다.

34 날개골의 받음각이 증가하여 흐름의 떨어짐 현상이 발생하면 양력과 항력의 변화는?

① 양력과 항력이 모두 증가한다.
② 양력과 항력이 모두 감소한다.
③ 양력은 증가하고 항력은 감소한다.
④ 양력은 감소하고 항력은 급격히 증가한다.

받음각이 너무 커지면, 날개 위의 공기 흐름이 분리되어 실속이 발생한다. 실속 상태에서는 양력이 급격히 감소하고, 공기 흐름의 분리로 인해 항력이 급격히 증가한다.

35 터널속 GPS 미작동 시 이용하는 항법은?

① 지문 항법 ② 추측 항법
③ 관성 항법 ④ 무선 항법

추측항법은 현재의 위치와 속도에서 다른 시간 후의 위치에 대하여 코스와 거리를 나타내는 벡터를 작성하여 결정하는 것. 나침반, 속도계를 기초로 편류각을 측정하고, 풍향, 풍력을 구하여 항로에 대한 침로와 대지속도를 추측하여 목표지점에 이르는 항법

36 동체의 좌우 흔들림을 잡아주는 센서는?

① 자이로 센서
② 지자계 센서
③ 기압 센서
④ GPS

가속도 센서 → 가속도 측정 → 자세각 계산 가능, 자이로스코프 → 자세각속도 측정
지자계 센서 → 기수 방위각 측정, GPS → 속도, 위치, 시간, 기압 센서 → 고도 측정

37 다음 중 2차 전지에 속하지 않는 배터리는?

① 리튬폴리머 배터리
② 알카라인 전지
③ 니켈카드뮴 배터리
④ 니켈수소 배터리

2차 전지는 재충전이 가능한 배터리를 말한다.

38 다음 중 관제공역은 어느 것인가?

① A등급 공역
② G등급 공역
③ F등급 공역
④ H등급 공역

공역 등급에 따라 항공교통관제업무를 계기비행 또는 시계비행 항공기에게 제공하는 일정범위의 공역으로 ABCDE 등급으로 구분한다.

39 조종자 준수사항을 어길 시 1차 과태료는 얼마인가?

① 20만 원 ② 50만 원
③ 100만 원 ④ 200만 원

1차 100만 원, 2차 150만 원, 3차 300만 원

40 북반구 고기압에서의 바람은?

① 시계 방향으로 불며 가운데서 발산한다.
② 반시계 방향으로 불며 가운데서 수렴한다.
③ 시계 방향으로 불며 가운데서 수렴한다.
④ 반시계 방향으로 불며 가운데서 발산한다.

북반구 고기압 : 시계 방향으로 불며 가운데서 발산한다.

PART 04 실전문제풀이

정답 34 ④ 35 ② 36 ① 37 ② 38 ① 39 ③ 40 ①

제 5 회 기출 복원문제

01 다음 중 항공 종사자로 볼 수 없는 것은?

① 항공교통관제사
② 자가용 조종사
③ 초경량 비행장치 조종자
④ 항공기관사

항공안전법 제34조(항공종사자 자격증명 등)에서 항공업무에 종사하려는 사람은 국토교통부령으로 정하는 바에 따라 국토교통부장관으로부터 항공종사자 자격증명(이하 "자격증명"이라 한다)을 받아야 한다. 다만, 항공업무 중 무인항공기의 운항 업무인 경우에는 그러하지 아니하다. 로 규정하고 있다. 또한 제35조(자격증명의 종류) 자격증명의 종류는 다음과 같이 구분한다.
1. 운송용 조종사 2. 사업용 조종사 3. 자가용 조종사
4. 부조종사 5. 항공사 6. 항공기관사
7. 항공교통관제사 8. 항공정비사 9. 운항관리사

02 초경량 비행장치 비행 전 조종기 테스트 방법은?

① 기체와 30m 떨어져서 레인지 모드로 테스트한다.
② 기체와 100m 떨어져서 일반모드로 테스트한다.
③ 기체 바로 옆에서 테스트한다.
④ 기체를 이륙해서 조종기를 테스트한다.

03 배터리를 장기 보관할 때 적절하지 않은 것은 무엇인가?

① 4.2v 완전 충전해서 보관한다.
② 상온 15~28℃에서 보관한다.
③ 밀폐된 가방에 보관한다.
④ 화로나 전열기 등 뜨거운 곳에 보관하지 않는다.

완전히 충전해서 보관하지 않는다.

04 직원들의 스트레스 해소법이 아닌 것은?

① 정기적인 신체검사
② 직무평가 도입
③ 적성에 따른 직무 재배치
④ 정기적인 워크숍

직무평가는 직원의 업무 성과를 평가하는 과정으로, 이는 때때로 직원에게 추가적인 스트레스를 초래할 수 있다.

05 러더 좌타 시 빠르게 회전하는 모터는?

① 앞 좌측, 뒤 우측 ② 앞 좌측, 뒤 좌측
③ 앞 우측, 뒤 좌측 ④ 앞 우측, 뒤 우측

반시계방향으로 회전 시 시계방향 모터가 빠르게 회전한다.

06 다음 중 자체중량에 해당하지 않는 것은?

① 기체 ② 배터리
③ 연료 ④ 고정탑재물

자체중량(Empty Weight 또는 Dry Weight)은 항공기나 기타 차량이 탑재물, 연료 또는 추가 장비 없이 가지는 기본 무게를 의미한다.

07 최근 멀티콥터에 주로 사용하지 않는 배터리의 종류는?

① Lipo ② NiCd
③ NiMh ④ LiFe

NiCd(니켈카드뮴) : 현재 일부 사용하고는 있으나 중금속 오염문제로 줄어드는 추세이다.
NiMh(니켈수소) : 에너지 밀도가 크고, 많은 용량의 저장이 가능해서 효율적이다.
LiFe(리튬철인산염) : LiPo에 비해 에너지 밀도가 낮거나 무거운 경우가 많다.

정답 01 ③ 02 ① 03 ① 04 ② 05 ① 06 ③ 07 ②

08 베르누이 정의에 대한 바른 설명으로 적당한 것은 어느 것인가?

① 정압이 일정하다.
② 전압이 일정하다.
③ 동압이 일정하다.
④ 동압과 전압의 합이 일정하다.

대류권은 대기권의 가장 아래층, 두께는 위도와 계절에 따라 변화하지만 대체로 약 10km 정도이며, 공기가 활발한 대류를 일으켜 기상현상이 발생한다. 베르누이 정의는 정압과 동압을 합한 값은 그 흐름 속도가 변하더라도 언제나 일정(전압)하다는 것으로 날개의 상하부를 흐르는 공기의 압력차에 의해 발생하는 압력의 원리이다.

09 등압선이 좁은 곳은 어떤 현상이 발생하는가?

① 무풍 지역　② 태풍 지역
③ 강한 바람　④ 약한 바람

- 등압선 : 기압이 같은 지점을 연결한 가상의 선으로 해수면 값으로 바꾸어 기록함.
- 등고선 : 해수면을 기준으로 지표면에 고도가 같은 지점을 연결한 가상의 선
- 지도의 등고선처럼 등압선은 기압의 높낮이를 표시하는데, 등압선의 간격이 좁으면 기압 차가 크고, 간격이 넓으면 기압 차가 작다. 기압이 높은 쪽에서 낮은 쪽으로 바람이 불게 되는데, 등압선의 간격이 좁을수록 기압 차가 크므로 바람의 세기는 강하다.

10 뇌우의 형성조건이 아닌 것은?

① 대기의 불안정　② 풍부한 수증기
③ 강한 상승기류　④ 강한 하강기류

뇌우는 고온다습, 대기 불안정이 상승기류를 만날 경우 발생할 수 있다.

11 구름의 종류 중에 비가 내리게 하는 구름은?

① AC(고적운)　② NS(난층운)
③ ST(층운)　④ SC(층적운)

비를 포함한 구름은 난층운, 적란운이다.

12 다음 중 비행 후 점검사항이 아닌 것은?

① 수신기를 끈다.
② 송신기를 끈다.
③ 기체를 안전한 곳으로 옮긴다.
④ 열이 식을 때까지 해당 부위는 점검하지 않는다.

비행 후는 항상 기체의 전원을 먼저 끄고, 송신기를 끈다. 수신기는 기체에 있어 전원을 끄면 자동으로 꺼진다.

13 다음 중 주조종면 또는 1차 조종면으로 구분되지 않는 것은 무엇인가?

① 승강타 트림　② 방향타
③ 승강타　④ 도움 날개

1차 조종면(주조종면)은 항공기의 기본적인 방향을 제어하는 데 사용되는 조종면을 말한다.
- 도움 날개(Ailerons): 날개의 끝에 위치하며, 항공기의 롤(좌우 회전)을 제어
- 방향타(Rudder): 꼬리 부분에 위치하며, 항공기의 요우(좌우 방향 전환)를 제어
- 승강타(Elevator): 꼬리 부분에 위치하며, 항공기의 피치(상하 움직임)를 제어

반면에 승강타 트림(Elevator Trim)은 주조종면의 조작을 보조하는 보조 조종면으로, 주로 장시간 비행 중에 항공기의 피치 각도를 유지하는 데 도움을 준다. 이는 항공기가 한 방향으로 지속적으로 기울지 않도록 조종사의 조종 부담을 줄이기 위한 장치이다.

14 무인멀티콥터가 비행할 수 없는 것은 어느 것인가?

① 전진비행　② 배면비행
③ 추진비행　④ 회전비행

배면비행은 항공기가 뒤집혀서 날개가 하늘을 향하는 상태로 비행하는 것을 의미하는데, 이는 전통적인 고정익 항공기나 특정한 곡예 비행용 항공기에서 가능한 비행 방식이다.

PART 04 실전 문제 풀이

정답 08 ② 09 ③ 10 ④ 11 ② 12 ① 13 ① 14 ②

15 농업용 무인비행장치 비행 전 점검할 내용으로 맞지 않은 것은?

① 전원 인가상태에서 각 조종부위의 작동 점검을 실시한다.
② 연료 또는 배터리의 만충 여부를 확인한다.
③ 비행체 외부의 손상 여부를 육안 및 촉수 점검한다.
④ 기체이력부에서 이전 비행기록과 이상 발생 여부는 확인할 필요가 없다.

기체이력부에서 이전 비행기록과 이상 발생 여부를 확인하는 것이 매우 중요하다. 이 기록을 통해 장치의 상태를 파악하고, 이전 비행에서 발견된 문제점이 있었는지, 해결되었는지 확인할 수 있다.

16 베르누이의 정리에 대한 설명으로 바른 것은?

① 베르누이 정리는 밀도와 무관하다.
② 유체의 속도가 증가하면 정압이 감소한다.
③ 위치 에너지의 변화에 의한 압력이 동압이다.
④ 정상 흐름에서 정압과 동압의 합은 일정하지 않다.

유체의 속도가 증가하면 정압은 감소한다.

17 비행교육 요령으로 적합하지 않은 것은?

① 동기 유발
② 교육생 개별 접근
③ 비행교육 상의 과오 불인정
④ 계속적인 교시

비행교육 요령 중에서 비행교육 상의 과오 불인정은 적합하지 않은 요령이다. 효과적인 교육에서는 교육생이 저지른 실수나 과오를 인정하고, 이를 학습 기회로 삼는 것이 중요하다. 실수를 통해 배우고, 이를 개선하는 과정은 학습의 필수적인 부분이다.

18 초경량 비행장치 비행공역을 나타내는 것은?

① R-35 ② CP-16
③ UA-14 ④ P-73A

항공정보간행물에서 고시된 18개 공역에서 지상고 500ft 이내는 비행계획 승인 없이 비행가능한 공역이다. 전용공역은 UA2~UA7, UA9, UA10, UA14, UA19~27

19 전파의 이동이 활발하게 이루어지는 대기권은 어느 것인가?

① 대류권 ② 성층권
③ 열권 ④ 대류권 계면

20 무인멀티콥터의 무게중심(CG)의 위치는?

① 배터리 중앙 부분
② 동체 중앙 부분
③ 모터 중앙 부분
④ GPS 안테나 부분

무인멀티콥터의 무게중심(Center of Gravity, CG)은 일반적으로 동체 중앙 부분에 위치한다. 이는 드론의 전체 무게가 균일하게 분포되어야 하기 때문이다.

21 다음 중 배터리 보관 시 적절한 방법이 아닌 것은?

① 상온 15도~28도 온도에서 보관한다.
② 밀폐된 가방에 보관한다.
③ 완충하여 보관한다.
④ 화로나 전열기 등 뜨거운 곳에 보관하지 않는다.

일반적으로 50~70% 정도의 부분적으로 충전된 상태로 보관하는 것이 권장된다. 완전히 충전된 상태로 장기간 보관하면 배터리의 수명이 단축될 수 있으며, 화학적으로 불안정해질 수 있다.

22 초경량 비행장치 말소신고를 하지 않을 시 1차 과태료는?

① 5만 원 ② 15만 원
③ 30만 원 ④ 100만 원

말소신고 위반시 1차 15만원, 2차 22.5만원, 3차 30만원 과태료

정답 15 ④ 16 ② 17 ③ 18 ③ 19 ③ 20 ② 21 ③ 22 ②

23 착빙의 종류가 아닌 것은 어느 것인가?

① 이슬 착빙　　② 맑은 착빙
③ 혼합 착빙　　④ 거친 착빙

이슬 착빙은 없고, 비착빙이 있음

24 관제 용어 중 Say again이란 다음 중 어떤 의미인가?

① 복행하라.
② 되돌아간다.
③ 교신 내용을 반복하라.
④ 착륙한다.

관제 용어에서 "Say again"은 "다시 말해 주세요" 또는 "다시 한 번 말씀해 주십시오"라는 의미로 사용된다. 항공 통신에서, 조종사나 관제사가 무전으로 전달된 메시지를 제대로 듣지 못하거나 이해하지 못했을 때 이 용어를 사용한다.

25 날개에서 양력이 발생하는 원리의 기초가 되는 베르누이 정리에 대한 설명이다. 틀린 것은?

① 전압(Pt) = 동압(O)+정압(P)
② 흐름의 속도가 빨라지면 동압이 증가하고 정압이 감소한다.
③ 음속보다 빠른 흐름에서 동압과 정압이 동시에 증가한다.
④ 동압과 정압의 차이로 비행속도를 측정할 수 있다.

베르누이 정리에 따르면 유체의 흐름 속도가 빨라질수록 해당 지점의 정압이 낮아진다는 것을 의미하고, 반대로 유체의 속도가 느려지면 정압이 증가한다.

26 실속에 대한 설명으로 틀린 것은?

① 비행기가 그 고도를 더 이상 유지할 수 없는 상태를 말한다.
② 받음각(AOA)이 실속(Stall)각보다 클 때 일어나는 현상이다.
③ 양력계수가 급격히 증가하기 때문이다.
④ 날개에서 공기흐름의 떨어짐 현상이 생겼을 때 일어난다.

실속(Stall)은 항공기의 날개나 다른 양력을 생성하는 구조물이 충분한 양력을 생성하지 못하는 상태를 말한다.

27 다음 항법 방법 중 초경량비행장치가 이용하기에 적합한 것은?

① 지문항법　　② 천문항법
③ 추측항법　　④ 무선항법

항법이란 배나 비행기가 두 지점 사이를 가장 안전하고 정확하게 이동하는 방법이다.
천문항법 : 천체관측으로 위치와 경로를 선정하는 방법, 장거리 해상비행에서 가장 중요하게 이용
지문항법 : 시계비행 상태에서 육안으로 확인되는 지상 목표물을 이용한 항법
추측항법 : 기본적인 계기를 이용해 예상되는 경로를 추측하면서 비행
무선항법 : 무선국의 송신된 전파를 수신하여 위치를 확인하고 경로를 이용

28 회색 또는 검은색의 먹구름이며 비와 눈을 포함하고 두께가 두꺼우며 수직으로 발달한 구름은?

① 고층운　　② 적란운
③ 난층운　　④ 층적운

구름의 종류
가. 상층운 : 6,000m 이상 상공에서 형성되며 공기가 차고, 건조하며, 빙정으로 형성되어 얇은 층을 이룬다.
나. 중층운 : 2,000~6,000m 고도에 있는 구름, 물방울과 얼음 알갱이로 구성되어 있다.
다. 하층운 : 물방울과 얼음알갱이가 간간이 섞여 있는 구름. 고도가 2,000m를 넘지 않으며, 때때로 쉬지 않고 계속되는 비를 내리게 한다.
라. 연직운 : 밑면은 낮은 고도에 있지만 매우 높게 솟아 있는 형태의 구름, 적운과 적란운의 두 유형이 있다.

정답 23 ① 24 ③ 25 ③ 26 ③ 27 ① 28 ②

29 무인멀티콥터가 호버링 중 모터에 열이 많이 발생하는 이유는?

① 기온이 30도 이상일 때
② 하중이 많이 나갈 때
③ 조작키를 조작 중일 때
④ 착륙할 때

무인멀티콥터가 호버링 중 모터에 열이 많이 발생하는 주된 이유는 모터가 지속적으로 고도와 위치를 유지하기 위해 상당한 양의 에너지를 소비하기 때문이다. 하중이 많이 나갈 때, 즉, 드론이 무거울 때 이 현상은 더욱 두드러진다.

30 다음 중 초경량 비행장치에 사용하는 배터리가 아닌 것은?

① Ni-CH ② Li-Po
③ Ni-MH ④ Ni-Cd

Li-Po(리튬폴리머), Ni-MH(니켈 메탈 하이드라이드), Ni-Cd(니켈카드뮴)

31 기체의 세로축과 날개의 시위선이 이루는 각도를 무엇이라 하는가?

① 상반각 ② 영각
③ 받음각 ④ 취부각

비행기의 세로축과 날개의 시위선(코드라인)이 이루는 각도는 취부각 또는 붙임각이라 한다.

32 고기압의 설명 중 틀린 것은?

① 중앙으로 갈수록 기압이 떨어진다.
② 기단의 형성이 쉽다.
③ 중심부에 하강기류가 발생한다.
④ 북반구에서 시계 방향으로 회전한다.

33 공기가 고기압에서 저기압으로 흐르는 것을 무엇이라 하는가?

① 안개 ② 바람
③ 구름 ④ 기압

지표가 가열되거나 냉각될 때 지역에 기온차가 생기면서 기압 차가 나타난다.

34 압력단위계 중 압력의 단위가 아닌 것은?

① pa ② bar
③ tott ④ radian

압력의 단위 : pa(파스칼), bar(바), at(공기기압), atm(기압), torr(토르), psi(제곱인치당 파운드)

35 4행정 왕복엔진의 행정순서로 올바른 것은 어느 것인가?

① 배기 → 폭발 → 압력 → 흡입
② 압축 → 흡입 → 배기 → 폭발
③ 흡입 → 압축 → 폭발 → 배기
④ 흡입 → 폭발 → 압축 → 배기

흡입 → 압축 → 폭발 → 배기 순이다.

36 무인멀티콥터의 무게중심은 어느 곳에 위치하는가?

① 후방 모터의 뒤
② 전방 모터의 뒤
③ 기체 중심
④ 랜딩기어 뒤

무인멀티콥터의 무게중심(Center of Gravity, CG)은 일반적으로 드론의 중앙에 위치한다.

정답 29 ② 30 ① 31 ④ 32 ② 33 ② 34 ④ 35 ③ 36 ③

37 무인멀티콥터의 주요 구성품이 아닌 것은?

① 모터
② 프로펠러
③ ESC
④ 클러치

클러치는 주로 자동차나 다른 기계 장비에서 발견되는 중요한 구성 요소로, 엔진과 변속기 사이의 동력 전달을 제어하는 역할을 한다.

38 나뭇잎과 가는 가지가 쉴 새 없이 흔들리고, 깃발이 흔들릴 때 나타나는 풍속은 어느 정도인가?

① 0.3 ~ 1.5m/sec
② 1.6 ~ 3.3m/sec
③ 3.4 ~ 5.4m/sec
④ 5.5 ~ 7.9m/sec

39 다음 중 벡터양이 아닌 것은?

① 가속도　② 속도
③ 양력　④ 질량

•스칼라 : 크기만 가진다.
•벡터 : 크기와 방향을 가진다.

40 초경량 비행장치 신고 기관으로 적당한 곳은?

① 국토교통부
② 한국교통안전공단
③ 지방항공청
④ 국방부

정답 37 ④ 38 ③ 39 ④ 40 ②

제 6 회 기출 복원문제

01 로터의 역할이 아닌 것은 무엇인가?

① 양력 발생 ② 추력 발생
③ 항력 발생 ④ 중력 발생

02 다음 중 무인멀티콥터의 방향을 통제하는 센서는?

① GPS 센서 ② 기압계
③ 자이로 ④ 지자계

- 가속도 센서 → 가속도 측정 → 자세각 계산 가능, 자이로스코프 → 자세각속도 측정
- 지자계 센서 → 기수 방위각 측정, GPS → 속도, 위치, 시간

03 착빙에 관하여 틀린 것은 어느 것인가?

① 추력 감소 ② 항력 증가
③ 양력 증가 ④ 실속 속도 증가

착빙은 날개에 얼음이 발생하여 양력이 감소한다.

04 로터의 피치에 대한 설명으로 맞는 것은 어느 것인가?

① 로터가 블레이드 각의 기준선이다.
② 로터가 한 번 회전할 때 전방으로 진행한 이동 거리를 기하학적 피치라 한다.
③ 로터가 한번 회전할 때 전방으로 진행한 실제 거리를 기하학적 피치라 한다.
④ 바람의 속도가 증가할 때 로터의 회전을 유지하기 위해서는 피치를 감소시킨다.

로터가 한 번 회전할 때 전방으로 진행한 이동 거리를 기하학적 피치라 한다.

05 프로펠러가 회전 시 몸체가 반대방향으로 움직이려는 힘이 발생하는 이유는?

① 슬립효과 ② 토크효과
③ 스키드효과 ④ 실속효과

뉴턴의 제3법칙에 따르면, 모든 힘은 동일한 크기의 반대 방향 힘과 함께 작용한다. 이 원리를 프로펠러에 적용하면, 프로펠러가 한 방향으로 회전력을 가하면 프로펠러가 부착된 몸체는 반대 방향으로 회전하려는 힘을 받게 됩니다.

06 날개골(Airfoil)에서 캠버(Camber)를 설명한 것이다. 바르게 설명한 것은?

① 앞전과 뒷전 사이를 말한다.
② 시위선과 평균캠버선 사이의 길이를 말한다.
③ 날개의 아랫면과 윗면 사이를 말한다.
④ 날개 앞전에서 시위선 길이의 25% 지점의 두께를 말한다.

① : 시위선, ③ : 두께, ④ : 날개골의 앞쪽 끝(leading edge)에서 시작하여 시위선(chord line)을 따라 후방으로 25% 지점에 해당하는 위치

07 조종기 관리법으로 적당하지 않은 것은 어느 것인가?

① 조종기는 하루에 한 번씩 체크한다.
② 조종기 점검은 비행 전 시행한다.
③ 조종기 장기 보관 시 배터리 커넥터를 분리한다.
④ 조종기는 22~28℃ 상온에서 보관한다.

비행할 때마다 조종기 체크를 한다.

정답 01 ④ 02 ④ 03 ③ 04 ② 05 ② 06 ② 07 ①

08 비행 중 떨림 현상이 발견되었을 때 착륙 후 올바른 조치 상황을 모두 고르시오.

가. rpm을 낮추고 낮게 비행한다.
나. 프로펠러의 모터의 파손 여부를 확인한다.
다. 조임쇠와 볼트의 잠김 상태를 확인한다.
라. 기체의 무게를 줄인다.

① 가, 나　② 나, 다
③ 나, 라　④ 다, 라

떨림 현상이면 기체 자체 점검부터 한다. 기체의 떨림은 프로펠러와 모터 사이의 관계가 대부분 원인이다.

09 어떠한 조건하에서 진고도(true altitude)는 지시 고도보다 낮게 지시하는가?

① 표준 공기 온도보다 추울 때
② 표준 공기 온도보다 더울 때
③ 밀도 고도가 지시 고도보다 높을 때
④ 기압 고도와 밀도 고도가 일치할 때

10 두 기단이 만나서 정체되는 전선은 무엇인가?

① 온난 전선
② 한랭 전선
③ 정체 전선
④ 폐색 전선

11 난기류(Turbulence)를 발생하는 주요인이 아닌 것은?

① 안정된 대기 상태
② 바람의 흐름에 대한 장애물
③ 대형 항공기에서 발생하는 후류
④ 기류의 수직 대류현상

안정된 대기에는 난기류가 발생하지 않는다.

12 양력에 대한 설명 중 옳은 것은?

① 양력은 항상 중력의 반대 방향으로 작용한다.
② 속도의 제곱에 비례하고 받음각의 영향을 받는다.
③ 속도의 변화가 없으며 양력은 변화가 없다.
④ 유체의 흐름 방향에 수평으로 작용하는 힘이다.

13 받음각이 0일 때 양력계수가 0이 되는 날개골은 다음 중 어느 것인가?

① 대칭형 날개골
② 캠버가 큰 날개골
③ 캠버가 크고 두꺼운 날개골
④ 캠버가 작고 두꺼운 날개골

양력계수가 0인 상태는 항공기 날개나 어떤 양력을 생성하는 구조가 어떠한 순수한 양력도 생성하지 않는 상태를 의미한다. 대칭적인 날개골의 경우 받음각이 0도일 때 날개 상부와 하부의 공기 흐름이 균일하여 양력과 하력이 서로 상쇄되고, 결과적으로 순수한 양력이 0이 된다.

14 뉴턴의 법칙 중 토크와 관련 있는 법칙은 무엇인가?

① 작용과 반작용의 법칙
② 관성의 법칙
③ 가속의 법칙
④ 베르누이 정리

15 시정 장애물의 종류가 아닌 것은?

① 황사　② 안개
③ 스모그　④ 강한 비

16 항공기의 비행 시 조종자의 특별한 주의 경계 식별 등이 필요한 공역은 어느 것인가?

① 관제 공역　② 통제 공역
③ 주의 공역　④ 비관제 공역

정답 08 ② 09 ① 10 ③ 11 ① 12 ② 13 ① 14 ① 15 ④ 16 ③

17 실속(Stall)이 일어나는 가장 큰 원인은?

① 불안정한 대기
② 속도가 없어지므로
③ 엔진의 출력이 부족해서
④ 받음각이 너무 커져서

받음각이 너무 커지면 공기의 흐름이 날개의 상부 표면에서 분리되어 양력이 급격히 감소한다. 이는 날개가 공기를 효과적으로 밀어낼 수 없게 되어 발생하는 현상이다.

18 다음 중 통제공역에 포함되지 않는 것은 어느 것인가?

① 비행금지구역
② 비행제한구역
③ 군 작전지역
④ 초경량 비행장치 비행제한구역

19 대기온도, 대기압에 적당하지 않은 것은 어느 것인가?

① 103,215hpa
② 760mmHG
③ 해수면 온도 15℃, 59°F
④ 29.92inHg

1기압 = 1atm = 760mmHg = 760Torr

20 드론 장기간 미사용 시 배터리 관리방법으로 틀린 것은?

① 완충하여 보관한다.
② 배터리는 분리하여 보관한다.
③ 파손을 방지하기 위하여 전용 케이스를 사용하여 보관한다.
④ 직사광선을 피하고 실온에 보관한다.

장기간 보관 시 50~70% 충전 상태로 보관하여야 한다.

21 다음 중 무인멀티콥터 이착륙 지점으로 적절하지 않은 것은?

① 조종자로부터 안전거리 15m가 확보된 지역
② 평탄한 잔디나 작물, 시설물 피해 발생이 없는 지역
③ 교통량이 많은 지역
④ 차량과 사람의 통행이 없는 지역

교통량이 많은 지역은 사고우려로 인하여 이착륙 지점으로 적절하지 않다.

22 다음 중 날개의 받음각에 대한 설명으로 틀린 것은?

① 비행 중 받음각은 변한다.
② 날개골에 흐르는 공기의 흐름 방향과 시위선이 이루는 각이다.
③ 받음각이 증가하면 일정한 각까지 양력과 항력이 증가한다.
④ 기체의 중심선과 날개의 시위선이 이루는 각이다.

받음각이란 날개골(에어포일)의 시위선과 상대풍이 이루는 각을 말한다.

23 비행 전 점검할 내용으로 맞지 않은 것은?

① 프로펠러 정상 장착, 파손 여부 확인
② 일기예보 확인
③ 배터리 충전 상태 확인
④ 이전 비행기록을 확인할 필요가 없다.

비행 전 이전 비행기록도 확인하여야 한다.

24 비행 교육 요령으로 적합하지 않은 것은?

① 비행 교육상의 과오 불인정
② 조종에 영향을 주거나 심리적인 압박을 줄 수 있는 과도한 언행 자제
③ 교육 중 안전을 위해 적당한 긴장감 유지
④ 안전에 위배되는 경우 즉각적인 비행에 대한 간섭 시도

정답 17 ④ 18 ③ 19 ① 20 ① 21 ③ 22 ④ 23 ④ 24 ①

비행 교육상의 과오가 있었다면 인정하고 확인 후 재교육하여야 한다.

25 조종기를 장기간 사용하지 않을 시 보관방법으로 옳은 것은 어느 것인가?

① 케이스와 같이 보관한다.
② 장기간 보관 시 배터리 커넥터를 분리한다.
③ 방전 후에 사용할 수 있다.
④ 온도에 상관없이 보관한다.

조종기는 배터리로 구동한다. 장시간 사용하지 않을 시 배터리를 빼는 게 좋다.

26 양력을 발생시키는 원리를 설명할 수 있는 법칙은?

① 파스칼 원리 ② 에너지보존 법칙
③ 베르누이 정리 ④ 작용과 반작용 법칙

27 고기압에 대한 설명 중 틀린 것은?

① 전선이 쉽게 만들어진다.
② 가장 바깥쪽에 있는 닫힌 등압선까지의 거리는 1,000km 이상이다.
③ 중심으로 갈수록 기압 강도가 낮아져 바람이 약해진다.
④ 북반구에서 시계 방향으로 회전을 한다.

주위보다 기압이 높은 것을 고기압이라 하고, 주위보다 기압이 낮은 것을 저기압이라 한다. 기압이란 대기가 지표면을 누르는 힘이다. 공기는 기압이 높은 곳에서 낮은 곳으로 이동하므로 바람은 고기압에서 저기압으로 분다.

28 드론 하강 시 조작해야 할 조종기의 레버는 어느 것인가?

① 엘리베이터 ② 스로틀
③ 에일러론 ④ 러더

해설

멀티콥터는 스로틀에 의해 상하로 움직인다.

29 배터리 사용 시 주의사항으로 틀린 것은 어느 것인가?

① 매 비행 시마다 배터리를 완충시켜 사용한다.
② 정해진 모델의 전용 충전기만 사용한다.
③ 비행 시 저전력 경고가 표시될 때 즉시 복귀 및 착륙 시킨다.
④ 배부른 배터리를 깨끗이 수리해서 사용한다.

배부른 배터리는 사용 불가능하다.

30 초경량 비행장치 소유자의 주소를 이전했을 시 며칠 이내에 변경신청을 해야 하는가?

① 15일 ② 30일
③ 60일 ④ 100일

항공사업법 시행규칙 제302조(초경량 비행장치 변경신고)
초경량 비행장치 소유자 등은 제1항 각 호의 사항을 변경하려는 경우에는 그 사유가 있는 날부터 30일 이내에 별지 제116호 서식의 초경량 비행장치 변경이전신고서를 지방항공청에 제출하여야 한다.

31 평균해수면에서 온도가 15℃일 때 1,000ft에서의 온도는 얼마인가?

① 20℃ ② 18℃
③ 15℃ ④ 13℃

대류권에서는 높이가 높아질수록 공기의 밀도가 낮기 때문에 공기 분자 사이의 마찰이 보다 적어 기온이 낮아진다. 1,000ft마다 2℃ 낮아진다.

32 베르누이 정리로 바르지 않은 것은 어느 것인가?

① 동압은 공기의 밀도와 비례한다.
② 동압은 공기 흐름 속도의 제곱에 비례한다.
③ 동압은 부딪히는 면적에 비례한다.
④ 동압은 정압의 크기의 비례한다.

동압은 정압의 합은 항상 일정하므로 동압이 커지면 정압은 작아진다.

정답 25 ② 26 ③ 27 ① 28 ② 29 ④ 30 ② 31 ④ 32 ④

33 항공장애등 설치 높이로 적당한 것은?

① 300ft AGL
② 500ft AGL
③ 300ft MSL
④ 500ft MSL

500ft 지표 또는 수면으로부터 30m 이상 높이의 건물, 야간항공에 장애가 될 염려가 있는 높은 건축물이나 위험물의 존재를 알리기 위해 붉은 빛의 등을 켠다.

34 조종자에 의해서 관리해야 하는 위험요소가 아닌 것은?

① 스트레스
② 피로
③ 환경(교통상황, 수질오염 등)
④ 감정

35 비행정보를 고시할 때 어디를 통해서 고시를 하는가?

① 관보
② 일간신문
③ 항공협회 회람
④ 항공협회 정기 간행물

비행정보는 관보를 통해 고시한다.

36 박리현상에 의한 상황이 아닌 것은 무엇인가?

① 양력 증가
② 유도항력 증가
③ 기체 손상
④ 조종능력 상실

항공기가 유체를 가르고 비행할 때 위쪽 공기가 날개 표면을 따라 정상적으로 흐르지 않고 경계에이서 떨어져나가 양력을 잃는 현상

37 프로펠러에 의한 공기의 하향흐름으로 발생한 양력 때문에 생긴 항력은?

① 조파항력 ② 유도항력
③ 형상항력 ④ 유해항력

유해항력 : 외부 부품에 의해 발생하는 항력
형상항력 : 블레이드가 공기를 지날 때 표면마찰로 인해 발생하는 마찰성 항력
조파항력 : 초음속 흐름에서 공기의 압축성 효과로 생기는 충격파에 의해 발생하는 항력

38 비행 전 점검 시 모터에 대한 내용으로 옳지 않은 것은?

① 고정 상태, 유격 점검
② 베어링 상태
③ 윤활유 주입 상태
④ 이물질 부착 여부 점검

비행 전 점검 시 모터의 회전, 발열, 이물질 등을 확인하여야 한다.

39 조종자가 서로 논평을 하는 것은?

① 못하는 부분만 찾아서 꾸짖는다.
② 서로 대화하며 문제점을 찾는다.
③ 일상생활의 이야기를 한다.
④ 상대방의 의견에 변론을 제기한다.

문제점을 찾아야 한다.

40 구름의 생성과 관련이 없는 것은?

① 냉각 ② 수증기
③ 온난 전선 ④ 빙정핵(응결핵)

지표 부근의 공깃 덩어리가 상승하게 되면 주변 기압이 낮아져 부피가 팽창하게 되고, 기온은 하강하게 된다. 기온이 하강하면 그 공기의 포화 수증기량이 작아지고, 습도는 상대적으로 높아져 이슬점에 도달하게 되면서 수증기가 응결하여 구름이 만들어진다.

정답 33 ② 34 ③ 35 ① 36 ① 37 ② 38 ③ 39 ② 40 ③

제 7 회 기출 복원문제

01 항공기가 일정 고도에서 등속 수평비행을 하고 있다. 맞는 조건은?

① 양력=항력, 추력=중력
② 양력=중력, 추력=항력
③ 추력〉항력, 양력〉중력
④ 추력=항력, 양력〈중력

수평이면 양력과 중력이 같아야 하고, 추력과 항력이 같아야 한다.

02 다음 중 무인동력장치 Mode2의 수직하강을 하기 위한 올바른 설명은?

① 왼쪽 조종간을 올린다.
② 왼쪽 조종간을 내린다.
③ 엘리베이터 조종간을 올린다.
④ 에일러론 조종간을 조정한다.

왼쪽 조종간을 내려야 한다.

03 착빙에 대한 설명 중 틀린 것은?

① 양력과 무게를 증가하여 추진력을 감소시키고 항력을 증가시킨다.
② 거친 착빙도 항공기 날개의 공기 역학에 심각한 영향을 줄 수 있다.
③ 착빙은 날개뿐만 아니라 Carburetor, Pitot관 등에도 발생한다.
④ 습한 공기가 기체 표면에 부딪치면서 결빙이 발생하는 현상이다.

착빙은 양력 감소, 무게 증가, 추력 감소, 항력 증가를 시킨다.

04 다음 공역 중 주의 공역이 아닌 것은?

① 훈련구역
② 비행제한구역
③ 위험구역
④ 경계구역

공역에는 주의공역, 훈련구역, 군작전구역, 위험구역, 경계구역이 있다.

05 1마력은 몇 kg인가?

① 30kg ② 50kg
③ 75kg ④ 90kg

06 국토교통부장관에게 소유신고를 하지 않아도 되는 장치는?

① 동력 비행장치
② 초경량 헬리콥터
③ 초경량 자이로 플레인
④ 계류식 무인 비행장치

항공사업법 제24조 신고를 필요로 하지 아니하는 초경량 비행장치의 범위

가. 행글라이더, 패러글라이더 등 동력을 이용하지 아니하는 비행장치
나. 계류식 기구류
다. 계류식 무인 비행장치
라. 낙하산류
마. 무인동력비행장치 중에서 최대이륙중량이 2kg 이하인 것
바. 연구기관, 제작자의 판매 목적으로 제작하였으나 판매되지 아니한 것으로 사용되는 초경량 비행장치
사. 군사 목적으로 사용되는 초경량 비행장치

정답 01 ② 02 ② 03 ① 04 ② 05 ③ 06 ④

07 우리나라에 영향을 미치는 기단 중에 초여름 해양성 기단으로 불연속의 장마전선을 이루는 기단은?

① 시베리아 기단
② 양쯔강 기단
③ 오호츠크해 기단
④ 북태평양 기단

시베리아(겨울), 양쯔강(봄, 가을), 북태평양(여름), 오호츠크해(초여름)

08 초경량 비행장치의 비행계획 승인 신청 시 포함되지 않는 것은?

① 비행경로 및 고도
② 동승자의 자격 소지
③ 조종자의 비행경력
④ 비행장의 종류 및 형식

동승자의 자격은 필요없다.

09 해수면에서의 표준온도와 표준기압은?

① 15℃, 29.92"inch.Hg
② 59°F, 29.92"Hg
③ 15°F, 1013.2"inch.Hg
④ 15℃, 1013.2Hg

해수면 기준은 인천만 기준

10 다음 중 초경량 비행장치가 비행 가능한 지역은 어느 것인가?

① R-14
② UA
③ MOA
④ P65

비행전용공역은 UA로 표기한다.

11 표준대기 상태에서 해수면 상공 1000ft당 상온의 기온은 몇 도씩 감소하는가?

① 1℃ ② 2℃ ③ 3℃ ④ 4℃

대류권에서는 높이가 높아질수록 공기의 밀도가 낮기 때문에 공기 분자 사이의 마찰이 보다 적어 기온이 낮아진다. 1000ft마다 2℃씩 낮아진다.

12 태풍의 세력이 약해져서 소멸되기 직전 또는 소멸되어 무엇으로 변하는가?

① 열대성 고기압 ② 열대성 저기압
③ 열대성 폭풍 ④ 편서풍

열대성 저기압으로 변한다.

13 다음 중 초경량 무인 항공기 비행허가 승인에 대한 설명으로 틀린 것은?

① 비행금지구역(P-73, P-61) 비행허가는 군에 받아야 한다.
② 공역이 두 개 이상 겹칠 때는 우선하는 기관에 허가를 받아야 한다.
③ 군 관제권 지역의 비행허가는 군에서 받아야 한다.
④ 민간관제권 지역의 비행허가는 국토부의 비행 승인을 받아야 한다.

공역이 두 개 이상 겹치더라도 모두 받아야 한다.

14 다음 중 비행 전 점검에 대한 내용으로 틀린 것은?

① 통신상태 및 GPS 수신 상태를 점검한다.
② 배터리 잔량을 체커기를 통해 육안으로 확인한다.
③ 메인 프로펠러의 장착과 파손여부를 확인한다.
④ 기체 아랫부분을 점검할 때는 기체는 호버링시켜 놓은 뒤 그 아래에서 상태를 확인한다.

비행 전 점검이란 비행을 하기 전에 기체의 점검을 말한다. 호버링(Hovering)은 드론이 공중에서 정지된 상태로 머무르는 것을 말한다.

정답 07 ③ 08 ② 09 ① 10 ② 11 ② 12 ② 13 ② 14 ④

15 광수용기에 대한 설명 중 옳은 것은?

① 추상체와 비교할 때 간상체의 개수가 더 많다.
② 간상체는 주간시이고, 추상체는 야간시이다.
③ 추상체는 야간에 흑백을 보는 것과 관련이 있다.
④ 추상체는 주로 망막의 주변부에 위치한다.

추상체와 간상체 비교

구분	추 상 체	간 상 체
색각의 형태	컬러	흑백
활동 주시간대	주간	야간
망막의 분포	중심	주변
개수	약7백만개	약1억3천만개
해상도	높다	낮다

16 푸르키네 현상에 따르면 다음 보기 중에서 어두운 밤에 가장 잘 보이는 색은?

① 초록
② 파랑
③ 노랑
④ 빨강

푸르키네 현상은 낮은 조명 조건에서 발생하는 색각 변화 현상이다. 주간에는 빨강색이 야간에는 파랑색이 잘 보인다.

17 비행정보구역(FIR)을 지정하는 목적과 거리가 먼 것은?

① 영공통과료 징수를 위한 경계 설정
② 항공기 수색, 구조에 필요한 정보 제공
③ 항공기 안전을 위한 정보 제공
④ 항공기의 효율적인 운항을 위한 정보 제공

영공통과료 징수는 하지 않는다.

18 기압 고도란 무엇을 말하는가?

① 항공기와 지표면의 실측 높이이며, AGL 단위를 사용한다.
② 고도계 수정치를 표준대기압(29.92inHg)에 맞춘 상태에서 고도계가 지시하는 고도
③ 기압 고도에서 비표준온도와 기압을 수정해서 얻은 고도이다.
④ 고도계를 해당지역이나 인근공항의 고도계 수정치 값에 수정했을 때 고도계가 지시하는 고도

1번은 절대 고도, 3번은 밀도 고도, 4번은 지시 고도를 말함.

19 옆에서 바람이 분다. 자세를 일정하게 유지하기 위해서 어떤 레버를 조작하여 위치를 유지해야 하는가?

① 에일러론 ② 러더
③ 엘리베이터 ④ 스로틀

전후좌우를 조종하는 것은 에일러론이다.

20 멀티콥터 착륙 지점으로 바르지 않은 것은?

① 고압선이 없고 평평한 지역
② 바람에 날아가는 물체가 없는 평평한 지역
③ 평평한 해안지역
④ 평평하면서 경사진 곳

경사지면 기체가 기울어져 프로펠러가 부러지기 쉽다.

21 모드1에서 후진을 하려면 조종 방법은?

① 오른쪽 조종간을 올린다.
② 왼쪽 조종간을 올린다.
③ 오른쪽 조종간을 내린다.
④ 왼쪽 조종간을 내린다.

Mode 1 조종기 : 왼쪽 조종간에 엘리베이터(전진, 후진), 오른쪽 조종간에 스로틀(상승, 하강)

정답 15 ① 16 ② 17 ① 18 ② 19 ① 20 ④ 21 ④

22 해풍의 특징으로 적당한 것은 무엇인가?

① 주간에 바다에서 육지로 분다.
② 야간에 바다에서 육지로 분다.
③ 주간에 육지에서 바다로 분다.
④ 야간에 육지에서 바다로 분다.

23 다음 안개 설명 중 알맞은 것을 고르시오.

"차가운 지면이나 수면 위로 따뜻한 공기가 이동해 오면, 공기의 밑부분이 냉각되어 응결이 일어나는 안개이다. 대부분 해안이나 해상에서 발생한다."

① 활승 안개 ② 복사 안개
③ 이류 안개 ④ 증기 안개

- 이류 안개는 따뜻한 공기에 포함된 수증기가 찬 해면에서 냉각된다.
- 증기 안개는 찬바람이 따뜻한 수면상의 수증기를 냉각한다.
- 복사 안개는 지표면이 복사에 의해 냉각되고, 수증기가 포화되어 안개가 된다.

24 비행 승인을 받기 위해 필요하지 않은 것은 어느 것인가?

① 비행경로와 고도
② 조종자의 비행경력
③ 비행장치의 제원
④ 조종자의 자격증 소지 유무

비행장치 제원은 기체 신고 시 필요하다.

25 무인멀티콥터가 비행 가능한 지역은 어느 곳인가?

① 인파가 많고 차량이 많은 곳
② 전파 수신이 많은 지역
③ 전깃줄 및 장애물이 많은 곳
④ 장애물이 없고 안전한 곳

26 블레이드 종횡비의 비율이 커지면 나타나는 현상이 아닌 것은 무엇인가?

① 유해항력이 증가한다.
② 활공성능이 좋아진다.
③ 유도항력이 감소한다.
④ 양항비가 작아진다.

가로세로비가 증가하면 양항비가 증가하고, 양력 발생도 증가한다.

27 인적요인 대표모델 SHELL 모델에서 L-L이 의미하는 것은?

① 인간과 절차, 매뉴얼 및 체크리스트 레이아웃 등 시스템의 비물리적 측면
② 인간에게 맞는 환경 조성
③ 인간의 특징에 맞는 조종기 설계, 감각 및 정보처리 특성에 부합하는 디스플레이 설계
④ 조종자와 관제사 혹은 육안감시자 등 사람 간의 관계 적용을 의미

① : L-S(Software), ② : L-E(Environment),
③ : L-H(Hardware)

28 어떠한 조건하에서 진고도(true altitude)는 지시고도 보다 낮게 지시하는가?

① 표준 공기 온도보다 추울 때
② 표준 공기 온도보다 더울 때
③ 밀도 고도가 지시 고도보다 높을 때
④ 기압 고도와 밀도 고도가 일치할 때

표준기온 15℃, 59℉이다. 표준기온 15℃보다 낮은 추운 지역을 비행한다면 공기의 입자가 상대적으로 많아지므로 기압은 29.92보다 올라가고, 진고도 보다는 낮아진다.

정답 22 ① 23 ③ 24 ③ 25 ④ 26 ④ 27 ④ 28 ①

29 드론의 센서 중 고도를 제어하는 센서는?

① 자이로 센서　② 기압 센서
③ 지자계 센서　④ GPS 센서

바로미터(Barometer) 센서 = 기압 센서 : 고도 제어

30 비행 전 점검사항이 아닌 것은?

① 모터 및 기체의 전선 등 점검
② 조종기 배터리 부식 등 점검
③ 스로틀을 상승하여 비행해 본다.
④ 기기 배터리 및 전선 상태 점검

비행 전에는 기체를 상승시키지 않는다.

31 멀티콥터 조종기 테스트 중 올바른 것은?

① 기체 바로 옆에서 테스트한다.
② 기체와 30m 떨어져서 레인지 모드로 테스트한다.
③ 기체와 100m 떨어져서 일반모드로 테스트한다.
④ 기체를 이륙해서 조종기를 테스트한다.

32 드론의 센서 중 자세를 제어하는 센서는?

① 가속도 센서
② 자이로 센서
③ GPS 센서
④ 지자계 센서

- 가속도 센서 → 가속도 측정 → 자세각 계산 가능, 자이로스코프 → 자세각속도 측정
- 지자계 센서 → 기수 방위각 측정, GPS → 속도, 위치, 시간

33 브러시 모터와 브러시리스 모터의 특징으로 맞지 않는 것은?

① 브러시리스 모터는 반영구적이다.
② 브러시리스 모터는 안전이 중요한 만큼 대형멀티콥터에 적합하다.
③ 브러시 모터는 전자변속기(ESC)가 필요 없다.
④ 브러시리스 모터는 브러시가 있기 때문에 영구적으로 사용 가능하다.

브러시리스 모터는 반영구적으로 사용할 수 있다.

34 비상착륙 시 수직속도가 남아 강한 충격으로 착륙하는 현상을 무엇이라 하는가?

① 플로팅　② 복행
③ 하드랜딩　④ 바운싱

바운싱 : 부적절한 착륙 자세나 과도한 침하율로 인하여 착지 후 공중으로 다시 떠오르는 현상

35 무인멀티콥터의 구동장치가 아닌 것은?

① GPS　② 프로펠러
③ 배터리　④ 모터/엔진

GPS는 비행제어시스템의 센서이다.

36 리튬폴리머 배터리 사용 시 주의사항으로 틀린 것은?

① 습기가 많은 곳에 보관하지 않는다.
② 1달 전에 완충한 배터리를 사용한다.
③ 외관 문제가 있는 배터리는 사용하지 않는다.
④ 상온에서 사용한다.

배터리는 사용하기 바로 전에 완충하여 사용하여야 한다.

정답 29 ② 30 ③ 31 ② 32 ② 33 ④ 34 ③ 35 ① 36 ②

37 다음 중 받음각(Angle of attack)에 대한 설명으로 옳은 것은?

① 후퇴각과 취부각의 차
② 동체 중심선과 시위선이 이루는 각
③ 날개골의 시위선과 상대풍이 이루는 각
④ 날개 중심선과 시위선이 이루는 각

받음각이란 공기가 흐름의 방향과 날개의 경사각이 이루는 각도를 말한다. 일반적으로 받음각이 커질수록 양력(lift)도 증가하게 된다. 양력이란 항공기를 뜨게 하는 힘, 즉 항공기가 수평 비행할 때 항공기를 뜨게 하는 힘이다. 그러나 받음각이 일정한 수준을 넘어서면 양력이 감소하고 항력이 증가한다. 항력은 비행기의 움직이는 방향과 반대로 작용하는 힘이므로 항력이 커지면 비행기가 추락한다. 양력의 크기는 받음각(angle of attack), 비행속도, 날개 모양에 따라 달라진다.

38 다음 중 벡터량이 아닌 것은?

① 양력　　② 속도
③ 질량　　④ 항력

벡터량은 크기와 방향을 갖는 물리량이다.

39 다음 중 정압 또는 동압에 영향을 받지 않는 계기는?

① 대기속도계　　② 선회경사계
③ 고도계　　④ 승강계(수직속도계)

선회경사계는 항공기가 선회할 때 선회의 각속도를 나타냄과 동시에 선회가 옆으로 미끄러지지 않고 균형잡힌 상태인지를 여부를 지시하는 계기이다.

40 무인멀티콥터의 프로펠러 피치(Pitch)는 무엇을 의미하는가?

① 프로펠러 길이
② 프로펠러 직경
③ 프로펠러가 회전하는 속도
④ 프로펠러가 한 바퀴 회전하였을 때 앞으로 나아가는 거리(기하학적 피치)

프로펠러의 규격은 직경X피치로 나타내며 단위는 각각 inch를 쓴다.

정답 37 ③ 38 ③ 39 ② 40 ④

제 8 회 기출 복원문제

01 무인멀티콥터 중에서 프로펠러가 6개인 것은?

① 쿼드콥터 ② 옥토콥터
③ 헥사콥터 ④ 도데카콥터

쿼드콥터 : 4개, 헥사콥터 : 6개, 옥토콥터 : 8개, 도데카콥터 : 12개

02 멀티콥터 조종기 테스트 중 올바른 것은?

① 기체와 30m 떨어져서 레인지모드로 테스트를 한다.
② 기체 바로 옆에서 테스트를 한다.
③ 기체와 100m 떨어져서 일반모드로 테스트를 한다.
④ 기체를 이륙해서 테스트를 한다.

드론 조종기의 레인지 모드는 드론과 조종기 간의 통신 범위를 최대한 확장하거나 최적화하는 기능을 말한다. 이 모드는 드론 조종기의 신호 전송 범위를 늘려서 드론이 조종기로부터 더 멀리 떨어진 위치까지 비행할 수 있게 해준다.

03 0양력 받음각에 대한 설명 중 맞는 것은?

① 실속이 발생하지 않을 때의 받음각
② 양력이 발생하지 않을 때의 받음각
③ 양력이 발생할 때의 받음각
④ 실속이 발생할 때의 받음각

0양력이란 양력이 발생하지 않을 때의 받음각으로 0양력 받음각을 넘어가면 양력이 발생한다.
실속각은 양력이 최대로 발생할 때의 받음각으로 실속각을 넘어가면 실속에 들어간다.

04 항공 종사자의 혈중 알코올 농도 제한 기준으로 맞는 것은?

① 혈중 알코올 농도 0.02% 이상
② 혈중 알코올 농도 0.06% 이상
③ 혈중 알코올 농도 0.03% 이상
④ 혈중 알코올 농도 0.05% 이상

항공 종사자 혈중 알코올 농도 제한기준은 0.02% 이상이다.

05 블레이드 종횡비의 비율이 커지면 나타나는 현상이 아닌 것은?

① 양항비가 작아진다.
② 활공성능이 좋아진다.
③ 유도항력이 감소한다.
④ 유해항력이 증가한다.

종횡비란 날개의 가로세로비를 말한다. 가로세로비가 크면 클수록 양항비 증가, 양력 발생 증가, 익단와류가 감소한다.
양항비란 비행할 때 날개에 발생하는 양력과 항력의 비를 말한다. 글라이더의 경우 양항비가 크면 활공각이 작아지고 같은 고도에서 더 멀리 활주가능 항공기의 경우 양항비가 큰 받음각에서 비행 시 같은 양의 연료로 항속거리, 항속시간이 늘어난다.

06 현재 잘 사용하지 않는 배터리의 종류는 어느 것인가?

① Li-Po ② Li-Ch
③ Ni-MH ④ Ni-Cd

Ni-Cd은 잘 사용하지 않는다.

정답 01 ③ 02 ① 03 ② 04 ① 05 ① 06 ④

PART 04 실전문제풀이

07 다음 중 브러시리스 모터의 속도를 제어하는 장치는?

① ESC ② 가속도센서
③ 자이로센서 ④ GPS

전자변속기(ESC)가 BLDC(브러시리스 직류모터)의 속도를 제어한다.

08 대기 중에 온도의 변화가 조금밖에 없으며 평균 높이가 약 17km인 대기권의 층은?

① 대류권
② 대류권 계면
③ 성층권
④ 성층권 계면

온도 변화가 조금밖에 없는 대기권의 층은 성층권이다. 그래서 항공기가 주로 운항하는 층이다.

09 다음 중 토크작용과 관련된 뉴턴의 법칙은?

① 관성의 법칙
② 가속도의 법칙
③ 작용반작용의 법칙
④ 베르누이 법칙

회전익 비행체는 작용반작용의 법칙에 따라 로터가 회전하는 반대 방향으로 동체가 돌아가는 특성이 있다.

10 4S 배터리의 정격전압으로 맞는 것은?

① 14.8V ② 3.7V
③ 4V ④ 11.1V

정격전압 3.7V X 4S = 14.8V

11 다음 중 마찰항력을 설명한 것으로 가장 적절한 것은 어느 것인가?

① 날개와는 관계없이 동체에서만 발생한다.
② 공기와의 마찰에 의하여 발생하며 점성의 크기와 표면의 매끄러운 정도에 따라 영향을 받는다.
③ 날개 끝 소용돌이에 의해 발생하며 날개의 가로세로비에 따라 변한다.
④ 공기의 점성의 경계층에서 생기는 소용돌이에 영향을 받고 날개의 단면과 받음각 모양에 따라 다르다.

마찰항력이란 가체 표면 근처(경계층 내)에서 공기의 마찰에 의한 점성효과에 의해 더딘 흐름을 보이면서 흐르며 항력을 발생시킴, 물체 표면과 유체 간 점성 마찰로 인해 생기는 항력이다.

12 배터리를 장기 보관할 때 보관방법으로 적절하지 않은 것은?

① 4.2V로 완전 충전해서 보관한다.
② 상온 15도~28도에서 보관한다.
③ 밀폐된 가방에 보관한다.
④ 화로나 전열기 등 뜨거운 곳에 보관하지 않는다.

장기보관 시 50~70% 수준으로 보관하여야 배부름 현상이 발생하지 않는다.

13 비행기에 작용하는 4가지 힘으로 맞는 것은 어느 것인가?

① 추력(Thrust), 양력(Lift), 항력(Drag), 무게(Weight)
② 추력(Thrust), 양력(Lift), 무게(Weight), 하중(Load)
③ 추력(Thrust), 모멘트(Moment), 항력(Drag), 중력(Weight)
④ 비틀림력(Torque), 양력(Lift), 항력(Drag), 중력(Weight)

비행기에 작용하는 힘은 추력, 양력, 항력, 무게이다.

정답 07 ① 08 ③ 09 ③ 10 ① 11 ② 12 ① 13 ①

14 왕복엔진의 윤활유의 역할이 아닌 것은?

① 기밀작용 ② 윤활작용
③ 냉각작용 ④ 방빙작용

- 윤활유 : 기밀작용, 냉각작용, 감마작용 등의 역할
- 기밀작용 : 경계면에 유막을 형성하여 가스 누설을 방지하는 것
- 냉각작용 : 윤활유를 순환주입함으로써 발생된 마찰열을 제거하는 것
- 감마작용 : 기계와 기관 등의 운동부 마찰면에 유막을 형성하여 마찰을 감소시키는 것

※ 방빙작용이란 항공기 표면에 얼음이 생기는 것을 방지하는 일. 얼음을 없애는 화학물질을 사용하거나 열을 가해 얼음을 없앤다.

15 멀티콥터의 비행모드가 아닌 것은?

① GPS 모드 ② ATTI 모드
③ 고도제한 모드 ④ 수동 모드

고도제한 모드는 없다. ATTI모드=수동모드

16 멀티콥터의 구성요소로 틀린 것은?

① FC ② ESC
③ Propeller ④ GPS

GPS는 필수 구성요소가 아니다. GPS가 없는 드론도 많다.

17 지면과 해수면의 가열 정도와 속도가 달라 바람이 형성된다. 주간에는 해수면에서 육지로 바람이 불며 야간에는 육지에서 해수면으로 부는 바람은?

① 해풍 ② 계절풍
③ 해륙풍 ④ 국지풍

- 해륙풍은 지면과 해수면의 가열정도와 속도가 달라 바람이 형성된다.
- 낮에는 해수면에서 육지로 해풍, 밤에는 육지에서 해수면으로 육풍이 분다.

18 무인비행장치의 동력장치로 적합한 것은?

① 전기모터 ② 가솔린엔진
③ 로터리엔진 ④ 터보엔진

브러시리스 모터는 자기센서를 모터에 내장하여 회전자가 만드는 회전자계를 검출하고, 이 전기신호를 고정자의 코일에 전하여 모터의 회전을 제어할 수 있게 한 것이다.

19 바람을 느끼고 나뭇잎이 흔들리기 시작할 때의 풍속은 어느 정도인가?

① 0.3~1.5m/s ② 1.6~3.3m/s
③ 3.4~5.4m/s ④ 5.5~7.9m/s

바람을 느끼고 나뭇잎이 흔들리기 시작할 때는 1.6~3.3 m/s이다.

20 초경량 비행장치에 사용하는 배터리가 아닌 것은?

① Li-Po ② Ni-Ch
③ Ni-Mh ④ Ni-Cd

Li-Po(리튬폴리머), Ni-Cd(니켈 카드뮴), Ni-Mh(니켈 수소), Ni-Ch는 없음

21 초경량비행장치의 방향타(러더)의 사용 목적은 무엇인가?

① 편요(요잉) 조종
② 과도한 기울임이 조종
③ 선회 시 경사를 주기 위해
④ 선회 시 하강을 막기 위해

Mode2에서는 왼쪽에 러더키가 있으며, 러더는 좌우 회전(편요)을 위한 키이다.

정답 14 ④ 15 ③ 16 ④ 17 ③ 18 ① 19 ② 20 ② 21 ①

22 베르누이 정리에 의한 압력과 속도의 관계로 맞는 것은?

① 압력 감소, 속도 감소
② 압력 증가, 속도 증가
③ 상관없다.
④ 압력 증가, 속도 감소

압력과 속도는 반비례 관계이다.

23 다음 중 항공방제작업(농약 살포작업)을 할 때 비행안전 사항으로 맞는 것은?

① 부조종자는 배치할 필요는 없다.
② 최소 안전거리 10m는 이격해서 비행해야 한다.
③ 장애물을 등지고 비행하고 조종자는 이동거리 단축에 집착하지 말아야 한다.
④ 풍향을 고려 대상이 아니다.

부조종자는 배치해야 하며, 최소 안전거리는 15m이다. 또한 풍향으로 등지고 작업을 해야 한다.

24 관제 용어 중 Say again이란 다음 중 어떤 의미인가?

① 교신 내용을 반복하라.
② 되돌아간다.
③ 착륙한다.
④ 복행하라.

- 송신하라 또는 말하라(go-ahead)
- 이륙 및 착륙 허가(cleared to take off, land), 착륙 요청 시(full stop, stop and go, touch and go)
- 교신 끝(out), 알았다(roger, affirmative), 아니오(negative), 잠시 대기하라(stand by)

25 엔진의 출력을 일정하고 하고 수평비행 상태를 유지하여 비행하면 연료소비에 따라 무게가 감소한다. 이에 대한 변화를 설명한 것으로 맞는 것은?

① 속도는 늦어지고 양력계수는 작아진다.
② 속도는 빨라지고 양력계수는 작아진다.
③ 속도는 늦어지고 양력계수는 커진다.
④ 속도는 빨라지고 양력계수는 커진다.

무게와 속도는 반비례 관계, 속도가 빨라지면 양력계수는 작아진다.

26 수평시정에 대한 설명 중 맞는 것은?

① 관제탑에서 알려져 있는 목표물을 볼 수 있는 수평거리이다.
② 조종사가 이륙 시 볼 수 있는 가시거리이다.
③ 조종사가 착륙 시 볼 수 있는 가시거리이다.
④ 관측지점으로부터 알려져 있는 목표물을 참고하여 측정한 거리이다.

관측지점으로부터 알려져 있는 목표물을 참고하여 측정한 거리가 수평시정이다.

27 다음 중 하층운으로 분류되는 구름은?

① St(층운) ② Cu(적운)
③ As(고층운) ④ Ci(권운)

하층운(층운, 층적운), 중층운(고층운, 고적운), 상층운(권층운, 권적운)

28 태풍의 발생 지역별 호칭 중 틀린 것은?

① 극동 지역 : TYPHOON(태풍)
② 인도양 지역 : CYCLONE(사이클론)
③ 북미 지역 : HURRICANE(허리케인)
④ 필리핀 : WILLY WILLY

필리핀은 극동지역으로 TYPHOON(태풍)

정답 22 ④ 23 ③ 24 ① 25 ② 26 ④ 27 ① 28 ④

29 초경량 비행장치에 속하지 않는 것은?

① 동력 비행장치
② 회전익 비행장치
③ 패러플레인
④ 비행선

초경량 비행장치는 인력 활공기, 동력 비행장치, 회전익 비행장치(자이로 플레인, 초경량 헬리콥터), 패러플레인, 기구, 기타 항공안전본부장이 크기, 무게, 용도 등을 정하여 고시하는 비행장치

30 날개에서 양력이 발생하는 원리의 기초가 되는 베르누이 정리에 대한 설명이다. 틀린 것은?

① 전압(Pt)=동압(O)+정압(P)
② 흐름의 속도가 빨라지면 동압이 증가하고 정압이 감소한다.
③ 음속보다 빠른 흐름에서는 동압과 정압이 동시에 증가한다.
④ 동압과 정압의 차이로 비행속도를 측정할 수 있다.

음속보다 빠른 흐름에서는 동압과 정압이 동시에 증가하지 않는다.

31 인적요인의 대표적 모델인 SHELL Model의 구성요소가 아닌 것은?

① S – Software
② E – Environment
③ H – Human
④ L – Liveware

H : Hardware로 항공기의 기계적인 부분을 나타낸다.
S : Software는 운항 분야의 각종 규정, 절차, 기호, 부호 등을 나타낸다.
E : Environment는 기상 등의 조종 환경 등을 나타낸다.
L : Liveware, 중앙에 있는 L은 사람, 조종사를 나타낸다.
L : Liveware, 역시 사람을 나타내지만 조종사와 관계되는 사람들을 나타낸다.

32 농업용 무인멀티콥터 비행전 점검할 내용으로 맞지 않은 것은?

① 비행 전 기체 및 조종기의 배터리 충전상태를 확인한다.
② 기체 이력부에서 이전 비행기록과 이상 발생 여부는 확인할 필요가 없다.
③ 비행전 공역 확인을 철저히 한다.
④ 비행전 점검표에 따라 각 부품의 점검을 철저히 실시한다.

기체 이력부에서 이전 비행기록과 이상 발생 여부를 확인해야 한다.

33 비행정보구역(FIR)을 지정하는 목적과 거리가 먼 것은?

① 영공통과료 징수를 위한 경계 설정
② 항공기 수색, 구조에 필요한 정보 제공
③ 항공기 안전을 위한 정보 제공
④ 항공기의 효율적인 운항을 위한 정보 제공

영공통과료 징수를 위한 경계 설정은 비행정보구역을 지정하는 목적과 거리가 멀다.

34 브러시리스 모터에 사용되는 전자변속기(ESC)에 대한 설명으로 옳은 것은?

① 전자변속기는 과열방지를 위한 냉각은 필요 없다.
② 모터의 최대 소모전류와 관계없이 전자변속기를 사용하면 된다.
③ 브러시리스 모터에 꼭 필요한 장치는 아니다.
④ 모터의 회전수를 제어하기 위해서 사용한다.

브러시리스 모터에는 전자변속기가 꼭 필요하며, 전자변속기는 모터의 속도를 제어한다.

정답 29 ④ 30 ③ 31 ③ 32 ② 33 ① 34 ④

35 다음은 안개에 관한 설명이다. 틀린 것은?

① 공중에 떠돌아다니는 작은 물방울의 집단으로 지표면 가까이에서 발생한다.
② 수평 가시거리가 3km 이하가 되었을 때 안개라고 한다.
③ 공기가 냉각되고 포화상태에 도달하고 응결하기 위한 핵이 필요하다.
④ 적당한 바람이 있으면 높은 층으로 발달한다.

수평 가시거리가 1km 이하가 되었을 때 안개라고 한다.

36 모터의 속도상수(KV)에 대한 설명으로 맞는 것은?

① KV와 토크는 상관없다.
② KV가 작을수록 동일한 전류로 작은 토크가 발생한다.
③ KV가 클수록 동일한 전류로 큰 토크가 발생한다.
④ KV가 작을수록 동일한 전류로 큰 토크가 발생한다.

KV(1V의 전압을 가했을 때 모터의 분당 회전수)와 토크는 반비례 관계이다.

37 항공기의 수직축에 대한 안정성은 빗놀이 또는 방향안정성이라 한다. 이러한 방향안정성에 가장 큰 역할을 하는 것은 무엇인가?

① 세로축 ② 수직안정판
③ 가로축 ④ 무게중심

- 가로안정성 : 세로축에 대한 항공기의 운동을 안정시키는 것 → Rolling
- 세로안정성 : 가로축에 대한 항공기의 운동을 안정시키는 것 → Pitching
- 방향안정성 : 항공기 수직축에 대한 안정성 → Yawing

38 착륙접근 시 안전상의 문제가 있다고 판단되어 즉시 착륙접근을 포기하고 상승하는 조작방법은?

① 벌루닝 ② 하드랜딩
③ 복행 ④ 플로팅

- 벌루닝 : 빠른 접근 속도에서 피치 자세와 받음각을 급속히 증가시켜 다시 상승하게 하는 현상
- 하드랜딩 : 비상착륙 시 수직속도가 남아 강한 충격으로 착륙하는 현상
- 플로팅 : 접근 속도가 정상접근 속도보다 빨라 침하하지 않고 또 있는 현상

39 빙결온도 이하의 대기에서 과냉각 물방물이 어떤 물체에 충돌하여 얼음 피막을 형성하는 현상은?

① 대류현상 ② 착빙현상
③ 푄현상 ④ 역전현상

착빙 현상의 조건에는 첫째, 항공기가 비 또는 구름 속을 비행해야 하는데 대기 중에 과냉각 물방울이 존재해야 하며, 두 번째 조건은 항공기 표면의 자유대기온도가 0℃ 미만이어야 발생한다.

40 1기압에 대한 설명 중 틀린 것은?

① 단면적 1㎠, 높이 76cm의 수은주 기둥
② 단면적 1㎠, 높이 1,000km 공기 기둥
③ 3.760mmHg = 29.92inHg
④ 1,013mbar = 1.013bar

760mmHg = 29.92inHg

정답 35 ② 36 ④ 37 ② 38 ③ 39 ② 40 ③

제 9 회 기출 복원문제

01 우리나라의 항공안전법의 목적으로 틀린 것은?

① 항공기, 경량 항공기 또는 초경량 비행장치가 안전하게 항행하기 위한 방법을 정한다.
② 국민의 생명과 재산을 보호한다.
③ 항공기술 발전에 이바지한다.
④ 국제 민간항공기구에 대응한 국내 항공 산업을 보호한다.

국제 민간항공기구는 국제항공산업을 보호한다.

02 초경량 비행장치의 비행안전을 확보하기 위하여 초경량 비행장치의 비행활동에 대한 제한이 필요한 공역은?

① 관제공역 ② 주의공역
③ 훈련공역 ④ 비행제한공역

비행안전을 확보하기 위하여 비행활동에 제한이 필요한 공역은 비행제한공역이다.

03 초경량 비행장치 사용자의 준용규정 설명으로 맞지 않는a 것은?

① 주류섭취에 관하여 항공 종사자와 동일하게 0.02% 이상 제한을 적용한다.
② 항공 종사자가 아니므로 자동차 운전자 규정인 0.05% 이상을 적용한다.
③ 마약류 관리에 관한 법률 제2조제1호에 따른 마약류 사용을 제한한다.
④ 화학물질관리법 제22조1항에 따른 환각물질의 사용을 제한한다.

항공안전법 제131조 준용규정에 의거 항공안전법 제57조를 준용하여야 한다.

04 2017년 후반기 발의된 특별승인과 관련된 내용으로 맞지 않은 것은?

① 조건은 야간에 비행하거나 육안으로 확인할 수 없는 범위 내에서 비행할 경우를 말한다.
② 승인 시 제출 포함 내용은 무인 비행장치의 종류, 형식 및 제원에 관한 서류
③ 승인 시 제출 포함 내용은 무인 비행장치의 조작방법에 관한 서류
④ 특별비행 승인이므로 모든 무인 비행장치는 안전성 인증서를 제출하여야 한다.

안전성인증서는 대상에 해당하는 무인 비행장치만 제출한다.

05 다음 과태료의 금액이 가장 작은 위반 행위는?

① 조종자 증명을 받지 않고 초경량 비행장치를 사용하여 비행한 경우의 1차 과태료
② 조종자 준수사항을 따르지 않고 비행한 경우의 1차 과태료
③ 비행안전의 안전성 인증을 받지 않고 비행한 경우의 1차 과태료
④ 초경량 비행장치의 말소신고를 하지 않은 경우의 1차 과태료

① 조종자 증명 위반 : 1차 200만원, 2차 300만원, 3차 400만원
② 조종자 준수사항 위반 : 1차 150만원 2차 225만원, 3차 300만원
③ 안전성 인증 위반 : 1차 250만원, 2차 375만원, 3차 500만원
④ 말소 신고 위반 : 1차 15만원, 2차 22.5만원, 3차 30만원

정답 01 ④ 02 ④ 03 ② 04 ④ 05 ④

06 다음 초경량 비행장치 기준 중 무인 동력 비행장치에 포함되지 않는 것은?

① 무인 비행기　② 무인 헬리콥터
③ 무인멀티콥터　④ 무인 비행선

무인비행장치는 사람이 탑승하지 않은 무인동력비행장치(무인비행기, 무인헬리콥터, 무인멀티콥터)와 무인비행선으로 구분된다.

07 다음 중 초경량 비행장치의 용도가 변경되거나 소유자의 성명, 명칭 또는 주소가 변경되었을 시 신고기간은?

① 15일　② 30일　③ 50일　④ 60일

08 다음 중 초경량 비행장치의 개념과 기준 중 행글라이더 및 패러글라이더의 무게 기준은?

① 자체중량 115kg 이하
② 자체중량 70kg 이하
③ 자체중량 150kg 이하
④ 자체중량 180kg 이하

동력 비행장치, 회전익 비행장치, 동력 패러글라이더 : 115kg 이하, 행글라이더 및 패러글라이더 : 70kg
무인동력 비행장치 : 150kg, 무인 비행선 : 180kg 이하

09 다음 중 항공안전법상 초경량 비행장치에 포함되지 않는 것은?

① 동력 비행장치
② 회전익 비행장치
③ 동력 패러글라이더
④ 활공기

활공기는 항공기에 포함된다.

10 초경량 비행장치의 종류가 아닌 것은?

① 초급 활공기
② 동력 비행장치
③ 회전익 비행장치
④ 초경량 헬리콥터

11 초경량 비행장치 무인멀티콥터의 자체 기체중량에 포함되지 않는 것은?

① 기체 무게　② 로터 무게
③ 배터리 무게　④ 탑재물

탑재물을 포함하면 이륙중량이 된다.

12 주취 또는 약물복용 판단기준이 아닌 것은?

① 육안 판단
② 소변 검사
③ 혈액 검사
④ 알코올 측정 검사

주취, 약물복용 판단은 검사를 통해서 한다.

13 신고를 필요로 하지 않는 초경량 비행장치의 범위가 아닌 것은?

① 길이 7m를 초과하고 연료 제외 자체무게가 12kg을 초과하는 무인 비행선
② 제작자 등이 판매를 목적으로 제작하였으나 판매되지 아니한 것으로 비행에 사용되지 아니하는 초경량 비행장치
③ 연구기관 등이 시험, 조사, 연구 또는 개발을 위해 제작한 초경량 비행장치
④ 군사 목적으로 사용되는 초경량 비행장치

길이 7m 이하이고, 연료 제외 자체무게가 12kg 이하인 무인 비행선은 신고 불필요

14 신고를 필요로 하는 초경량 비행장치는?

① 패러글라이더
② 계류식 기구류
③ 무인 비행선 중 길이가 7m 이상인 것으로 비행에 사용하는 초경량 비행장치
④ 제작자들이 판매 목적으로 제작하였으나 판매되지 아니한 것으로 비행에 사용하지 아니한 초경량 비행장치

정답 06 ④ 07 ② 08 ② 09 ④ 10 ① 11 ④ 12 ① 13 ① 14 ③

15 다음 중 항공 종사자가 아닌 사람은?

① 자가용 조종사
② 부조종사
③ 항공교통 관제사
④ 무인 항공기 운항 관련 업무자

항공안전법 제34조(항공종사자 자격증명 등)에서 항공업무에 종사하려는 사람은 국토교통부령으로 정하는 바에 따라 국토교통부장관으로부터 항공종사자 자격증명(이하 "자격증명"이라 한다)을 받아야 한다. 다만, 항공업무 중 무인항공기의 운항 업무인 경우에는 그러하지 아니하다. 로 규정하고 있다. 또한 제35조(자격증명의 종류) 자격증명의 종류는 다음과 같이 구분한다.
1. 운송용 조종사 2. 사업용 조종사 3. 자가용 조종사
4. 부조종사 5. 항공사 6. 항공기관사
7. 항공교통관제사 8. 항공정비사 9. 운항관리사

16 다음 중 초경량 비행장치의 비행 승인기관에 대한 설명 중 틀린 것은?

① 고도 150m 이상 비행이 필요한 경우 공역에 관계없이 국토부에 승인 요청
② 민간관제권 지역은 국토부에 비행계획 승인 요청
③ 군 관제권 지역은 국방부에 비행계획 승인 요청
④ 비행금지구역 중 원자력 지역은 지역 관할 지방항공청에 비행계획 승인 요청

④ 원자력 발전소와 연구소 A지역은 국방부(합참)에 B지역은 각 지방항공청에 비행계획 승인 요청

17 초경량 비행장치 무인멀티콥터의 무게가 25kg을 초과 시 안전성 인증을 받아야 하는데 이때 25kg의 기준은 무엇인가?

① 자체 중량
② 최대 이륙중량
③ 최대 착륙중량
④ 적재물을 제외한 중량

18 초경량 비행장치 무인멀티콥터 조종자격 시험 응시 기준으로 잘못된 것은?

① 무인 헬리콥터 조종자 증명을 받은 사람이 무인멀티콥터 조종자 증명시험에 응시하는 경우 학과시험 면제
② 나이는 14세 이상인 사람
③ 무인멀티콥터를 조종한 시간이 총 20시간 이상인 사람
④ 무인 헬리콥터 조종자 증명을 받은 사람이 무인멀티콥터를 조종한 시간이 총 20시간 이상인 사람

④ 무인 헬리콥터 조종자 증명을 받은 사람이 무인멀티콥터를 조종한 시간이 10시간 이상인 사람

19 다음 중 안정된 대기에서의 기상 특성이 아닌 것은?

① 층운형 구름 ② 적운형 구름
③ 지속성 강우 ④ 잔잔한 기류

적운형 구름은 소나기 구름으로 불안정한 대기이다.

20 국제 구름 기준에 의해 구름을 잘 구분한 것은 어느 것인가?

① 높이에 따른 상층운, 중층운, 하층운, 수직으로 발달한 구름
② 층운, 적운, 난운, 권운
③ 층운, 적란운, 권운
④ 운량에 따라 작은 구름, 중간 구름, 큰 구름 그리고 수직으로 발달한 구름

국제 구름 기준은 높이에 따라 10종류로 구분하고 있다.(상층운, 중층운, 하층운, 수직운)

21 해수면에서 1,000ft 상공의 기온은 얼마인가? (단, 국제표준대기 조건하)

① 9℃ ② 11℃ ③ 13℃ ④ 15℃

국제표준대기 조건하에서 해수면의 온도는 15℃이므로 기존 기온을 15℃로 하고 1,000ft당 2℃ 감률되므로 15-2=13℃가 된다.

정답 15 ④ 16 ④ 17 ② 18 ④ 19 ② 20 ① 21 ③

22 액체 물방울이 섭씨 0℃ 이하의 기온에서 응결되거나 액체상태로 지속되어 남아 있는 물방울을 무엇이라 하는가?

① 물방울 ② 과냉각수
③ 빙정 ④ 이슬

과냉각수는 항공기나 드론 등 비행체에 붙어서 결빙되면 착빙이 된다.

23 다음 중 기온에 관한 설명 중 틀린 것은?

① 태양열을 받아 가열된 대기(공기)의 온도이며, 햇빛이 잘 비치는 상태에서의 얻어진 온도이다.
② 1.25~2m 높이에서 관측된 공기의 온도를 말한다.
③ 해상에서 측정 시는 선박의 높이를 고려하여 약 10m 높이에서 측정한 온도를 사용한다.
④ 흡수된 복사열에 의한 대기의 열을 기온이라 하고 대기 변화의 중요한 매체가 된다.

태양열을 받아 가열된 대기(공기)의 온도이며, 햇빛이 가려진 상태에서 10분간의 통풍을 하여 얻어진 온도이다.

24 다음 중 국제 민간항공기구(ICAO)의 표준대기 조건이 잘못된 것은?

① 대기는 수증기기 포함되어 있지 않은 건조한 공기이다.
② 대기의 온도는 통상적인 0℃를 기준으로 하였다.
③ 해면상의 대기압력은 수은주의 높이 760mm를 기준으로 하였다.
④ 고도에 따른 온도강하는 −56.5℃(−69.7℉)가 될 때까지는 −2℃/1,000ft이다.

대기의 온도는 따뜻한 온대지방의 해면상의 15℃를 기준으로 하였다.

25 다음 중 고기압에 대한 설명으로 잘못된 것은?

① 고기압은 주변 기압보다 상대적으로 기압이 높은 곳으로 주변의 낮은 곳으로 시계 방향으로 불어간다.
② 주변에는 상승기류가 있고 단열승온으로 대기 중 물방울은 증발한다.
③ 구름이 사라지고 날씨가 좋아진다.
④ 중심 부근은 기압경도가 비교적 작아 바람은 약하다.

주변에는 하강기류가 있고 단열승온으로 대기 중 물방울은 증발한다.

26 다음 중 저기압에 대한 설명 중 잘못된 것은?

① 저기압은 주변보다 상대적으로 기압이 낮은 부분이다. 1기압이라도 주변상태에 의해 저기압이 될 수 있고, 고기압이 될 수 있다.
② 하강기류에 의해 구름과 강수현상이 있고 바람도 강하다.
③ 저기압 내에서는 주위보다 기압이 낮으므로 사방으로부터 바람이 불어 들어온다.
④ 일반적으로 저기압 내에서는 날씨가 나쁘고 비바람이 강하다.

상승기류에 의해 구름과 강수현상이 있고 바람도 강하다.

27 일기도상에서 등압선의 설명 중 맞는 것은?

① 조밀하면 바람이 강하다.
② 조밀하면 바람이 약하다.
③ 서로 다른 기압지역을 연결한 선이다.
④ 조밀한 지역은 기압경도력이 매우 작은 지역이다.

일기도상 등압선이 조밀하면 바람이 강하다.

정답 22 ② 23 ① 24 ② 25 ② 26 ② 27 ①

28 다음 중 푄 현상의 설명과 거리가 먼 것은?

① 우리나라의 푄 현상은 늦봄에서 초여름에 걸쳐 동해안에서 태백산맥을 넘어 서쪽 사면으로 부는 북동 계열의 바람이다.
② 동쪽에서 서쪽으로 공기가 불어 올라갈 때에 수증기가 응결되어 비나 눈이 내리면서 상승한다.
③ 습하고 찬 공기가 지형적 상승과정을 통해서 저온 습한 바람으로 변화되는 현상이다.
④ 지형적 상승과 습한 공기의 이동 그리고 건조단열기온감률 및 습윤단열기온감률이다.

습하고 찬 공기가 지형적 상승과정을 통해서 고온 건조한 바람으로 변화되는 현상이다.

29 다음 중 착빙의 종류에 포함되지 않는 것은?

① 서리 착빙
② 거친 착빙
③ 맑은 착빙
④ 이슬 착빙

① 서리 착빙(Frost) : 백색, 얇고 부드럽다. 수증기가 0℃ 이하로 물체에 승화
② 거친 착빙(Rime) : 백색, 우윳빛, 불투명, 부서지기 쉽다. 층운에서 형성된 작은 물발울이 날개 표면에 부딪혀 형성(→ -10~-20℃, 층운형이나 안개비 같은 미소 수적의 과냉각수적 속을 비행할 때 발생)
③ 맑은 착빙(Clear) : 투명, 견고하고 매끄럽다. 온난전선 역전 아래의 적운이나 얼음비에서 발견되는 비교적 큰 물방울이 항공기 기체 위를 흐르면서 천천히 얼 때 생성, 착빙 중 가장 위험(가장 빠른 축적 및 Rime Icing보다 떼어내기 곤란, 0~-10℃, 적운형 구름에서 주로 발생)

30 다음 중 온난전선이 지나가고 난 뒤 일어나는 현상은?

① 기온이 올라간다.
② 기온이 내려간다.
③ 바람이 강하다.
④ 기압은 내려간다.

온난전선이 지나간 후 기온이 올라가고, 바람은 약하고, 기압은 일정하다.

31 다음은 난류의 종류 중 무엇을 설명한 것인가?

> 항공기가 슬립(편요, 요잉), 피칭, 롤링을 느낄 수 있으며 상당한 동요를 느끼고 몸이 들썩할 정도로 항공기 평형과 비행 방향 유지를 위해 극심한 주의가 필요하다. 지상풍이 25kts 이상의 지상풍일 때 존재한다.

① 약한 난류
② 보통 난류
③ 심한 난류
④ 극심한 난류

약한 난류는 항공기 조종에는 크게 영향을 미치지 않으며, 비행 방향 유지에 지장이 없는 상태의 요란을 의미하나 소형 드론에는 영향을 미칠 수 있다. 25kts 미만의 지상풍에 존재한다.

- 심한 난류는 항공기 고도 및 속도가 급격히 변화되고 순간적으로 조종 불능상태가 되는 요란기류이다. 항공기는 조종이 곤란하고 좌석벨트를 착용해도 정자세 유지가 곤란하다. 풍속이 50kts 이상이다.
- 극심한 난류는 항공기가 심하게 튀거나 조종 불가능한 상태를 말하고 손상을 초래할 수 있다. 풍속 50kts 이상의 산악파에서 발생하며 뇌우, 폭우 속에서 존재한다.

정답 28 ③ 29 ④ 30 ① 31 ②

32 난류의 강도 종류 중 맞지 않은 것은?

① 약한 난류(LGT)는 항공기 조종에 크게 영향을 미치지 않으며, 비행 방향과 고도 유지에 지장이 없다.
② 보통 난류(MOD)는 상당한 동요를 느끼고 몸이 들썩할 정도로 순간적으로 조종 불능 상태가 될 수도 있다.
③ 심한 난류(SVR)는 항공기 고도 및 속도가 급속히 변화되고 순간적으로 조종 불능 상태가 되는 정도이다.
④ 극심한 난류(XTRM)는 항공기가 심하게 튀거나 조종 불가능한 상태를 말하고 항공기 손상을 초래할 수 있다.

항공기가 슬립, 피칭, 롤링을 느낄 수 있으며 상당한 동요를 느끼고 몸이 들썩할 정도로 방향 유지에 주의 필요

33 다음 중 시정장애물의 종류가 아닌 것은?

① 황사
② 바람
③ 먼지 및 화산재
④ 연무

34 다음 대기권의 분류 중 지구 표면으로부터 형성된 공기층으로 평균 12km 높이로 지표면에서 발생하는 대부분의 기상현상이 발생하는 지역은?

① 대류권
② 대류권 계면
③ 성층권
④ 전리층

35 다음 중 뇌우 발생 시 함께 동반하지 않는 것은?

① 폭우　② 우박
③ 소나기　④ 번개

뇌우 발생 시 함께 동반하는 현상은 폭우, 우박, 번개, 눈, 천둥, 다운버스트, 토네이도 등

36 유체의 수평적 이동현상으로 맞는 것은?

① 복사　② 이류
③ 대류　④ 전도

대기의 수평이동과 마찬가지로 수평적 이동은 이류임.

37 METRA(항공정기기상보고)에서 +RA FG는 무슨 뜻인가?

① 보통비와 안개가 낌
② 강한 비와 강한 안개
③ 보통 비와 강한 안개
④ 강한 비 이후 안개

+RA : 강한 비(+ : 강함, - : 약함, 중간은 없음), FG : 안개

38 항공기 착빙에 대한 설명으로 틀린 것은?

① 양력 감소　② 항력 증가
③ 추진력 감소　④ 실속속도 감소

39 한랭전선의 특징 중 틀린 것은?

① 적운형 구름이 발생한다.
② 좁은 범위에 많은 비가 한꺼번에 쏟아지거나 뇌우를 동반한다.
③ 기온이 급격히 떨어지고, 천둥과 번개 그리고 돌풍을 동반한 강한 비가 내린다.
④ 층운형 구름이 발생하고 안개가 형성된다.

40 온난전선의 특징 중 틀린 것은?

① 층운형 구름이 발생한다.
② 넓은 지역에 걸쳐 적은 양의 따뜻한 비가 오랫동안 내린다.
③ 찬 공기가 밀리는 방향으로 기상변화가 진행한다.
④ 천둥과 번개 그리고 돌풍을 동반한 강한 비가 내린다.

정답 32 ② 33 ② 34 ① 35 ③ 36 ② 37 ④ 38 ④ 39 ④ 40 ④

제 10 회 기출 복원문제

01 고기압과 저기압에 대한 설명으로 맞는 것은?

① 고기압 : 북반구에서 시계 방향으로, 남반구에서는 반시계 방향으로 회전한다.
저기압 : 북반구에서 반시계 방향으로, 남반구에서는 시계 방향으로 회전한다.

② 고기압 : 북반구에서 반시계 방향으로, 남반구에서는 시계 방향으로 회전한다.
저기압 : 북반구에서 시계 방향으로, 남반구에서는 반 시계 방향으로 회전한다.

③ 고기압 : 북반구에서 시계 방향으로, 남반구에서는 시계 방향으로 회전한다.
저기압 : 북반구에서 반시계 방향으로, 남반구에서는 시계 방향으로 회전한다.

④ 고기압 : 북반구에서 반시계 방향으로, 남반구에서는 시계 방향으로 회전한다.
저기압 : 북반구에서 반시계 방향으로, 남반구에서는 시계 방향으로 회전한다.

02 북반구에서 고기압의 바람 방향과 형태로 맞는 것은?

① 고기압을 중심으로 시계 방향으로 회전하고 발산한다.
② 고기압을 중심으로 시계 방향으로 회전하고 수렴한다.
③ 고기압을 중심으로 반시계 방향으로 회전하고 발산한다.
④ 고기압을 중심으로 반시계 방향으로 회전하고 수렴한다.

북반구에서 고기압의 바람방향은 고기압을 중심으로 시계 방향으로 회전하고 발산한다.

03 고기압의 북반구에서 바람의 방향으로 옳은 것은?

① 시계 방향으로 중심부로 수렴한다.
② 반시계 방향으로 중심부로 수렴한다.
③ 시계 방향으로 중심부로 발산한다.
④ 반시계 방향으로 중심부로 발산한다.

고기압의 북반구에서 바람의 방향은 시계 방향 중심부로 발산한다.

04 시정에 관한 설명으로 틀린 것은?

① 시정이란 정상적인 눈으로 먼 곳의 목표물을 볼 때 인식될 수 있는 최대 거리이다.
② 시정을 나타내는 단위는 mile이다.
③ 시정은 한랭기단 속에서는 시정이 나쁘고 온난 기단에서는 시정이 좋다.
④ 시정이 가장 나쁜 날은 안개 낀 날로 습도가 70% 넘으면 급격히 나빠진다.

시정은 한랭기단 속에서는 시정이 좋고, 온난기단에서는 시정이 나쁘다.

05 안개의 발생조건인 수증기 응결과 관련이 없는 것은?

① 공기 중에 수증기 다량 함유
② 공기가 노점온도 이하로 냉각
③ 공기 중 흡습성 미립자 즉 응결핵이 많아야 한다.
④ 지표면 부근의 기온 역전 해소될 때

안개의 사라질 조건은 아래와 같다.
① 지표면이 따뜻해져 지표면 부근의 기온이 역전이 해소될 때
② 지표면 부근 바람이 강해져 난류에 의한 수직 방향 혼합으로 상승 할 때
③ 공기가 사면을 따라 하강하여 기온이 올라감에 따라 입자가 증발 할 때

정답 01 ① 02 ① 03 ③ 04 ③ 05 ④

PART 04 실전문제풀이

06 풍속의 단위 중 주로 멀티콥터 운용 시 사용되는 것은?

① NM/M(kt) ② SM/H(MPH)
③ km/h ④ m/sec

07 안정된 대기란?

① 층운형 구름
② 지속적 안개와 강우
③ 시정 불량
④ 안정된 기류

08 바람에 관한 설명 중 틀린 것은?

① 풍향은 관측자를 기준으로 불어오는 방향이다.
② 풍향은 관측자를 기준으로 불어가는 방향이다.
③ 바람은 공기의 흐름이다. 즉 운동하고 있는 공기이다.
④ 바람은 수평방향의 흐름을 지칭하며, 고도가 높아지면 지표면 마찰이 적어 강해진다.

09 바람이 발생하는 원인은?

① 공기밀도 차이
② 기압 경도
③ 고도 차이
④ 지구의 자전과 공전

바람은 공기 흐름의 유발이며, 태양에너지에 의한 지표면의 불균형 가열에 의한 기압차이로 발생한다. 아울러 기압경도는 공기의 기압변화율로 지표면의 불균형 가열로 발생하며 기압경도력은 기압경도의 크기 즉 힘을 말한다.

10 다음 착빙의 종류 중 투명하고, 견고하며, 고르게 매끄럽고, 가장 위험한 착빙은?

① 서리 착빙 ② 거친 착빙
③ 맑은 착빙 ④ Intake 착빙

11 다음 중 시정에 직접적인 영향을 미치지 않는 것은?

① 바람 ② 안개
③ 황사 ④ 연무

12 다음 중 공기밀도가 높아지면 나타나는 현상으로 맞는 것은?

① 입자가 증가하고 양력이 증가한다.
② 입자가 증가하고 양력이 감소한다.
③ 입자가 감소하고 양력이 감소한다.
④ 입자가 감소하고 양력이 감소한다.

13 대기압이 높아지면 양력과 항력은 어떻게 변하는가?

① 양력 증가, 항력 증가
② 양력 증가, 항력 감소
③ 양력 감소, 항력 증가
④ 양력 감소, 항력 감소

대기압이란 물체 위의 공기에 작용하는 단위 면적당 공기의 무게로서 대기 중에 존재하는 기압은 지역과 공역마다 다르다. 대기압의 변화는 바람을 유발하는 원인이 되고 이는 곧 수증기 순환과 항공기 양력과 항력에 영향을 미친다. 따라서 대기압이 높아지면 양력이 증가하고 양력 증가에 따른 항력도 증가한다.

14 고기압에 대한 설명 중 틀린 것은?

① 중심 부근에는 하강기류가 있다.
② 북반구에서의 바람은 시계 방향으로 회전한다.
③ 구름이 사라지고 날씨가 좋아진다.
④ 고기압권 내에서는 전성 형성이 쉽게 된다.

고기압권 내에서는 전선 형성이 어렵다.

정답 06 ④ 07 ④ 08 ② 09 ② 10 ③ 11 ① 12 ① 13 ① 14 ④

15 **저기압에 대한 설명 중 틀린 것은?**

① 주변보다 상대적으로 기압이 낮은 부분이다.
② 하강기류에 의해 구름과 강수현상이 있다.
③ 저기압은 전선의 파동에 의해 생긴다.
④ 저기압 내에서는 주위보다 기압이 낮으므로 사방으로부터 바람이 불어 들어온다.

저기압 지역의 기류는 상승기류이다.

16 **다음 물체의 온도와 열에 관한 용어의 정의 중 틀린 것은?**

① 물질의 온도가 증가함에 따라 열에너지를 흡수할 수 있는 양은 열량이다.
② 물질 1g의 온도를 1℃ 올리는 데 요구되는 열은 비열이다.
③ 일반적인 온도계에 의해 측정된 온도를 현열이라 한다.
④ 물질의 하위상태로 변화시키는 데 요구되는 열에너지를 잠열이라 한다.

잠열 : 물질의 상위 상태로 변화시키는 데 요구되는 열에너지

17 **찬 공기와 따뜻한 공기의 세력이 비슷할 때는 전선이 이동하지 않고 오랫동안 같은 장소에 머무르는 전선은?**

① 한랭 전선
② 온난 전선
③ 정체 전선
④ 폐색 전선

18 **맞바람과 뒷바람의 항공기에 미치는 영향 설명 중 틀린 것은?**

① 맞바람은 항공기의 활주거리를 감소시킨다.
② 뒷바람은 항공기의 활주거리를 감소시킨다.
③ 뒷바람은 상승률을 저하시킨다.
④ 맞바람은 상승률을 증가시킨다.

19 **국제민간항공협약 부속서의 항공기상 특보의 종류가 아닌 것은?**

① SIGMET 정보
② 뇌우 경보
③ 공항 경보
④ AIRMET 정보

항공기상 특보 4가지 : SIGMET 정보, AIRMET 정보, 공항 경보, 윈드시어 경보

20 **지구 대기권의 대기의 성분의 부피에 관한 설명 중 옳은 것은?**

① 산소(O_2) 77%
② 고도 80km까지 균일한 구성 분포를 유지하여 균질권(homosphere)이라고 함
③ 아르곤(Ar), 이산화탄소(CO_2) 등 기타 2%
④ 질소(N_2) 21%

질소 78%, 산소 21%, 기타 1%

21 **다음 구름의 종류 중 하층운(2km 미만) 구름이 아닌 것은?**

① 층적운 ② 층운
③ 난층운 ④ 권층운

권층운은 상층운에 포함된다.

22 **화씨온도에서 물이 어는 온도와 끓는 온도는 각각 몇 ℉인가?**

① 어는 온도 : 0, 끓는 온도 : 100
② 어는 온도 : 32, 끓는 온도 : 212
③ 어는 온도 : 22, 끓는 온도 : 202
④ 어는 온도 : 12, 끓는 온도 : 192

섭씨(℃) : 물의 어는점 0℃, 끓는점 100℃

정답 15 ② 16 ④ 17 ③ 18 ② 19 ② 20 ② 21 ④ 22 ②

23 수직으로 발달하고 많은 강우를 포함하고 있는 적란운의 부호로 맞는 것은?

① CB ② AS ③ CS ④ NS

NS(난층운), AS(고층운), CS(권층운)

24 난기류(Turbulence)를 발생하는 주요인이 아닌 것은?

① 안정된 대기상태
② 바람의 흐름에 대한 장애물
③ 대형 항공기에서 발생하는 후류의 영향
④ 기류의 수직 대류현상

난기류 발생의 주원인 : 대류성 기류, 바람의 흐름에 대한 장애물, 비행 난기류

25 안개가 발생하기 적합한 조건이 아닌 것은?

① 대기의 성층이 안정할 것
② 냉각작용이 있을 것
③ 강한 난류가 존재할 것
④ 바람이 없을 것

•안개의 발생 조건
- 공기 중 수증기 다량 함유, 공기가 노점온도 이하로 냉각, 공기 중에 응결핵이 많아야 하고, 공기 속으로 많은 수증기 유입, 바람이 약하고 상공에 기온이 역전

•안개가 사라질 조건
- 지표면이 따뜻해져 지표면 부근의 기온역전, 지표면 부근 바람이 강해져 난류에 의한 수직 방향으로 상승시, 공기가 사면을 따라 하강하여 기온이 올라감에 따라 입자가 증발 시, 신선하고 무거운 공기가 안개 구역으로 유입되어 안개가 상승하거나 차가운 공기가 건조하여 안개가 증발할 때 등

26 다음 중 기압에 대한 설명 중 틀린 것은?

① 일반적으로 고기압권에서는 날씨가 맑고 저기압권에서는 날씨가 흐린 경향을 보인다.
② 북반구 고기압 지역에서 공기 흐름은 시계방향으로 회전하면서 확산된다.
③ 등압선의 간격이 클수록 바람이 약하다.
④ 해수면 기압 또는 동일한 기압대를 형성하는 지역에 따라서 그은 선을 등고선이라 한다.

등고선이 아니라 등압선이라 한다.

27 주로 봄과 가을에 이동성 고기압과 함께 동진해 와서 따뜻하고 건조한 일기를 나타내는 기단은?

① 오호츠크해 기단 ② 양쯔강 기단
③ 북태평양 기단 ④ 적도 기단

28 바람에 대한 설명으로 틀린 것은?

① 풍속의 단위는 m/s, Knot 등을 사용한다.
② 풍향은 지리학상의 진북을 기준으로 한다.
③ 풍속은 공기가 이동한 거리와 이에 소요되는 시간의 비(比)이다.
④ 바람은 기압이 낮은 곳에서 높은 곳으로 흘러가는 공기의 흐름이다.

기압은 높은 곳에서 낮은 곳으로 이동하는 특성이 있다.

29 공기밀도에 관한 설명으로 틀린 것은?

① 온도가 높아질수록 공기밀도도 증가한다.
② 일반적으로 공기밀도는 하층보다 상층이 낮다.
③ 수증기가 많이 포함될수록 공기밀도는 감소한다.
④ 국제표준대기(ISA)의 밀도는 건조공기로 가정했을 때의 밀도이다.

온도가 높으면 공기밀도가 희박하여 감소한다.

정답 23 ① 24 ① 25 ③ 26 ④ 27 ② 28 ④ 29 ①

30 착빙(Icing)에 대한 설명 중 틀린 것은?

① 양력과 무게를 증가시켜 추진력을 감소시키고 항력은 증가한다.
② 거친 착빙도 항공기 날개의 공기 역학에 심각한 영향을 줄 수 있다.
③ 착빙은 날개뿐만 아니라 Carburetor, Pitot관 등에도 발생한다.
④ 습한 공기가 기체 표면에 부딪치면서 결빙이 발생하는 현상이다.

양력 감소, 무게 증가, 추력 감소, 항력 증가

31 이륙 시 비행거리를 가장 길게 영향을 미치는 바람은?

① 배풍　② 정풍
③ 측풍　④ 바람과 관계없다.

배풍(뒷바람)을 받을 시 이륙거리가 늘어난다.

32 한랭기단의 찬 공기가 온난기단의 따뜻한 공기 쪽으로 파고들 때 형성되며, 전선 부근에 소나기가 뇌우, 우박 등 궂은 날씨를 동반하는 전선은 무슨 전선인가?

① 온난전선　② 한랭전선
③ 정체전선　④ 폐색전선

한랭전선 : 좁은 지역에 강수가 나타나며 강수 강도가 강하다.

33 다음 중 국지비행에 영향을 미치는 구름이 아닌 것은?

① 층운　② 권층운
③ 적운　④ 적란운

국지비행이란 이륙한 비행 장치가, 주위를 비행한 후 이륙한 착륙장으로 착륙하는 것, 권층운은 상층운으로 국지비행과 관련 없다.

34 다음 구름의 분류에 대한 설명 중 옳지 않은 것은?

① 상층운은 운저고도가 보통 6km 이상으로 권운, 권적운, 권층운이 있다.
② 중층운은 중위도 지방 기준 구름 높이가 2~6km이고 고적운, 고층운이 있다.
③ 구름은 상층운, 중층운, 하층운, 수직운으로 분류하며, 운형은 10종류가 있다.
④ 하층운은 운저고도가 보통 2km 이하이며, 적운, 적란운이 있다.

하층운 : 난층운, 층적운, 층운, 수직운 : 적운, 적란운

35 다음 중 해풍에 대하여 설명한 것 중 가장 적절한 것은?

① 여름철 해상에서 육지 방향으로 부는 바람
② 낮에 해상에서 육지 방향으로 부는 바람
③ 낮에 육지에서 바다로 부는 바람
④ 밤에 해상에서 육지 방향으로 부는 바람

36 안개의 시정은 ( )m인가?

① 100m　② 200m
③ 1,000m　④ 2,000m

37 지표면 또는 수면으로부터 200m 이상 높이의 공역으로서 항공교통의 안전을 위하여 국토교통부장관이 지정·공고한 공역을 무엇이라 하는가?

① 관제공역　② 관제구
③ 관제권　④ 항공로

관제권 : 공항 반경 9.3km

정답 30 ① 31 ① 32 ② 33 ② 34 ④ 35 ② 36 ③ 37 ②

38 공역지정의 공고 수단으로 옳은 것은?

① 관보 ② NOTAM
③ AIC ④ AIP

공역지정의 공고는 AIP(항공정보간행물)에 실시한다.

39 구름이 하늘을 다 덮은 경우를 무엇이라 부르는가?

① overcast ② scattered
③ broken ④ few

8/8 = overcast

40 다음 바람 용어에 대한 설명 중 옳지 않은 것은?

① 풍속은 공기가 이동한 거리와 이에 소요되는 시간의 비이다.
② 바람속도는 스칼라 양인 풍속과 같은 개념이다.
③ 풍향은 바람이 불어오는 방향을 말한다.
④ 바람시어는 바람 진행방향에 대해 수직 또는 수평 방향의 풍속 변화이다.

바람속도는 바람의 벡터 성분을 표현한 것으로서, 스칼라 양인 풍속과는 다르다.

정답 38 ④ 39 ① 40 ②

MEMO

제 1 회 예상적중 모의고사

01 평균 속도보다 10Kts 이상 차이가 있으며 순간 최대풍속 17Knot 이상의 강풍이며, 지속시간이 초단위로 급변하는 바람을 무엇이라 하는가?

① 스콜 ② 돌풍
③ 윈드쉬어 ④ 마이크로버스터

돌풍이 불 때는 풍향도 급변하며, 때로는 천둥을 동반하기도 하고, 수 분에서 1시간 정도 계속되기도 한다.

02 바람이 고기압에서 저기압으로 불어 갈수록 북반구에서 우측으로 90도 휘는 현상을 무엇이라 하는가?

① 전향력(코리올리 효과)
② 원심력
③ 기압경도력
④ 지면마찰력

전향력의 크기는 극 지방에서 최대이고, 적도 지방에서 최소이다.

03 날개골(airfoil)에서 캠버(camber)를 설명한 것이다. 바르게 설명한 것은?

① 앞전과 뒤전 사이를 말한다.
② 시위선과 평균캠버선 사이의 길이를 말한다.
③ 날개의 아랫면(lower camber)과 윗면(upper camber) 사이를 말한다.
④ 날개 앞전에서 시위선 길이 25% 지점의 두께를 말한다.

- 캠버는 시위선과 평균캠버선 사이의 길이(두께)를 말한다.
- 평균캠버선은 윗면(upper camber)과 아랫면(lower camber)의 중간지점을 이은 선

04 다음 중 윈드시어(wind shear)에 관한 설명 중 틀린 것은?

① Wind shear는 동일지역 내에 바람이 급변하는 것으로 풍속의 변화는 없다.
② Wind shear는 어느 고도층에서나 발생하며 수평, 수직적으로 일어날 수 있다.
③ 저고도 기온 역전층 부근에서 wind shear가 발생하기도 한다.
④ 착륙시 양쪽 활주로 끝 모두가 배풍을 지시하면 저고도 wind shear로 인식하고 복행을 해야 한다.

윈드시어 시 풍속과 풍향이 급변한다.

05 항공기가 일정고도에서 등속 수평비행을 하고 있다. 맞는 조건은?

① 양력=항력, 추력=중력
② 양력=중력, 추력=항력
③ 추력〉항력, 양력〉중력
④ 추력=항력, 양력〈중력

- 등속비행이란 일정속도비행을 이야기한다. 즉 추력= 항력으로 수평방향 힘이 같을 때
- 수평비행이란 고도 변화없는 비행을 이야기한다. 즉 양력=중력으로 수직방향 힘이 같을 때

06 수직운의 국제기호 약자는?

① AS ② CS
③ NS ④ CB

수직운 : 적운(CU), 적란운(CB)

정답 01 ② 02 ① 03 ② 04 ① 05 ② 06 ④

07 다음 초경량 비행장치 종류 중 자이로 플레인은 어디에 포함되는가?

① 동력 비행장치
② 회전익 비행장치
③ 무인 비행장치
④ 기구류

회전익 비행장치에는 초경량 헬리콥터와 초경량 자이로 플레인이 포함된다.

08 다음 초경량 비행장치의 사고 발생 시 최초 보고 사항이 아닌 것은?

① 조종자 및 그 초경량 비행장치 소유자 등의 성명 또는 명칭
② 사고가 발생한 일시 및 장소
③ 초경량 비행장치의 종류 및 신고번호
④ 사고의 세부적인 원인

최초 보고 시에는 사고의 개략적인 경위만 보고한다.

09 다음 공역의 종류 중 통제공역은?

① 초경량 비행장치 비행제한구역
② 훈련구역
③ 군작전구역
④ 위험구역

통제구역은 비행금지구역, 비행제한구역, 초경량 비행장치 비행제한구역이다.

10 통제구역에 해당하는 것은?

① 비행금지구역
② 위험구역
③ 경계구역
④ 훈련구역

통제구역은 비행금지구역에 해당된다.

11 조종자 준수사항 위반 시 1차 과태료는?

① 50만원
② 100만원
③ 150만원
④ 200만원

1차는 150만원, 2차는 225만원, 3차는 300만원

12 초경량 비행장치의 비행계획 승인은 누구에게 하는가?

① 대통령
② 국토부장관
③ 지방항공청장
④ 시도지사

초경량 비행장치의 비행계획 승인은 지방항공청장에게한다.

13 우리나라 항공관련법규(항공안전법, 항공사업법, 공항시설법)의 기본이 되는 국제법은?

① 미국의 항공법
② 일본의 항공법
③ 중국이 항공법
④ 국제 민간항공협약 및 같은 협약의 부속서

항공 법규의 기본은 국제 민간항공협약 및 같은 협약의 부속서이다.

14 초경량 비행장치 무인멀티콥터의 안전성 인증은 어느 기관에서 실시하는가?

① 교통안전공단
② 지방항공청
③ 항공안전기술원
④ 국방부

무인멀티콥터의 안전성 인증은 항공안전기술원이다.

PART 04 실전 문제 풀이

정답 07 ② 08 ④ 09 ① 10 ① 11 ③ 12 ③ 13 ④ 14 ③

15 초경량 비행장치의 사업범위가 아닌 것은?

① 농약 살포
② 항공 촬영
③ 산림 조사
④ 야간 정찰

야간 정찰은 초경량 비행장치 사업범위에 포함되지 않는다.

16 렌즈형 구름 발생 시 생기는 현상은?

① 소나기
② 난기류
③ 안개
④ 우박

렌즈모양의 구름으로서 말린구름과 같이 정체성이며 계속적으로 형성된다. 렌즈구름은 말린구름보다 고고도인 20,000ft 이상에서 형성되며 윤곽은 부드럽지만, 그 층의 기류에 요란이 있을 때는 거칠게 보이기도 한다.

17 비행금지구역, 비행제한구역, 위험구역 설정 등의 공역을 제공하는 것은?

① AIC　② AIP
③ AIRAC　④ NOTAM

비행금지, 제한, 위험구역설정 공역은 NOTAM에서 제공한다.

18 한국교통안전공단 이사장에게 기체 신고 시 필요 없는 것은?

① 초경량 비행장치를 소유하거나 사용할 수 있는 권리가 있음을 증명하는 서류
② 초경량 비행장치의 제원 및 성능표
③ 초경량 비행장치의 사진
④ 초경량 비행장치의 제작자

기체 신고 시 초경량 비행장치 제작자는 필요사항이 아니다.

19 다음 중 초경량 비행장치가 아닌 것은?

① 동력 비행장치
② 초급 활공기
③ 낙하산류
④ 동력 패러글라이더

초급 활공기는 항공기에 해당된다.

20 초경량 비행장치 소유자의 주소변경 시 신고기간은?

① 15일　② 30일
③ 60일　④ 90일

주소변경 시 신고기간은 30일이다.

21 말소 신고를 하지 않았을 시 최대 과태료는?

① 5만 원　② 15만 원
③ 30만 원　④ 50만 원

말소 신고를 하지 않았을 시 최대 과태료는 30만 원이다.

22 비관제공역에 대한 설명 중 맞는 것은?

① 항공교통 조언업무와 비행정보업무가 제공되도록 지정된 공역
② 항공사격, 대공사격 등으로 인한 위험한 공역
③ 지표면 또는 수면으로부터 200m 이상 높이의 공역
④ 항공기 또는 지상시설물에 대한 위험이 예상되는 공역

23 초경량 비행장치 멀티콥터의 일반적인 비행 시 비행고도 제한 높이는?

① 50m　② 100m
③ 150m　④ 200m

150m 이상 시 승인을 얻어야 한다.

정답 15 ④ 16 ② 17 ④ 18 ④ 19 ② 20 ② 21 ③ 22 ① 23 ③

24 항공기의 항행안전을 저해할 우려가 있는 장애물 높이가 지표 또는 수면으로부터 몇 m 이상이면 항공장애 및 항공장애 주간표지를 설치해야 하는가?(단, 장애물 제한구역 외에 설치한다.)

① 50m ② 100m
③ 150m ④ 200m

25 국토교통부령으로 정하는 초경량 비행장치를 사용하여 비행하려는 사람은 비행안전을 위한 기술상의 기준에 적합하다는 안전성 인증을 받아야 한다. 다음 중 안전성 인증 대상이 아닌 것은?

① 무인 기구류
② 무인 비행장치
③ 회전익 비행장치
④ 착륙장치가 없는 동력 패러글라이더

안전성 인증을 받아야 하는 초경량 비행장치 : 동력 비행장치, 회전익 비행장치, 동력 패러글라이더, 기구류(사람이 탑승하는 것만 해당), 무인 비행장치 등

26 한랭전선의 특징이 아닌 것은?

① 대기의 불안정
② 시정 불량과 안개 형성
③ 급격한 온도 감소와 낮은 노점 온도
④ 적운형 구름의 형성

한랭전선 시 시정이 좋다.

27 빠른 한랭전선이 온난전선에 따라 붙어 합쳐져 중복된 부분을 무슨 전선이라 부르는가?

① 정체전선
② 대류성 한랭전선
③ 폐색전선
④ 북태평양 고기압

폐색전선은 온대성 저기압이 발달하는 과정의 마지막 단계로 저기압에 동반된 한랭전선과 온난전선이 합쳐져 폐색상태가 된 전선을 말한다.

28 국토교통부장관에게 소유 신고를 하지 않아도 되는 것은?

① 동력 비행장치
② 초경량 헬리콥터
③ 초경량 자이로 플레인
④ 계류식 무인 비행장치

신고를 필요로 하지 않는 초경량 비행장치는 계류식 무인 비행장치 등 9가지이다.

29 항공시설, 업무, 절차 또는 위험요소의 신설, 운영상태 및 그 변경에 관한 정보를 수록하여 전기통신 수단으로 항공 종사자들에게 배포하는 공고문은?

① AIC ② AIP
③ AIRAC ④ NOTAM

AIP(Aeronautical Information Publication) : 해당국가에서 비행하기 위해 필요한 항법 관련 정보로 항공정보간행물 AIRAC(Aeronautical Infomation Regulation And Control) : 정해진 사이클에 따라 최신으로 규칙적으로 개정되는 것

PART 04
실전 문제 풀이

30 초경량 비행장치의 멸실 등의 사유로 신고를 말소할 경우에 그 사유가 발생한 날부터 며칠 이내에 지방항공청장에게 말소 신고를 제출하여야 하는가?

① 5일 ② 10일
③ 15일 ④ 30일

변경신고는 30일, 멸실신고는 15일

31 다음 냉각에 의해 형성된 안개의 종류가 아닌 것은?

① 이류안개 ② 복사안개
③ 전선안개 ④ 활승안개

증발은 수면이나 낙하하는 우적에서 일어나며, 이러한 증발에 의해 형성된 안개에는 증발안개와 전선안개가 있다.

정답 24 ③ 25 ① 26 ② 27 ③ 28 ④ 29 ④ 30 ③ 31 ③

32 항공안전법에서 정한 용어의 정의가 맞는 것은?

① 관제구라 함은 평균해수면으로부터 500m 이상 높이의 공역으로서 항공교통의 통제를 위하여 지정된 공역을 말한다.
② 항공등화라 함은 전파, 불빛, 색채 등으로 항공기 항행을 돕기 위한 시설을 말한다.
③ 관제권이라 함은 비행장 및 그 주변의 공역으로서 항공교통의 안전을 위하여 지정된 공역을 말한다.
④ 항행안전시설이라 함은 전파에 의해서만 항공기 항행을 돕기 위한 시설을 말한다.

•관제구 : 지표면 또는 수면으로부터 200m 이상 높이의 공역으로서 항공교통의 안전을 위하여 지정한 공역
•항공등화 : 불빛을 이용하여 항공기의 항행을 돕기 위한 항행안전시설
•항행안전시설 : 유선통신, 무선통신, 불빛, 색채 또는 형상을 이용하여 항공기의 항행을 돕기 위한 시설

33 다음 중 중층운에 속하는 구름이 아닌 것은?

① 고층운　　② 층운
③ AS　　④ 고적운

중층운 : 고적운(AC), 고층운(AS)

34 대기권에 대한 설명으로 틀린 것은?

① 대기의 온도, 습도, 압력 등으로 대기의 상태를 나타낸다.
② 대기는 몇 개의 층으로 구분하는데 온도의 분포를 바탕으로 대류권, 성층권, 중간권 등으로 나타낸다.
③ 대기의 상태는 수평방향보다 수직방향으로 고도에 따라 심하게 변한다.
④ 대기권 중 대류권에서는 고도가 상승할 때 온도가 상승한다.

태양에 의해 지표면에 입사되는 태양 복사열과 지표면에서 방출되는 지구복사열로 인하여 고도 11km까지는 고도가 높아질수록 기온은 약 6.5℃/km의 비율로 감소하며, 풍속은 고도가 높아질수록 증가한다.

35 대기권을 고도에 따른 높은 곳부터 낮은 순으로 올바르게 나열한 것은?

① 외기권 – 성층권 – 열권 – 중간권 – 대류권
② 열권 – 외기권 – 중간권 – 성층권 – 대류권
③ 외기권 – 열권 – 성층권 – 중간권 – 대류권
④ 외기권 – 열권 – 중간권 – 성층권 – 대류권

대류권(~11km), 성층권(11~50km), 중간권 (50~80km), 열권(80~500km), 외기권(500~10,000km)

36 R-75 제한구역의 설명 중 가장 적절한 것은?

① 서울지역 비행제한구역
② 군사격장, 공수낙하훈련장
③ 서울지역 비행금지구역
④ 초경량 비행장치 전용공역

R-75는 서울지역 비행제한구역이다.

37 해당지역 해수면 기압과 무관하게 고도계를 표준기압 값인 29.92inHg로 세팅하는 방식은?

① QNF　　② QFE
③ QNH　　④ QNE

QNH(Q-Nautial Height) : 평균해수면의 실제 기압값 세팅, 공항의 공식 표고를 나타내도록 맞춘 고도계 수정치, 진고도라고도 사용, 대부분 국가에서 사용
QFE(Q-Field Elevation) : 착륙한 항공기의 기압고도계의 눈금을 고도 0으로 하는 고도계 수정치, 절대고도라고도 사용
QNE, *약어미사용 : 전이고도 이상에서(14,000ft) 표준기압 29.92inHg 세팅, 압력고도라고도 사용

38 국제적으로 통일된 하층운의 높이는?

① 6,500ft 이하
② 6,500ft 이상
③ 10,000ft 이하
④ 10,000ft 이상

하층운(2km 미만), 중층운(2~6km), 상층운(6~12km)

정답 32 ③ 33 ② 34 ④ 35 ④ 36 ① 37 ④ 38 ①

39 **초경량 비행장치의 설계 및 제작 후 최초로 안전성 인증검사를 받기 위해 행하는 검사는?**

① 초도 검사
② 정기 검사
③ 수시 검사
④ 재검사

초경량 비행장치의 설계 및 제작 후 최초로 안전성 인증검사를 받기 위해 행하는 검사는 초도 검사이다.

40 **공기 중 가장 많은 부분을 차지하는 기체 성분은?**

① 수소　② 산소
③ 이산화탄소　④ 질소

질소(78%), 산소(21%), 기타(1%)

정답 39 ① 40 ④

제 2 회 예상적중 모의고사

01 다음 중 강한 비가 계속 올 수도 있는 구름의 약어는 무엇인가?

① CB　　② AS
③ CC　　④ ST

해설
비구름 : NS(난층운), CB(적란운)

02 항공기 이륙성능을 향상시키기 위한 가장 적절한 바람의 방향은?

① 좌측 측풍(옆바람)
② 우측 측풍(옆바람)
③ 배풍(뒷바람)
④ 정풍(맞바람)

해설
정풍 : 항공기 전면에서 뒤쪽으로 부는 바람

03 통상 하루 중 최저 기온의 시간은?

① 자정
② 자정 1시간 후
③ 일출 1시간 전
④ 일출 직후

해설
일몰 후 일사량은 없어지지만 이후에도 지면 복사의 방출은 계속되기 때문에 최저 기온은 일출 직후에 나타난다.

04 우리나라 항공법의 기본이 되는 국제법은?

① 일본 동경협약
② 국제 민간항공조약 및 같은 조약의 부속서
③ 미국의 항공법
④ 중국의 항공법

해설
항공안전법 제1조(목적) : 이 법은 「국제 민간항공협약」 및 같은 협약의 부속서에서 채택된 표준과 권고되는 방식에 따라 항공기, 경량 항공기 또는 초경량 비행장치가 안전하게 항행하기 위한 방법을 정함으로써 생명과 재산을 보호하고, 항공기술 발전에 이바지함을 목적으로 한다.

05 왕복엔진의 윤활유의 역할이 아닌 것은?

① 윤활력　　② 냉각력
③ 압축력　　④ 방빙력

해설
윤활유는 방빙(어는 것) 역할은 하지 못한다.

06 무인멀티콥터의 위치를 제어하는 부품은?

① GPS　　② 온도감지계
③ 레이저 센서　　④ 자이로

해설
•GPS : 위치 제어
•자이로 : 자세 제어

07 투명하고 단단한 형태로 형성되는 착빙은 어느 것인가?

① 혼합 착빙　　② 맑은 착빙
③ 거친 착빙　　④ 서리 착빙

해설
맑은 착빙(Clear) : 투명하고 견고하며 매끄럽다.

정답 01 ① 02 ④ 03 ④ 04 ② 05 ④ 06 ① 07 ②

08 **기상현상이 가장 많이 일어나는 대기권은 어느 것인가?**

① 열권 ② 대류권
③ 성층권 ④ 중간권

대류권은 대기권의 가장 아래층. 두께는 위도와 계절에 따라 변화하지만 대체로 약 10km 정도이며, 공기가 활발한 대류를 일으켜 기상현상이 발생한다.

09 **베르누이 정리에 대한 설명으로 옳은 것은?**

① 정압이 일정하다.
② 전압이 일정하다.
③ 동압이 일정하다.
④ 동압과 정압의 합이 일정하다.

10 **다음 중 비행 후 점검사항이 아닌 것은?**

① 수신기를 끈다.
② 송신기를 끈다.
③ 기체를 안전한 곳으로 옮긴다.
④ 열이 식을 때까지 해당 부위는 점검하지 않는다.

비행 후에는 항상 기체(드론)의 전원을 먼저 끄고, 송신기를 끈다.

11 **다음 중 고기압에 대한 설명으로 틀린 것은?**

① 주변보다 기압이 높은 곳은 고기압이다.
② 북반구에서 고기압의 공기는 시계방향으로 불어 나간다.
③ 중심에서는 상승기류가 형성된다.
④ 근처에서 주로 맑은 날씨가 나타난다.

상승기류가 형성되는 것은 저기압이다.

12 **다음 중 한국교통안전공단 이사장에게 신고를 해야 하는 초경량 비행장치로 맞는 것은?**

① 낙하산
② 계류식 기구
③ 군사 목적 동력 비행장치
④ 동력 비행장치

13 **항공정기기상보고 시 바람의 기준과 방향을 숫자로 어떻게 보고하는가?**

① 도북을 기준으로 2자리 숫자로 보고한다.
② 진북을 기준으로 2자리 숫자로 보고한다.
③ 도북을 기준으로 3자리 숫자로 보고한다.
④ 진북을 기준으로 3자리 숫자로 보고한다.

항공정기기상보고에서 바람정보는 모두 5자리 숫자이다. 첫 세자리는 진북을 기준으로 바람방향을 나타내고 다음 두자리는 바람 속도로서 99Knot 초과 시 000 세자리 표기한다. 00000KT : 무풍

14 **초경량 비행장치를 제한공역에서 비행하고자 하는 자는 비행계획 승인 신청서를 누구에게 제출해야 하는가?**

① 대통령
② 국토교통부장관
③ 국토교통부 항공국장
④ 지방항공청장

15 **유체의 수직 이동현상으로 맞는 것은?**

① 복사 ② 이류
③ 전도 ④ 대류

대류 : 수직 이동, 이류 : 수평 이동

16 **구름의 형성 요인 중 가장 관련이 없는 것은?**

① 냉각 ② 수증기
③ 온난전선 ④ 응결핵

정답 08 ② 09 ② 10 ① 11 ③ 12 ④ 13 ④ 14 ④ 15 ④ 16 ③

17 **주변이 높은 기압으로 둘러싸인 것은?**

① 저기압 ② 고기압
③ 온난전선 ④ 한랭전선

저기압 : 주변이 높은 기압, 고기압 : 주변이 낮은 기압

18 **바람이 없거나 미풍, 맑은 하늘, 상대습도가 높을 때, 낮거나 평평한 지형에서 쉽게 형성되는 안개로 주로 야간 혹은 새벽에 형성되는 것은?**

① 활승안개 ② 이류안개
③ 증기안개 ④ 복사안개

복사안개 : 지표면, 이류안개 : 해안, 활승안개 : 산기슭

19 **베르누이 정리에 대한 바른 설명은 어느 것인가?**

① 베르누이 정리는 밀도와 무관하다.
② 유체의 속도가 증가하면 정압이 감소한다.
③ 위치 에너지의 변화에 의한 압력이 동압이다.
④ 정상 흐름에서 정압과 동압의 합은 일정하지 않다.

20 **다음 중 1기압과 다른 것은?**

① 10.13hPa ② 760mmHg
③ 29.92inHg ④ 760Torr

1기압 = 1013.2hPa

21 **다른 조건은 일정할 때 활공거리를 가장 길게 해 주는 바람은 무엇인가?**

① 측풍
② 후풍
③ 배풍
④ 바람방향과 관계 없음

배풍은 항공기 뒤쪽에서 앞으로 부는 바람이다.

22 **두 기단이 인접했을 때 상호 간섭 없이 본래의 특성을 그대로 지니고 움직임이 거의 없는 전선의 형태는?**

① 정체전선 ② 한랭전선
③ 폐색전선 ④ 온난전선

정체전선은 움직이지 않거나 움직여도 매우 느리게(10km/hr 미만) 움직이는 전선을 말한다.

23 **열에너지 전달 방법 중 유체 운동이 수평방향으로 이루어지는 것은?**

① 대류 ② 복사
③ 이류 ④ 전도

대류 : 수직방향, 이류 : 수평방향

24 **멀티콥터 운영 도중 비상사태 발생 시 가장 먼저 조치해야 할 사항은?**

① 육성으로 주위 사람들에게 큰 소리로 위험을 알린다.
② 에티모드로 전환하여 조종을 한다.
③ 가장 가까운 곳으로 비상 착륙을 한다.
④ 사람이 없는 안전한 곳에 착륙을 한다.

25 **고기압에 대한 설명 중 틀린 것은 어느 것인가?**

① 전선이 쉽게 만들어진다.
② 가장 바깥쪽에 있는 닫힌 등압선까지의 거리는 1000km 이상 된다.
③ 중심으로 갈수록 기압 강도가 낮아져 바람이 약해진다.
④ 북반구에서 시계 방향으로 회전을 한다.

주위보다 기압이 높은 것을 고기압이라 하고, 주위보다 기압이 낮은 것을 저기압이라 한다. 기압이란 대기가 지표면을 누르는 힘이다.

정답 17 ① 18 ④ 19 ② 20 ① 21 ③ 22 ① 23 ③ 24 ① 25 ①

26 NOTAM 유효기간으로 적당한 것은?

① 1개월 ② 3개월
③ 6개월 ④ 1년

NOTAM 국제민간항공기구(ICAO)에서 항공보안을 위한 시설, 업무방식 등의 설치 변경, 위성 존재 등에 대해 운항 관계자에게 국가에서 실시하는 고시

27 어떤 물질 1g을 1℃ 올리는데 필요한 열량을 무엇이라 하는가?

① 비열 ② 잠열
③ 열량 ④ 현열

28 낮에 골짜기에서 산 정상으로 위로 부는 바람을 무엇이라 하는가?

① 해풍 ② 산풍
③ 곡풍 ④ 육풍

낮 : 골짜기→산정상으로 공기 이동(곡풍), 밤 : 산 정상 → 산 아래로 공기 이동(산풍)

29 운량은 각 구름층이 하늘을 덮고 있는 정도를 말한다. 운량이 3/8~4/8일 때의 상태는?

① OVC ② BKN
③ FEW ④ SCT

CLEAR(SKC/CLR) 0/8, FEW 1/8~2/8, SCATTER(SCT) 3/8~4/8, BROKEN(BKN) 5/8~7/8, OVERCAST(OVC) 8/8

30 자북과 진북의 사이각을 무엇이라 하는가?

① 편각
② 차이각
③ 수평 사이각
④ 복각

자북 : 나침반의 북쪽, 진북 : 지구상의 북쪽인 북극 방향, 도북 : 지도상의 북쪽

31 고도계 수정치를 29.92"Hg에 맞추었을 때 고도계의 지시고도는 무슨 고도인가?

① 진고도 ② 절대고도
③ 기압고도 ④ 표준고도

32 항공기가 일정 고도에서 등속수평비행을 하고 있다. 맞는 조건은?

① 양력 = 항력, 추력〉중력
② 양력 = 중력, 추력 = 항력
③ 추력〉항력, 양력〉중력
④ 추력 = 항력, 양력〈중력

수평이면 양력과 중력이 같아야 되고, 추력과 항력이 같아야 한다.

33 멀티콥터 CG의 위치는?

① 동체의 중앙 부분
② 배터리 장착 부분
③ 로터 장착 부분
④ GPS 안테나 부분

CG(center of gravity) : 무게중심

34 브러시 모터와 브러시리스 모터의 특징으로 맞지 않는 것은?

① 브러시리스 모터는 반영구적으로 사용 가능하다.
② 브러시리스 모터는 안전이 중요한 만큼 대형 멀티콥터에 적합하다.
③ 브러시리스 모터는 전자변속기(ESC)가 필수적이다.
④ 브러시 모터는 브러시가 있기 때문에 영구적으로 사용 가능하다.

정답 26 ② 27 ① 28 ③ 29 ④ 30 ① 31 ③ 32 ② 33 ① 34 ④

35 공기 흐름 방향에 관계없이 모든 방향으로 작용하는 압력으로 맞는 것은?

① 정압
② 동압
③ 벤츄리 압력
④ 전압

정압은 유체 속에 잠겨 있는 한 지점에서 상, 하, 좌, 우 방향에 관계없이 일정하게 압력이 작용한다.

36 다음 공역 중 주의공역이 아닌 것은?

① 훈련구역
② 비행제한구역
③ 위험구역
④ 경계구역

주의공역 : 비행 시 조종사의 특별한 주의/경계/식별 등이 필요한 공역 종류

37 다음 중 토크작용과 관련된 뉴턴의 법칙은?

① 관성의 법칙
② 가속도의 법칙
③ 작용과 반작용의 법칙
④ 베르누이 법칙

뉴턴의 제2법칙 : F=ma, 엔진분사된 추력으로 나가면서 유체에 가해지는 힘
뉴턴의 제3법칙 : 엔진 노즐에 나가는 유체가 엔진에 가하는 힘-작용과 반작용

38 신고를 필요로 하는 초경량 비행장치는?

① 패러글라이더
② 계류식 기구류
③ 무인 비행선 중 길이가 7m 이하가 되지 아니한 것으로 비행에 사용하지 아니한 초경량 비행장치
④ 동력을 이용하지 아니하는 비행장치

항공안전법 시행령 제24조에 의거 신고를 필요로 하지 아니하는 초경량 비행장치
① 행글라이더, 패러글라이더 등 동력을 이동하지 아니하는 비행장치
② 계류식 기구급(사람이 탑승하는 것은 제외한다.)
③ 계류식 무인 비행장치

39 태풍의 세력이 약해져서 소멸되기 직전 또는 소멸되면 무엇으로 변하는가?

① 열대성 고기압
② 열대성 저기압
③ 열대성 폭풍
④ 편서풍

40 대기권 중에서 장거리 무선통신이 가능한 전리층이 존재하는 곳은?

① 열권
② 성층권
③ 중간권
④ 대류권

열권에서는 태양에너지에 의해 공기 분자가 이온화되어 자유전자가 밀집되어 전리층이라 불린다.

정답 35 ① 36 ② 37 ③ 38 ③ 39 ② 40 ①

제 3 회 예상적중 모의고사

01 초경량 비행장치의 비행 전 조종기 테스트로 적당한 것은 어느 것인가?

① 기체와 30m 떨어져서 레인지모드로 테스트한다.
② 기체와 100m 떨어져서 일반모드로 테스트한다.
③ 기체 바로 옆에서 테스트한다.
④ 기체를 이륙해서 조종기를 테스트한다.

02 차가운 지면이나 수면 위로 따뜻한 공기가 이동해 오면, 공기의 밑 부분이 냉각되어 응결이 일어나는 안개로 대부분 해안이나 해상에서 발생하는 것은?

① 이류안개 ② 복사안개
③ 활승안개 ④ 증기안개

해설

복사안개 : 지표면 발생, 활승안개 : 산기슭에 발생

03 6500ft 이하에서 발생하는 구름의 종류는 맞는 것은?

① 권층운 ② 고층운
③ 적운 ④ 층운

해설

하층운(2km 미만) : 난층운(NS), 층적운(SC), 층운(ST)

04 대류권에서 대기의 온도는 고도가 상승하면서 몇도 비율로 감소하는가?

① 2℃/km ② 6.5℃/km
③ 6.5℃/1,000ft ④ 2℃/500ft

해설

km당 6.5℃ 감소, 1,000ft당 2℃ 감소

05 구름의 종류 중 하층운 구름에 속하지 않는 것은?

① 층운 ② 층적운
③ 난층운 ④ 권운

해설

상층운(6~12km) : 권운(CI), 권적운(CC), 권층운

06 이륙거리를 짧게 하는 방법으로 적당하지 않은 것은?

① 추력을 크게 한다.
② 비행기 무게를 작게 한다.
③ 배풍으로 이륙을 한다.
④ 고양력 장치를 사용한다.

해설

이륙거리는 비행기가 활주로에서 하늘로 탈출하는 거리이다. 따라서 추력을 최대한으로 해야 하고, 비행기 무게를 작게 해야 하며 양력을 사용해야 한다. 이륙은 맞바람을 맞으면서 이륙해야 한다.

07 뇌우의 형성 조건이 아닌 것은?

① 대기의 불안정 ② 풍부한 수증기
③ 강한 상승기류 ④ 강한 하강기류

해설

뇌우는 고온다습, 대기 불안정이 상승기류를 만날 경우 발생할 수 있다.

08 열대성 저기압 중심부의 최대 풍속이 몇 m/s 이상일 때를 태풍이라고 하는가?

① 14m/s ② 17m/s
③ 21m/s ④ 30m/s

해설

최대 풍속이 17m/s 이상일 때를 태풍이라 한다.

정답 01 ① 02 ① 03 ④ 04 ② 05 ④ 06 ③ 07 ④ 08 ②

09 다음 중 한국교통안전공단 이사장에게 신고를 해야 하는 초경량 비행장치로 맞는 것은?

① 낙하산
② 계류식 기구
③ 군사 목적 동력 비행장치
④ 동력 비행장치

10 비행기 고도 상승에 따른 공기 밀도와 엔진 출력 관계를 설명한 것 중 옳은 것은?

① 공기 밀도 감소, 엔진 출력 증가
② 공기 밀도 증가, 엔진 출력 감소
③ 공기 밀도 감소, 엔진 출력 감소
④ 공기 밀도 증가, 엔진 출력 증가

고도 상승 따라 공기밀도가 감소하기 때문에 엔진출력도 감소한다.

11 뇌우과 같이 동반하지 않는 것은?

① 하강기류　② 우박
③ 안개　④ 번개

폭우, 소나기, 우박을 동반하므로 안개가 발생하기 어렵다. 하강기류에 의해서 비가 내린다.

12 기압 고도계를 구비한 비행기가 일정한 계기 고도를 유지하면서 기압이 낮은 곳에서 높은 곳으로 비행할 때 기압 고도계의 지침 상태는?

① 실제고도보다 높게 지시한다.
② 실제고도와 일치한다.
③ 실제고도보다 낮게 지시한다.
④ 실제고도보다 높게 지시한 후에 서서히 일치한다.

압력 변화를 표시하기 위해 아네로이드 기압계를 사용하는데, 더 높이 올라갈수록 공기가 희박해지면서 아네로이드 기압계는 수축된다.

13 등압선이 좁은 곳은 어떤 현상이 발생하는가?

① 태풍 지역　② 강한 바람
③ 무풍 지역　④ 약한 바람

등압선 좁은 곳은 강한 바람, 넓은 곳은 약한 바람

14 공기밀도에 대한 설명으로 틀린 것은?

① 수증기가 많이 포함될수록 공기밀도는 감소한다.
② 일반적으로 공기밀도는 하층보다 상층이 낮다.
③ 온도가 높아질수록 공기밀도도 증가한다.
④ 국제표준대기(ISA)의 밀도는 건조공기로 가정했을 때의 밀도이다.

온도가 높아질수록 공기밀도는 감소한다.

15 초경량 비행장치 신고번호를 발급하는 기관은 어느 곳인가?

① 국방부　② 국토교통부
③ 지방항공청　④ 한국교통안전공단

16 유도 항력의 원인은 무엇인가?

① 날개 끝 와류
② 속박와류
③ 간섭항력
④ 충격파

일반적으로 항력이라 함은, 비행기의 전진을 방해하는 힘으로 추진력에 반대로 작용하며 유해항력과 유도항력으로 구분된다.

17 국제표준대기 조건 적용 하에 500ft 상공에서의 온도는 얼마인가?

① 12℃　② 13℃
③ 14℃　④ 15℃

기온감률 : 1000ft당 2도

정답 09 ④ 10 ③ 11 ③ 12 ③ 13 ② 14 ③ 15 ④ 16 ① 17 ③

18 난기류(Turbulence)가 발생하는 주 요인이 아닌 것은?

① 안정된 대기 상태
② 바람의 흐름에 대한 장애물
③ 대형 항공기에서 발생하는 후류
④ 기류의 수직 대류현상

안정된 대기는 난기류가 발생하지 않는다.

19 로터에 의한 공기의 하향 흐름으로 발생한 양력 때문에 생긴 항력은?

① 조파항력 ② 형상항력
③ 유도항력 ④ 마찰항력

유도항력은 멀티콥터가 양력을 발생할 때 나타나는 유도기류에 의한 항력이다.

20 조종기를 장시간 사용하지 않을 경우 보관 방법으로 옳지 않은 것은?

① 충격에 안전한 상자에 넣어서 보관한다.
② 안테나는 벽과 같은 곳에 장시간 눌리지 않도록 한다.
③ 장시간 사용하지 않을 경우 배터리를 분리하여 따로 보관하도록 한다.
④ 주변 온도는 고려하지 않아도 된다.

조종기 보관 시 안전한 상자에 넣어 서늘한 곳에 보관하여야 한다.

21 뇌우의 성숙단계 시 나타나는 현상으로 틀린 것은?

① 강한 바람과 번개가 동반한다.
② 상승기류와 하강기류가 교차
③ 강한비가 내린다.
④ 상승기류가 생기면서 적란운이 운집

적운단계 : 적운형 구름이 성장하는 단계, 강수현상은 미비
소멸단계 : 구름 내부에 하강기류만 남게 되어 구름 소멸

22 다음 기상 보고 상태의 +RA FG는 무엇을 의미하는가?

① 비와 함께 안개가 동반된다.
② 비와 함께 안개가 동반되지 않는다.
③ 강한 비 이후 안개가 내린다.
④ 약한 비가 내린 뒤 안개가 내린다.

FG(fog) : 안개(시정 5~8SM 이하), RA(rain) : 비

23 비행승인을 받기 위해 서류를 제출하여야 하는 기관은 어느 곳인가?

① 지방항공청
② 국방부
③ 한국교통안전공단
④ 국토교통부

비행승인은 지방항공청에서 하며 소관부처는 국토교통부이다.

24 Cumulonimbus의 nimbus는 무엇을 의미하는가?

① 우박 ② 대류
③ 비구름 ④ 적운

적란운(CB ; Cumulonimbu) : 번개가 치며 소나기나 우박이 내림, 쌘비구름

25 복사안개에 대한 설명으로 틀린 것은?

① 주로 가을이나 겨울의 맑은 날, 바람이 거의 불지 않는 새벽에 지면 부근이 매우 잘 복사 냉각되어 기온역전층이 형성되므로 발생하는 안개이다.
② 땅안개라고 한다.
③ 복사안개가 형성되면 흐린 날씨이다.
④ 우리나라 내륙에서 빈번하게 발생하는 안개이다.

안개가 형성되면 날씨가 좋다.

정답 18 ① 19 ③ 20 ④ 21 ④ 22 ③ 23 ① 24 ③ 25 ③

26 초경량 비행장치의 운용시간은 언제부터 언제까지인가?

① 일출부터 일몰 30분전까지
② 일출부터 일몰까지
③ 일몰부터 일출까지
④ 일출 30분 후부터 일몰 30분전까지

27 대류권에서 고도가 상승함에 따라 공기의 밀도, 온도, 압력의 변화로 옳은 것은?

① 밀도, 온도는 감소하고, 압력은 증가한다.
② 밀도, 온도, 압력 모두 증가한다.
③ 밀도, 온도는 증가하고 압력은 감소한다.
④ 밀도, 온도, 압력 모두 감소한다.

28 운량은 각 구름층이 하늘을 덮고 있는 정도를 말한다. 운량이 6/8~7/8일 때의 상태는?

① BKN ② FEW
③ OVC ④ SCT

CLR(0/8), FEW(1/8~2/8), SCT(3/8~4/8), BKN(5/8~7/8), OVC(8/8)

29 관제탑에서 제공하는 해당 지역의 평균 해수면의 실제 기압값으로 조종사가 기압고도계를 세팅하는 방식은?

① QNH ② QNE
③ QFE ④ QNF

QNH(Q-Nautial Height) : 평균해수면의 실제 기압값 세팅, 공항의 공식 표고를 나타내도록 맞춘 고도계 수정치, 진고도라고도 사용, 대부분 국가에서 사용

30 조종사를 포함한 항공종사자들이 적시 적절히 알아야 할 공항 시설, 항공 업무, 절차 등의 변경 및 설정 등에 관한 정보 사항을 고시하는 것은?

① METAR ② NOTAM
③ AIC ④ AIP

NOTAM의 유효기간 : 3개월

31 다음 중 초경량 비행장치에 속하지 않는 것은?

① 탑승자, 연료 및 비사용 장비의 중량을 제외한 자체중량이 130kg인 고정익 비행장치
② 항력을 발생시켜 대기 중을 낙하하는 사람 또는 물체의 속도를 느리게 하는 비행장치
③ 유인자유기구 또는 무인자유기구
④ 연료의 중량을 제외한 자체중량이 150kg 이하인 무인비행기, 무인헬리콥터, 무인멀티콥터

고정익 비행장치는 초경량 비행장치가 아니다.

32 멀티콥터의 구성요소가 아닌 것은?

① FC ② ESC
③ Propeller ④ GPS

GPS는 꼭 필요한 구성요소는 아니다.

33 멀티콥터의 비행 자세 제어를 확인하는 시스템은?

① 자이로 센서
② 가속도 센서
③ 위성시스템(GPS)
④ 지자기 방위 센서

GPS : 위치 제어, 자이로 : 자세 제어, 가속도 : 속도 제어

34 기압고도란 무엇을 말하는가?

① 항공기와 지표면의 실측 높이이며, AGL 단위를 사용한다.
② 고도계 수정치를 표준대기압(29.92 inHg)에 맞춘 상태에서 고도계가 지시하는 고도
③ 기압고도에서 비표준 온도와 기압을 수정해서 얻은 고도이다.
④ 고도계를 해당 지역이나 인근 공항의 고도계 수정치 값에 수정했을 때 고도계가 지시하는 고도

정답 26 ② 27 ④ 28 ① 29 ① 30 ② 31 ① 32 ④ 33 ① 34 ②

35 초경량 비행장치 주소 변경 신고 기한은?

① 10일　② 15일
③ 30일　④ 60일

36 다음 비행장치 중 사용하기 위해서 신고가 필요하지 않는 장치에 속하지 않는 것은?

① 항공레저스포츠사업에 사용되는 낙하산류
② 계류식 무인비행장치
③ 동력을 이용하지 아니하는 행글라이더, 패러글라이더
④ 연구기관 등이 시험 · 조사 · 연구 또는 개발을 위하여 제작한 초경량 비행장치

사업용은 무조건 신고를 하여야 한다.

37 항공안전법상 공역을 사용목적에 따라 분류하였을 때 주의공역에 해당되지 않는 것은?

① 조언구역
② 경계구역
③ 위험구역
④ 군작전구역

비관제공역 : 조언구역, 정보구역

38 몇 kg 이하 행글라이더가 초경량 비행장치의 범위에 포함되는가?

① 70kg　② 100kg
③ 115kg　④ 150kg

행글라이더, 패러글라이더 : 70kg 이하, 동력비행장치 :115kg 이하, 무인동력비행장치 : 150kg 이하

39 주류 등의 영향으로 초경량 비행장치를 사용하여 비행을 정상적으로 수행할 수 없는 상태에서 초경량 비행장치를 사용하여 비행한 사람의 처벌 기준으로 옳은 것은?

① 500만 원 이하의 벌금
② 1년 이하의 징역 또는 1천만 원 이하의 벌금
③ 1천만 원 이하의 벌금
④ 3년 이하의 징역 또는 3천만 원 이하의 벌금

주류 관련 처벌 기준은 3년 이하의 징역 또는 3천만 원 이하의 벌금이다.

40 항공법 분법이 아닌 것은?

① 항공안전법
② 항공사업법
③ 공항시설법
④ 항공조종법

PART 04 실전 문제 풀이

정답 35 ③ 36 ① 37 ① 38 ① 39 ④ 40 ④

제 4 회 예상적중 모의고사

01 비행 후 기체 점검 사항 중 옳지 않은 것은?

① 동력계통 부위의 볼트 조임 상태 등을 점검하고 조치한다.
② 메인 블레이드, 테일 블레이드의 결합 상태, 파손 등을 점검한다.
③ 남은 연료가 있을 경우 호버링 비행하여 모두 소모시킨다.
④ 송수신기의 배터리 잔량을 확인하고 부족 시 충전한다.

남은 연료는 소비하지 않고, 다음에 재사용할 수 있다. 배터리일 경우, 착륙 후 남은 배터리는 탈거하여 재충전하여 사용한다.

02 리튬 폴리머 배터리 취급/보관 방법으로 부적절한 설명은?

① 배터리가 부풀거나 누유 또는 손상된 상태일 경우에는 수리하여 사용한다.
② 빗속이나 습기가 많은 장소에 보관하지 말 것
③ 정격 용량 및 장비별 지정된 정품 배터리를 사용하여야 한다.
④ 배터리는 −10~40℃의 온도 범위에서 사용한다.

03 다음 중 항공안전법상 초경량 비행장치가 아닌 것은?

① 동력패러슈트
② 패러글라이더
③ 회전익 비행장치
④ 행글라이더

동력패러슈트는 경량항공기로 분류된다.

04 다음 위반 사항 중 초경량 비행장치 조종자 증명을 취소해야만 하는 경우는?

① 초경량 비행장치 조종자 준수사항을 위반한 경우
② 주류 등의 영향으로 초경량 비행장치를 사용하여 비행을 정상적으로 수행할 수 없는 상태에서 초경량 비행장치를 사용하여 비행한 경우
③ 거짓이나 그 밖의 부정한 방법으로 초경량 비행장치 조종자 증명을 받은 경우
④ 초경량비행장치의 조종자로서 업무를 수행할 때 고의 또는 중대한 과실로 초경량 비행장치 사고를 일으켜 인명피해나 재산피해를 발생시킨 경우

①, ②, ④는 취소 또는 정지사유이다.

05 초경량 비행장치 안전성 인증검사 담당기관으로 맞는 것은?

① 한국교통안전공단　② 국토교통부
③ 지방항공청　④ 항공안전기술원

안전성 인증검사는 항공안전기술원에서 주로 담당한다.

06 다음 중 비행기의 방향 안정성을 확보해주는 것은?

① rudder(방향키)
② elevator(승강기)
③ vertical stabilizer(수직안정판)
④ horizontal stabilizer(수평안정판)

방향은 비행기가 나아가는 방향을 말하며 수직안정판이 중요하다. 수평안정판은 양력 발생 및 상하를 책임져준다.

정답 01 ③ 02 ① 03 ① 04 ③ 05 ④ 06 ③

07 진고도(True altitude)란 무엇을 말하는가?

① 항공기와 지표면의 실측 높이이며 'AGL' 단위를 사용한다.
② 고도계 수정치를 표준 대기압(29.92"Hg)에 맞춘 상태에서 고도계가 지시하는 고도
③ 평균 해면 고도로부터 항공기까지 실제 높이
④ 고도계를 해당 지역이나 인근, 공항의 고도계 수정치 값에 수정했을 때 고도계가 지시하는 고도

비표준 대기 상태를 수정한 수정 고도로서 이 고도는 평균 해면 고도 위의 실제 높이다.

08 조종자 준수사항 위반 시 2차 과태료는 얼마인가?

① 30만 원 ② 225만 원
③ 100만 원 ④ 300만 원

조종자 준수사항 위반 : 1차 150만 원, 2차 225만 원, 3차 300만 원 과태료

09 멀티콥터 우측으로 이동 시 프로펠러 회전은?

① 좌측 앞뒤 2개의 프로펠러가 더 빨리 회전한다.
② 우측 앞뒤 2개의 프로펠러가 더 빨리 회전한다.
③ 좌측 앞 우측 뒤 프로펠러가 더 빨리 회전한다.
④ 우측 앞 좌측 뒤 프로펠러가 더 빨리 회전한다.

움직이려 하는 반대쪽이 더 빨리 회전해야 한다.

10 이륙거리를 짧게 하는 방법으로 적당하지 않은 것은?

① 추력을 크게 한다.
② 비행기 무게를 작게 한다.
③ 배풍으로 이륙을 한다.
④ 고양력 장치를 사용한다.

이륙거리는 비행기가 활주로에서 하늘로 탈출하는 거리이다. 따라서 추력을 최대한으로 해야 하고, 비행기 무게를 작게 해야 하며 양력을 사용해야 한다. 이륙은 맞바람을 맞으면서 이륙해야 한다.

11 조종자 증명을 받지 않고 비행한 경우 2차 과태료는 얼마인가?

① 300만 원 ② 100만 원
③ 200만 원 ④ 30만 원

조종자 증명 위반 : 1차 200만 원, 2차 300만 원, 3차 400만 원 과태료

12 다음 중 신고가 필요한 초경량 비행장치는?

① 연구기관 등이 시험 · 조사 · 연구 또는 개발을 위하여 제작한 초경량 비행장치
② 무인비행선 중에서 연료의 무게를 제외한 자체무게가 30kg 이하이고, 길이가 10미터 이하인 것
③ 군사목적으로 사용되는 초경량 비행장치
④ 사람이 탑승하지 않은 계류식 기구류

무인비행선 중에서 연료의 무게를 제외한 자체무게가 12kg 이하이고, 길이가 7미터 이하인 것은 신고할 필요가 없다.

13 다음 중 항공안전법 상 항공기가 아닌 것은?

① 자체중량 60킬로그램을 초과하는 활공기
② 발동기가 1개 이상이고 조종사 좌석을 포함한 탑승 좌석 수가 1개 이상인 유인 비행선
③ 연료의 중량을 제외한 자체중량이 150킬로그램을 초과하는 발동기가 1개 이상인 무인조종 비행기
④ 지구 대기권 내외를 비행할 수 있는 항공우주선

자체중량이 70킬로그램을 초과하는 활공기가 항공기로 분류된다.

PART 04 실전 문제 풀이

정답 07 ③ 08 ② 09 ① 10 ③ 11 ① 12 ② 13 ①

14 다음 중 강한 비가 계속 올 수도 있는 구름은 무엇인가?

① Cc ② As ③ St ④ Cb

① 권적운(Cc) : 흰색 또는 회색 반점이나 띠 모양의 구름
② 고층운(As) : 하늘을 완전히 덮고 있으나 후광현상 없이 태양을 볼 수 있는 회색구름
③ 층운(St) : 안개와 비슷하게 연속적인 막을 만드는 회색 구름
④ 적란운(Cb) : 세찬 강수를 일으킬 수 있는 매우 웅장한 구름
⑤ 난층운(Ns) : 지속적인 강수를 일으킬 수 있는 어두운 층구름(태양을 완전히 가림)

15 우시정에 대한 설명으로 틀린 것은?

① 우리나라에서는 2004년부터 우시정 제도를 채용하고 있다.
② 최대치의 수평 시정을 말하는 것이다.
③ 관측자로부터 수평원의 절반 또는 그 이상의 거리를 식별할 수 있는 시정
④ 방향에 따라 보이는 시정이 다를 때 가장 작은 값으로부터 더해 각도의 합계가 180도 이상이 될 때의 값을 말한다.

시정(VIS, visibility)이란 일정 방향의 목표물이 보이면서 동시에 그 형상을 식별할 수 있는 최대거리를 말한다. 우리나라나 일본, 미국 등 일부 나라에서는 우시정(prevailing visibility)을 채용하고 있다.

16 다음 중 비행 전 점검에 대한 내용으로 틀린 것은?

① 메인 로터의 장착과 파손여부를 확인한다.
② 통신상태 및 GPS 수신상태를 점검한다.
③ 기체 아랫부분을 점검할 때 기체는 코너링 시켜놓은 뒤 그 아래에서 상태를 확인한다.
④ 배터리 잔량을 체커기를 통해 육안으로 확인한다.

비행 전 점검에서 기체 자체를 점검할 때는 반드시 기체의 시동을 꺼놓은 상태에서 실시하여야 한다.

17 항상 일정한 방향과 자세를 유지하며 멀티콥터의 키 조작에 필요한 역할을 하는 장치는?

① 기압계 ② 가속도계
③ 광류 및 음파 탐지기 ④ 자이로스코프

자이로스코프는 항상 일정한 방향을 유지하려는 특성이 있다. 즉 바람이 왼쪽에서 5m/sec로 불어온다면 기체는 우로 기울게 되며 이때 수평을 잡으려 하는 현상이 자이로스코프가 작동하기 때문이다.

18 다음 중 안전성 인증검사 대상이 아닌 초경량 비행장치는?

① 사람이 탑승하지 않는 기구류
② 회전익 비행장치
③ 동력비행장치
④ 항공레저스포츠사업에 사용되는 행글라이더

사람이 탑승하는 기구류는 안전성 인증검사 대상이다.

19 초경량 비행장치 말소신고에 대한 설명으로 틀린 것은?

① 비행장치가 멸실된 경우 실시한다.
② 사유 발생일로부터 30일 이내에 신고하여야 한다.
③ 비행장치가 외국에 매도된 경우 실시한다.
④ 비행장치의 존재 여부가 2개월 이상 불분명할 경우 실시한다.

변경신고 : 30일, 말소신고 : 15일

20 항공교통의 안전을 위하여 항공기의 비행순서·시기 및 방법 등에 관하여 국토교통부장관의 지시를 받아야 할 필요가 있는 공역은?

① 비관제공역
② 관제공역
③ 통제공역
④ 주의공역

관제공역 : 관제권, 관제구, 비행장 교통구역

정답 14 ④ 15 ④ 16 ③ 17 ④ 18 ① 19 ② 20 ②

21 **다음 중 실속(Stall)이 일어나는 가장 큰 원인으로 올바른 것은?**

① 불안정한 대기 때문에
② 받음각(AOA)이 너무 커져서
③ 엔진의 출력이 부족해서
④ 속도가 없어지므로

실속의 실질적인 원인은 받음각의 증가에 의한 공기흐름의 박리현상으로 발생된다.

22 **동체의 좌우 흔들림을 잡아주는 센서는?**

① 자이로 센서
② 지자계 센서
③ 기압 센서
④ GPS

수평(자세)을 잡아주는 기능은 자이로 센서이다.

23 **초경량 비행장치 말소신고를 하지 않은 경우 1차 과태료는?**

① 200만 원　　② 100만 원
③ 15만 원　　④ 30만 원

말소신고 위반 : 1차 15만 원, 2차 22.5만 원, 3차 30만 원 과태료

24 **조종기를 장기간 사용하지 않을 시 보관 방법으로 옳은 것은 어느 것인가?**

① 케이스와 같이 보관한다.
② 장기간 보관 시 배터리 커넥터를 분리한다.
③ 방전 후에 사용을 할 수 있다.
④ 온도에 상관없이 보관한다.

조종기는 배터리로 구동한다. 장시간 사용하지 않을 시 배터리를 빼는 게 좋다.

25 **항공기, 경량항공기 또는 초경량 비행장치의 안전하고 효율적인 비행과 수색 또는 구조에 필요한 정보를 제공하기 위한 공역은?**

① 비행장 교통구역
② 관제권
③ 관제구
④ 비행정보구역

비행정보구역(FIR)은 국제민간항공협약 및 같은 협약 부속서에 따라 국토교통부장관이 그 명칭, 수직 및 수평범위를 지정·공고한 공역이다.

26 **영리 또는 비영리 목적으로 사용하는 초경량 비행장치의 안전성 인증검사의 유효기간은?**

① 2년　　② 6개월
③ 1년　　④ 3개월

영리, 비영리 모두 초도검사 후 정기검사까지의 유효기간은 2년이다.

27 **다음 중 관제공역은 어느 것인가?**

① A 등급 공역
② G 등급 공역
③ F 등급 공역
④ H 등급 공역

공역 등급에 따라 항공교통관제 업무를 계기비행 또는 시계비행 항공기에게 제공하는 일정 범위의 공역으로 A, B, C, D, E 등급으로 구분한다.

28 **항공장애등 설치 높이로 적당한 것은 어느 것인가?**

① 300ft AGL　　② 500ft AGL
③ 300ft MSL　　④ 500ft MSL

500ft(AGL), 지표 또는 수면으로부터 30m 이상 높이의 구조물. 야간 항공에 장애가 될 염려가 있는 높은 건축물이나 위험물의 존재를 알리기 위한 등. 붉은 빛의 등을 켠다.

정답 21 ② 22 ① 23 ③ 24 ② 25 ④ 26 ① 27 ① 28 ②

29 공기 중의 수증기의 양을 나타내는 것이 습도이다. 습도의 양은 무엇에 따라 달라지는가?

① 지표면의 물의 양
② 바람의 세기
③ 기압의 상태
④ 온도

30 항공안전법에서 정의하는 초경량 비행장치 범위에 속하지 않는 것은?

① 무인비행선
② 유인자유기구
③ 무인비행선
④ 활공기

자체중량 70kg을 초과하는 활공기는 항공기로 분류한다.

31 다음 중 초경량 비행장치 신고서에 첨부하여야 할 서류가 아닌 것은?

① 가로 15cm × 세로 10cm의 비행장치 측면 사진
② 제원 및 성능표
③ 소유를 증명하는 서류
④ 설계 도면

설계 도면은 신고 시 필요 없다.

32 로터 이상 시 가장 먼저 나타나는 현상은?

① 로터의 진동이 느껴진다.
② 모터의 속도가 늦어진다.
③ 기체가 떨린다.
④ 배터리에 열이 난다.

로터 이상 시 진동이 먼저 생긴다.

33 다음 중 무인 동력장치 Mode 2의 수직하강을 하기 위한 올바른 설명은?

① 왼쪽 조종간을 올린다.
② 왼쪽 조종간을 내린다.
③ 엘리베이터 조종간을 올린다.
④ 에일러론 조종간을 조정한다.

34 조종자 준수사항을 지키지 않았을 때와 관련이 없는 것은?

① 벌금 300만 원
② 과태료 300만 원
③ 조종자격 정지
④ 조종자격 취소

조종자 준수사항 위반 시 과태료 처분, 조종자격 정지 또는 취소 처분을 받는다.

35 다음 중 무인비행장치 조종자 준수사항이 아닌 것은?

① 관제공역, 통제공역, 주의공역에서 비행하는 행위 금지
② 비행시정 및 구름으로부터의 거리기준을 위반하여 비행하는 행위 금지
③ 인명이나 재산에 위험을 초래할 우려가 있는 낙하물의 투하하는 행위 금지
④ 일구가 밀집된 지역이나 그 밖에 사람이 많이 모인 장소의 상공에서 인명 또는 재산에 위험을 초래할 우려가 있는 방법으로 비행하는 행위 금지

무인비행장차 조종자에 대해서는 적용하지 않는 초경량 비행장치 조종자의 준수사항 2가지
1. 안개 등으로 인하여 지상목표물을 육안으로 식별할 수 없는 상태에서 비행하는 행위
2. 비행시정 및 구름으로부터의 거리기준을 위반하여 비행하는 행위

정답 29 ④ 30 ④ 31 ④ 32 ① 33 ② 34 ① 35 ②

36 조종자 준수사항에 포함되지 않는 것은?

① 일몰 후 비행 금지
② 고도 300m(1,000ft) 미만에서 비행 금지
③ 음주 비행 금지
④ 낙하물 투하 금지

비행승인 없이 150m 미만까지 비행할 수 있다.

37 초경량 비행장치 중 무인비행기, 무인헬리콥터, 무인멀티콥터의 무인동력비행장치는 연료의 중량을 제외한 자체중량이 몇 kg 이하인가?

① 115kg ② 150kg
③ 180kg ④ 70kg

무인동력비행장치 : 150kg 이하, 무인비행선 : 180kg 이하, 동력비행장치 : 115kg 이하

38 다음 중 항공기의 정의에 대한 설명으로 옳은 것은?

① 민간항공에 사용되는 비행선과 활공기를 제외한 모든 것을 말한다.
② 비행기, 헬리콥터, 비행선, 활공기 그 밖에 대통령령으로 정하는 기기를 말한다.
③ 활공기, 회전익 항공기, 대형 항공기 그 밖에 대통령령으로 정하는 기기를 말한다.
④ 민간항공에 사용되는 대형 항공기를 말한다.

항공안전법 제2조(정의)
"항공기"란 공기의 반작용(지표면 또는 수면에 대한 공기의 반작용은 제외한다. 이하 같다)으로 뜰 수 있는 기기로서 최대이륙중량, 좌석 수 등 국토교통부령으로 정하는 기준에 해당하는 다음 각 목의 기기와 그 밖에 대통령령으로 정하는 기기를 말한다.
가. 비행기
나. 헬리콥터
다. 비행선
라. 활공기(滑空機)

39 초경량 비행장치에 사용하는 배터리가 아닌 것은?

① Li-Po ② Ni-Cd
③ Ni-MH ④ Ni-CH

니켈카드뮴은 옛날에 사용하였고, 요즘은 거의 사용하지 않는다. 전혀 사용하지 않는 것을 고르면 된다.

40 초경량 비행장치 중 인력활공기에 해당하는 것은?

① 활공기
② 비행선
③ 자이로 플레인
④ 행글라이더

행글라이더, 패러글라이더 등 동력을 이용하지 않는 비행장치가 인력활공기이다.

정답 36 ② 37 ② 38 ② 39 ④ 40 ④

제 5 회 예상적중 모의고사

01 **비행제한구역에서 비행승인 없이 비행 시 처벌기준으로 옳은 것은?**

① 500만 원 이하 과태료
② 1천만 원 이하 벌금
③ 500만 원 이하 벌금
④ 1천만 원 이하 과태료

비행제한구역에서 비행승인 없이 비행 시 500만 원 이하의 벌금에 처한다.

02 **안전성 인증검사 3차 위반 시 처벌기준으로 옳은 것은?**

① 500만 원 이하 벌금
② 500만 원 이하 과태료
③ 1천만 원 이하 벌금
④ 1천만 원 이하 과태료

안전성 인증 검사 위반 : 1차 250만 원, 2차 375만 원, 3차 500만 원 과태료

03 **초경량 비행장치를 영리목적으로 사용하려면 보험가입을 해야 한다. 그 경우가 아닌 것은?**

① 초경량 비행장치 사용사업 시
② 초경량 비행장치 판매 시
③ 항공기 대여업 시
④ 항공레저스포츠사업 시

판매 시 제3자보험에 가입할 필요가 없다.

04 **기압고도(Pressure altitude)란 무엇을 말하는가?**

① 항공기의 지표면의 실측 높이이며 'AGL' 단위를 사용한다.
② 고도계 수정치를 표준 대기압(29.92inHg)에 맞춘 상태에서 고도계가 지시하는 고도
③ 기압고도에서 비표준 온도와 기압을 수정해서 얻은 고도이다.
④ 고도계를 해당 지역이나 인근 공항의 고도계 수정치 값에 수정했을 때 고도계가 지시하는 고도

05 **항공법상 초경량 비행장치라고 할 수 없는 것은?**

① 좌석이 2개인 비행장치로서 자체중량 115kg을 초과하는 동력비행장치
② 자체중량 70kg 이하로서 체중이동, 타면 조종 등 행글라이더
③ 기구류
④ 회전익 비행장치

초경량 비행장치는 좌석이 2개인 것이 없다.

06 **다음 중 드론의 실속(Stall)에 대한 설명으로 맞지 않는 것은?**

① 드론이 그 고도를 더 이상 유지할 수 없는 상태를 말한다.
② 받음각(AOA)이 실속(Stall)각보다 클 때 일어나는 현상이다.
③ 날개에서 공기흐름의 떨어짐 현상이 생겼을 때 일어난다.
④ 양력이 급격히 증가하기 때문이다.

정답 01 ③ 02 ② 03 ② 04 ② 05 ① 06 ④

실속이란 항공기가 공기의 저항에 부딪쳐 추친력을 상실하는 현상이다. 항공기 날개는 상대풍과의 적절한 각을 형성하였을 때 양력을 발생시킬 수 있지만, 만약 항공기 날개와 상태풍의 각이 수직을 이루고 있다면 받음각은 최대가 되나 공기의 저항이 최대가 되어 양력을 발생시키지 못하기 때문에 항공기는 속도를 상실하게 된다.

07 동력비행장치는 자체 중량이 몇 킬로그램 이하여야 하는가?

① 180kg 이하　② 150kg 이하
③ 120kg 이하　④ 115kg 이하

해설

무인동력비행장치 : 150kg 이하, 무인비행선 : 180kg 이하

08 우리나라 항공법의 기본이 되는 국제법은?

① 국제민간항공협약 및 같은 협약의 부속서
② 일본의 항공법
③ 중국의 항공법
④ 미국의 항공법

우리나라 항공법은 국제민간항공협약 및 같은 협약의 부속서를 기준으로 1961. 3월에 최초 제정되었다.

09 뇌우의 활동 단계 중 그 강도가 최대이고 밑면에서는 강수현상이 나타나는 단계는 어느 단계인가?

① 생성단계　② 누적단계
③ 성숙단계　④ 소멸단계

성숙단계(mature stage)
•지속적인 상승기류 강화(6,000FPM 초과)
•강수 시작
•강수 하강으로 강력한 하강기류 발생(2,500FPM 초과)
•지면에서 강한 돌풍, 급격한 기온강하, 기압 급상승, 난기류 발생
•가끔 증발비(Virga) 발생
•20~40분 지속 후 소멸단계 진입

10 접근하는 항공기 상호 간의 통행 우선순위를 바르게 나열한 것은?

① 활공기 – 비행선 – 물건을 예항하는 항공기 – 비행기
② 활공기 – 동력으로 추진되는 활공기 – 비행선 – 비행기
③ 동력으로 추진되는 활공기 – 물건을 예항하는 항공기 – 회전익항공기 – 비행선
④ 비행선 – 물건을 예항하는 항공기 – 활공기 – 동력으로 추진되는 활공기

항공안전법 시행규칙 제166조(통행의 우선순위)
① 법 제67조에 따라 교차하거나 그와 유사하게 접근하는 고도의 항공기 상호간에는 다음 각 호에 따라 진로를 양보해야 한다.
1. 비행기 · 헬리콥터는 비행선, 활공기 및 기구류에 진로를 양보할 것
2. 비행기 · 헬리콥터 · 비행선은 항공기 또는 그 밖의 물건을 예항(끌고 비행하는 것을 말한다)하는 다른 항공기에 진로를 양보할 것
3. 비행선은 활공기 및 기구류에 진로를 양보할 것
4. 활공기는 기구류에 진로를 양보할 것

11 항공종사자의 혈중알콜농도의 제한기준으로 옳은 것은?

① 0.2%　② 0.02%
③ 0.6%　④ 0.06%

12 기압 고도계를 구비한 비행기가 일정한 계기 고도를 유지하면서 기압이 낮은 곳에서 높은 곳으로 비행할 때 기압 고도계의 치침 상태는?

① 실제고도보다 높게 지시한다.
② 실제고도와 일치한다.
③ 실제고도보다 낮게 지시한다.
④ 실제고도보다 높게 지시한 후에 서서히 일치한다.

압력 변화를 표시하기 위해 아네로이드 기압계를 사용하는데, 더 높이 올라갈수록 공기가 희박해지면서 아네로이드 기압계는 수축된다.

정답 07 ④ 08 ① 09 ③ 10 ① 11 ② 12 ③

PART 04 실전문제풀이

13 항행시설의 종류 및 위치 정보, 공역의 용도별 자료를 수록하는 것은?

① AIP ② NOTAM
③ AIRAC ④ 관보

항공정보간행물(AIP : Aeronautical Information Publication)은 항공항행에 필요한 영속적인 성격의 항공 정보를 수록하기 위하여 정부당국이 발행하는 간행물이다.

14 섭씨(celsius) 0°C는 화씨(fahrenheit) 몇 도인가?

① 0°F ② 32°F ③ 64°F ④ 212°F

15 초경량 비행장치를 이용하여 비행 시 유의사항이 아닌 것은?

① 군 방공 비상 상태 인지 즉시 비행을 중지하고 착륙하여야 한다.
② 항공기 부근에는 접근하지 말아야 한다.
③ 유사 초경량 비행장치끼리는 가까이 접근이 가능하다.
④ 비행 중 사주경계를 철저히 하여야 한다.

16 회전익 비행장치가 호버링 상태로부터 전진비행으로 바뀌는 과도적인 상태는?

① 전이 성향 ② 전이 양력
③ 자동 회전 ④ 지면 효과

전이 양력(Translation Lift : 전이비행)은 이전에 발생한 양력이 새로운 형태의 양력으로 변하는 것으로 제자리비행에서 전진비행으로 전환될 때 나타난다.

17 다음 연료 여과기에 대한 설명 중 가장 타당한 것은?

① 연료 탱크 안에 고여 있는 물이나 침전물을 외부로부터 빼내는 역할을 한다.
② 외부 공기를 기화된 연료와 혼합하여 실린더 입구로 공급한다.
③ 엔진 사용 전에 흡입구에 연료를 공급한다.
④ 연료가 엔진에 도달하기 전에 연료의 습기나 이물질을 제거한다.

연료에 포함된 불순물과 수분을 제거하는 역할을 한다.

18 안전성 인증검사 유효 기간으로 적당하지 않은 것은 어느 것인가?

① 안전성 인증검사는 발급일로부터 1년으로 한다.
② 비영리 목적으로 사용되는 초경량 장치는 2년으로 한다.
③ 안전성 인증검사는 발급일로부터 2년으로 한다.
④ 인증검사 재검사 시 불합격 통지 6개월 이내에 다시 검사한다.

안전성 인증검사 유효기간은 발급일로부터 2년이다.

19 일반적으로 기상현상이 발생하는 대기권은?

① 대류권 ② 성층권
③ 중간권 ④ 열권

대류권 : 지상에서 약 8~18km의 대기층으로 지구 전체 대기의 4분의 3이 대류권에 포함, 대류운동이 활발해 기상현상이 발생, 온도 변화 상승 1km당 6.5°C 감소=1000ft당 2°C 감소한다.

20 다음 기상 보고 상태의 +RA FG는 무엇을 의미하는가?

① 비와 함께 안개가 동반된다.
② 비와 함께 안개가 동반되지 않는다.
③ 강한 비 이후 안개가 내린다.
④ 약한 비가 내린 뒤 안개가 내린다.

•FG(fog) : 안개(시정 5~8SM 이하)
•RA(rain) : 비

정답 13 ① 14 ② 15 ③ 16 ② 17 ④ 18 ① 19 ① 20 ③

21 멀티콥터가 우측으로 이동할 때 각 모터의 형태를 바르게 설명한 것은?

① 오른쪽 프로펠러의 힘이 약해지고 왼쪽 프로펠러의 힘이 강해진다.
② 왼쪽 프로펠러의 힘이 약해지고 오른쪽 프로펠러의 힘이 강해진다.
③ 왼쪽, 오른쪽 각각의 로터가 전체적으로 강해진다.
④ 왼쪽, 오른쪽 각각의 로터가 전체적으로 약해진다.

22 비행정보의 고시는 어디에 하는가?

① NOTAM
② AIP
③ AIRAC
④ 관보

비행정보의 고시는 관보, 비행공역의 고시는 AIP에 한다.

23 다음 중 초경량 비행장치 조종자 증명의 취소 요건이 아닌 것은?

① 음주 비행으로 벌금 이상의 형을 선고받은 경우
② 다른 사람에게 자기의 성명을 사용하여 초경량 비행장치 조종을 수행하게 하거나 초경량 비행장치 조종자 증명을 빌려준 경우
③ 주류 등의 섭취 및 사용 여부의 측정 요구에 따르지 아니한 경우
④ 거짓이나 그 밖의 부정한 방법으로 조종자 증명을 받은 경우

혈중알콜농도에 따라 1년 이내의 기간을 정하여 효력이 정지 또는 취소된다.

24 국제민간항공기구(ICAO) 우리나라가 가입한 연도로 옳은 것은?

① 1944년 12월
② 1952년 12월
③ 1951년 12월
④ 1947년 12월

ICAO 가입:1952년 12월, 항공법 제정:1961년 3월, 항공법 분법:2017년 3월

25 P-518은 다음 중 어느 공역에 속하는가?

① 비행제한구역
② 비행금지구역
③ 주의공역
④ 관제공역

P-518은 휴전선 비행금지구역이다.

26 리튬 폴리머 배터리 보관 시 주의사항이 아닌 것은?

① 더운 날씨에 차량에 배터리를 보관하지 말 것. 적합한 보관 장소의 온도는 22~28℃이다.
② 배터리를 낙하, 충격, 파손 또는 인위적으로 합선시키지 말 것
③ 손상된 배터리나 전력 수준이 50% 이상인 상태에서 배송하지 말 것
④ 추운 겨울에는 화로나 전열기 등 열원 주변처럼 뜨거운 장소에 보관할 것

27 무인멀티콥터가 비행할 수 없는 것은 어느 것인가?

① 전진비행 ② 추진비행
③ 회전비행 ④ 배면비행

배면비행 : 위아래가 뒤집혀서 비행하는 것. 비행기는 가능하다.

정답 21 ① 22 ④ 23 ① 24 ② 25 ② 26 ④ 27 ④

PART 04 실전 문제 풀이

28 항공장애등 설치 높이로 적당한 것은 어느 것인가?

① 300ft AGL ② 500ft AGL
③ 300ft MSL ④ 500ft MSL

500ft(AGL), 지표 또는 수면으로부터 30m 이상 높이의 구조물. 야간 항공에 장애가 될 염려가 있는 높은 건축물이나 위험물의 존재를 알리기 위한 등. 붉은 빛의 등을 켠다.

29 구름의 생성과 관련이 없는 것은?

① 냉각 ② 수증기
③ 온난전선 ④ 빙정핵(응결핵)

지표 부근의 공기 덩어리가 상승하게 되면 주변 기압이 낮아져 부피가 팽창하게 되고, 기온은 하강하게 된다.

30 다음 중 항공교통관제업무에 해당하지 않는 것은?

① 조난관제업무
② 비행장관제업무
③ 접근관제업무
④ 지역관제업무

항공교통관제업무는 관제권 또는 관제구에서 항행 안전을 위해 비행 순서, 시기 및 방법에 대해
국토교통부장관의 지시를 받을 필요가 있는 곳에서 제공되는 업무로 항공교통관제업무는 지역관제업무, 접근관제업무, 비행장관제업무로 나눈다.

31 특별비행승인을 받아야 하는 경우가 아닌 것은?

① 관제권, 비행금지구역 및 비행제한구역에서 비행해야 하는 경우
② 가시권을 넘어서 비행해야 하는 경우
③ 야간에 비행해야 하는 경우
④ 야간에 25km이상 되는 거리를 비행해야 하는 경우

특별비행승인 신청 : 야간비행, 비가시권 비행 시

32 1종 기체의 무게로 맞는 것은?

① 최대이륙중량 25kg 초과 자체중량 150kg 이하
② 최대이륙중량 25kg 이상 자체중량 150kg 이하
③ 최대이륙중량 25kg 이상 최대이륙중량 150kg 이하
④ 최대이륙중량 25kg 초과 최대이륙중량 150kg 이하

33 멀티콥터의 비행자세 제어를 확인하는 시스템은?

① 자이로 센서
② 가속도 센서
③ 위성시스템(GPS)
④ 지자기 방위 센서

GPS : 위치 제어, 자이로 : 자세 제어, 가속도 : 속도제어

34 해수면에서의 표준 온도와 표준기압은?

① 15℃, 29.92inch.Hg
② 59°F, 29.92inch.Hg
③ 15°F, 1013.2inch.Hg
④ 15℃, 1013.2inch.Hg

15℃, 29.92inch.Hg

35 초경량 비행장치의 비행계획 제출 시 포함되지 않는 것은?

① 비행 경로 및 고도
② 동승자의 소지 자격
③ 조종자의 비행 경력
④ 비행 장치의 종류 및 형식

동승자 관련 정보는 필요하지 않다.

정답 28 ② 29 ③ 30 ① 31 ① 32 ① 33 ① 34 ① 35 ②

36 다음 중 항공 업무에 해당하지 않는 것은?

① 항공기의 운항 업무
② 항공기의 교통 관제
③ 운항 관리 및 무선 설비 조작과 정비 또는 개조
④ 항공기의 조종 연습

항공업무라 함은 항공기에 탑승하여 행하는 항공기의 운항 업무. 항공기의 교통 관제, 운항 관리 및 무선 설비 조작과 정비 또는 개조를 한 항공기에 대하여 행하는 확인을 말하되, 항공기의 조종 연습은 제외한다.

37 안전, 국방상 그 밖의 이유로 항공기의 비행을 금지하는 공역은?

① 비행제한구역
② 초경량 비행장치 비행제한구역
③ 비행금지구역
④ 비행장 교통구역

38 항공사격, 대공사격 등으로 인한 위험으로부터 항공기의 안전을 보호하거나 그 밖의 이유로 비행허가를 받지 아니한 항공기의 비행을 제한하는 공역은?

① 초경량 비행장치 비행제한구역
② 비행금지구역
③ 비행장 교통구역
④ 비행제한구역

39 조종자 증명 위반 시 3차 과태료는?

① 400만 원 이하
② 300만 원 이하
③ 200만 원 이하
④ 100만 원 이하

조종자 증명 위반 : 1차 200만 원, 2차 300만 원, 3차 400만 원 과태료

40 다음 중 무인비행장치의 최대 자체중량은?

① 70kg 이하
② 115kg 이하
③ 150kg 이하
④ 180kg 이하

무인비행장치에는 무인동력비행장치(150kg 이하), 무인비행선(180kg이하)이 있다.

정답 36 ④ 37 ③ 38 ④ 39 ① 40 ④

PART 04 실전 문제 풀이

제 6 회 예상적중 모의고사

01 항공기의 항행안전을 저해할 우려가 있는 장애물 높이가 지표 또는 수평으로부터 몇 m 이상이면 항공장애표시등 및 항공장애 주간 표지를 설치하여야 하는가?

① 50m
② 100m
③ 150m
④ 200m

150m 이상의 고도 → 항공기 비행항로가 설치된 공역이다.

02 무인멀티콥터가 이륙할 때 필요 없는 장치는 무엇인가?

① 모터　② 변속기
③ 배터리　④ GPS

GPS는 위도, 경도, 고도를 알려주는 장치이다.

03 다음 중 비행기의 방향 안정성을 확보해주는 것은?

① rudder(방향키)
② elevator(승강기)
③ vertical stabilizer(수직안정판)
④ horizontal stabilizer(수평안정판)

방향은 비행기가 나아가는 방향을 말하며 수직안정판이 중요하다. 수평안정판은 양력 발생 및 상하를 책임져 준다.

04 초경량 비행장치의 사업 범위가 아닌 것은?

① 야간정찰
② 산림조사
③ 항공촬영
④ 농약살포

야간정찰은 초경량 비행장치 사업범위가 아니다.

05 항공법이 정하는 비행장이란?

① 항공기의 이·착륙을 위하여 사용되는 육지 또는 수면
② 항공기를 계류시킬 수 있는 곳
③ 항공기의 이·착륙을 위하여 사용되는 활주로
④ 항공기의 승객을 탑승시킬 수 있는 곳

항공법에서 정하는 비행장은 항공기가 이·착륙을 하기 위해 사용되는 한정된 구역이다.

06 주류 등의 영향으로 초경량 비행장치를 사용하여 비행을 정상적으로 수행할 수 없는 상태에서 초경량 비행장치를 사용하여 비행을 한 사람의 처벌기준으로 맞는 것은?

① 1년 이하의 징역 또는 1천만 원 이하 벌금
② 3년 이하의 징역 또는 3천만 원 이하 벌금
③ 벌금 1000만 원
④ 벌금 500만 원

정답　01 ③　02 ④　03 ③　04 ①　05 ①　06 ②

07 신고를 필요로 하지 않는 초경량 비행장치에 해당하지 않는 것은?

① 동력을 이용하지 아니하는 비행장치
② 계류식 기구류
③ 낙하산류
④ 초경량 헬리콥터

초경량 헬리콥터는 회전익 비행장치로 신고를 해야 한다.

08 무인멀티콥터의 위치를 제어하는 부품은?

① GPS
② 온도감지계
③ 레이저 센서
④ 자이로

GPS : 위치 제어, 자이로 : 자세 제어

09 항공기 조종사의 특별한 주의·경계·식별 등이 필요한 공역은?

① 주의공역
② 통제공역
③ 관제공역
④ 비관제공역

주의공역에는 훈련구역, 군작전구역, 위험구역, 경계구역이 있다.

10 투명하고 단단한 형태로 형성되는 착빙은 어느 것인가?

① 혼합 착빙 ② 맑은 착빙
③ 거친 착빙 ④ 서리 착빙

해설
- 거친 착빙 : 10~-20℃, 층운형이나 안개비 같은 미소수적의 과냉각 수적속을 비행할 때 발생
- 맑은 착빙(Clear) : 투명하고 견고하며 매끄럽다.

11 왕복엔진의 윤활유의 역할이 아닌 것은?

① 윤활력 ② 냉각력
③ 압축력 ④ 방빙력

윤활유는 방빙(어는 것) 역할은 하지 못한다.

12 비행기 고도 상승에 따른 공기 밀도와 엔진 출력 관계를 설명한 것 중 옳은 것은?

① 공기밀도 감소, 엔진출력 감소
② 공기밀도 감소, 엔진출력 증가
③ 공기밀도 증가, 엔진출력 감소
④ 공기밀도 증가, 엔진출력 증가

13 신고를 필요로 하지 아니하는 초경량 비행장치의 범위에 들지 않는 것은?

① 계류식 기구류
② 낙하산류
③ 동력을 이용하지 아니하는 비행장치
④ 프로펠러로 추진력을 얻는 것

14 다음 중 관제공역은 어느 것인가?

① F등급 공역
② G등급 공역
③ A등급 공역
④ H등급 공역

관제공역(A, B, C, D, E등급 공역), 비관제공역(F, G등급 공역)

15 초경량 비행장치 조종자 전문교육기관이 확보해야할 실기평가 조종자의 최소 비행시간은?

① 100시간
② 180시간
③ 150시간
④ 200시간

전문교육기관 인력 : 100시간 지도조종자 1명, 150시간 실기평가 조종자 1명

정답 07 ④ 08 ① 09 ① 10 ② 11 ④ 12 ① 13 ④ 14 ③ 15 ③

16 바람을 일으키는 주요 요인은 무엇인가?

① 지구의 회전
② 공기량 증가
③ 태양의 복사열의 불균형
④ 습도

바람은 기압차 때문에 발생하며 기압이 높은 곳에서 낮은 곳으로 향할 때 생긴다. 또 해안에서는 바다와 육지가 햇빛을 받을 때 따뜻해지는 정도의 차이, 즉 수열량의 차이 때문에 바람이 생긴다.

17 항공시설 업무, 절차 또는 위험요소의 시설, 운영상태 및 그 변경에 관한 정보를 수록하여 전기통신수단으로 항공종사자들에게 배포하는 공고문은?

① AIC　　② AIP
③ AIRAC　　④ NOTAM

NOTAM의 유효기간은 3개월 이하

18 초경량 비행장치 조종자 전문교육기관이 확보해야할 지도조종자의 최소 비행시간은?

① 100시간　　② 50시간
③ 20시간　　④ 150시간

지도조종자 100시간, 실기평가 조종자는 150시간

19 다음의 초경량 비행장치를 사용하여 비행하고자 하는 경우 이의 자격증명이 필요한 것은?

① 패러글라이더　　② 계류식 기구
③ 회전익 비행장치　　④ 낙하산

회전익 비행장치는 자격증명이 필요하다.

20 다음 중 초경량 비행장치에 속하지 않는 것은?

① 동력비행장치　　② 회전익비행장치
③ 무인비행선　　④ 비행선

비행선은 항공기로 분류한다.

21 초경량 비행장치 자격증명 취득 기준 중 요구 비행시간이 틀린 것은?

① 1종 : 비행경력 20시간
② 4종 : 비행경력 4시간
③ 3종 : 비행경력 6시간
④ 2종 : 비행경력 10시간

4종은 비행경력이 필요 없다.

22 초경량 비행장치 자격증명 취득기준 중 최대이륙중량이 잘못된 것은?

① 1종 : 25kg 초과 ~ 자체중량 150kg 이하
② 4종 : 200g 초과 ~ 2kg 이하
③ 3종 : 2kg 초과 ~ 7kg 이하
④ 2종 : 7kg 초과 ~ 25kg 이하

4종은 최대이륙중량 250g 초과 2kg 이하이다.

23 일정 대기 조건의 변화가 없다고 가정하고, 대기가 포함되어 이슬이 맺히기 시작하는 온도를 무엇이라 하는가?

① 포화온도　　② 노점온도
③ 대기온도　　④ 상대온도

24 관제공역 등급 중 모든 항공기가 계기비행을 해야 하는 등급은?

① A등급　　② B등급
③ C등급　　④ D등급

A등급 공역은 모든 항공기가 계기비행을 해야 한다.

25 다음 중 초경량 비행장치 조종자 증명이 필요 없는 것은?

① 동력비행장치
② 회전익 비행장치
③ 항공레저스포츠용 낙하산류
④ 계류식 기구류

계류식 기구류는 조종자 증명이 필요 없다.

정답 16 ③ 17 ④ 18 ① 19 ③ 20 ④ 21 ② 22 ② 23 ② 24 ① 25 ④

26 리튬 폴리머 배터리 보관 시 주의사항이 아닌 것은?

① 더운 날씨에 차량에 배터리를 보관하지 말 것. 적합한 보관 장소의 온도는 22~28℃이다.
② 배터리를 낙하, 충격, 파손 또는 인위적으로 합선시키지 말 것
③ 손상된 배터리나 전력 수준이 50% 이상인 상태에서 배송하지 말 것
④ 추운 겨울에는 화로나 전열기 등 열원 주변처럼 뜨거운 장소에 보관할 것

배터리 보관 적정 온도는 22~28˚C이다.

27 지상 METAR 보고에서 바람 방향, 즉 풍향의 기준은 무엇인가?

① 자북　　② 진북
③ 도북　　④ 자북과 도북

진북 : 지구의 중심과 북극성을 다른 한 점으로 잡았을 때의 방향을 말한다. 자전축의 선분을 나타내기도 한다.

28 다음 중 초경량 비행장치 조종에 대한 위반 사항 중 처벌기준이 가장 높은 것은?

① 초경량 비행장치의 신고 또는 변경신고를 하지 아니하고 비행을 한 자
② 국토교통부장관의 승인을 받지 아니하고 초경량 비행장치 비행제한공역을 비행한 사람
③ 주류 등의 영향으로 초경량 비행장치를 사용하여 비행을 정상적으로 수행할 수 없는 상태에서 초경량 비행장치를 사용하여 비행을 한 사람
④ 안전성 인증검사를 받지 않고 비행을 한 자

①(6개월 이하의 징역 또는 500만 원 이하의 벌금), ②(500만 원 이하의 벌금), ③(3년 이하의 징역 또는 3천만 원 이하의 벌금), ④(500만 원 이하의 과태료)

29 다음 중 초경량 비행장치 조종자 전문교육기관의 시설 및 장비 기준에 해당하지 않는 것은?

① 강의실 및 사무실 각 1개 이상
② 이륙 · 착륙 시설
③ 드론 수리용 시설
④ 훈련용 비행장치 종별 1대 이상

전문교육기관의 시설 및 장비 기준에 드론 수리용 시설은 필요 없다.

30 무인동력비행장치는 연료의 중량을 제외한 자체 중량이 몇 kg 이하여야 하는가?

① 70kg
② 115kg
③ 150kg
④ 180kg

무인동력비행장치에는 무인비행기, 무인헬리콥터, 무인멀티콥터가 있다.

31 초경량 비행장치를 사용하여 비행제한공역에서 비행하려는 사람이 작성해야 하는 서류와 승인자로 알맞게 짝지어진 것은?

① 특별비행승인신청서 – 국토교통부 장관
② 비행승인 신청서 – 국토교통부장관
③ 비행승인 신청서 – 지방항공청장
④ 특별비행승인신청서 – 지방항공청장

비행제한공역에서 비행 시 관할 지방항공청장으로부터 비행승인을 받아야 한다.

32 다음 중 신고하지 않아도 되는 초경량 비행장치는?

① 인력활공기
② 초경량 자이로플레인
③ 초경량 헬리콥터
④ 동력비행장치

인력활공기는 신고하지 않아도 된다.

정답 26 ④ 27 ② 28 ③ 29 ③ 30 ③ 31 ③ 32 ①

33 초경량 비행장치 중 회전익 비행장치로 분류되는 것은?

① 동력비행장치
② 초경량 자이로플레인
③ 무인헬리콥터
④ 동력패러글라이더

회전익 비행장치은 고정익 비행장치와는 달리 1개 이상의 회전익을 이용하여 양력을 얻는 비행장치로, 초경량 헬리콥터, 초경량 자이로플레인이 있다.

34 비행제한구역에 대한 비행승인은 누구에게 받는가?

① 한국교통안전공단 이사장
② 국토교통부 장관
③ 국방부 장관
④ 관할 지방항공청장

비행제한구역에 대한 비행승인은 관할 지방항공청장이 실시한다.

35 비행 전 점검사항이 아닌 것은?

① 모터 및 기체의 전선 등 점검
② 조종기 배터리 부식 등 점검
③ 스로틀을 상승하여 비행해 본다.
④ 기기 배터리 및 전선 상태 점검

비행 전에는 기체를 상승시키지 않는다.

36 다음 중 절대고도(AGL)에 대한 설명으로 맞는 것은?

① 고도계가 지시하는 고도
② 지표면으로부터의 고도
③ 표준기준면에서의 고도
④ 계기오차를 보정한고도

•진고도(true altitude) : 평균해수면으로부터 항공기가 떠 있는 수직거리인 실제 고도
•절대고도(Absolute altitude) : 지표면(수면)으로부터 비행 중인 항공기에 이르는 수직거리(고도)

37 다음 중 안전성 인증검사 대상이 아닌 것은?

① 최대이륙중량 25Kg 초과 무인비행기
② 무인기구류
③ 최대이륙중량 25Kg 초과 무인헬리콥터
④ 최대이륙중량 25Kg 초과 무인멀티콥터

무인기구류는 안전성 인증검사 대상이 아니다.

38 무인멀티콥터 지도조종자 등록기준으로 맞지 않은 것은?

① 18세 이상인 사람
② 1종 무인멀티콥터를 조종한 시간이 총 150시간 이상인 사람
③ 1종 무인멀티콥터를 조종한 시간이 총 100시간 이상인 사람
④ 무인멀티콥터 조종자 증명을 받은 사람

②는 실기평가조종자에 해당하는 비행시간이다.

39 다음 중 초경량 비행장치의 비행 가능 지역은?

① R-14 ② UA
③ MOA ④ P65

항공정보간행물(AIP)에 고시된 18개 공역에서 지상고 500ft 이내는 비행계획 승인 없이 비행 가능한 공역이다.

40 조종자 리더십에 관한 설명으로 올바른 것은?

① 기체 손상 여부 관리를 의논한다.
② 다른 조종자를 험담한다.
③ 결점을 찾아내서 수정한다.
④ 편향적 안전을 위하여 의논한다.

서로 대화하고 문제점을 발굴하여 추후 동일한 문제가 생기지 않도록 논의하여 수정한다.

정답 33 ② 34 ④ 35 ③ 36 ② 37 ② 38 ② 39 ② 40 ③

제 7 회 예상적중 모의고사

01 다음 중 비행기의 방향 안정성을 확보해주는 것은?

① rudder(방향키)
② elevator(승강기)
③ vertical stabilizer(수직안정판)
④ horizontal stabilizer(수평안정판)

방향은 비행기가 나아가는 방향을 말하며 수직안정판이 중요하다. 수평안정판은 양력 발생 및 상하를 책임져 준다.

02 날개에 작용하는 양력에 대한 설명으로 맞는 것은?

① 양력은 날개의 시위선 방향의 수직 아래 방향으로 작용한다.
② 양력은 날개의 시위선 방향의 수직 위 방향으로 작용한다.
③ 양력은 날개의 상대풍이 흐르는 방향의 수직 아래 방향으로 작용한다.
④ 양력은 날개의 상대풍이 흐르는 방향의 수직 위 방향으로 작용한다.

03 고도계를 수정하지 않고 온도가 낮은 지역을 비행할 때 실제고도는?

① 낮게 지시한다.
② 높게 지시한다.
③ 변화가 없다.
④ 온도와 무관하다.

고도의 개념상 절대고도계와 상대고도계로 나누어진다. 절대고도는 이른바 해발 몇 m라 하는 일정한 기준면으로부터의 높이로서, 기압식 고도계가 있다. 이것은 대기압이 고도가 증가함에 따라 감소하는 것을 이용하고 있다.

04 평균해수면으로부터 항공기가 떠있는 수직거리인 실제 고도를 무엇이라 하는가?

① 절대고도 ② 진고도
③ 지시고도 ④ 밀도고도

진고도(true altitude) : 평균해수면으로부터 항공기가 떠있는 수직거리인 실제 고도
절대고도(Absolute altitude) : 지표면(수면)으로부터 비행 중인 항공기에 이르는 수직거리(고도)

05 초경량 비행장치 비행공역에 대하여 국토교통부 장관은 어디에 고시하고 있는가?

① AIC ② NOTAM
③ AIP ④ AIRAC

비행공역에 대해서는 AIP(항공정기간행물)에 고시한다.

06 안전성 인증검사 위반 시 1차 과태료로 맞는 것은?

① 100만 원 ② 150만 원
③ 200만 원 ④ 250만 원

안전성 인증검사 위반 : 1차 250만 원, 2차 375만 원, 3차 500만 원 과태료

07 안전성 인증검사 기관으로 맞는 것은?

① 항공안전기술원
② 한국 안전성 인증 검사원
③ 지방항공청
④ 국토교통부

안전성 인증검사는 항공안전기술원에서 실시하며, 최대이륙중량 25kg을 초과하는 기체가 대상이다.

정답 01 ③ 02 ④ 03 ① 04 ② 05 ③ 06 ④ 07 ①

08 초경량 비행장치 사용사업 범위가 아닌 것은?

① 비료 또는 농약 살포, 씨앗 뿌리기 등 농업 지원
② 가정집 비행 감시
③ 조종교육
④ 사진촬영, 육상 · 해상 측량 또는 탐사

09 뇌우의 형성 조건이 아닌 것은 어느 것인가?

① 대기의 불안정
② 풍부한 수증기
③ 강한 상승기류
④ 강한 하강기류

뇌우는 고온다습, 대기 불안정이 상승기류를 만날 경우 발생할 수 있다.

10 베르누이 정리에 대한 설명 중 옳은 것은?

① 정압이 일정하다.
② 전압이 일정하다.
③ 동압이 일정하다.
④ 동압과 정압의 합이 일정하다.

정압과 동압의 합인 전압은 항상 일정하다.

11 시정 장애물의 종류가 아닌 것은?

① 황사 ② 안개
③ 스모그 ④ 강한 비

시정 장애물 : 안개, 황사, 연무, 연기, 먼지, 화산재 등이다.

12 비행정보구역(FIR)을 지정하는 목적과 거리가 먼 것은?

① 항공기 수색, 구조에 필요한 정보 제공
② 항공기의 효율적인 운항을 위한 정보 제공
③ 항공기 안전을 위한 정보 제공
④ 영공 통과료를 징수하기 위한 경계 설정

FIR은 비행 중의 항공기에 대해 안전하고 효율적인 운항에 필요한 각종 정보를 제공하고 항공기 사고가 발생할 때 수색 및 구조 업무를 제공할 목적으로 국제민간항공기구에서 분할 설정한 공역이다.

13 다음 중 위반 시 처벌이 가장 높은 것은?

① 말소신고를 하지 않은 경우
② 조종자 증명 없이 비행한 경우
③ 안전성 인증검사를 받지 않고 비행한 경우
④ 조종자 준수사항을 위반한 경우

①(30만 원 이하 과태료), ②(400만 원 이하 과태료), ③(500만 원 이하 과태료), ④(300만 원 이하 과태료)

14 한국교통안전공단 이사장에게 소유 신고를 하지 않아도 되는 장치는?

① 계류식 무인비행장치
② 초경량 헬리콥터
③ 초경량 자이로플레인
④ 동력비행장치

계류식 무인비행장치는 신고가 필요 없다.

15 안개가 발생하기 적합한 조건이 아닌 것은?

① 대기의 성층이 안정할 것
② 냉각작용이 있을 것
③ 강한 난류가 존재할 것
④ 바람이 없을 것

안개는 대기에 떠다니는 작은 물방울의 모임 중에서 지표면과 접촉하며 가시거리가 1000m 이하가 되게 만드는 것이다. 본질적으로는 구름과 비슷한 현상이나, 구름에 포함되지는 않는다. 안개는 습도가 높고 기온이 이슬점 이하일 때 형성되며, 흡습성의 작은 입자인 응결핵이 있으면 잘 형성된다. 하층운이 지표면까지 하강하여 생기기도 한다.

정답 08 ② 09 ④ 10 ② 11 ④ 12 ④ 13 ③ 14 ① 15 ③

16 초경량 비행장치 중 로터가 4개인 멀티콥터를 무엇이라 부르는가?

① 헥사콥터 ② 옥토콥터
③ 쿼드콥터 ④ 트라이콥터

- 트라이콥터(tricopter) : 로터가 3개
- 쿼드콥터(quadcopter) : 로터가 4개
- 헥사콥터(hexacopter) : 로터가 6개
- 옥토콥터(octocopter) : 로터가 8개
- 도데카콥터(dodecacopter) : 로터가 12개

17 다음 중 주의공역이 아닌 것은?

① 훈련구역 ② 경계구역
③ 위험구역 ④ 비행제한구역

비행제한구역은 통제공역이다.

18 국제민간항공기구(ICAO)에서 공식용어로 사용하는 무인항공기의 용어로 맞는 것은?

① Drone ② UAV
③ RPV ④ RPAS

ICAO에서 사용하는 공식용어는 RPAS(Remotedly Piloted Aircraft System)이다.

19 항공법상 항행안전시설이 아닌 것은?

① 항공등화
② 항공교통관제시설
③ 항행안전무선시설
④ 항공정보통신시설

항행안전시설은 유선통신, 무선통신, 인공위성, 불빛, 색채 또는 전파를 이용하여 항공기의 항행을 돕기 위한 시설로서 항공등화, 항행안전무선시설 및 항공정보통신시설을 말한다.

20 국토교통부 지정 전문교육기관 지정 시 국토교통부 장관에게 제출해야할 서류가 아닌 것은?

① 전문교관 현황
② 교육훈련 시설 설계도면
③ 교육시설 및 장비 현황
④ 교육훈련 계획 및 교육훈련 규정

전문교육기관 지정 신청 서류에 설계도면은 필요 없다.

21 드론을 조종하다가 갑자기 기계에 이상이 생겼을 때 하는 행동으로 올바른 것은?

① 주위 사람에게 큰소리로 외친다.
② 급하게 추락시키거나 안전하게 착륙시킨다.
③ 자세 제어 모드로 전환하여 조종한다.
④ 최단거리로 비상착륙을 한다.

사람이 다칠 수 있으니 안전이 우선이다. 따라서 먼저 다른 사람한테 알려야 한다.

22 고기압에 대한 설명 중 틀린 것은?

① 전선이 쉽게 만들어진다.
② 가장 바깥쪽에 있는 닫힌 등압선까지의 거리는 1000km 이상 된다.
③ 중심으로 갈수록 기압 강도가 낮아져 바람이 약해진다.
④ 북반구에서 시계 방향으로 회전을 한다.

주위보다 기압이 높은 것을 고기압이라 하고, 주위보다 기압이 낮은 것을 저기압이라 한다. 기압이란 대기가 지표면을 누르는 힘이다.

23 다음 중 통제공역에 포함되지 않는 것은?

① 군작전구역
② 비행제한구역
③ 초경량 비행장치 비행제한구역
④ 비행금지구역

군작전구역은 주의공역이다.

정답 16 ③ 17 ④ 18 ④ 19 ② 20 ② 21 ① 22 ① 23 ①

24 지상 METAR 보고에서 바람 방향, 즉 풍향의 기준은 무엇인가?

① 자북 ② 진북
③ 도북 ④ 자북과 도북

진북 : 지구의 중심과 북극성을 다른 한 점으로 잡았을 때의 방향을 말한다. 자전축의 선분을 나타내기도 한다.

25 조종자 증명을 받지 않고 비행 시 처벌 기준은?

① 벌금 400만 원 이하
② 과태료 500만 원 이하
③ 과태료 400만 원 이하
④ 벌금 500만 원 이하

조종자 증명 위반 : 1차 200만 원, 2차 300만 원, 3차 400만 원 과태료

26 초경량 비행장치의 종류가 아닌 것은?

① 초급활공기 ② 동력비행장치
③ 회전익비행장치 ④ 초경량헬리콥터

초급활공기는 항공기로 분류

27 초경량 비행장치의 사용사업 종류가 아닌 것은?

① 항공 운송업
② 사진촬영, 육상 · 해상 측량 또는 탐사
③ 산림 또는 공원 등의 관측 또는 탐사
④ 비료 또는 농약 살포, 씨앗 뿌리기 등 농업 지원

28 배터리를 오래 효율적으로 사용하는 방법으로 적절한 것은?

① 충전기는 정격 용량이 맞으면 여러 종류 모델 장비를 혼용해서 사용한다.
② 10일 이상 장기간 보관할 경우 100% 만충시켜서 보관한다.
③ 매 비행 시마다 배터리를 만충시켜 사용한다.
④ 충전이 다 됐어도 배터리를 계속 충전기에 걸어 놓아 자연 방전을 방지한다.

29 다음 중 조종자 준수사항에 대한 설명으로 틀린 것은?

① 인명이나 재산에 위험을 초래할 우려가 있는 낙하물을 투하하는 행위 금지
② 일몰 시 조종자는 드론을 식별할 수 있게 LED 등 부착물을 설치하여야 한다.
③ 일몰 후부터 일출 전까지의 야간에 비행하는 행위 금지
④ 인명 또는 재산에 위험을 초래할 우려가 있는 방법으로 비행하는 행위 금지

일몰 후에는 원칙적으로 비행이 금지되어 있다. 야간/비가시권 비행을 하기 위해서는
특별비행승인을 신청하여야 한다.

30 초경량 비행장치 신고 시 첨부해야할 서류가 아닌 것은?

① 초경량 비행장치를 소유하거나 사용할 수 있는 권리가 있음을 증명하는 서류
② 초경량 비행장치 제원 및 성능표
③ 초경량 비행장치 사진(가로 15센티미터, 세로 10센티미터의 측면사진)
④ 초경량 비행장치를 운용할 조종자와 정비사의 인적사항

조종자와 정비사의 인적사항은 첨부서류가 아니다.

31 직원들의 스트레스 해소법이 아닌 것은?

① 정기적인 신체검사
② 직무평가 도입
③ 적성에 따른 직무 재배치
④ 정기 워크샵

정답 24 ② 25 ③ 26 ① 27 ① 28 ③ 29 ② 30 ④ 31 ②

32 다음 중 초경량 비행장치 무인멀티콥터 비행 시 비행승인을 반드시 받아야 하는 상황으로 맞는 것은?

① 최저 비행고도 미만의 고도에서 운영하는 계류식 기구
② 관제권, 비행금지구역 및 비행제한구역 외의 공역에서 비행하는 무인비행장치
③ 가축 전염병의 예방 또는 확산을 방지하기 위하여 소독 · 방역업무 등에 긴급하게 사용하는 무인비행장치
④ 교육원에서 최대이륙중량 25Kg을 초과하는 비행장치로 비행 시

최대이륙중량 25kg을 초과하는 비행장치는 비행승인을 받아야 한다.
385쪽 33번, 34번, 36번, 38번, 40번 삭제하고 아래문제로 대체

33 조종자 준수사항 위반 시 2차 과태료는 얼마인가?

① 150만 원 ② 225만 원
③ 250만 원 ④ 300만 원

조종자 준수사항 위반 : 1차 150만 원, 2차 225만 원, 3차 300만 원 과태료

34 국토교통부장관이 정하여 고시한 국내의 무인비행장치 비행 공역 내의 수직 고도 범위는?

① 지상~300피트 AGL
② 지상~500피트 AGL
③ 지상~300피트 MSL
④ 지상~500피트 MSL

AGL(Above Ground Level)=절대고도 : 지표면에서부터 항공기까지 수직 거리, 드론은 AGL 사용
MSL(Mean Sea Level)=진고도=해수면고도=실제고도 : 평균해수면에서 항공기까지 수직 거리

35 멀티콥터 무게중심(CG)의 위치는?

① 동체의 중앙 부분
② 배터리 장착 부분
③ 로터 장착 부분
④ GPS 안테나 부분

CG(center of gravity) : 무게중심

36 조종자 증명 취득의 설명 중 맞는 것은?

① 1~3종 취득, 지도조종자 취득연령 모두 18세 이상이다.
② 1~3종 취득, 지도조종자 취득연령 모두 14세 이상이다.
③ 1~3종 취득 연령은 14세, 지도조종자 취득 연령은 18세 이상이다.
④ 1~4종 취득 연령은 14세, 지도조종자 취득 연령은 18세 이상이다.

1~3종 : 14세, 4종 : 10세, 교관 : 18세, 실기평가 조종자 : 18세

37 초경량 비행장치의 비행계획 제출 시 포함되지 않는 것은?

① 비행 경로 및 고도
② 동승자의 소지 자격
③ 조종자의 비행 경력
④ 비행장치의 종류 및 형식

동승자 관련 정보는 필요하지 않다.

정답 32 ④ 33 ② 34 ② 35 ① 36 ③ 37 ②

38 멀티콥터의 기본 비행이론에 대한 설명 중 틀린 것은?

① 헬리콥터처럼 꼬리날개가 필요 없다.
② 멀티콥터는 수직 이륙 및 호버링이 가능하다.
③ 모터의 회전속도가 다르면, 기체가 기울어지면서 방향 이동을 한다.
④ 고속으로 회전하는 모터와 같은 방향으로 회전한다.

고속으로 회전하는 모터와 다른 방향으로 회전한다.

39 조종자 리더십에 관하여 올바른 것은?

① 기체 손상 여부 관리를 의논한다.
② 다른 조종자를 험담한다.
③ 결점을 찾아내서 수정을 한다.
④ 편향적 안전을 위하여 의논한다.

서로 대화하고 문제점을 발굴하여 추후 동일한 문제가발생하지 않도록 논의하여 수정한다.

40 비행 전후 점검 방법으로 틀린 것은?

① 엔진 등 열이 남아 있을 수 있는 부위는 바로 점검하지 않는다.
② 비행 전후 항상 점검해야 한다.
③ 각각의 구성품이 제대로 결합되어 있는지 반드시 확인한다.
④ 1일 1회 점검이면 충분하다.

비행 시 마다 점검을 실시해야 한다.

정답 38 ④ 39 ③ 40 ④

제 8 회 예상적중 모의고사

01 비행 후 기체 점검 사항 중 옳지 않은 것은?

① 동력 계통 부위의 볼트 조임 상태 등을 점검하고 조치한다.
② 메인 블레이드, 테일 블레이드의 결합 상태, 파손 등을 점검한다.
③ 남은 연료가 있을 경우 호버링 비행하여 모두 소모시킨다.
④ 송수신기의 배터리 잔량을 확인하고 부족시 충전한다.

남은 연료는 소비하지 않고, 다음에 재사용할 수 있다. 배터리일 경우, 착륙 후 남은 배터리는 탈거하여 재충전하여 사용한다.

02 다음 중 최근 멀티콥터에 주로 사용하지 않는 배터리 종류는?

① Lipo
② Nicd
③ NiMh
④ LiFe

Nicd 배터리는 더 낮은 에너지 밀도와 다른 리튬 기술에 비해 상대적으로 높은 무게를 가지고 있어서, 최근 멀티콥터의 배터리 선택에서는 보다 효율적인 리튬 기술을 선호한다.

03 무인멀티콥터가 이륙할 때 필요 없는 장치는 무엇인가?

① 모터 ② 변속기
③ 배터리 ④ GPS

GPS는 위도, 경도, 고도를 알려준다.

04 다음 중 무게중심과 관련된 설명 중 옳지 않은 것은?

① 항공기의 무게는 세 개의 축(종축, 횡축, 수직축)이 만나는 점에서 균형을 이룬다.
② 균형 상태가 되지 않으면 비행을 해서는 안 된다.
③ 가용하중이란 항공기 자체의 무게를 제외하고 최대 적재 가능한 무게를 말한다.
④ 기체마다 무게중심은 한 곳으로 고정되어 있다.

항공기의 무게중심은 항공기가 변하는 조건에 따라 움직일 수 있다.

05 다음 중 초경량비행장치의 말소신고를 하지 아니하 소유자에게 부과되는 2차 과태료는 얼마인가?

① 15만 원 ② 100만 원
③ 30만 원 ④ 22.5만 원

말소 신고 위반 : 1차 15만 원, 2차 22.5만 원, 3차 30만 원 과태료

06 다음 중 주로 열대 해상에서 발생하고, 발달하여 태풍이 되는 기압은?

① 한랭고기압 ② 열대성 저기압
③ 온대 고기압 ④ 온난 고기압

열대성 저기압은 따뜻하고 습기가 많은 해상 지역에서 형성되며, 해수면 열을 충분히 얻어 대기를 가열하고 상승 공기를 유발한다. 이러한 과정에서 회전운동을 가지며, 태풍으로 진화할 수 있다.

정답 01 ③ 02 ② 03 ④ 04 ④ 05 ④ 06 ②

PART 04 실전 문제 풀이

07 항공기가 아닌 것은 어느 것인가?

① 헬리콥터
② 비행기
③ 지구 대기권 내외를 비행할 수 있는 항공우주선
④ 계류식 무인비행기

08 프로펠러의 피치에 대한 설명으로 맞는 것은?

① 프로펠러가 한번 회전할 때 전방으로 이동한 이동거리를 기하학적 피치라고 한다.
② 바람의 속도가 증가할 때 프로펠러의 회전을 유지하기 위해서는 피치를 감소시킨다.
③ 프로펠러 블레이드 각의 기준선이다.
④ 프로펠러가 한번 회전할 때 전방으로 이동한 실제거리를 기하학적 피치라고 한다.

프로펠러가 한번 회전할 때 전방으로 이동한 실제거리를 유효피치라고 한다.

09 초경량 비행장치 비행계획 신청서에 포함되지 않는 것은 무엇인가?

① 조종자의 비행 경력
② 비행기 제작사
③ 신청인의 성명
④ 계류식 무인 비행장치

비행기 제작사는 장치신고 할 때 필요하다.

10 베르누이 정리에 대한 바른 설명으로 적당한 것은 어느 것인가?

① 정압이 일정하다.
② 전압이 일정하다.
③ 동압이 일정하다.
④ 동압과 정압의 합이 일정하다.

정압과 동압의 합인 전압은 항상 일정하다.

11 날개골의 받음각이 증가하여 흐름이 떨어짐 현상이 발생하면 양력과 항력의 변화는?

① 양력은 감소하고 항력은 증가한다.
② 양력은 증가하고 항력은 감소한다.
③ 양력과 항력이 모두 증가한다.
④ 양력과 항력이 모두 감소한다.

날개골의 받음각이 증가하면 날개 프로필이 공기 흐름과 더 큰 각도로 상대적으로 비효율적으로 되어, 양력은 감소하게 된다. 항력은 항공기가 공기를 효과적으로 제어하지 못하고, 떨어지는 흐름 때문에 증가하게 된다.

12 날개에 양력이 발생하며 생기는 하향기류에 의한 항력은?

① 압력항력 ② 마찰항력
③ 유도항력 ④ 형상항력

양력이 발생하면 주변의 공기가 아래로 향하면서 하향기류를 형성한다. 이 하향기류에 의해 날개 아래쪽 공기의 속도가 증가하게 되고, 이로 인해 날개 아래쪽의 압력이 감소한다. 이 압력 감소에 따라 발생하는 항력을 유도항력이라고 한다.

13 양력 발생에 대한 설명으로 맞는 것은?

① 블레이드 면적의 제곱에 비례하여 증가한다.
② 공기밀도와는 무관하다.
③ 속도의 제곱에 비례하여 증가한다.
④ 양력계수는 변하지 않는다.

양력은 속도에 제곱에 비례하여 증가한다.

14 정면 또는 이에 가까운 각도로 접근비행 중 동순위의 항공기 상호간에 있어서는 항로를 어떻게 하여야 하는가?

① 상방으로 바꾼다.
② 우측으로 바꾼다.
③ 하방으로 바꾼다.
④ 좌측으로 바꾼다.

항공기 간의 충돌을 피하기 위한 표준 규칙 중 하나는 오른쪽 통행 규칙이다.

정답 07 ④ 08 ① 09 ② 10 ② 11 ① 12 ③ 13 ③ 14 ②

15 배터리 관리 방법으로 옳지 않은 것은?

① 배터리 폐기 시 소금물에 2~3일간 담가둔다.
② 배터리의 고장난 셀은 일부 교체 후 사용한다.
③ 배터리 완충 후 충전기에서 분리하여야 한다.
④ 다른 제품의 배터리를 연결해서는 안 된다.

배터리 고장 시 폐기한다.

16 초경량 비행장치에 대한 설명 중 틀린 것은?

① 초경량 헬리콥터는 연료 및 비상장비 중량을 제외한 자체 중량 115kg 이하이다.
② 동력 패러글라이더는 연료 및 비상장비 중량을 제외한 자체 중량 115kg 이하이다.
③ 무인 비행기는 연료 및 비상장비 중량을 제외한 자체 중량 115kg 이하이다.
④ 초경량 자이로 플레인은 연료 및 비상장비 중량을 제외한 자체 중량 115kg 이하이다.

무인 비행장치는 연료 중량을 제외한 자체 중량이 150kg 이하이다.
예 무인멀티콥터 및 무인 헬리콥터도 이에 속한다.
•무인 비행선은 연료 중량을 제외한 자체중량이 180kg 이하이고, 길이가 20m 이하이다.

17 고유의 안전성이란 무엇을 의미하는가?

① 이·착륙 성능이 좋다.
② 실속이 되기 어렵다.
③ 스핀이 되지 않는다.
④ 조종이 보다 용이하다.

18 리튬 폴리머 배터리의 보관 방법으로 적절한 것은?

① 뜨거운 곳이나 직사광선 등 열이 잘 발생하는 곳에 보관한다.
② 자동차 안에 보관한다.
③ 화재 폭발의 위험이 있으므로 밀폐용기에 보관한다.
④ 아무 곳이나 보관해도 상관없다.

19 LiPo 배터리의 3cell 충전 전압은 몇 V인가?

① 11.1V ② 7.4V
③ 3.7V ④ 14.8V

정격전압 3.7V X 3 = 11.1V

20 기체 외부 점검을 하면서 날개 위에 서리를 발견했다면 어떻게 조치하는가?

① 날개를 두껍게 하는 원리로 양력을 증가시키는 요소가 되므로 제거해서는 안 된다.
② 착륙과 관계가 없으므로 비행 중 제거되지 않으면 제거될 때까지 비행하면 된다.
③ 기체 이륙과 착륙에 무관하므로 정상절차만 수행하면 된다.
④ 날개의 양력 감소를 유발하기 때문에 비행 전에 반드시 제거하여야 한다.

서리는 기체의 날개나 다른 부분에 얼어서 공기동력학적 특성을 변경시킬 수 있다. 이것은 비행 중에 안전 및 성능에 영향을 미칠 수 있으므로, 서리를 제거하여 기체의 안전한 운행을 보장해야 합니다.
389쪽 21번, 22번, 23번, 24번, 25번, 27번 삭제하고 아래문제로 대체

21 평균 해면에서의 온도가 20℃일 때 1,000ft에서의 온도는 몇 도인가?

① 22℃ ② 20℃
③ 18℃ ④ 24℃

대류권에서는 높이가 높아질수록 공기의 밀도가 낮기 때문에 공기 분자사이의 마찰이 보다 적어 기온이 낮아지며, 1,000ft 당 2℃씩 낮아진다.

정답 15 ② 16 ③ 17 ④ 18 ③ 19 ① 20 ④ 21 ③

22 무인기의 인적요소에 의한 사고비율은 유인기와 비교하여 상대적으로 낮은 것으로 나타나는데 그 이유로 적절하지 않은 것은?

① 무인기는 현재까지 기계적 신뢰성이 상대적으로 낮기 때문이다.
② 설계상 Failsafe 시스템의 다중 설계 적용이 미흡하기 때문이다.
③ 유인기에 비해 무인기는 인적요소 개입의 비율이 적기 때문이다.
④ 유인기에 비해 무인기는 자동화율이 낮기 때문이다.

무인기는 유인기에 비해 자동화율이 높기 때문에 상대적으로 기계적 결함에 의한 사고는 높고 인간의 실수에 의한 사고는 낮은 편이다.

23 뇌우(천둥)가 발생하면 같이 일어나는 기상현상은?

① 소나기　② 우박
③ 번개　④ 스콜

뇌우는 천둥과 번개를 표시하는 기상현상이다.

24 비행성능에 영향을 주는 요소들에 대한 설명으로 옳지 않은 것은?

① 무게가 증가하면 이착륙시 활주거리가 길어지고 실속속도도 증가한다.
② 공기밀도가 낮아지면 엔진출력이 나빠지고 프로펠러 효율이 떨어진다.
③ 습도가 높을 대 밀도가 낮은 것 보다 엔진성능 및 이착륙 성능이 더욱 나빠진다.
④ 습도가 높으면 공기밀도가 낮아져 양력발생이 감소된다.

엔진 및 이착륙 성능은 밀도에 큰 영향을 받는다.

25 초경량 비행장치에 사용하는 배터리가 아닌 것은?

① Ni-CH　② Li-Po
③ Ni-Cd　④ Ni-MH

Ni-Cd(니켈 카드뮴) : 과거에 많이 사용하였으나 현재는 잘 사용하지 않는다.
Ni-CH(니켈 크롬) : 드론에 사용된 적이 없다.
Ni-MH(니켈 수소) : 카드뮴보다 좀 더 개선되어 효율이 좋으며, 완구용 드론 등에 주로 쓰인다.

26 멀티콥터의 비행모드가 아닌 것은 어느 것인가?

① GPS 모드　② 에티 모드
③ 수동 모드　④ 고도제한 모드

고도제한 모드는 비행모드가 아니고 멀티콥터 자체의 기능이다.

27 멀티콥터의 하강 시 조작해야 할 조종기의 레버는 무엇인가?

① 에일러론　② 러더
③ 엘리베이터　④ 스로틀

스로틀(상, 하), 러더(좌우 회전), 엘리베이터(전후진), 에일러론(좌우측 이동)

28 초경량 비행장치를 이용하여 비행정보구역(FIR) 내에서 비행 시 비행계획을 제출하여야 하는데 포함사항이 아닌 것은?

① 항공기의 탑재장비
② 항공기의 식별 부호
③ 출발 비행장 및 출발 예정시간
④ 보안 준수사항

FIR은 항공기 수색, 구조에 필요한 정보제공, 항공기 안전을 위한 정보제공, 항공기 효율적인 운항을 위한 정보를 제공하는 구역으로 보안 준수사항을 필수 제출사항이 아니다.

정답 22 ④ 23 ③ 24 ③ 25 ① 26 ④ 27 ④ 28 ④

29 다음 중 관제권에 대한 설명으로 맞지 않은 것은?

① 관제권은 계기 비행항공기가 이착륙하는 공항에 설정되는 공역이다.
② 관제권은 한 공항에 대하여 설정하며 다수의 공항을 포함하지 않는다.
③ 관제권은 수직으로 지표면으로부터 3000ft 또는 5000ft 까지 설정할 수 있다.
④ 관제권은 수평으로 공항 중심으로부터 반경 5NM까지 설정할 수 있다.

관제권은 다수의 공항이 포함될 수 있다.

30 다음 중 초경량 비행장치 신고에 대한 설명 중 옳지 않은 것은?

① 초경량 비행장치 신고는 연료의 무게를 제외한 자체무게가 12kg 이상인 무인동력비행장치가 대상이다.
② 판매되지 아니한 것으로 비행에 사용되지 아니하는 초경량 비행장치는 신고할 필요가 없다.
③ 초경량 비행장치 신고는 장치를 소유한 자가 한국교통안전공단에 신고하여야 한다.
④ 시험 및 연구조사 개발을 위해 제작된 초경량 비행장치는 신고할 필요가 없다.

초경량 비행장치 신고는 최대이륙중량 2kg을 초과하는 무인동력비행장치에 적용된다.

31 물리량 중 벡터량이 아닌 것은?

① 면적
② 양력
③ 가속도
④ 속도

벡터량은 크기값과 방향값을 가지고 있는 양으로 변위, 속도, 가속도, 힘, 충격량, 운동량, 전기장 세기, 자기장 등이 있다.

32 다음 중 풍속의 단위가 아닌 것은?

① knot ② m/s
③ mile ④ kph

mile은 거리의 단위이다.

33 위성항법시스템(GNSS)에 대한 설명으로 맞지 않은 것은?

① 수평위치보다 수직위치의 오차가 상대적으로 크다.
② 3개 이상의 위성신호가 수신되면 무인비행장치의 위치 측정이 가능하다.
③ 무인비행장치의 위치와 속도를 제어하기 위해 활용한다.
④ 위성신호 교란 및 다중경로 오차 등 측정값의 오차를 발생시키는 다양한 요인이 존재한다.

GNSS를 구동하기 위해서는 최소 4개 이상의 신호를 받아야 한다.

34 관성측정장치(IMU)에 대한 설명으로 옳지 않은 것은?

① 일반적으로 가속도계, 자이로, 지자기센서 등을 포함한다.
② 무인비행장치의 자세를 안정화 하는 역할을 한다.
③ 무인비행장치의 자세각, 자세각의 속도, 가속도를 측정한다.
④ 진동에 강하며 큰 영향을 받지 않는다.

IMU는 각종 자세제어를 위한 센서가 탑재되어 있어 진동에 민감하며 영향을 많이 받는다.

PART 04 실전 문제 풀이

정답 29 ② 30 ① 31 ① 32 ③ 33 ② 34 ④

35 **프로펠러에 대한 설명으로 옳지 않은 것은?**

① 회전 방향에 따라 정피치 또는 역피치 프로펠러를 구분해서 사용한다.
② 프로펠러의 규격은 DXP로 표현하며, D는 피치, P는 직경을 의미한다.
③ 프로펠러의 무게 중심과 회전 중심을 일치시키는 밸런싱을 통한 진동 최소화가 필요하다.
④ 단면이 에어포일 형태인 회전익의 원리로 추력이 발생한다.

D=직경, P=피치

36 **브러시리스(BLDC) 모터에 대한 설명으로 옳지 않은 것은?**

① 모터 권선의 전자기력을 이용하여 회전력을 발생시킨다.
② 모터 규격은 KV라 하며 10V 인가 시 무부하 상태에서 회전수를 의미한다.
③ 회전수 제어를 위한 변속기(ESC)가 필요하다.
④ KV가 작을수록 회전수는 줄어드나 상대적으로 토크가 커진다.

KV는 1V 인가시 분당 회전수를 의미한다. KV 크기와 토크는 반비례 관계

37 **다음 종 모터의 설명으로 맞는 것은 무엇인가?**

① DC 모터는 BLDC 모터보다 수명이 짧다.
② DC 모터는 BLDC 모터보다 수명이 길다.
③ BLDC 모터는 브러시가 있는 모터이다.
④ BLDC 모터는 변속기가 필요 없다.

BLDC 모터는 DC 모터보다 수명이 길고, 브러시가 없으며 변속기가 필요하다.

38 **리튬폴리머 배터리에 대한 설명으로 옳지 않은 것은?**

① 배터리 수명을 늘리는 방법으로 급속 충전, 급속 방전을 하여야 한다.
② 충전 시 셀 밸런싱을 통한 셀당 전압관리를 하는 것이 좋다.
③ 장기보관 시 완충 상태보다는 60%정도 충전상태로 보관하는 것이 좋다.
④ 강한 충격에 노출되거나 외형이 손상 되었을 경우 안전을 위해 완전 방전 후 폐기해야 한다.

배터리 수명을 오래 유지하기 위해서는 완속으로 충전 및 방전하는 것이 좋다.

39 **다음 중 대기오염물질과 혼합되어 나타나는 시정장애물은 무엇인가?**

① 안개　　② 해무
③ 연무　　④ 스모그

40 **항공안전법의 목적에 대한 설명으로 옳지 않은 것은?**

① 항공안전법은 항공기, 경량항공기, 초경량비행장치로 구분되며 안전사항을 규정한다.
② 항공안전법은 항공안전을 책임지는 국가의 권리와 항공사업자 및 항공종사자의 의무에 대한 사항을 규정한다.
③ 항공안전법은 효율적인 항행을 위한 방법에 대한 사항을 규정한다.
④ 항공안전법은 국제민간항공협약 및 같은 부속서에서 채택된 표준과 권고되는 방식을 따른다.

국가, 항공사업자, 항공종사자 등의 의무 등에 관한 사항을 규정한다.

정답 35 ② 36 ② 37 ① 38 ① 39 ④ 40 ②

MEMO

CONTENTS

PART 5

부록

Appendix

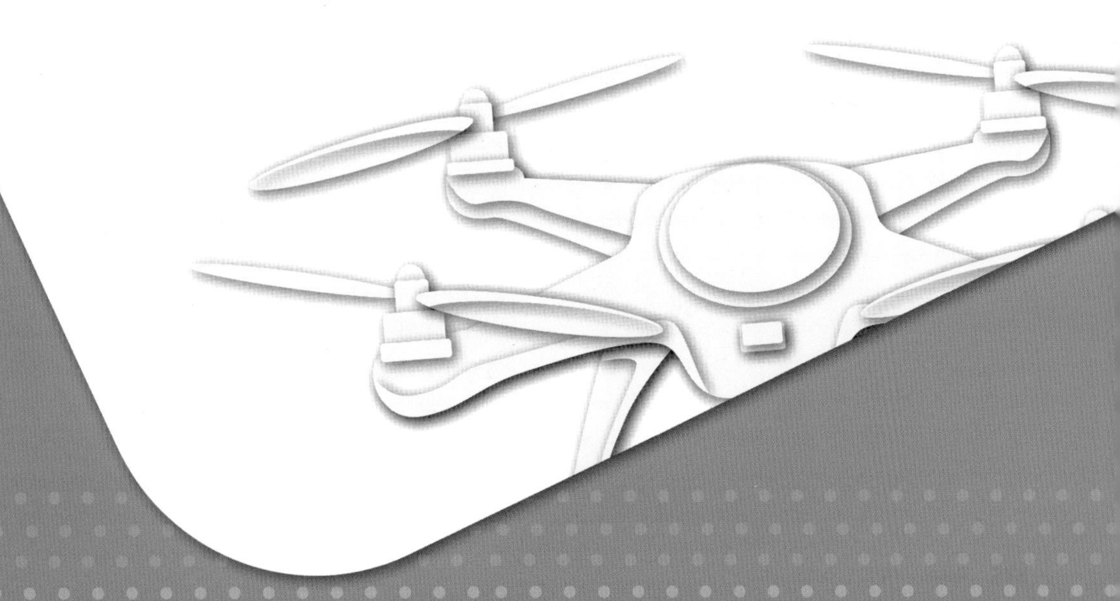

구술시험 대비 자료

1 질의응답 (기체는 교육용과 방제용이 있으니 구분하여 숙지하세요)

구분	질문		답변
기체에 관한 사항	E616P (교육용)	기체형식	• 로터 6개로 헥사입니다
		기체프레임	• 대각선 축간거리(모터와 모터 사이의 거리) 1655mm • 가로/세로 1640mm 높이 610mm – 최대비행속도 : 7m/s
		모터	• 100KV BLDC 모터 * 6개 * BLDC 모터 : brushless DC 모터(브러시 리스) * KV의 의미 : 1v의 전압을 걸어줄 때의 분당회전수(rpm)를 의미함
		로터 제원	• 3090 * 6개(폴딩로터) : 직경 30인치, 피치 9인치 (피치 : 로터가 한 바퀴 돌 때 기체가 앞으로 전진하는 거리)
		기체제원	• 자체 중량 19.8kg, 최대 이륙 중량 38kg
	배터리		• 리튬폴리머 6셀(cell) 22000mAh • 배터리 2개 직렬연결로 총 12cell
	6cell		• 배터리의 셀이 6개/1셀당 완충전압 4.2V • 1셀당 기준(정격)전압 3.7V/6cell이면 6*3.7=22.2V
	mAh		• 단위시간당 흐르는 전류의 양/22000mAh = 22A
	C(current rate)		• 방전율(배터리에서 지속적으로 소모시킬 수 있는 전기의 양)이 높을수록 힘이 좋다 예) 2.2A 방전율 25C인 경우 지속적으로 55A의 전류를 사용할 수 있음
	기체조작 시 로터의 움직임 (쿼드콥터 기준)		• 전진 시 후방로터가 강하게 회전, 후진 시 : 전방로터가 강하게 회전 • 좌로 이동 시 우측 모터가 강하게 돌고 우로 이동 시 좌측 모터가 강하게 돈다. • 오른쪽으로 회전 시 1번, 3번 로터가 강하게 돌고 왼쪽으로 회전 시 : 2번, 4번 로터가 강하게 돈다.
	인접한 로터가 반대편으로 회전하는 이유		• 인접한 로터의 토크(Torque)를 상쇄시킴
	헬리콥터와 멀티콥터의 양력/추력의 발생원리		• 헬리콥터는 로터의 피치를 변동시키고, 멀티콥터는 모터의 회전수에 변화를 주어서 양력 및 추력을 발생시킴(헬리콥터는 변동피치, 멀티콥터는 고정피치)
	Fail Safe		• 조종기와 기체의 연결이 끊겼을 때(no con) 사전에 정해진 안전 상태로 되돌리는 시스템 • 기체의 세팅 상태에 따라서 이륙 지점으로 되돌아오거나(Go Home), 제자리에서 호버링한다. • LED가 황색으로 빠르게 깜빡인다.

기체에 관한 사항	기체의 구성	• 변속기(ESC) : FC에서 신호를 받아 모터로 가는 전류값을 조절하여 모터의 회전속도를 조절 • 레귤레이터/BEC : 기체에 전압을 일정한 값으로 흐르게 해 주는 장치 • 마그네토 메터 : 기체의 진북, 자북을 설정해 주는 장치 • 기압계(Barometer) : 해당 높이의 기압을 감지하여 기체의 고도를 유지해 주는 장치 • IMU : 관성항법장치로, 기체의 기울어짐과 움직임을 감지하여 균형을 잡아주는 장치 • FC(Flight Controller)의 역할 : 수신기, GPS, 가속도센서, 자이로센서 등으로부터 값을 입력받아서 생성된 속도제어 신호를 ESC(변속기)에 전달함
	비행모드	• 자세모드(Attitude mode) : 기체에 장착된 자이로센서 등을 활용하여 수평을 제어하는 비행방식 • GPS모드 : 인공위성을 활용하여 기체의 위치를 제어하는 비행방식
	멀티콥터의 종류	쿼드(로터 4개), 헥사(6개), 옥토(8개)
	안전성인증검사 대상	최대이륙중량 25kg 초과 무인비행장치(검사기관 : 항공안전기술원)
	비행계획 승인	• 최대이륙중량 25kg 이하의 기체는 비행금지구역 및 관제권을 제외한 공역에서 고도 150m 이하에서는 비행승인 없이 비행 가능 • 최대이륙중량 25kg 초과의 기체는 전 공역에서 사전 비행승인 후 비행 가능 • 최대 이륙중량 상관없이 비행금지구역 및 관제권에서는 사전 비행승인 없이는 비행 불가 • 초경량 비행장치 전용공역(UA)에서는 비행승인 없이 비행 가능
조종자 관련 사항	운전면허증(본인 확인)	신체검사 증명서류로 갈음함
	비행경력증명서	총 20시간
	조종자 준수사항 벌칙 (항공안전법 129조, 시행규칙 310조)	• 위반 시 300만원 이하 과태료 (1차 위반 시 150만원, 2차 위반 시 225만원, 3차 위반 시 300만원) • 음주 벌금 : 0.02% 이상 시 3년 이하의 징역 또는 3000만원 이하의 벌금
	조종자 준수사항	1. 인명이나 재산에 위험을 초래할 우려가 있는 낙하물을 투하하는 행위 2. 인구 밀집된 지역이나 사람이 운집한 장소의 상공에서 인명. 재산에 위험을 초래할 우려가 있는 방법으로 비행하는 행위 3. 비행승인없이 관제공역, 통제공역, 주의공역에서 비행하는 행위 4. 일몰 후부터 일출 전까지 야간에 비행하는 행위(단 특별비행 승인을 받은 경우는 가능) 5. 음주(0.02% 이상), 마약류, 환각물질 등(이하 주류 등)의 영향으로 조종업무를 정상적으로 수행할 수 없는 상태에서 비행 또는 비행 중 주류 등을 섭취하거나 사용하는 행위 6. 무인비행장치를 육안으로 확인할 수 있는 범위에서 조종(비가시권 비행금지(단 특별비행 승인을 받은 경우는 가능) 7. 모든 항공기, 경량항공기 및 동력을 이용하지 아니하는 초경량 비행장치에 대하여 진로를 양보하여야 함
비행금지(제한) 공역 P : 금지구역 R : 제한구역	용산 대통령 집무실 주변	• P-73(대통령 집무실 및 관저로부터 반경 3.7km인 2개의 원 외곽 경계선을 연결한 구역) • 승인 : 수도방위사령부
	휴전선 부근	• P-518, P-518W, P-518E • 승인 : 합동참모본부

PART 05 부록

구분	질문	답변
비행금지 (제한) 공역 P : 금지구역 R : 제한구역	원자력발전소 (중심반경 18.6km)	• P-61(고리), P-62(월성), P-63(영광), P-64(울진), P-65(대전) * 대전은 원자력연구소 • 승인 : A(합참), B(지방항공청) • 수도권 비행제한 구역 : R-75
관제공역		• 비행장 또는 공항 관제탑 중심으로부터 반경 9.3km 공역
기타	멀티콥터에 작용하는 힘	• 양력, 중력, 추력, 항력
	멀티콥터 3개 축	• 피칭(pitching) : 항공기의 가로축을 기준으로 한 기수의 상하운동 • 롤링(rolling) : 항공기의 세로축을 기준으로 한 기수의 좌우운동 • 요잉(yawing) : 항공기의 수직축을 중심으로 한 기수의 좌우운동
	배터리 장기간 보관 시	• 배터리 충전비율을 50~70%로 방전 후 보관 (만충된 상태로 보관시 배터리 손상 및 수명 단축됨)
	배터리 폐기방법	• 폐기할 배터리는 소금물에 담가서 완전 방전시킨 후 폐기
	NOTAM(항공고시보)	• 항공기의 안전 운항을 위하여 국가에서 항공정보, 시설 변경, 위험의 존재를 항공종사자에게 제공하는 고시, 3개월 주기 발행
	비행하면 안 되는 기상조건	• 눈, 비, 안개, 우박, 뇌우, 천둥, 강풍, 일출 전/일몰 후
	기상의 7대 요소	• 기온, 기압, 습도, 구름, 강수, 시정, 바람
	멀티콥터의 비행 가능 고도	• 150m 이내(이유 : 다른 항공기의 비행 경로)
	비행 중 기체에 비상상황이 발생	• 비행 중 기체에 비상상황이 발생하면 즉시 큰 소리로 주위 사람들에게 알리고 안전한 곳으로 착륙 후 추가 조치
	비행 중 인명사고 발생 시 대처방법	• 응급조치 후 119에 신고, 이후 조종자는 관할지방항공청과 항공철도 사고 조사위원회에 신고
	취득하고자 하는 자격명	• 초경량 비행장치 무인멀티콥터
	공항 주변 관제공역 범위	• 9.3km
	비행승인 기관	• 각 지방항공청(서울, 부산, 제주). 단, 군 비행장 및 비행금지구역은 해당지역 관할 군부대(위반 시 500만원 이하의 벌금)
	초경량 비행장치 안전성인증 유효기간	• 2년(인증기관 : 항공안전기술원)
	비행 시 필수적으로 휴대하여야 할 것	• 자격증, 비행승인서, 안정성인증서, 비행기록부
	초경량 비행장치란?	• 항공기와 경량항공기 외에 공기의 반작용으로 뜰 수 있는 장치로서, 자체중량, 좌석수 등 국토교통부령으로 정하는 기준에 해당하는 동력 비행장치, 행글라이더, 패러글라이더, 기구류 및 무인 비행장치
	무인동력 비행장치란?	• 연료중량을 제외한 자체중량 150kg 이하인 무인 비행기, 무인 헬리콥터, 무인멀티콥터
	초경량 비행장치 신고	• 초경량 비행장치를 소유, 사용할 수 있는 권리가 있는 자는 초경량 비행장치의 종류, 용도, 소유자의 성명 등을 국토교통부 장관에게 신고(미신고 시 1년 이하의 징역 또는 1000만 원 이하의 벌금) * 신고 첨부서류 : 초경량 비행장치 권리가 있음을 증명하는 서류, 제원 및 성능표, 사진
	신고번호를 미부착하거나 거짓으로 부착 시	• 100만 원 이하 과태료
	조종자증명 취소사유	• 거짓이나 부정한 방법으로 자격을 취득한 경우 • 효력정지 기간 중에 비행장치를 사용하여 비행한 경우

실기 단계별 구호(1종기준)

1 비행 전 준비

	순서	구호
1	조종자 입장	• 조종기와 배터리를 들고 이착륙장으로 이동
2	배터리 장착	• 배터리 장착
3	비행전 기체 점검	• (1번~6번)로터 이상무/모터 이상무/붐 이상무 * 6 /스키드 이상무/메인프레임 이상무/GPS마운트 이상무
4	조종기 ON	• 조종기 ON/조종기 전압(4.2V) 이상무/토글스위치 이상무
5	배터리 연결, 모드 확인	• 배터리 연결/비행모드 확인/자세모드 변경/확인/GPS모드 변경/확인 • 체크리스트 점검사항 체크
6	조종자 위치로	• 조종자 위치로(텐트로 이동)
7	비행장 안전점검	• 비행장 안전점검/전 후 좌 우 이상무/풍향 0에서 0 방향/풍속 ( )m/sec/GPS 확인(3회 점멸 확인)/이상무/이륙준비 완료

2 실비행

	순서	조종자 구호 (정지 시 5초 대기)
1	이륙비행	• 시동/이륙(기준고도 4m 유지/1초에 1m 상승)/이륙 후 점검/전 후 좌 우 좌러더 우러더/이상무/정지(5초 대기)
2	공중 정지비행(호버링)	• 호버링 위치로/정지(5초 대기)/좌측(90도) 호버링/정지(5초 대기)/우측(180도) 호버링/정지(5초 대기)/정렬/정지(5초 대기)
3	전진 및 후진 수평비행	• 전진(50m)/정지(5초 대기)/후진/정지(5초 대기)
4	삼각비행	• 좌(우)로 이동/정지(5초 대기)/우(좌)로 상승(45도)/정지(5초 대기)/우(좌)로 하강/정지(5초 대기)/호버링 위치로/정지(5초 대기)
5	원주비행(러더턴)	• 원주비행 위치로/준비/정지(5초 대기)/실시(A~B~D~P)/정지(5초 대기)/정렬/정지(5초 대기)
6	비상조작	• 2M 상승/비상(비상착륙장 고도 1m 전 수정 후 착륙)/착륙 완료
7	정상 접근 및 착륙 (자세모드)	• 자세모드 변경/확인/시동/이륙/정지(5초 대기)/우로 이동/정지(5초 대기)/착륙/착륙 완료
8	측풍 접근 및 착륙 실시	• GPS모드 변경/확인/시동/이륙/정지(5초 대기)/측풍비행/정지(5초 대기)/우측 호버링/정지(5초 대기)/착륙장 위치로/정지(5초 대기)/착륙/착륙 완료
9	비행 종료	• (아워메타 확인) 00분 00초 비행 완료

3 비행 후 점검

순서		구호
1	비행시간 확인	총 비행 시간 00분(체크리스트에 기록)
2	배터리 분리	배터리 분리(분리 후 조종기 옆에 놓는다.)
3	조종기 전원 끄기	조종기 스위치 종료
4	비행 후 점검	1~6번 로터, 모터, 붐대 이상무, GPS마운트 이상무, 본체 이상무, 스키드 이상무
5	배터리 탈착	배터리 탈착
6	조종자 퇴장	조종자 퇴장(배터리와 조종기를 들고 퇴장한다.)

기체 제원

1 순돌이 교육용 기체

기체형식	• 순돌이 H-1 (헥사)
기체프레임	• 대각선 축간거리(모터와 모터 사이의 거리) 1250mm • 가로/세로 1080mm 높이 660mm – 최대비행속도 : 43km/h
모터	• 170KV BLDC 모터 * 6개 * BLDC 모터 : brushless DC 모터(브러시 리스) * KV의 의미 : 1V의 전압을 걸어줄 때의 분당회전수(rpm)를 의미함
로터 제원	• 2308 * 6개 (폴딩로터) : 직경 23인치, 피치 8인치 (피치 : 로터가 한 바퀴 돌 때 기체가 앞으로 전진하는 거리)
기체 재원	• 기체 중량 13.2kg, 배터리 포함 자체 중량 15kg

2 E410 방제용 기체

기체 사이즈	480×1400×1400mm
자체 중량 / 최대이륙 중량	13.9kg / 23.9kg
운용 컨트롤러	N3 AG 또는 A3 AG
모터	8010, 100kV brushless
비행시간	약 20분 비행
로터	폴딩 3090
배터리	16,000mAh, 6셀, 25.2V(완충전압)
최대 이동거리 / 최대 속도	2Km / 7m/s
최대 고도	150m 이하
약재통 적재 중량	10L

3 E610 방제용 기체

기체 사이즈	480×1400×1400mm
자체 중량 / 최대이륙 중량	14.9kg / 24.9kg
운용 컨트롤러	A3
모터	6215 160kV brushless
비행시간	약 20분 비행
로터	폴딩 2388
배터리	16,000mAh, 6셀, 25.2V(완충전압)
최대 이동거리 / 최대 속도	2km / 7m/s
최대 고도	150m 이하
약재통 적재 중량	10L

4 E616P 교육용 기체

기체 사이즈	1640×1640×610mm
자체 중량 / 최대이륙 중량	19.8kg / 38.0kg
운용 컨트롤러	A3
모터	8118, 100kV brushless
비행시간	약 16분 비행
로터	폴딩 3090
배터리	22,000mAh, 6셀, 25.2V(완충전압)
최대 이동거리 / 최대 속도	7m/s
최대 고도	150m 이하
약재통 적재 중량	16L

김재윤

(주)영남드론항공 대표이사, 실기평가 조종자

권승주

(주)영남드론항공 이사, 실기평가 조종자

권준범

(주)경기항공 대표이사
동서울대학교 경호스포츠과 겸임교수
실기평가조종자

권경미

(주)영남드론항공 이사, 실기평가 조종자

권미영

(주)영남드론항공 이사, 지도조종자

조순식

순돌이 드론 대표

염영환

(주)경기공항리무진버스 과장, 지도조종자

이한

초경량 비행장치 지도조종자
(주)인천항공 원장

드론 초경량 비행장치 무인멀티콥터 조종자격 필기·구술

초 판 인 쇄 : 2019년 8월 1일
초 판 발 행 : 2019년 8월 5일
개정1판 1쇄발행 : 2020년 7월 15일
개정1판 2쇄발행 : 2021년 3월 25일
개정2판 발행 : 2022년 6월 20일
개정3판 발행 : 2023년 2월 20일
개정4판 발행 : 2024년 1월 30일

지 은 이 : 김재윤·권승주·권준범·권경미·권미영·조순식·염영환·이한
발 행 인 : 조규백
발 행 처 : 도서출판 구민사

주 소 : (07293) 서울특별시 영등포구 문래북로 116, 604호(문래동3가 46, 트리플렉스)
전 화 : (02)701-7421
팩 스 : (02)3273-9642
홈 페 이 지 : www.kuhminsa.co.kr
신 고 번 호 : 제 2012-000055호(1980년 2월 4일)
I S B N : 979-11-6875-329-7 (93550)

정 가 : 29,000원